燃料電池

黃鎭江　編著

全華圖書股份有限公司

序言

1996 年，作者踏入燃料電池的研究領域，當時與同事談及燃料電池，通常獲得的回應是「什麼是燃料電池？」，此時，默默無聞的加拿大廠商已經將各式各樣的零件組，用彎彎曲曲的不銹鋼管組裝成燃料電池系統，裝在小貨車在各地行走。由於研究所需，經常請教車輛或能源專長的資深教授有關燃料電池車的相關問題，當時得到許多答案是：「燃料電池車只是個噱頭，和太陽能車一樣，不可能商業化」。時至今日，「燃料電池技術可不可行？」的問題已經變成「燃料電池車怎麼那麼貴？」、「到哪裡加氫氣？」

2005 年，作者開發出臺灣第一部燃料電池電動車，團隊獲頒愛因斯坦物理年科學研發展首獎；2007 年，團隊成功研製出模組化燃料電池測試設備，獲頒臺灣精品獎；2011 年獲頒中國機械工程師學會傑出工程師獎；2011 與 2013 年，兩度獲得教育部頒發頂尖人才彈性薪資獎勵；2012 年，出任經濟部氫與燃料電池產業諮詢委員；2012、2014 年，當選臺灣氫與燃料電池學會第 5、6 屆理事長，以及第 1、2 屆臺灣能源學會理事長，2019-2023 年，連續五年入選「全球前 2% 頂尖科學家 (World's Top 2% Scientists)」，(同時入榜「終身科學影響力」與「年度科學影響力」)。以上資歷充分說明筆者是一位見證臺灣氫能發展的“老兵”。

本書「燃料電池」第一版於 2003 年發行，至今已過了 20 個年頭。隨著新能源車飛速進展及綠氫登上新能源舞臺，關心氫能發展的人也越來越多，深深感受到讀者希望獲得更新資訊的殷殷期盼，本書因此不斷增修至今已經進入第五版，期盼能夠滿足讀者需求。此次修訂除了在原有架構上加上最新的資訊之外，也另外特別介紹「綠氫」的專門章節，以符合現今技術進展。匆促間難免有疏漏之處，尚祈多賜高見，俾便隨時修正。

黃鎮江　謹識

2023 年 11 月

編輯部序

「系統編輯」是我們的編輯方針，我們所提供給您的，絕不只是一本書，而是關於這門學問的所有知識，它們由淺入深，循序漸進。

本書以淺顯易懂的文字及大量的圖表介紹燃料電池原理，並闡述在各個領域的應用與發展，使不同領域背景的讀者均能夠輕易地融會貫通，進入燃料電池的殿堂，加上以生動活潑的圖片介紹燃料電池在日常生活中的實際應用，使讀者能藉著實際圖片了解燃料電池的廣泛用途。本書分爲十二章，第一章至第三章將氫能源應用、氫的生產方法及儲存與運輸加以闡述；第四章先介紹燃料電池的歷史，接著概述其原理、特點及種類，最後說明關鍵材料與元件、燃料電池系統；第五章說明燃料電池效率，包含熱力學、電極動力學及性能檢測與模擬；第六章至第十章介紹各類燃料電池，針對其原理、關鍵元件、性能分析等加以說明；第十一章及第十二章介紹燃料電池的應用，包含燃料燃料電池車、燃料電池發電機等等。適合大學、科大、技術學院之機械、電機、化工、材料系「燃料電池」、「燃料電池概論」課程使用。

目錄

第一章 氫的應用

第二章　氫的生產

第三章　氫的儲存與運輸

目錄

目錄

第八章　熔融碳酸鹽燃料電池

第九章　磷酸燃料電池

目錄

第十二章　綠色發電機

目錄

附錄 Appendix

1 氫的應用

氫是熱值最高的氣體，是汽油的三倍。

十八世紀末工業革命後人類開始大量使用氫氣，進入二十世紀，隨著利用石化工業蓬勃發展，氫大量應用在石油精煉製程中，也是金屬冶金的增亮劑和還原劑，更是合成氨、人造奶油(乳瑪琳)、化妝品、洗滌劑、香料、維生素等民生用品之重要原料。此外，氫也是能源材料，例如使用氫離子的鎳氫電池以及使用液氫作爲火箭的燃料。進入二十一世紀，氫的應用市場擴及到高附加價值半導體產業與通訊產業，晶圓與光纖製程都需要用到大量的氫氣。

未來，燃料電池技術成熟後，氫的應用將會從石化工業業轉移到氫能源產業，屆時會有很多零污染的燃料電池車輛(包括乘客車、巴士、卡車、機車等)行駛於馬路道上，同時也會出現很多氫公共設施、氫能建築、氫能社區、氫能電廠、加氫站、以及各種氫能技術利用的經濟活動，也就是所謂氫經濟或氫能社會。氫能社會是能源永續利用的社會。

1-1 氫的特性

氫是原子序數爲 1 的化學元素，化學符號爲 H，原子質量爲 1.008 u[1]，如圖 1-1 所示。

十六世紀初，瑞士一名煉金術士巴拉采爾斯 (Paracelsus) 發現將鐵屑加到硫酸中時，發生了激烈反應而產生可燃的氣泡。1766 年，英國科學家卡文迪西 (H. Cavendish) 收集了此一氣泡，將其燃燒後會形成水，從此確認水並不是一個元素。1787 年，法國化學家拉瓦錫 (A. Lavoisier) 證明此可燃氣體爲一種單質並正式命名爲 hydrogen。希臘語 hydro(水)gens(造成)，意即「造水」的物質，日語則循希臘語原義稱爲「水素」，中文原稱「氫氣」取其爲「輕氣」，「氫」屬爾後新造的形聲字。

氫是最輕的元素、最簡單的原子，也是宇宙含量最多的元素，大約佔宇宙非暗物質 (dark matter)[2] 質量的 75%。氫原子數則佔了宇宙所有元素的 95%，而氫分子佔宇宙整體重量約 55% 以上。

在地球上，氫幾乎不以游離分子形式存在，而是廣泛存在化合物裡，如水、甲烷、氨、石油等分子中均包含氫原子。在地殼裡，按重量計算，氫只佔 1%，按原子數量計算，則佔 17%。在地球誕生期，氫與構成地球的優勢元素氧進行化學結合而產生水，目前地球上的水是以河川、海洋、冰河、積雪等多種型態存在，因此，一般將水形容成氫的倉庫、氫的化石，或者說是人類身邊最大的氫的搖籃。

氫具有以下特點：

1. 氫是最輕的元素。在標準狀態 STP 下密度爲 0.0899 g/L。
2. 氫是導熱性最好的氣體。氫的熱傳導率爲 0.1805 W/m · K，比大多數氣體高出 10 倍，是極好的傳熱載體。
3. 氫是熱值最高的氣體燃料。氫的熱値 (142.2 MJ/kg) 是汽油的 3 倍，是除了核能外熱值最高的燃料。
4. 氫無色透明、無臭、無味、無毒。
5. 如果將海水中的氫全部提取出來，它所產生的熱量是地球上所有化石燃料放出的熱量的 9,000 倍。

1 2015 年，美國政府將每年的 10 月 8 日定爲國家氫能與燃料電池日，所選擇的日期剛好是氫的原子量，1.008。美國參議院通過第 2171 號決議與眾議院第 4682 號決議 10 月 8 日訂爲國家氫與燃料電池日。

2 在宇宙學中，暗物質是指無法通過電磁波的觀測進行研究，也就是不與電磁力產生作用的物質。人們目前只能透過重力產生的效應得知，而且已經發現宇宙中有大量暗物質的存在。

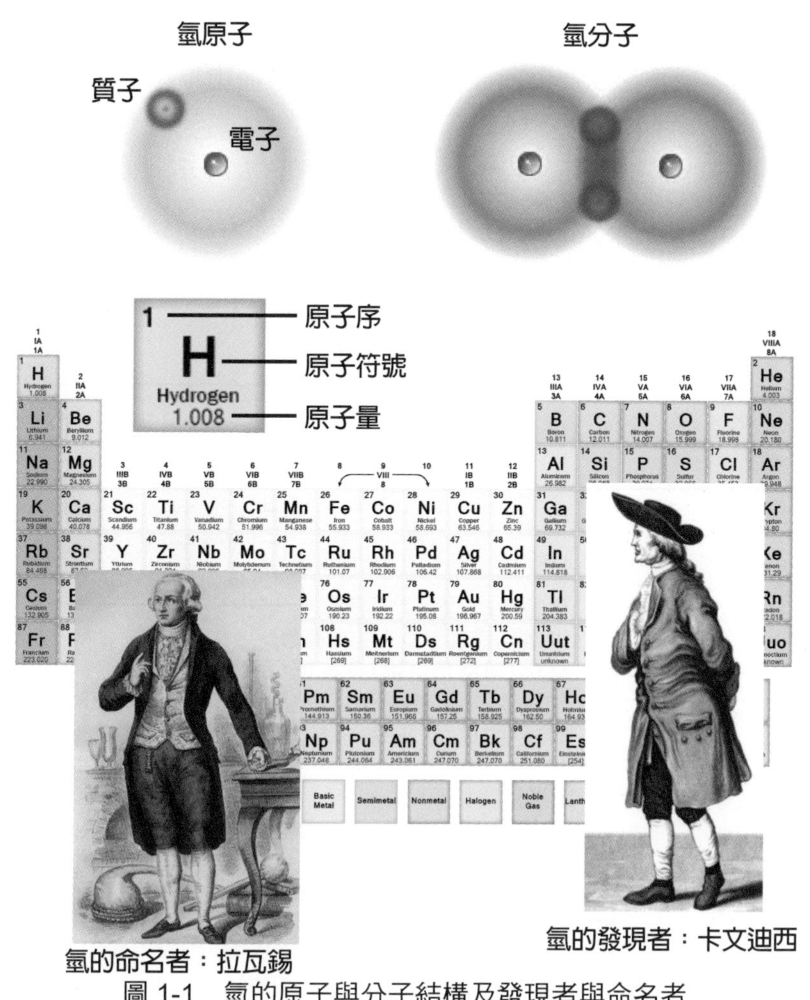

圖 1-1　氫的原子與分子結構及發現者與命名者

1-2 氫的產業應用

氫廣泛用作爲工業原料，如圖 1-2 所示。石油煉製過程中用氫氣進行油品脫硫製程，氫氣也是矽晶圓製程中的氣氛氣體、不銹鋼的退火氣體，同時也是冶金和樹脂的生產過程的還原劑，氫也是氨合成的原料。光纖的基礎材料是纖維狀石英玻璃 (約 125 μm)，氫則是石英玻璃製程中的熱源。此外，在民生用品方面，大家所熟悉人造奶油 (乳瑪林)，氫則作爲脂肪固化劑，而許多化妝品，洗滌劑，香料，甚至於維生素等也都是以氫爲原料。至於能源的應用方面，液氫長久以來作爲推進火箭的燃料，而鎳氫電池則含有氫離子，隨著燃料電池技術成熟，作爲燃料電池車與燃料電池發電機的燃料的氫氣使用量將會大幅提升。

人類大量使用氫氣始於十八世紀末的工業革命。當時從蒸汽火車到紡織廠、鑄造廠等動力機械都使用煤作爲燃料，而從煤中取出含氫的可燃性氣體的氣化 (gasification) 技術就此誕生。煤氣化是在還原氣氛下，將煤炭與水和空氣反應，改質成爲煤氣與焦油，氫是煤氣的主要成分，經過必要處理過程後可作爲燃氣使用。後來，氫大量用於氨合成與甲醇合成，以及從乙炔製造乙烯等。

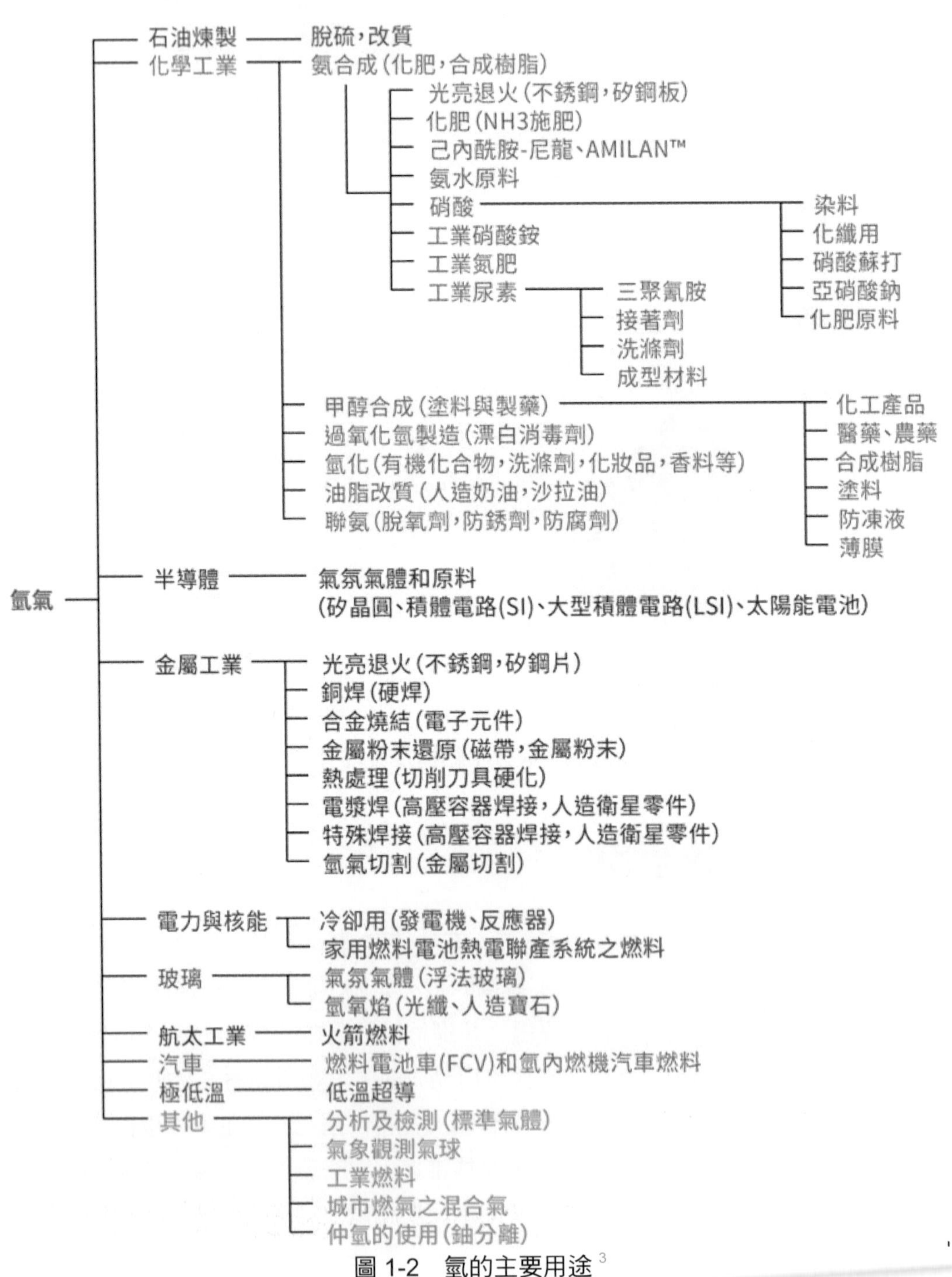

圖 1-2 氫的主要用途[3]

3 NEDO 水素エネルギー白書

進入二十世紀，隨著利用石油化學工業業蓬勃發展，氫成爲重要的化學原料而大量使用。二十世紀後半，氫開始大量應用在石油精煉，尤其是用於從重油去除硫磺和氨成分的加氫脫硫反應和加氫脫氨反應。近年來，從瀝青、柏油餾分改質成輕質石油的處理程序逐漸成長，氫的需求也日益增加。以日本爲例，煉油廠每年大約可製得 150 ～ 240 億 Nm^3 的氫氣，這些大量氫氣並不是用來銷售，而是用在煉油廠內的石油精煉、加氫脫硫、或重油輕質化等製程，或是注入公共燃氣管線中，提供廠區內熱源或發電使用。在冶金工業中，高溫下用氫氣將金屬氧化物還原以製取金屬的方法，產品的性質更易於控制，同時金屬的純度也高，因而廣泛用於鎢、鉬、鈷、鐵等金屬粉末和鍺、矽的生產。

進入二十一世紀，氫的應用市場漸漸從傳統化工業轉向到附加價値高的製造業，如半導體產業、IT 產業、或金屬加工業，製造功能性材料都需使用大量的氫。以日本爲例，如圖 1-3 所示，在國內年銷售約 1.63 億 Nm^3 的氫氣中，電子產業領域的半導體晶片和矽晶圓製造用途佔 38%，光纖等玻璃產業用途佔 12%，金屬加工用途佔 23%；以往作爲主要用途的氨合成、食品等化學產業，則減少到 20% 以下。目前氫的應用目標尚未考慮到燃料電池產業用途，可以預期，未來大規模的氫需求將會從化學產業或半導體產業極快速地轉變到以燃料電池爲基礎的氫能源社會。

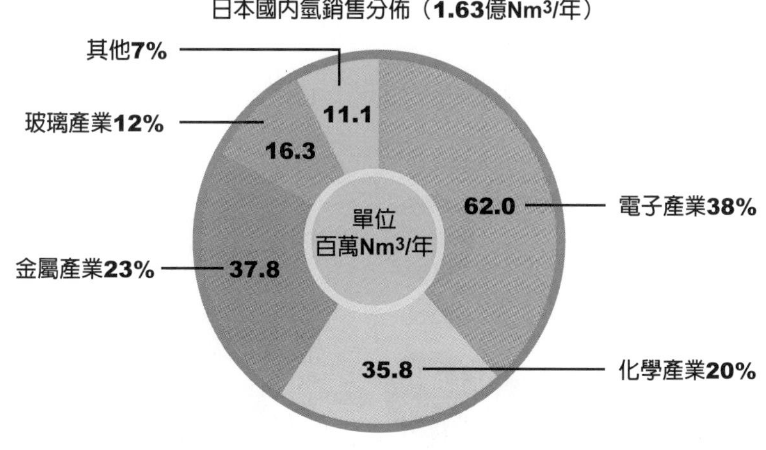

圖 1-3　日本國內氫的產業需求

1-2-1　氫與化學工業

氨合成技術是二十世紀中葉全球人口激增的重要因素之一，大幅提高了農作物的產量，對人類社會帶來極大的貢獻。氫氣正是氨合成的重要原料。

德國化學家哈伯 (F. Haber) 首先發現了促進氨合成的鐵基觸媒 (Fe^{3+})，德國另一位化學家波希 (C. Bosch) 則利用從煤氣中的氫與空氣中的氮，在高溫高壓 (20MPa、400°C) 下成功地將製氨技術產業化：

$$3H_2 + N_2 \rightarrow 2NH_3 \tag{1-1}$$

此後，以氨所製造的硫酸銨 ($(NH_4)_2SO_4$)、硝酸銨 (NH_4NO_3) 等化學肥料便得以大規模生產。由於大量廉價化學肥料的使用，使得全球農業生產快速成長，包括小麥、稻米等糧食產量都呈現倍數增長，因此，大幅解決全球飢荒問題。當時的報紙曾以「我們用空氣 (氮氣) 和水 (氫氣) 製作了麵包 (化學肥料)」的標題大力讚揚合成氨技術，據估計，人類中有一半的蛋白質中的氮是經由這種方法達到最初的固定，也因爲這項成果，哈伯與波希先後在 1918 年及 1931 年獲得諾貝爾化學獎，而此一製程又被稱作哈伯 - 波希法 (Haber-Bosch process)。此外，以人工方式固氮也是劃時代的科技成就，影響了往後煤化學產業的發展。

將液體植物油氫化轉變爲固態人造奶油是氫氣用於食品工業的另一項重要成就，自此，油脂工業的氫需求量也隨之增加。氫化就是將氫氣與不飽和液態油置於高溫高壓環境下，以鎳爲觸媒進行催化反應，如此可以使雙鍵氫化而將其轉換爲固體狀脂肪 (人造油脂)，此製程可使油穩定化並防止因氧化而變質。

$$\text{不飽和液態油} + H_2 \rightarrow \text{飽和固態脂肪} \tag{1-2}$$

1-2-2 氫與石油工業

氫是石油化學工業重要的原料之一，如圖 1-4 所示，包括加氫精製與加氫裂解製程都需要大量的氫氣。

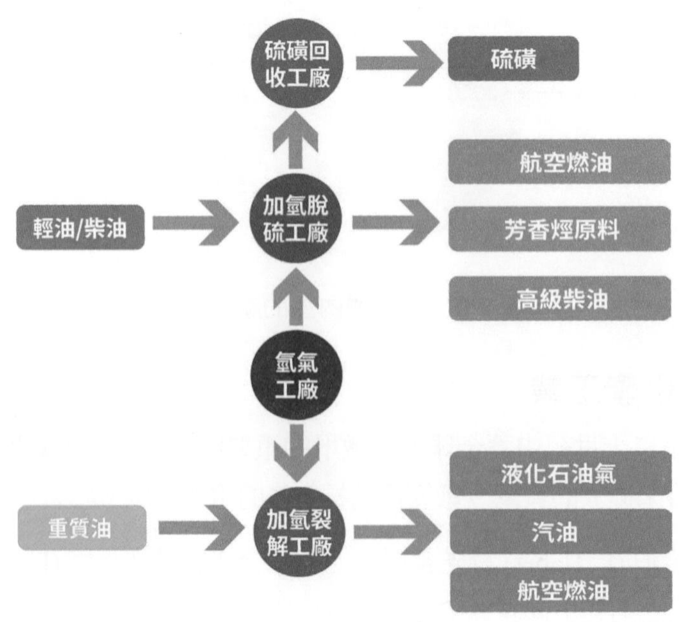

圖 1-4 氫與石油工業

加氫精製是指在鈷、鉬、鎳等金屬催化劑作用下，氫與各種汽油、柴油等輕質油品中的雜環化合物反應生成硫化氫、氨和水，從而提高油品之品質。加氫精製反應主要有加氫脫硫、加氫脫氮、加氫脫金屬等。其中，硫化物存在於油品中不僅影響品質，燃燒時造成環境污染，同時也會造成煉製設備的腐蝕等。目前發展成熟且已產業化應用的加氫脫硫法 HDS(hydro-desulfurization) 是以 MoS2 或 RuS2 作爲催化劑，使硫醇與硫醚分子被外加的氫氣還原成烷類與硫化氫，反應產生出的氣體再通過有機胺，以中和的方式除去硫化氫。一般煉油廠之加氫脫硫裝置有：

1. 輕油加氫脫硫：降低硫含量至 1 ppm 以下，可作爲重組工場進料，以生產重組油。
2. 輕油裂解汽油加氫脫硫：降低硫含量至 1 ppm 以下，可作爲芳香烴萃取工場進料，以生產苯、甲苯及二甲苯。
3. 柴油加氫脫硫：降低硫含量至 50 ppm 以下，以生產高級柴油。
4. 眞空製氣油加氫脫硫：降低硫含量至 0.3% 以下，可作爲媒裂工場進料，以生產觸媒裂解汽油。
5. 重油脫硫：降低硫含量至 0.5% 以下，除了可作爲低硫燃料油外，另可作爲媒裂工場進料以生產觸媒裂解汽油。

加氫裂化是在加熱、高氫壓和催化劑存在的條件下，使重油(重質油)發生裂化反應，轉化爲氣體、汽油、航空燃油、柴油等的過程。早期，加氫裂化技術主要爲製取輕汽油、航空燃油和中間餾分油爲目的，1990 年代以後，加氫裂化技術發展目的在於清潔油品生產，也就是在生產石腦油、航空燃油和清潔柴油之餘，同時也將未轉化的尾油用作催化裂化原料，直接生產清潔汽油組分。

1-2-3　氫與半導體產業－光纖與矽晶圓

高純度的氫是光纖和矽晶圓製程不可或缺的原料。

光纖是一種長距離、高速且大容量的資訊傳輸媒介，具有高於銅纜線數萬倍的傳輸容量，是 IT 產業不可或缺的資訊通訊纜線。光纖是外徑 125 μm 的纖細石英玻璃纖維，並以高折射率材料包覆中央核心部分而成。除了又細又輕外，光線也不會洩漏到相鄰的其他光纖，所以可以將數千條光纖綁成一束，更加提升傳輸能力。光纖的製造是將四氯化矽 ($SiCl_4$) 在氫氧焰中燃燒分解，得到高純度的二氧化矽微粒，再將此多孔質矽材脫水、燒結，在 2,000°C 高溫下拉成細長條。整個製程中需使用大量高純度的氫。

如圖 1-5 所示，矽晶圓的製程乃首先使用高純度的三氯矽烷 ($SiCl_3$) 蒸氣與氫的混合氣體在 1,000°C 以上的高溫爐內反應，放置於高溫爐內的矽棒表面會析出小小的單晶矽，藉此能長成較粗的棒狀高純度矽，並用於製造基材。

$$2SiCl_3 + 2H_2 \rightarrow 2Si + 6HCl \tag{1-3}$$

從矽基材切割出的矽晶圓可投入積體電路基板、光學裝置、太陽能發電、感應器等各種領域應用。

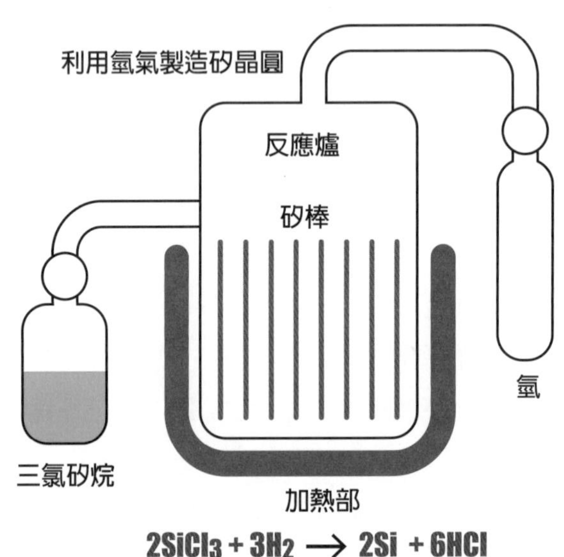

圖 1-5 利用氫氣的矽晶圓製程

1-3 氫能源的優越性

氫作爲能源使用，並非能量來源，而是能量載體。

氫作爲能源使用一定會聯想到火箭動力的氫燃料。氫是目前所開發出來的燃料中，單位質量可產生最大能量的燃料，每公斤的燃燒能量將近汽油的三倍。

將一單位容量氫氣與一單位容量氧氣的混合氣體，加熱到 550°C 以上點火時會產生激烈爆炸，這就是所謂的氫氧爆鳴氣反應，它可釋放出大量能量與水蒸氣作爲火箭的推動力。就在超高速火箭推進技術的成功發展下，造就二十世紀中葉美國與前蘇聯太空競賽的霸業。

進入二十一世紀，氫的能源用途主要是提供作爲燃料電池之燃料，藉由氫氣與空氣中的氧氣在燃料電池內進行電化學反應所產生電力，來推馬達帶動車輛。隨著燃料電池技術愈來愈來成熟、成本愈來愈低，氫能源的應用將愈來愈廣泛且普遍。

1-3-1 氫能源發展史

氫作爲燃料使用的歷史可以回溯到十八世紀的氫發現者拉瓦錫和卡文迪什。

1766 年，英國的卡文迪什從金屬與酸的作用所得氣體中發現氫，以希臘語“水的形成者”命名。

1800 年，英國化學家奈可爾生 (W. Nicholson) 製作了一個伏打 (Volta) 電池，並將連接電池兩極的兩條金屬導線放入水中而冒出了氣泡，水因此被電流分解爲氫氣與氧氣，這是人類第一個電解反應的實驗。

1839 年，英國的格羅夫 (W. Grove) 首次提出用氫氣與氧氣發電的氣體電池，也就是現在的燃料電池。

1874 年，凡爾納 (J. Verne) 的科學幻想小說《神秘島》(The Mysterious Island) 描寫有個使用水作爲燃料的小島。這種無限和普遍存在的能源的想法，激發隨後數十年讀者思考。十九世紀初期氫氣動力汽車的創始人之一德國 F. Lawaczek 就說他曾受到凡爾納的書的啓發。

氫燃料的現代研究始於 1920 年代的英國和德國。1923 年，英國劍橋大學的霍爾丹 (J.B.S Haldane) 提出用風力發電作爲電解水的能源，而這個設想直到半個世紀以後才得以實現。1928 年，德國的氫技術先驅魯道夫傑仁 (Rudolph E Jrren) 獲得了第一個氫氣發動機專利。1930 年代末期，德國設計了以氫氣爲動力的火車，以及用氫驅動的於齊伯林飛艇。第二次世界大戰期間，德國曾研發航空用氫氣引擎，擬從煤獲取燃料替代當時缺乏的石油，同在二戰期間，德國用氫作 V-2 火箭發動機的液體推進劑，空襲倫敦。

氫作爲能量載體的想法始於 1950 年代核能的發展。義大利著名的氫能量載體的提倡者馬凱蒂 (C. Marchetti) 提出了將核反應器的能量以氫燃料的形式傳遞的構想。他指出氫氣形式的能量比電能更穩定地儲存，而且氫氣的輸送成本將比電力更低。馬凱蒂因而提出，在太平洋上的建設原子能島，利用核電製氫可以提供大量的電力和氫氣，滿足岸上的主要能源需求。

1960 年，液氫首次用作航天動力燃料，到現在氫已經成爲火箭領域的常用燃料了。

1970 年，博克里斯 (J. Bockris) 在美國通用汽車技術中心演講時創建了氫經濟一詞。當時發生第一次能源危機時，主要爲描繪未來用大型的核電站產電解水製氫，取代石油成爲支撐全球經濟的主要能源後，整個氫能源生產、配送、貯存及使用的市場運作體系。

1980 年代，德國提出 HYSOLAR 計畫是將在阿拉伯半島上的沙漠地帶利用太陽能製氫，該計畫已經經過實驗示範了太陽電和電解的直接結合，示範功率達 350 kW。此外，德國考慮用加拿大廉價的水電就地電解水製氫，液化後用船運輸液氫到歐洲。

2000 在交通運輸方面，美國、日本、德國、法國等國主要車廠推出以氫做燃料的示範汽車，並進行了幾十萬公里的道路運行實驗。

2014 年，豐田汽車氫燃料電池車正式販售，代表氫能應用的里程碑。

1-3-2 氫能源的永續性

氫能源具備成爲永續能源的特點，這是其它能源所沒有的。

1. 氫的資源豐富。在地球上的氫主要以化合物形式存在，如水 (H_2O)、甲烷 (CH_4)，氨 (NH_3)，烴類 (C_nH_m) 等。其中水是地球的主要資源，地表 70% 以上被海水覆蓋，陸地也有豐富的地表水和地下水，水在地球是無處不在的氫礦。
2. 氫的來源多樣性。地球上的氫礦可以透過各種一次能源 (如天然氣、煤等化石燃料，以及太陽能、風能、生物質能、海洋能、地熱能等再生能源) 或者二次能源 (如電) 來開採。地球到處都有再生能源而不像化石燃料有很強的地域性。
3. 氫能是最環保的能源。利用燃料電池的電化學反應將氫轉化爲電和水，不排放 CO_2 和 NOx，沒有任何污染。使用氫內燃機燃燒也可顯著減少污染。
4. 氫的可儲存性。就像天然氣一樣，氫可以容易地大規模儲存，這是氫和電、熱最大不同之處。再生能源的時空不穩定性，可以用氫的形式來彌補，也就是用再生能源製成氫儲存起來。
5. 氫的可再生性。氫由化學反應發出電能 (或熱能) 並生成水，而水又可由電解轉化氫和氧，如此循環，永無止境。
6. 氫是和平的能源。因爲它既可再生又來源廣泛，每個國家都有豐富的氫礦。相對地，化石能源分佈極不均勻，經常是引起糾紛與激烈抗爭的原因。例如，中東是世界最大石油產地，各國列強必爭之地，因而成爲地球名符其實的火藥庫。
7. 氫是安全的能源。每種能源載體都有其特有的安全問題。氫本身不具毒性與放射性，所以不會有長期且未知範圍的後續傷害，氫也不會產生溫室效應。

1-3-3 氫能源的內部成本

氫燃料是否比汽油貴？

要回答這個問題之前，必須先確立一個合理的衡量基準。

一公升汽油與一公升柴油可以進行價格比較，但是，一公升氫氣就不適合和一公升天然氣作價格比較，因爲兩者的能量轉化技術不同。要如何將氫氣與汽油比較呢？如果是車輛，最簡單的方式就是比較兩者的行駛每公里的成本，如果是發電機，那就比較兩者每度電的發電成本。

汽油的燃燒熱為 32.3 MJ/L，因此，1 加侖[4]汽油的能量大約是 122.3 MJ，換算成為電力則約為 33.8 kWh。一公斤氫氣的能量則為 120.1 MJ，換算成電力大約為 33.4 kWh。換言之，1 公斤氫氣的能量大約等同於 1 加侖汽油的能量，如圖 1-6 所示，每公斤氫氣的能量是天然氣的 2.5 倍，乙醇的 4.5 倍，汽油的 2.8 倍。

然而，氫的體積能量密度相對弱勢。1 公升氫氣的能量只有 1 公升汽油的 1/3,000。因此，以氫作為燃料使用就必須將氫氣裝入高壓容器中儲存，以提高單位體積的能量。如圖 1-5 所示，在 350 大氣壓的容器內，每公升氫氣的能量提升到汽油的 1/9 左右。

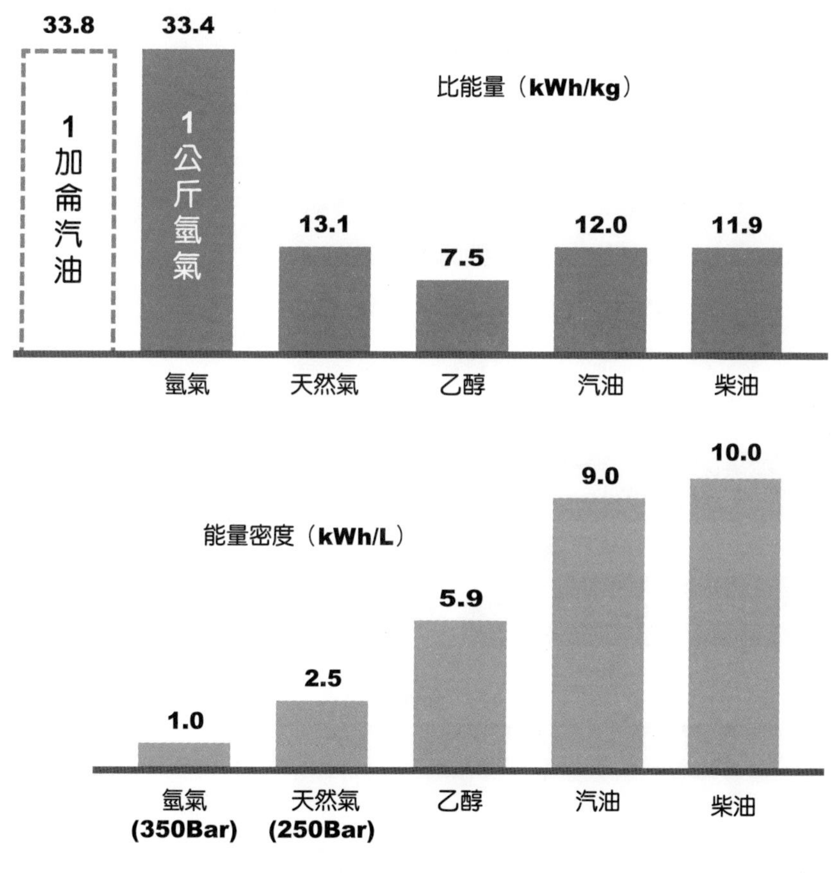

圖 1-6　氫的能量密度

氫燃料到底會不會比汽油貴？

汽油引擎的平均效率只有 15 ～ 18%，而燃料電池的效率高達 50%，這意味著，使用相同的能量，氫燃料電池車比汽油引擎車能行駛更遠的距離，如圖 1-7 所示，以豐田 Highlander 為例，每加侖汽油可以行駛 32 公里，而與汽油相同能量的氫用在豐田燃料電

4　一加侖等於 3.786 公升。

池車 FCHV 上則可以行駛超過 100 公里，換言之，用汽油每一公里所需要的能量是氫的三倍以上。

根據美國能源部的分析，2006 年分散型天然氣改質製氫的成本大約是每公斤 3.0 美元，當時每加侖汽油零售價格爲 3.33 美元，一公斤氫氣與一加侖汽油所含的能量相去不遠，由於燃料電池比汽油引擎的效率高出 2 ～ 3 倍，也就是行駛一公里所使用的氫氣只相當於汽油價格的 1/3 到 1/2，當然，如果計入加氫設施 (加氫泵) 與稅金，加到燃料電池車儲氫槽的氫燃料的價格會比較高。根據美國能源部預估，2015 年製氫成本可降到每公斤 2.0 美元，而未來汽油的價格只會更高不會降低，當兩者愈拉愈遠的時候，也就是氫經濟愈來愈接近的時候。

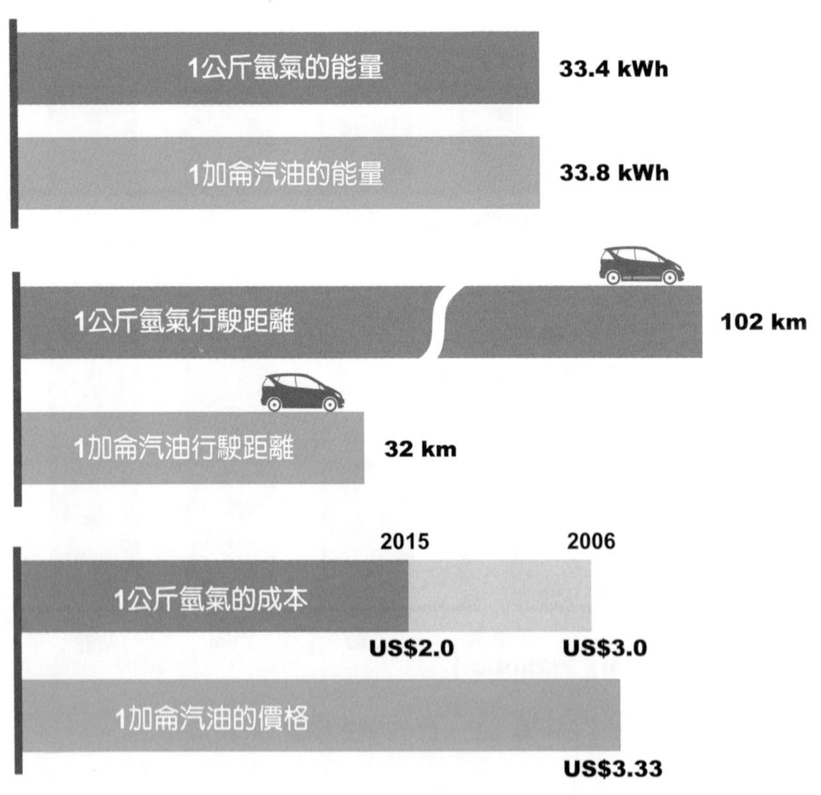

圖 1-7　氫的價格

1-3-4　氫能源的環境成本

傳統的成本理論是從人類經濟活動的角度出發，它只反映了在生產中直接消耗掉並能以貨幣計量的成本。

隨著人類生產和貿易活動的不斷發展，與生態系統的相互作用也不斷增加。生態系統不僅爲人類提供自然資源，還要處理生產和消費過程中所產生的廢棄物。當人類從生態系統中獲取自然資源的強度超過它再生能力，而排放廢棄物的強度超過它的淨化能力之時，生態系統將遭受到破壞，持續生存的能力也受到威脅。

爲此，評估經濟效益時需從整個生態環境資源的角度出發來界定成本，不僅要考慮到人力和物力的消耗，而且要考慮環境資源的消耗與破壞，這就是所謂環境成本 (environmental cost) 或外部成本 (external cost)。如果在產品價格中準確地計入了環境成本，而用這部分的費用支付去消除產品生產和消費過程中所產生的環境負面效應，那麼經濟發展與環境保護間之矛盾就可獲得解決。

以化石燃料的外部成本爲例，它所造成的氣候變遷確實讓我們付出高昂的代價。美國國家日報 (National Journal) 報導，根據駁船業者估計，乾旱造成密西西比河水位下降而減少駁船的運量，“導致駁船業截至一月底損失約 70 億美元”；另外，美國國家海洋和大氣管理局 (National Oceanic and Atmospheric Administration) 的報告則指出，2011 至 2012 年間共發生 25 次洪水、乾旱、風暴、熱浪和野火，每次造成至少 10 億美元的損失，這些嚴重災害共造成 1,100 人死亡，總損失高達 1,880 億美元。然而，產生美國三分之一溫室氣體排放的燃煤電廠，卻不必爲這些損失付出任何費用。

如果能夠廣泛使用潔淨能源，就可大幅減輕地球環境污染，即使不能完全消除由環境污染造成的經濟損失，那怕只是一小部分改善，也能夠發揮相當可觀的經濟效益，例如，來自燃煤電廠的汞和有毒污染物威脅到兒童、老人，以及有腦部損傷或呼吸道疾病的人，每花一美元的清潔費來減少這些污染物，可以帶來 3 到 9 美元的健康福利。

以氫能源特有的優越性，以及具有潔淨生產到應用的潛力，當合理地將傳統化石能源的環境成本內部化之後，氫能源將具有很強的競爭力。假以時日，氫將在汽車工業和能源工業中掀起一場潔淨革命。

1-3-5 氫能源的安全性

談到氫的安全性，就會聯想到從興登堡號 (Hindenburg) 飛船爆炸事件。

興登堡號當年曾經是德國最先進的飛船。1937 年，興登堡號挑戰飛越大西洋的長距離飛行，結果在美國紐約上空發生起火的意外而造成許多乘客罹難。當時認為意外主因在於氫氣爆炸。但是後來的研究報告卻對興登堡號事件提出不同的看法：「興登堡號的機身使用的布料，塗上了含有氧化鐵與氧化鋁的塗料，所以當時是因為打雷點燃了布料，才造成起火墜落。」所以不是因為氫氣爆炸。無論如何，興登堡號事件當時確實造成民衆對氫安全性的疑慮。

燃料電池推動車初期，消費者仍不免會疑問，一旦裝置在身後的高壓氫氣瓶洩漏或是遭外力撞擊時，它會不會變成一個巨大的炸彈？

氫的獨特物理性質決定了其不同於其它燃料的安全特性，例如，更寬範圍的可燃濃度、更低的點火能量、更容易洩漏、更高的火焰傳播速度、更容易爆炸等，表 1-1 所示。根據這些氫的獨特性，歸納以下幾項關於氫安全的特徵：

1. 氫點可燃濃度範圍相當廣，從 4% 到 75% 都可點燃，而且點火能量相當低 (0.02 MJ)，僅及汽油 (0.2 MJ) 的十分之一。
2. 雖然可燃濃度範圍很廣、點火能量又低，但是，氫重量輕，在空氣中的擴散速率非常快，是天然氣的四倍、汽油 (氣態) 的十二倍，因此，氫洩漏後會快速向上擴散到大氣中而稀釋掉，很難聚集到點火濃度。基本上，氫氣發生火災的風險低於汽油或天然氣。
3. 氫爆炸濃度的下限為 18.3%，是可燃濃度 4.0% 的 4.5 倍，由於點火能量低，一旦氫氣聚集達到可燃濃度，傾向燃燒而非爆炸。氫爆炸的情況僅限於在儲存槽等密閉空間裡，氫氣與空氣混合到爆炸濃度，並在該處點火等非常特殊的情況。日常生活中這些條件要同時存在而引起氫爆炸的可能性非常低。
4. 氫火焰的輻射熱僅為烴類火焰的十分之一，其鄰近區域受熱微弱，因此，在一定距離外不易對人造成傷害，且不易造成二次火災。
5. 氫氣火焰垂直向上，不會往橫向燃燒擴散。
6. 氫無毒性，不會污染地下水，也不會產生霧霾而污染空氣，燃燒後產物只有水，相對地，汽油或天然氣燃燒後部分產物具有毒性，同時也會排放溫室氣體。

表 1-1　氫能源特性與主要燃料之比較

特性＼燃料	氫	天然氣(甲烷)	液化石油氣(丙烷)	汽油	氫的特性
擴散係數 /cm^2s^{-1} (空氣中、1 atm、20°C)	0.61	0.16	0.12	0.05 (氣態)	易於擴散。易於穿過小孔
可燃濃度 /vol% (空氣中)	4 ～ 75	5.3 ～ 15	2.1 ～ 10	1.4 ～ 7.6	可燃濃度範圍寬
爆炸濃度 /vol% (空氣中)	18.3 ～ 59.0	5.7 ～ 14	–	1.1 ～ 3.3	
最易點燃濃度 /vol% (空氣中)	29	9	–	2	
火焰溫度 /°C	2,045	1,875	–	2,197	
最小點火能量 /MJ	0.02	0.29	0.26	0.24	容易著火
熱輻射 (輻射率 ε*)	0.04 ～ 0.25	0.15 ～ 0.35	與汽油同	0.3 ～ 0.4	熱輻射小，引發著火機率小
最大燃燒速度 /cms^{-1}	346	43.0	47.2	42.0	噴射壓力高 噴氣火焰容易保持
燃燒熱 (淨熱值)/MJm^{-3}	10.77	35.9	93.6	–	需要高壓以確保的熱量
金屬材料脆化	是	無	無	無	使金屬變脆，變得容易破裂

* 黑體的輻射率等於 1，其他物體的輻射率介於 0 和 1 之間。

圖 1-8 爲邁阿密大學比較氫氣漏氣著火與汽油漏油著火特性的模擬實驗。其中，右邊汽車的汽油是從汽油管路中漏至地面，而燃料電池車的氫氣則是從儲氫槽的洩壓閥洩漏。當儲氫槽高壓氫氣洩漏時，氫氣很快向上竄，因此氫火焰直衝高空，隨著氫氣量減少火焰逐漸緩和而熄滅，過程極爲短暫，因此對車體並沒有造成明顯損壞，根據溫度量測結果顯示，氫氣車表面最高溫度發生在後窗的玻璃上，僅有 48°C；相對地，右邊汽車汽油向下滴而汽油火焰往上燒，因此，整個車體都陷入火焰區，燃燒過程激烈，汽車毀損情況相當嚴重。

1. 0秒
• 開始著火
• 左邊氫氣車，右邊汽油車

2. 10秒
• 氫火焰向上衝
• 汽油向下滴，火焰往上燒

3. 60秒
• 氫火焰已逐漸消退
• 汽油火焰愈加激烈

4. 100秒
• 氫火焰消失,氫車完好無損
• 汽油火焰持續燃燒，汽車最後燒毀

圖 1-8　氫的安全性

1-4 氫能源循環

1-4-1 能源轉化

究竟什麼是能源？

表 1-2 列出幾項較具代表性之解釋，科學技術百科全書說：「能源是可從其獲得熱、光和動力之類能量的資源」；大英百科全書說：「能源是一個包括著所有燃料、流水、陽光和風的術語，人類用適當的轉換手段便可讓它爲自己提供所需的能量」；日本大百科全書說：「在各種生產活動中，我們利用熱能、機械能、光能、電能等來作功，可利用來作爲這些能量源泉的自然界中的各種載體，稱爲能源」；大陸的能源百科全書則將能源描述爲：「可以直接或經轉換提供人類所需的光、熱、動力等任一形式能量的載能體資源」。

可見，能源是一種呈現多種形式而且可以相互轉換的能量的泉源，簡言之，能源是自然界中爲人類提供某種形式能量的資源，它和水、食糧以及生態環境一樣，是社會發展與人類生活的一種基本物質和必要條件。人類文明的演進與能源的利用息息相關，基本上，人類文明史就是一部不斷向自然界索取能源的歷史。

表 1-2　能源定義之比較

出處	定義
大英百科全書	能源是一個包括著所有燃料、流水、陽光和風的術語，人類用適當的轉換手段便可讓它爲自己提供所需的能量。
日本大百科全書	在各種生產活動中，我們利用熱能、機械能、光能、電能等來作功，可利用來作爲這些能量源泉的自然界中的各種載體，稱爲能源。
能源百科全書 (大陸)	能源是可以直接或經轉換提供人類所需的光、熱、動力等任一形式能量的載能體資源。
科學技術百科全書	能源是可從其獲得熱、光和動力之類能量的資源。

能源的分類相當多元，最簡單的分類是將能源分成一次能源 (primary energy) 與二次能源 (secondary energy)，如圖 1-9 所示，一次能源又稱初級能源，它是蘊藏於自然界而未經人爲轉化的初始能源，如煤炭、石油、陽光、鈾等；二次能源是一次能源經過加工轉換後得到的能源，包括電、汽油、柴油、煤氣和氫等。二次能源又可以分爲「過程性能源」和「含能體能源」，電就是應用最廣的過程性能源，而汽油和柴油是目前應用最廣的含能體能源。國際能源總署 IEA 將能源分成化石能源 (fossil fuel) 與非化石能源 (non-fossil fuel) 兩大類，而化石能源依又可分爲固體燃料 (如煤)、液體燃料 (如石油)、氣體燃料 (如天然氣) 等三種，非化石能源則包含水力能、太陽能、生物質能、風能、海洋能、地熱能及核能等。除了核能之外的非化石能源又稱作再生能源 (renewable energy)。

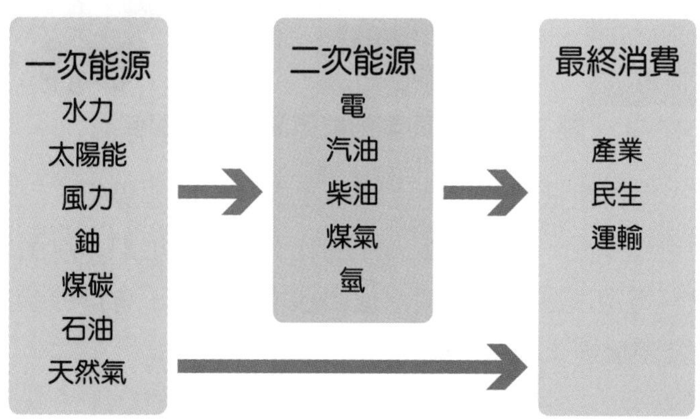

圖 1-9　一次能源與二次能源之結構

從型態來看，能源可分成輻射能、化學能、電能、機械能、熱能、以及核能等種類，如圖 1-10 所示。不同型態的能源彼此之間是可以轉化換的，箭頭表示能源轉換方式。例如，太陽輻射能被黑體吸收轉變成熱能，提供植物光合作用則轉變成化學能，照在光伏電池 (photovoltaics) 上則轉變成電能；儲存在物質之化學能將其燃燒可轉變爲熱能，燃料電池則將化學能轉變爲電能；車輛行駛的機械能是來自引擎的熱能，煞車時則動能藉由摩擦轉變成熱能，水力發電即是利用水的機械能推動渦輪機而產電；核能利用核分裂產生大量熱能，是質能互換的例子。人類目前所需的能源主要依賴化石燃料，隨著化石燃料逐漸耗盡，未來能源勢必回到以太陽爲中心，也就是太陽輻射藉由光伏電池轉換成爲電能、綠色植物光合作用產生化學能，而這些型態的能源必須要有一個優質的載體方便攜帶與轉換，這一優質能源載體就是氫。

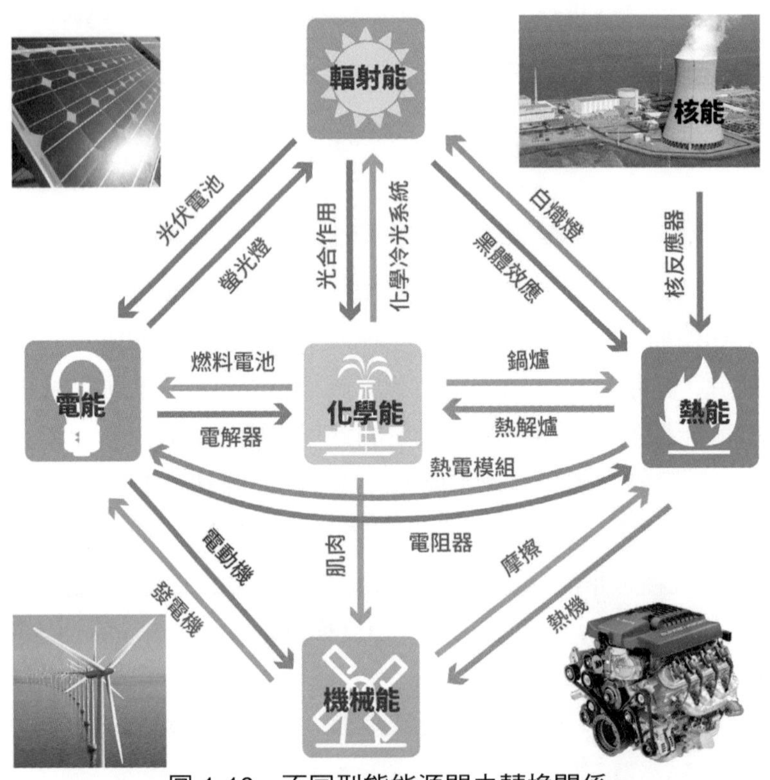

圖 1-10　不同型態能源間之轉換關係

如表 1-3 所示，作爲能量載體，氫比電容易儲存，比起煤氣、汽油、柴油等傳統二次能源，氫的生產更爲多元，無論是水力、陽光、風力、地熱、以至於生物質都可以用來產氫，而氫在燃料電池反應後變成純水返回環境中，並不會排放溫室氣體與其它污染物，因此，可不危及環境地永續循環使用。

表 1-3　氫與其它能源之比較

能源種類	煤	汽油	天然氣	再生能源	氫
一次能源	V	X	V	V	X
二次能源	X	V	X	X	V
儲存	V	V	V	X	V
來源多樣化	X	X	X	V	V
能量密度 (kWh/kg)	6.7	12.0	13.1	–	33.4

1-4-2　主流能源變遷

圖 1-11 說明人類主流能源之演進。人類自從發現火的功用之後，便利用樹枝、雜草生火煮食和取暖，同時用畜力、風車、水輪等器具，幫人們做工。從遠古直至中世紀，就在昏暗夜色與馬車低吟聲中，渡過悠悠農業文明。這時候能源來源相當廣泛，且取得相當分散，遍佈廣闊的大地。十八世紀以前，以柴薪和馬匹作爲代表的再生能源成爲人類的主流能源。

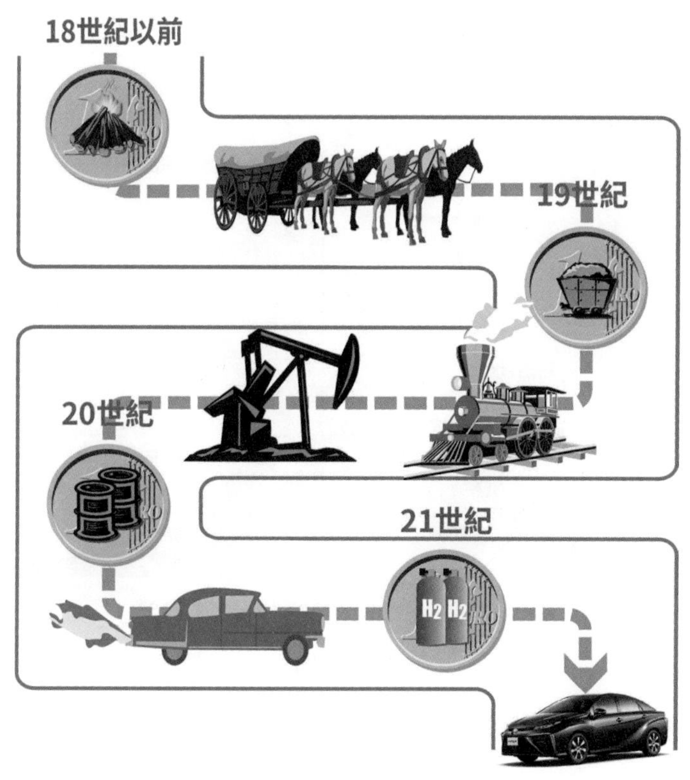

圖 1-11　人類主流能源之演進

十八世紀末的工業革命，以煤炭推動的蒸汽機促進紡織、礦冶、機械等產業迅速發展，同時造就工廠大量生產模式，而蒸汽火車、輪船的出現，更促使運輸業快速發展。這是人類能源史上第一次發生結構性變化，也就是從柴薪爲主的再生能源轉向以煤炭爲主的化石能源。十九世紀末發明的發電機，更將煤炭的利用推向高峰。時至今日，煤炭仍然是人類重要能源之一。一噸煤炭和四噸木頭能產生同樣多的能量，但卻只要一半的費用，因此，煤炭很快就成爲主要的能源貨幣。

二十世紀則是石油和電的世紀。早在西元前兩百五十年，中國人即發現石油是一種可燃液體，當時並未體認出其價值。一直到十九世紀中葉，美國賓州開鑿出全世界第一座油井後，揭開了石油工業序幕，而十九世紀末發明的奧圖引擎 (Otto engine) 與柴油引

擎 (Diesel engine) 帶動了汽車普及。此後，汽柴油陸續應用在飛機、輪船、電廠等。1960 年，全球石油消費量正式超過煤炭，而成爲第三代主流能源。

圖 1-12 統計了過去一個半世紀全球主要能源使用之變遷情形，同時也預測未來的走勢。從變化趨勢可以發現，人類的主流能源從一開始固體的柴薪轉變成爲煤炭，然後再轉變爲現在的液體石油、以至於天然氣。這個能源更替過程中燃料的活動力愈來愈強，燃料的碳含量愈來愈少，而相對地氫的佔比愈來愈高，如圖 1-13 所示，在氫比例逐漸提高的情況下，能量轉換過程中將變得愈來愈清潔、愈來愈有力。因此，根據這個趨勢延伸，燃料氫碳比 (H/C) 無窮大時，氫將成爲人類的主流能源。

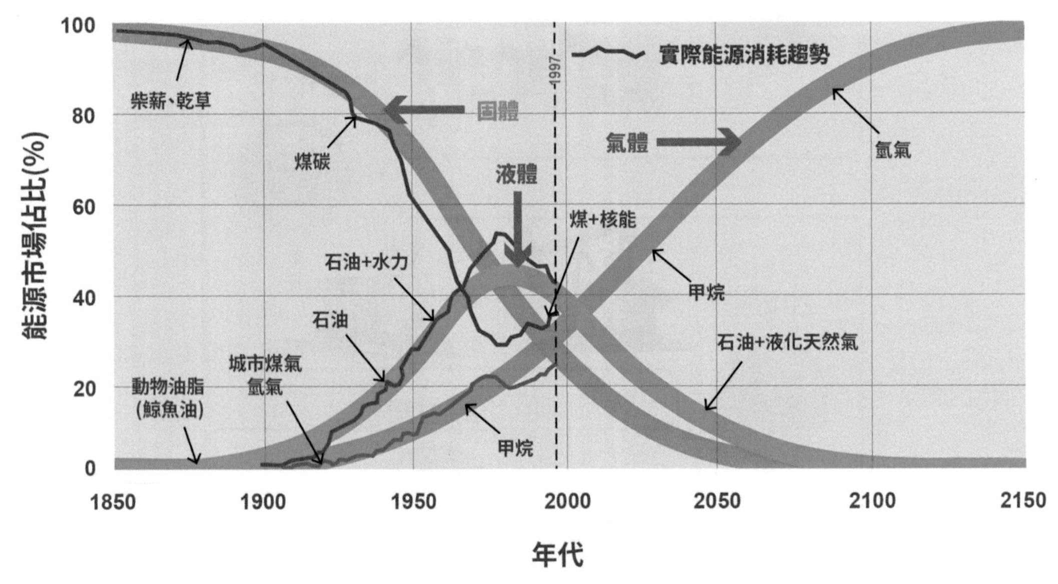

圖 1-12　全球能源使用之變遷

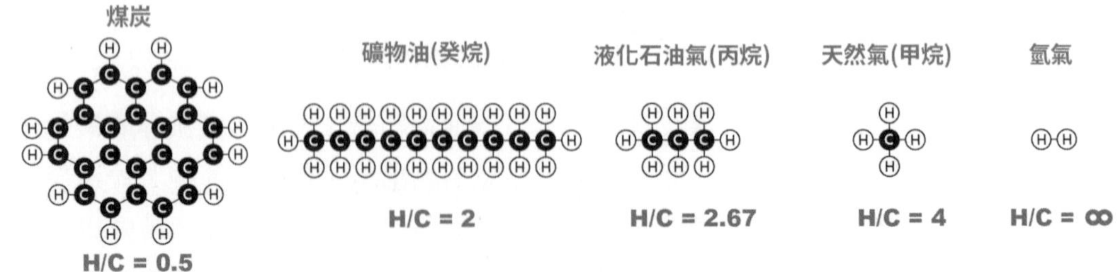

圖 1-13　不同燃料中氫與碳的含量比

1-4-3　能源循環

十八世紀末以煤啓動的蒸汽機正式揭開了工業革命序幕，也帶動了煤經濟 (coal economy) 的發展，二十世紀則是進入了用石油來驅動汽車、船舶和飛機等的石油經濟 (oil economy)，無論是煤或石油經濟基本上都屬於碳經濟 (carbon economy)。

大氣中的二氧化碳從無機物的形式經過綠色植物或藻類的光合作用，合成有機物，有機物是生命產生的物質基礎，因此植物或藻類稱爲生產者。牛、羊等草食性動物從植物獲取養分 (如澱粉、蔗糖、果等)，稱爲消費者。而獅子、老虎等肉食動物若以捕食草食動物攝取養分，則稱爲次級消費者。碳經過植物固定後進入食物鏈，不論是生產者或消費者都會經由呼吸作用產生二氧化碳，於是碳又回歸大氣中。另外，生物死亡後遺體經由微生物分解也會放出二氧化碳，部分沉積至土壤中成爲炭或石油。碳從大氣到生物體再回歸大氣的這些路線，這就是自然界的碳循環 (carbon cycle)，如圖 1-14 所示。

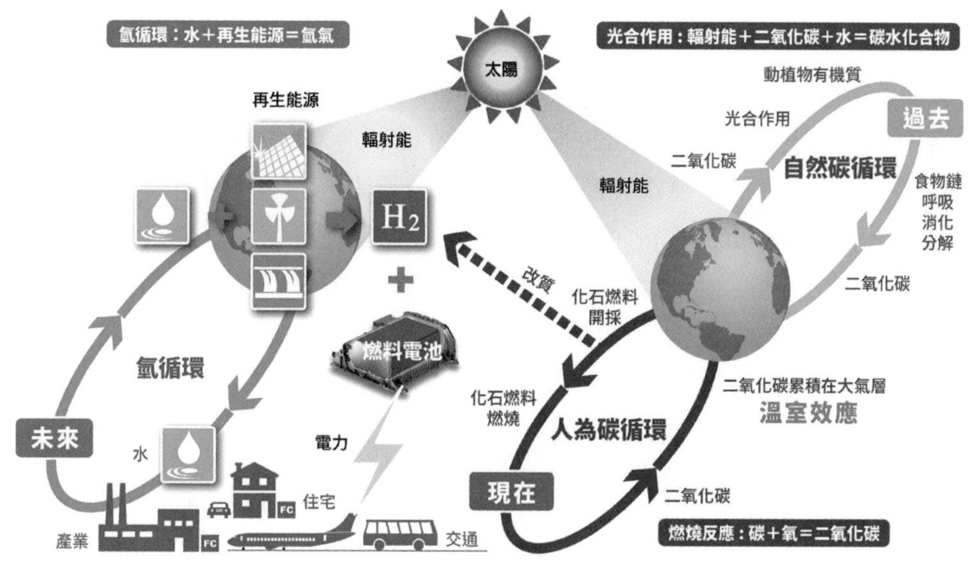

圖 1-14 氫循環與碳循環之比較

工業革命以來，人類不斷燃燒化石燃料而製造了大量二氧化碳的動，這種非自然力的干預，而使得過去一百多年大氣中的二氧化碳濃度不斷增加，其次，由於土地用途改變和森林砍伐，使得的綠色植物固碳功能因而減弱，造成二氧化碳濃度以驚人速度升高。2015 年大氣層的二氧化碳平均濃度達到空前高峰的 400 ppm[5]，比工業革命前高出 44%。

大氣層原本就具有氣體天蓬的功能，用來保住太陽熱量，以維持地球的生命，然而，過多的二氧化碳增強了氣體天蓬的溫室效應，導致更多的太陽熱能被籠罩著，結果，全球氣溫不斷上升而使氣候失衡。近年來，因全球暖化導致極端氣候，如乾旱、洪水、颶風等，導致嚴重的天然災害、糧食作物減產和饑荒，造成人類社會極大的財產損失。大氣層的二氧化碳的滯留期約五十至兩百年，因此，即便全球從現在開始約束所有溫室氣體排放，由於大氣層溫室氣體的循環週期及大氣層需要長時間轉化熱能到深海，溫室效

5 1 ppm 爲百萬分之一)

應仍會持續數個世紀。只有及早跳脫碳循環模式才能夠解決目前人類所面臨的全球暖化與極端氣候問題。

氫循環 (hydrogen cycle) 是人類脫離碳循環的選擇！

如圖 1-14 所示，以再生能源，如太陽光電、風力發電或水力發電等，電解水製氫，同時產生我們呼吸的氧氣，氫經由儲存及運輸系統傳送到所需的地方，再利用燃料電池產生可運用的電力和純水，如此循環不已而形成氫循環。目前氫主要仍是從化石燃料製取而得 (圖 1-13 之虛線箭頭)，然而，未來當再生能源製氫技術成熟後，那就等於把分散、間歇、且無窮盡的再生能源轉變成了高度集中的乾淨能源了，從這個意義上來看，氫是資源最豐富的再生能源。氫循環的能量來自太陽，氫則是能量載體，燃料電池則是能量轉換機器。氫在地球上主要是以水的形式存在，因此，「水電解得到氫與氧」與逆反應「氫與氧結合產生電與水」的「氫電互換性」便是氫循環的核心。將氫電互換性結合再生能源就是再生氫能 (renewable hydrogen)。換言之，氫循環就是使用再生能源來電解水得到氫，然後藉由燃料電池從氫取出電能與熱能，供日常生活包括住宅、交通、產業之使用，使用後再回歸自然的水循環中。在這種水、氫、電互換的能量循環過程中，完全不需經過碳，所以也不會產生二氧化碳，環境負擔最小，是最有效率的能量循環。

地球上一年內所接受的太陽輻射能大約為 3.7×10^{24} 焦耳，全球每年的能源消費量大約為 3.4×10^{20} 焦耳，只佔太陽輻射能的萬分之一，若將全球每年消耗能源換算為氫的重量為 2.8×10^{12} 公斤 / 年，若氫的原料是來自水，則相當於 2.5×10^{10} 立方公尺 / 年，也就是邊長約 3 公里立方容積的水，這些水僅為地球上水蒸氣的 0.17% 而已。因此，我們可以說，無止盡的太陽能與地球充沛的水足以因應人類氫循環所需。

1-5 氫能產業推動

1-5-1 氫能源產業結構

氫能產業內容相當廣，包括了氫生產、氫輸送、氫儲存、以及氫能轉換等，其中，氫能轉換技術中主要有氫內燃機與燃料電池，其中，又以燃料電池的發展最受矚目。

燃料電池以氫為載體，將氫的化學能轉化為電能，具有高效率、零排放的優點，深受產業和政府的關注，也為氫能產業的核心技術，扮演著氫能產業成敗之的關鍵。

目前全球氫能與燃料電池產業主要朝著三個市場發展，也就是定置型電力 (stationary power)、運輸動力 (transportation power) 和便攜式電力 (portable power)，如表 1-4 所示。

表 1-4　燃料電池市場之主要應用類型

應用類型	便攜	定置	運輸
定義	便攜或移動產品之內置電力或充電器，包括輔助動力單元 (APU)	固定位置之電力 (或熱量) 供應單元	爲車輛提供推進動力或擴展續航範圍的單元
典型功率範圍	1 W ～ 20 kW	0.5 kW ～ 1 MW	1 kW ～數百 kW
典型技術	PEMFC、DMFC	PEMFC、SOFC、MCFC、PAFC、AFC	PEMFC、DMFC
應用範例	● 非動力用 APU(露營車、船隻、照明) ● 軍用應用 (便攜式兵力發電機、攜裝發電機) ● 便攜式或小型個人電子產品 (手電筒、電池充電器、mp3 播放器，相機)	● 大型固定式熱電聯產 (CHP) ● 小型固定微型熱電聯產 ● 不間斷電源 (UPS)	● 機車 ● 乘客車 ● 卡車和巴士 ● 物料搬運車 ● 潛艦
代表性廠商	SFC myFC	Ballard Power Bloom Energy Doosan Fuel Cell America FuelCell Energy Hydrogenics Fuji Electrics ENE-FARM	Toyota Honda Hyundai Ballard Power Plug Power

定置型電力應用包括固定位置操作的主電源、備用電源、或熱電聯產 CHP(combined heat and power) 等之應用，包括商場、數據中心、住宅、電信機房等，它的規模可以大到數百 kW 的區域型發電站，小到數百瓦的家用熱電聯產發電機。

運輸動力主要應用載具是乘客車與巴士，其它運具如機車、卡車、物料搬運車 MHE(material handling equipment)、越野車等均適合使用燃料電池爲動力。

便攜式電源應用包括非動力使用之輔助電力單元 APU(auxiliary power unit)，便攜式軍用兵力發電機，以及便攜式設備或小型個人電子產品中的燃料電池等。

過去幾年，全球燃料電池廠商數量整體而言逐步增加，但它仍然是一個金字塔結構，如圖 1-15 所示。位於頂層的第一級廠商是已經具有燃料電池堆和系統商業產品的公司，這些公司主要業務在於關注客戶滿意度與成本降低，其中包括因政策支持而強大的公司，如日本的 Toyota、Fuji Electrics 等，或者本身就具有強大市場能力的公司，如 FuelCell Energy、Bloom Energy、Ballard Power System 等。在全球數百個燃料電池堆與系統公司中，這種頂級部門公司目前不到 30 家。

第二層是現在接近或準商業化的公司，並且正在建立在其業務推動計畫與成本分析。這些公司與一級公司一樣，正在爭取私部門的投資，並創建客戶管道。這類公司全球不到 60 家。

大多數燃料電池公司在金字塔的底部，主要由燃料電池堆或系統或其餘關鍵部分組成。這些公司主要業務仍在關注 RD & D，並不是圍繞燃料電池堆或系統的成本結構。

對於燃料電池領域而言，一級和二級將繼續佔有絕大多數的銷售和投資份額。近幾年，燃料電池產業的整體公司數量上有所增長，主要原因之一是進入該產業的門檻逐漸降低，特別是在系統級別。從過去經驗來看，在開發一個新的質子交換膜燃料電池系統商業化需要投資 10 億美元以上的研發經費，而對於 SOFC 系統而言，所需的投資更多。

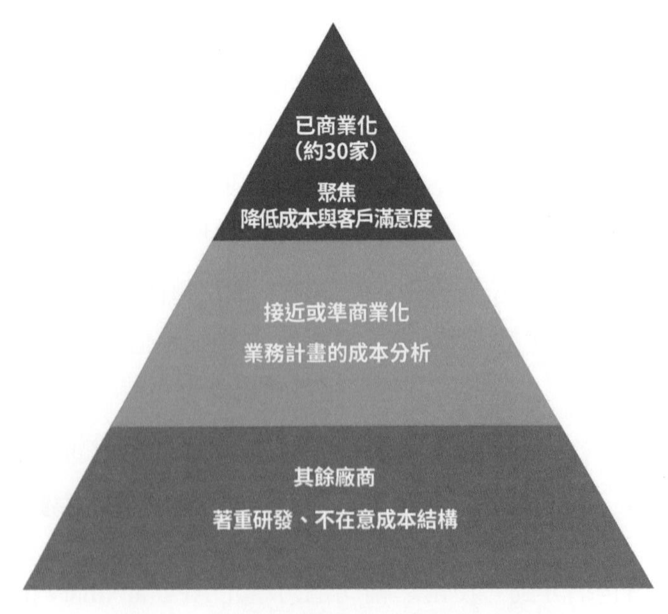

圖 1-15　金字塔結構的燃料電池產業

1-5-2　氫能源產業發展趨勢

圖 1-16 ～ 1-19 為 2011 ～ 2016 年全球燃料電池發貨情形。

圖 1-16 與圖 1-17 為不同用途之燃料電池其出貨情形。2021 年全球燃料電池發貨數量超過 80,000 個，發貨容量總計超過 2.2 GW，相較於 2020 年，大幅增長超過 50%。從圖中可以發現，近幾年燃料電池發貨數量成長主要集中在運輸型燃料電池應用，這可歸因於燃料電池乘客車已在日韓、中國、美國加州、歐洲部分地區開始進入市場銷售，加上燃料電池巴士部署和美國的物料搬運車 MHE(Plug Power)，運輸應用的燃料電池持續增長。

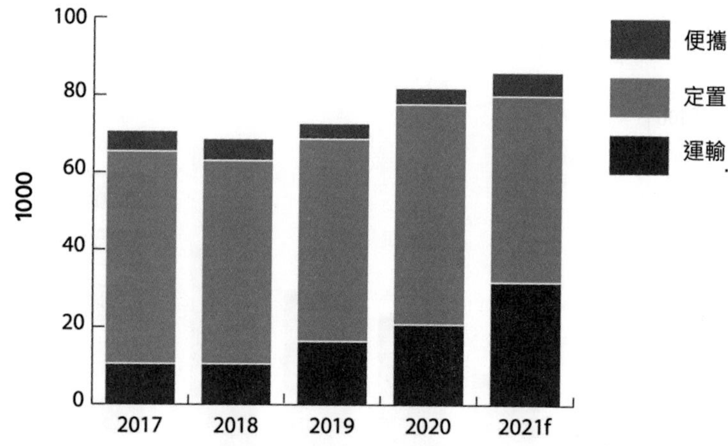

圖 1-16　不同用途燃料電池之全球發貨數量 [6]

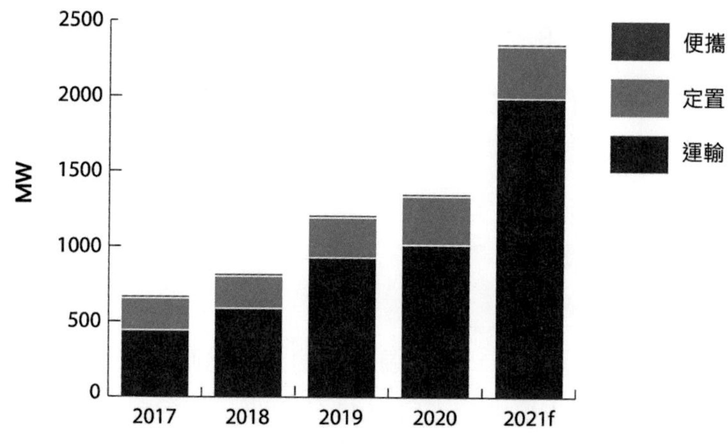

圖 1-17　不同用途燃料電池之全球發貨功率

6　The Fuel Cell Industry Review 2021，E4tech，www.e4tech.com

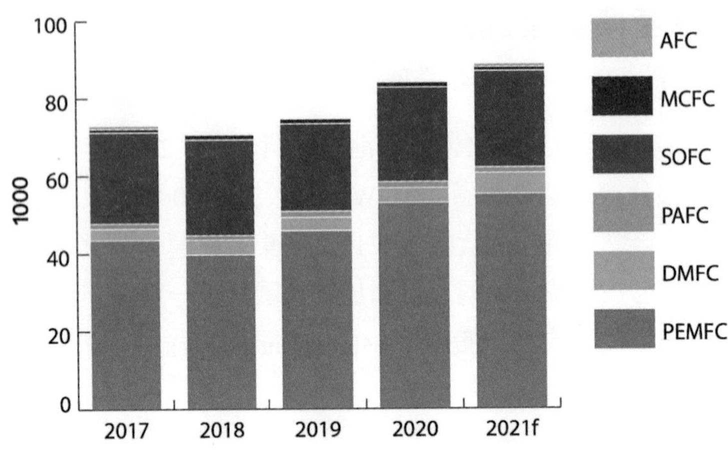

圖 1-18　不同種類燃料電池全球發貨數量

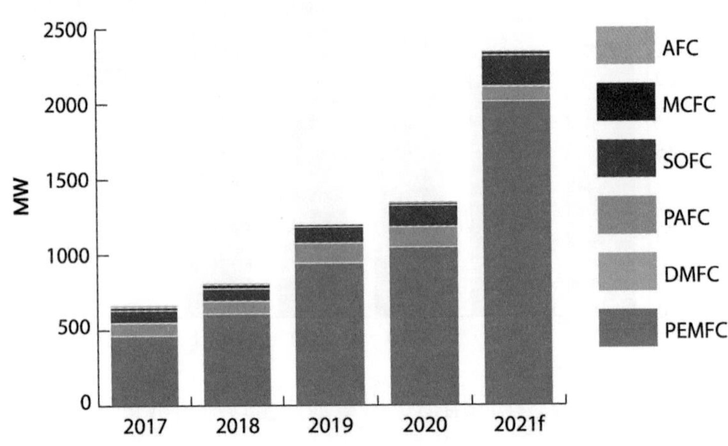

圖 1-19　不同種類燃料電池全球發貨功率

圖 1-18 與圖 1-19 統計了不同燃料電池種類之出貨情形。目前，各類的燃料電池中以 PEMFC 和 SOFC 發展優勢最爲明確，原因包括：

- 全球的開發商數量最多
- 政府所投入研發經費最多
- 產品適用功率範圍最廣。

兩者中又以 PEMFC 用途廣泛，幾乎獨佔運輸市場之應用，無論是用發貨數量或發貨功率計算，PEMFC 仍然佔主導地位，自 2011 年以來這種情況一直維持不便。

幾年前，除了 Bloom Energy 與 ENE-FARM 之外，一般公司都將發展 SOFC 商品化視爲畏途。然而，目前全球有多家公司擁有良好的 SOFC 產品，而且已經或接近商品化，在中期內具有潛在的價格點，預計 SOFC 產業在 2025 年可以眞正進入大衆市場。SOFC 的重新出現市場是一個相當有趣的現象。

若將燃料電池產業成長投射在過去全球太陽光電市場增長的數據，我們可以發現兩者有相似之處。然而，從過去太陽能產業的歷史成長趨勢分析，如果燃料電池產業表現出相同的成長曲線，那麼它比今天太陽能產業落後大約 15 年，如圖 1-20 所示，S 曲線中的跳入點 (kick-in point) 應該在 2025 左右。目前爲止，燃料電池產業的增長有循著太陽能的部署模式，在政策脂質之下，大幅且快速進行成本下降措施，同時每年有必須要有數個 GWs 的成長速率才有辦法達成。

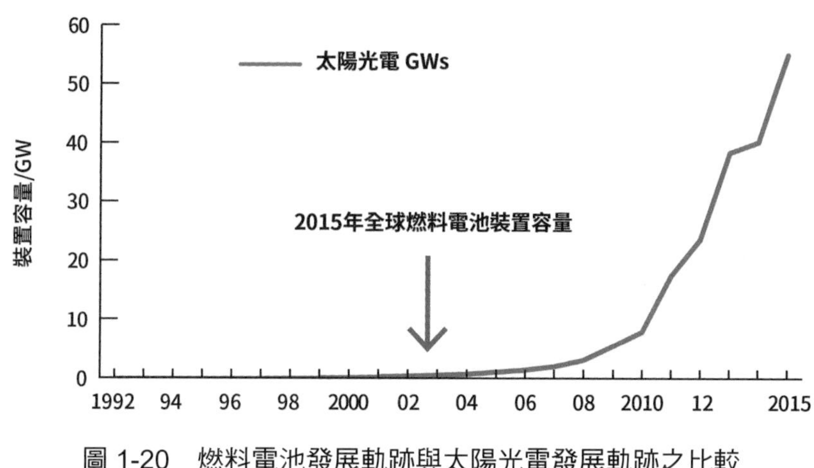

圖 1-20　燃料電池發展軌跡與太陽光電發展軌跡之比較

1-5-3　氫能源產業應用

1. 定置型燃料電池市場

表 1-5 爲目前商業用定置型燃料電池發電站之主要產品。

美國有三個世界領先的定置型燃料電池製造商，FuelCell Energy(FCE)、Doosan Fuel Cell America、和 Bloom Energy，分別採用 MCFC、PAFC、以及 SOFC 技術，所生產定置型燃料電池功率範圍從 100 kW 至幾個 MW。這些公司各自受益於政府的政策支持，在國內 (如加州和康州等地) 以及海外 (如韓國) 推展他們的燃料電池設備以及設備所發的電力。

表 1-5　商業用定置型燃料電池發電站之主要產品

企業	Doosan Fuel Cell	Bloom Energy	Fuel Cell Energy	Fuji Electrics
外觀				
開發國	美國	美國	美國	日本
電堆技術	PAFC	SOFC	MCFC	PAFC
發電容量	400 kW (PureCell®)	500 kW (Bloom Box)	300 kW/1.4 MW/ 2.8 MW(DFC®)	105 kW (FP100)
現況	發售	發售	發售	發售
類型	熱電聯產	發電	發電	熱電聯產
發電效率	41%	50-60%	47%	42%
總效率	90%	–	–	62%
備考	2014 年收購自 ClearEdge Power 技術源自 UTC Power	在日本與軟銀 成立合資公司	授權韓國浦項制鐵	

FuelCell Energy 是目前全世界上第一個進行規模生產的燃料電池公司，其產品價值與利基在於強化電網市場。FuelCell Energy 的主要產品爲 300 kW 直接燃料電池發電站 DFC®，發電效率可達 47%，其模組化設計最大發電容量可達 2.8 MW。2003 年第一次商業安裝其以來，2015 年 9 月全球發電量已達 40 億千瓦時的里程碑。預估 FCE 很快就會將達到燃料電池電廠的營收超過燃料電池銷售的收入的臨界點，在 2015 年，電廠賣電收入爲 1,960 萬美元，燃料電池銷售額爲 2,450 萬美元。

Doosan Fuel Cell America 於 2014 年收購 CleanEdge Power 的資產和 IP 成立，主要技術源自於 UTC Power，UTC Power 在燃料電池技術已有 50 多年的開發經驗，從 1991 年即開始銷售的 200 kW 的 PC25 ™ PAFC 熱電量產系統。PureCell® Model 400 以天然氣燃料，可以產生 440 kW 的清潔電力和 170 萬 BTU/hr 的可用熱量，從商業建築到數據中心，工業設施和微型電網均可安裝。PureCell® 系統標榜它的燃料電池堆壽命可達 10 年。

Bloom Energy 是分散式 SOFC 電站的指標廠商，它在 SOFC 的地位就有如早期的西門子 Siemens 和西屋 WestingHouse 一樣。該公司的 Bloom Box 產品從早期 200 kW 的發電容量到目前已經提升到 500 kW，發電效率在 50 ～ 60% 之間。

日本富士電機已經生產了商業規模的燃料電池系統多年，其 FP100i 100 kW 熱電聯產 PAFC 系統用於大型建築應用，例如醫院，辦公樓和污水處理廠，並已在日本，德國，南非和美國安裝，FP100i 的發電電效率 45%，熱電聯產效率則達 62%。

定置型燃料電池市場走向多元化，例如，定置型潔淨電力結合能源服務業 ESCO 的創新模式，海水淡化的電力需求是定置型燃料電池另一個潛在市場，數據或資料中心需要高品質、高功率的定置型電力，分散、潔淨、且消耗更少水資源的定置型燃料電池越來越受到關注。根據 IEA 估計到 2030 年全球電力需求將達到每年 32,000 TWh，而資料中心的電力需求達到每年 8,000 TWh，代表全球電力需求的 25%，預期定置型燃料電池電力之需求將隨之成長。

2. 運輸動力產業

目前運輸動力用燃料電池之發展仍以車廠為主，其中日本與韓國車廠由於受到政府政策支持，目前相關產業發展已經領先全球。豐田於 2014 年 12 月正式銷售全球首款直接向消費者販售的量產燃料電池車 Toyota MIRAI，本田與現代也隨即推出 Clarity Fuel Cell 與 NEXO 商業車款；相形之下，美國車廠由於受到聯邦政府於 2009 ～ 2013 年大幅削減 FCV 預算影響，燃料電池車產業發展已經落後日本、德國許多。

全球各車廠對於零排放車之發展之布局相當積極。豐田主要藉由混合動力車 (HV) 培育的技術應用於燃料電池車，並將 FCV 定位為終極環保車；深陷柴油車廢氣造假醜聞的德國福斯也規劃推出純電動車 EV 上，試圖扭轉形象；日產與特斯拉著重在 EV 之開發；通用與本田策略聯盟共同研發 FCV，將於 2020 年推出 FCV。EV 目前雖已經進入普及階段，所面臨之充電與續航力問題，仍待提出解決方案，作為競爭對手的 FCV 續航距離較長，在這方面超越了 EV，這場零排放車競賽之勝負關係著氫能產業是否能夠成功的關鍵。

3. 便攜式電源產業

燃料電池在分散式電站與車輛動力上之應用主要訴求是環保、節能、以及能源安全，便攜式燃料電池發展主要特點在於便利性，也就是在於它具有高能量密度以及可提供較長的服務時間。

2000 年以後，全球投入便攜式燃料電池開發的廠商相當多，例如 Antig、PolyFuel、Medis Technologies、Motorola、MTI Micro、Neah Power Systems、Toshiba 等公司，這些公司大都採用直接甲醇燃料電池 DMFC 技術進行手機或筆記型電腦電力開發。目前，這些公司大部分已停止相關技術開發或營運。

日本 Toshiba 爲早期投入 DMFC 便攜式電力研發最積極的廠商之一，在 2009 年發表 Dynario 便攜式燃料電池 (圖 1-21) 之後，便停止 DMFC 產品之開發；美國 MTI Micro 擁有 MOBION ™的 DMFC 微型化技術，主要應用於手機等手持式電子產品之電力，於 2011 年已結束業務。目前，市場上存活最久的便攜式 DMFC 廠商就屬德國 Smart Fuel Cell(SFC)，在 2016 年慶祝其 EFOY 產品 10 週年紀念，如圖 1-22 所示，EFOY COMFORT 是一款 40 ～ 105 W 的 DMFC，主要用在篷車和露營車的休閒市場，同時其 EFOY Pro 系列 45 W ～ 500 W 已經開發爲工業和國防用途，由於這些 DMFC 具有遠端遙控功能，可以提供監視與照明等遠端電力之用，這對於無人看守之可靠性以及長運行時間需求至關重要。

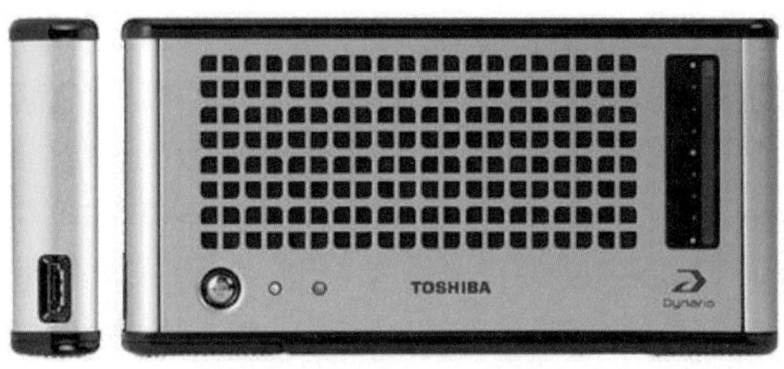

圖 1-21　Toshiba 所開發之 Dynario 便攜式燃料電池

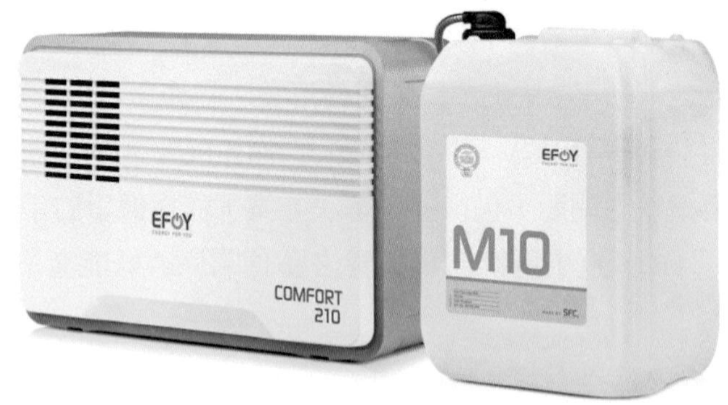

圖 1-22　Smart Fuel Cell EFOY COMFORT 便攜式燃料電池

1-6 氫能爆發拐點

氫能爆發的臨界點在哪？

目前來看，制約氫能發展的主要因素，歸根到底就是一個字：貴。

要解決這個問題，主要依賴三個方面：

一、綠電成本的快速下降；

二、製氫設備成本的快速下降；

三、大規模管道輸氫的可行性。

首先，在綠電成本的快速下降方面，過去 10 年間，全球光伏發電成本已經降低了 90%，未來隨著鈣鈦礦、異質結及分散式光伏的廣泛應用，綠電成本還會進一步降低。

其次，在製氫設備成本快速下降方面，此前全球並沒有專門的製氫產業鏈，很多製氫設備並不是專用的，而要先買別的行業的機器，改造之後才能用。但隨著近期氫能行業熱度的提升，許多公司紛紛入局隔膜和電解槽，未來相關設備標準化定型及量產後，製氫成本也會明顯下降。根據研究發現[7]，製氫成本下降中，33% 的成本下降來自於光伏電力成本的下降，電解槽成本下降和使用壽命增長的貢獻率則超過 57%，可見製氫設備改進對於行業發展的重要意義。

至於在大規模管道輸氫方面，目前各國還處於爭論狀態，擔心氫原子滲透到碳鋼里，出現氫脆問題。但目前德國等多個國家都在嘗試管道輸氫，也取得了不錯的效果，未來歐洲的氫能將主要依賴在風光資源豐富的地區 (如北非和中東) 電解水製氫，然後通過管道長距離、大規模輸送到歐洲。比如 2020 年，32 家歐洲天然氣基礎設施公司共同發起一項歐洲氫氣骨幹網計劃 EHB(The European Hydrogen Backbone)，包含 5 條「氫走廊建設規劃」，如圖 1-23。EHB 計劃到 2040 年左右形成一個互連的專用氫運輸基礎設施，並逐步延伸至歐洲所有地區。其中，69% 爲現有天然氣管道改造，31% 爲新建輸氫管道，屆時超過 1000 公里的氫能運輸，平均價格可降至 0.11 ～ 0.21 歐元 / 公斤，比海運更便宜。其中，「B 線：西部氫能走廊」已於 2022 年開工，這條管道從伊比利亞半島途徑法國進入歐洲中心，預計每年輸送綠氫 200 萬噸，約佔歐盟綠氫消費量的 10%；「A 線：南部氫能走廊」也於 2023 年 5 月啓動，該線路起始北非，經過義大利，最終進入奧地利及德國，可以將地中海南部地區生產的綠氫輸往歐洲，每年輸送綠氫 400 萬噸，可滿足歐盟 2030 年氫氣進口目標的 40%，兩條管線全部計劃於 2030 年前投入使用。

7　《基於學習曲線的中國未來製氫成本趨勢研究》

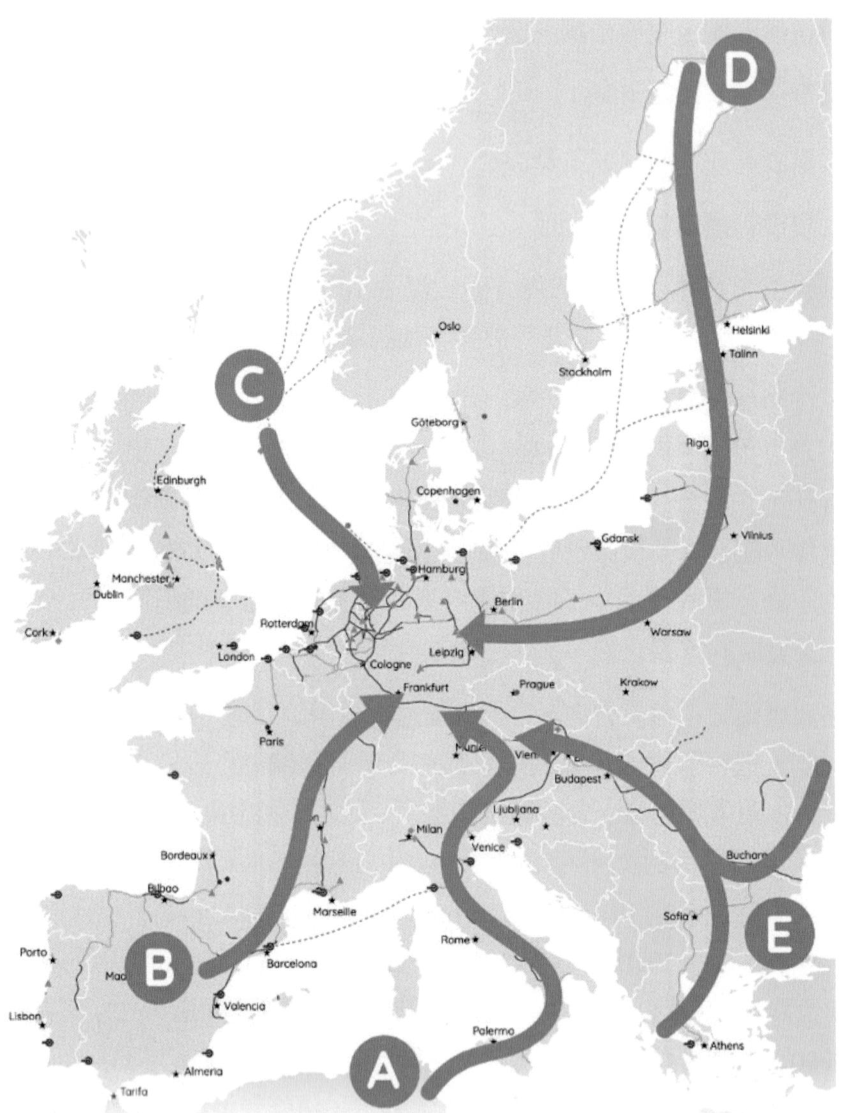

圖 1-23　EHB 規劃的五大氫能供應走廊 (圖片來源：EHB initiative 官網)

那麼，氫能爆發的臨界點在哪裡？

第一個節點是 2030 年。

首先看消費端，以歐洲爲例，目前德國境內加氫站的平均零售價爲 9.5 歐元 / 公斤，1 公斤氫大概可以滿足一輛家用轎車 100 公里的續航需求。相比燃油車的話，當前歐洲汽油價格是 1.9 歐元 / 升，按普通燃油車每百公里油耗 5 升計，其實歐洲的氫能車使用成本已經與傳統燃油車相當。

再來看供給端，2021 年 12 月，標普全球普氏 (S&P Global Platts) 發佈了全球首個「碳中和氫 CNH(Carbon Neutral Hydrogen)」的價格指數。他們選取了美國加州、美國海灣地區 (包括德克薩斯州和路易士安那州)、荷蘭 (代表歐洲)、沙烏地阿拉伯 (代表中東)、日本 (代表遠東)、澳大利亞西部 (代表澳洲) 共計六個地區，算出了各地「碳中和氫」的平均出廠價格，分別如圖 1-24 所示。此處的「碳中和氫」沒有限定氫氣製取的方式，而是限定了要使碳市場工具，如購買碳配額、CCS 等，抵消掉製氫過程中的碳排放，以最終差值作爲價格基準。在上述六個地區中，歐洲的綜合製氫成本是最高的，出廠價與零售價相差無幾，扣除運費基本就是虧損，必須要依賴國家補貼。而如果到 2030 年，歐洲「氫走廊建設規劃」可以初步建成，意味著歐洲能夠以比現在低一半的價格使用北非和中東地區的綠氫，屆時，綠氫就可以順勢承接掉歐洲灰氫和藍氫的市場份額，整個體系就可以在不依賴補貼的情況下先運轉起來，這可能是未來氫能發展的一個轉捩點，出海方向上可能也會有一波機會。

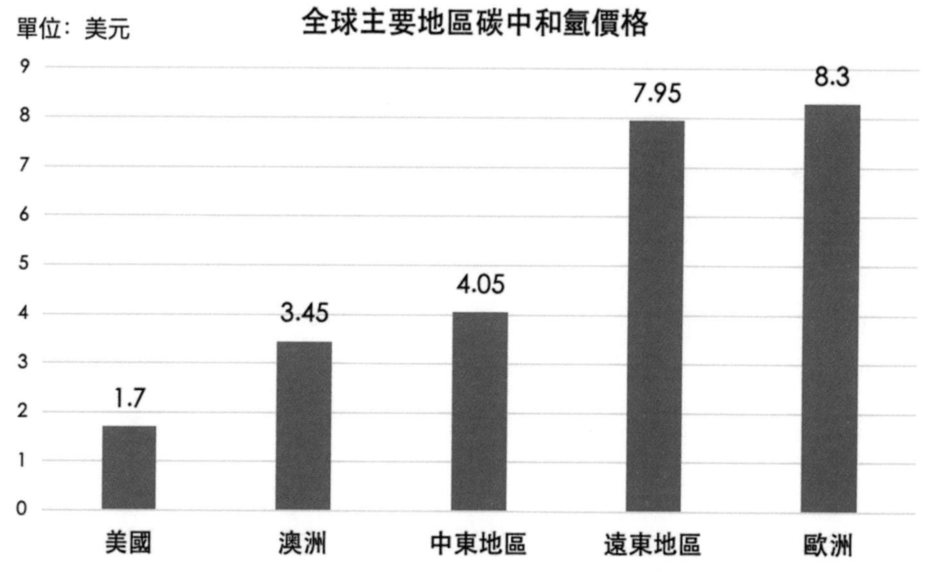

圖 1-24　各地區普氏碳中和氫價格情況。資料來源：S&P Global Commodity Insights

第二個節點是天然氣平價 (gas parity)。

首先，天然氣平價是一個能夠顛覆現有能源結構的價格。因爲有燃油稅和補貼，氫能在交通領域尚有一戰之力，但到了工業領域就完全不夠看了。以鋼鐵冶金爲例，目前在中國大陸的終端氫能成本大概在 60-70 元人民幣 / 公斤左右，補貼後約 40 元人民幣。氫想在冶金領域完全替代天然氣或焦爐氣，必須要達到與天然氣平價 (gas parity)，也就是大約 2 美元 / 公斤。換句話說，一旦氫能成本低於 2 美元 / 公斤的拐點來臨，屆時大規模替代化石能源也會變得非常迅速。事實上，2 美元 / 公斤是一個目力所及的價格，至於何時能達到 2 美元 / 公斤？一般研判，到 2030 年，中國的綠氫成本將低於 2 美元 / 公斤。

表 1-6　不同燃料經濟性對比

燃料類型	熱值 (MJ/kg)	單價 (USD/kg)	熱值單價 (USD/MJ)
焦爐氣	34	0.42	0.0124
天然氣	42	0.56	0.0133
氫氣	143	1.82	0.0127

1-7 氫能社會

1-7-1 氫能社會的面貌

氫能社會的生活將會是什麼樣的面貌呢？

1. 氫能家庭的燃料電池：邁入氫能社會，燃料電池車成爲家庭主要交通工具，FC-CHP 也成爲必備的家電用品，就有如日本家的 Toyota-Mirai 與 ENE-FARM 一樣。ENE-FARM 主要功能是提供家庭熱水所需，同時間所產生的電力提供家裡使用以降低尖載需求。ENE-FARM 每發一度電相當於向廠電購買一度電加上熱水器提供 1.3 kWh 的熱水，因此，在提供相同的電能與熱能下，ENE-FARM 可以減少 40% 的二氧化碳排放量，同時降低 26% 的燃料使用量。此外，自家也可以裝置庭能源站 HES(home energy station)，利用離峰電力或再生能源電解水製氫氣提供燃料電池車所需的氫氣。
2. 氫能大廈的燃料電池：智慧型辦公大樓對於電力品質要求相當高，一般以自備發電機或加裝備援電力系統以應付停電問題。目前一般使用大型柴油發電機有噪音與排放廢氣的問題，不適合住宅區與商業區使用。氫能社會的智慧型大樓會安裝燃料電池發電機或備援電力系統，它沒有噪音與排放廢氣，適合任何場所與地點。
3. 營業場所的燃料電池：邁入氫能社會後，許多旅館、醫院、商場等營業場所採用可提供熱能與電能的燃料電池熱電聯產系統 FC-CHP，以滿足隨季節時間各有不同之電力與熱能之需求，可以有效地提高燃料總效率 (發電效率 + 熱回收效率)，以工作溫度 200°C 的 PC25 ™ C 型磷酸燃料電池[8] 爲例，除了作爲高品質電力的發電機之外，餘熱可提供約 160 ～ 170°C 的水蒸氣作爲飯店、醫院、商場等吸附式

8　磷酸燃料電池 PAFC, phosphoric acid fuel cell.

冷動機使用，90 ～ 120°C 的過熱水則可供蒸氣房的鍋爐給水使用，60°C 的溫熱水則可供溫水游泳池與淋浴使用。

4. 救災用途的燃料電池：燃料電池獨立運轉供電的特性，相當適合應用在救災系統上，以日本東海地區的西島醫院為例，由於經常發生地震，為了確保電力品質與自給自足能力，醫院採用 PC25 ™ C 型磷酸燃料電池電廠，平常使用天然氣，當災害發生而中斷天然氣供應時可改用 LPG 燃料，其中，燃料電池一天可製造大約 5,000 人份的飲用水，產生的直流電解電解食鹽水製作殺菌水提供救災使用，另外，也可提供溫熱水作為災民淋浴之用。

進入氫能社會究竟會帶來哪些好處？整體而言，可以歸納有以下幾點：

1. 可以確保能源安全。氫來源多樣化，而且燃料電池能把氫轉化成電和熱的效率高，因此，可以使用較少的能源而產生相同的能量，氫氣可以用再生能源生產，其使用也將促進能量供應的穩定性。
2. 減少對環境的負擔。氫燃燒時時只會釋放水，所以它可以大幅減少二氧化碳的排放，而且機動車輛所造成之都市空氣污染，危及我們的健康，氫能社會所採用的燃料電池是清潔空氣技術，可減輕環境的衝擊。
3. 可以幫助應付天然災害。一部燃料電池車就是一部可移動的發電機。當災難導致停電時，燃料電池車可以使用其儲氫槽的氫供電，例如 Toyota Mirai 儲存 5 公斤的氫氣儲量可以發 70 kWh 的電力，這足以供應一個家庭一星期的用電量。
4. 可以提供工作機會：向新能源轉變意味著新的就業需求。隨著氫能社會發展，需要大量燃料電池技術熟練的專業人員，氫能市場發展也需要大量的生產、訓練、以及服務人員。

1-7-2　氫能社會的產業轉型

進入氫能社會後，傳統能源業者如電力公司、瓦斯業者、石油公司的工作不再只是賣電、賣氣、加油，而是逐漸轉型以確保企業永續發展。目前許多傳統能源產業已經逐漸地加入氫能產業鏈，進行氫製造、輸送、儲存、轉化技術的開發。圖 1-25 說明邁入氫能社會後之傳統能源業者轉型之可能性：

1. 電力公司：邁入氫能社會後，高污染、低效率的集中型電廠逐漸淘汰，電力公司開始在社區建構友善環境的燃料電池分散型電站，破壞市容的高壓電線將逐漸消失；電力公司同時經營電力銀行業務，藉由智慧電網將分散型電站將多餘電儲存到電力銀行，而電力銀行再將電賣給附近需電用戶，當用戶的用電量高出自家燃料電池之供電量時，可從電力銀行提出電力存款。

2. 瓦斯公司：目前的瓦斯公司主要提供天然氣或液化石油氣給產業或住家供熱需求。進入氫能社會後，瓦斯公司將天然氣搭配改質器販售，以提供家用熱電聯產燃料電池之用。因此，開發高效率的改質器成爲瓦斯公司轉型到氫能社會的重要工作之一。

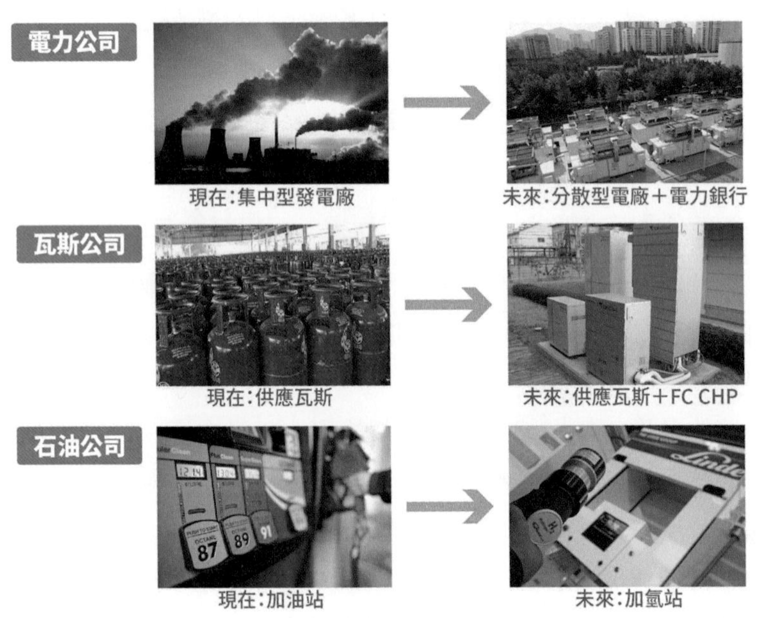

圖 1-25　氫能社會之傳統能源業者轉型

3. 石油公司：進入氫能社會，石油業者轉型工作包括生產氫氣供燃料電池之用，並將目前加油站改成加氫站。

電力是目前用途最廣的二次能源，電力跨國輸送在歐洲大陸與北美地區司空見慣，例如美國的紐約州購買來自加拿大安大略湖水力電廠的電力，德國南部也會向鄰近的法國購買核電，然而長距離的電力輸送會造成相當大的電力損失，況且屬於島國的台灣電網獨立且封閉，因此無法自國外進口電力。

邁入氫能社會之後，氫氣和石油、天然氣一樣，將會出現國際交易市場。

氫燃料可以在技術先進國家以再生能源製造後輸出供其它國家使用，也就是可以將過剩的再生能源電力電解水生產氫氣，然後再將氫燃料輸往需要的國家。因此，未來的能源輸出國已不再是 OPEC[9]，而是擁有充沛太陽能的高科技國家 OHEC(Organization of Hydrogen Exported Counties)。全世界已經有許多國家開始規畫再生氫能輸出之基礎設施。

9　OPEC：Organization of Petroleum Exported Counties，石油輸出國家組織。

在冰島全國 99.9% 的電力皆來自水力與地熱，而現在已經開始建構氫能基礎設施與氫能輸出計畫；加拿大也規劃將豐富水力發電資源轉化為氫燃料輸出水力氫至歐洲的計畫。

1-7-3　氫能社會之民衆接受度

要使氫能使用普及，就需要提高社會對氫能的接受度。而要提高社會接受度，就需要提高民衆對於氫能與燃料電池的認識，並消除人們對氫抱有不安的情緒。

因此，積累實際成果，確立安全、熟練的新能源使用技術，通過讓人們正確認識新能源，使民衆安心是非常必要的。一般我稱為社會接受性 (public acceptance)。

在日本推動氫能社會時，NEDO 與 HySUT(日本氫氣供應和利用技術研究協會) 共同進行了關於氫能、燃料電池車意見及看法的問卷調查。接受調查的對象為東京車展 HySUT 展台的參觀者以及燃料電池車的試乘者。調查結果顯示，民衆普遍知道氫氣的特性以及它是一種清潔能源，但有 2 成多的人認為氫能比汽油危險，另外有 7 成多的人認為只要正確使用，氫能是能和其它能源一樣使用，但是有大約 3 成的人對自身住宅以及工作場所附近興建加氫站持反對意見。德國於 2009 ～ 2013 年在全國進行了名為 HyTrust 的關於氫能的社會接受調查，結果顯示，大部分的民衆支持引進燃料電池車並對其安全性抱有信心，有關加氫站的擔心意見比起加油站來說還是佔少數。在美國，以能源部正進行提高社會認同度的對策。除對民衆、政府和企業的氫能信息發布外，特別的是，對於處理事故的第一線工作人員 - 消防員和救護員進行全國性的訓練。此外，任何人都能參加網路線上研討會和使用網上工具，同時也開發了智慧手機的氫能源應用和加氫站地址導覽的 APP。

1-7-4　日本氫能戰略的反思

這幾年全球氫能剛剛起步，大家的關注點還是在燃料電池上，因為電池裝上車馬上就能上路，上路馬上就能賺錢，整個行業很像十幾年前的鋰電，整體還處於比較草莽的時期。但反觀日本企業已經發展到了近乎“拆飛機”的階段，即每個細分產業鏈都已經實現了專業分工化，小到一個加氫泵的噴嘴，每個零部件都有一批專業公司，在自己的領域內打磨和提升技術。可以說在氫能生態方面，日本的確比其他國家走得更快，有很多東西都是我們可以借鑒學習的。至於日本氫能為什麼沒有發展起來，之前已經有過很多分析，比如說日本自身市場狹小，但又想自己「吃獨食」，很多技術專利握在手裡不和別國分享。這些分析有一定的道理。

早在 2014 年，日本內閣會議通過「能源基本計畫」，內容包含了氫能源的應用與推廣。同年，經濟產業省發佈日本 2040 年的氫社會策略地圖，時程如下：

- 2020 年，擴大國內的固定式燃料電池及燃料電池車的使用量。
- 2030 年，進一步擴大氫燃料應用到傳統發電體系，形成一個新的二次能源結構。
- 2040 年，採用二氧化碳 CO_2 捕獲與封存技術，建立完整的二氧化碳 CO_2 零排放的氫供應鏈體系。

同年 7 月，NEDO 氫能源白皮書 (NEDO 水素エネルギー白書)，該報告將以氫燃料氣輪機、家用燃料電池、燃料電池車作爲氫能源應用開發的三大技術，報告內容包含政策動向、製造 / 運輸 / 儲藏 / 應用開發等相關技術及未來發展方向等關鍵資料。

日本是石油資源極度貧乏的國家，國內原油自給率只有 0.3%。1970 年代的兩次石油危機，使當時正在高速增長、以重化工業爲主的日本經濟遭受重大損失，所以從 1974 年開始，日本推出“新能源技術開發計劃”，大力發展新能源，並提出“安全、穩定、長期和高效供給”這四個關鍵詞。所以從一開始，日本的新能源戰略就是爲了減少對石油進口的依賴，而不是以脫碳爲目的。

第一個轉捩點來自 1997 年的《京都議定書》。日本作爲當時主要簽約國，承諾要將溫室氣體排放量削減 6%。在這個背景下，日本對氫能的關注開始逐漸增加，因爲氫燃料電池不需要對現有汽車產業鏈進行重大改造，只要對內燃機系統稍加改裝即可使用，這樣有利於保持和擴大日本在汽車領域的技術優勢。因此在 2003 年，日本發佈《第一次能源基本計劃》，首次提出「氫能社會」構想，氫能成爲高頻詞出現 20 次。但這一時期，日本政府對於氫能的實際投入並不太多，主要還是當作下一代能源來觀察和培養，關鍵技術研發也都沉澱在高校之中。

第二個轉捩點很快到來。2011 年福島核電站發生了重大核洩漏事故，民衆談核色變，日本原本規劃 50% 的能源要來自核電，但在巨大的輿論壓力下，政府不得不轉而尋求他法，氫能就此迎來眞正的爆發。

2013 年，安倍政府提出《日本再復興戰略》，把發展氫能源提升爲國策。2017 年，日本發佈《基本氫能戰略》，正式提出建設「氫能源社會」，要求在所有部門推行採用氫能，打造世界上第一個「氫能社會」。但稍微觀察也會發現，此時的日本選擇全面押注氫能，也不過是順勢而爲，本質上還是爲了解決核電退潮后的能源短缺，依然不是爲了脫碳。

在這一戰略的指導下，日本政府把大量資源用在了補貼下游戶儲和氫燃料電池車的普及上，比如 2010 年，日本在家用聯供系統 (Ene-Farm) 的補貼金額爲 67 億日元，到 2011 年 (福島地震當年) 猛增至 175 億日元，2012 年一躍升至 351 億日元。後面幾年因爲財政原因，補貼雖有大幅削減，但也都維持在數十億日元水準。

而對於上游，日本則採取了“多元化能源結構”戰略。在 2016 年版《氫．燃料電池戰略路線圖》中，日本將構建「氫能社會」劃分爲 3 個步驟：第一階段爲推廣燃料電池、促進氫能應用，這一階段主要利用副產氫氣，或石油、天然氣等化石能源製氫；第二階段主要使用未利用能源製氫、運輸、儲存與發電；到第三階段才會發展再生能源結合 CCS 技術，實現全生命週期零排放供氫系統。

簡單來說，面對氫能的「藍綠之爭」，日本政府選擇了騎牆態度，對於藍氫和綠氫一直沒有進行區分，既不鼓勵，也不打壓，甚至沒有制定相關的排放標準。當然，日本也有自己的無奈。日本四面環海，國土面積狹小，風光資源天然不足，再加上國內電價高企，發展電解水製氫存在天然劣勢。因此，日本從一開始就把關注重點放在了更廉價的藍氫上，比如在澳洲和汶萊等地開採褐煤製氫，然後通過液態儲氫的方式船運回日本。然而，煤製氫過程中會產生大量碳排放和環境污染，平均每生產 1 噸氫氣，需要消耗 6 ～ 8 噸煤炭，並排放 15 ～ 20 噸的二氧化碳，同時還會產生許多高鹽廢水及工業廢渣，只靠目前的 CCS 技術，難以支援煤製氫的大規模發展。而煤化工副產氫雖然成本低，但也會不可避免地副產大量一氧化碳 (約佔焦爐氣的 30% ～ 40%)，最終這些一氧化碳還是會通過各種方式轉化爲二氧化碳。

日本政府顯然也發現問題，在之後 2019 年版的《氫．燃料電池戰略路線圖》中，調整“多元化能源結構”規劃，但依然保留建立全球氫能供應鏈的「藍氫」路徑，以及依託可再生能源的「綠氫」路徑並存的路線圖。

日本在藍氫和綠氫之間反覆徘徊，在能源轉型上耽誤太多時間。等五年過後，日本政府才發現氫能對於減少碳排放的貢獻遠遠低於預期，無論經濟性還是環保性，都已經被鋰電甩了幾條街，最終喪失在新能源領域的話語權。因此，2020 年 9 月日本再生能源研究所 (renewable energy institute) 發佈了一份檔報告《日本の水素戦略の再検討》進行反思，結論是 2015 年至 2020 年間，由於氫能戰略上的混亂導致了「失去的 5 年」。

過去 10 年間，全球光伏的發電成本已經降低 90%，未來隨著鈣鈦礦、異質結及分散式光伏的廣泛應用，綠電成本還會進一步降低，而反觀煤炭石油等化石能源，基本不可能大幅降價。因此，與電動車最終替代燃油車的邏輯類似，在氫能領域，風光能源加上電解水的綠氫路線一定代表著未來。

所以在 2020 年的《日本の水素戦略の再検討》這份報告中，日本再生能源署也對氫能戰略提出了修正意見，表示要重新建一個氫供應系統，無論是進口氫還是國產氫，都要聚焦到綠氫上，同時提高灰氫和藍氫的排放標準，把日本的氫能戰略和碳中和結合在一起，這其實也和當下各國的氫能戰略不謀而合。

1-7-5 氫能社會的再進化

當氫能源產業成熟之後，氫循環將逐漸取代現有的石化燃料之碳循環，屆時會有很多零污染的燃料電池車輛，包括乘客車、巴士、卡車、機車等，行駛於道路上，取代現有的內燃機引擎汽車，可以有效地解決都市的空氣污染問題，如圖 1-26 所示。此外，分散型燃料電池電廠或發電站將會逐漸取代現有的大型發電廠與輸配電系統，住家、社區、辦公大樓、商場、公共場所可以用燃料電池發電機自行發電，因此，影響都市景觀的電線竿與電纜線將逐漸成為過去式。

邁入氫能社會將有很多有關氫的經濟活動、氫公共設施、氫能市場、氫能建築、氫能社區及各種氫能利用，也就是所謂的氫經濟時代。邁入氫能社會後，氫逐漸取代煤與石油而成為大型電廠的燃料，因此，不再有溫室氣體排放與 PM2.5 的問題。當電力使用不受電網的施束縛時，建造在郊外遠離塵囂的房子，一樣可以有高品質的電力，而且即便在沒有電源插座的野外宿營地，也可以毫無障礙的欣賞影片，因為，燃料電池車就是發電機，如圖 1-27 所示；最終，氫能社會將以建造再生能源大量製造、輸送、儲存無二氧化碳排放的氫的基礎設施，特別是將太陽光和風力等間歇能源轉化為氫氣進行儲存再利用有很大的優勢。

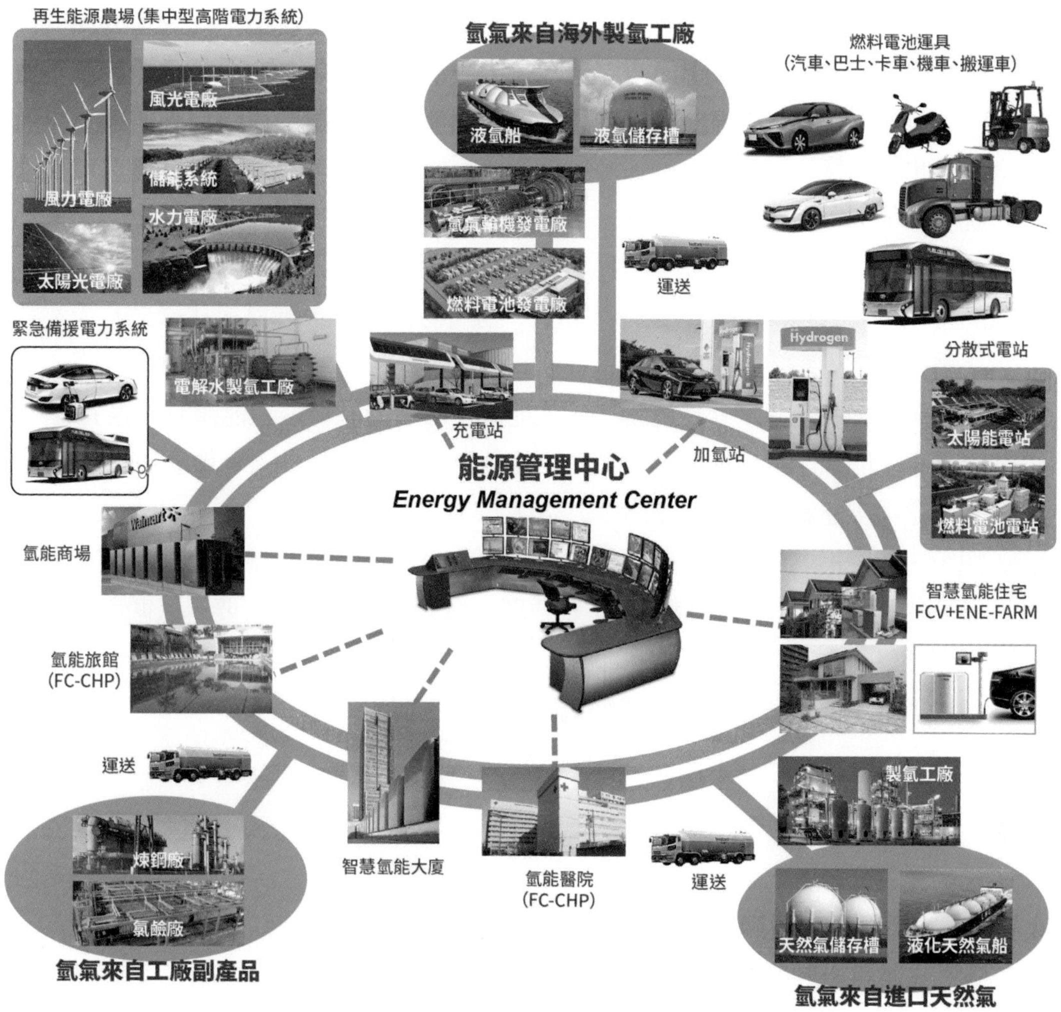

圖 1-26　氫能社會的氫電網路與生活之關連性

圖 1-27　在沒有電源插座的郊外也可以像平時一樣欣賞電視，車子不僅僅是車子，也是房子的發電機 (照片經戴姆勒公司同意使用特此致謝)

習題

1. 氫的產業應用有哪些？試說明之。
2. 爲何石化廠四輕、五輕、六輕廠區內均需要建置大型氫氣工場？
3. 請說明氫氣與半導體產業之關係。
4. 氫氣作爲能源使用時，有哪些特點？
5. 我們可以說一公升汽油比一公升柴油貴，可不可以說一公升氫氣比一公升天然氣貴？爲什麼？
6. 哪些能源是一次能源？哪些能源是二次能源，一次能源與二次能源有何差異？
7. 什麼是再生能源？再生能源有哪些？再生能源有什麼優點？又有什麼缺點？
8. 氫是不是再生能源？爲什麼？
9. 人類第一代、第二代與第三代主流能源爲何？請敘述人類能源使用的變遷情形。
10. 在能源的利用中，「碳循環」與「氫循環」有何不同？爲什麼要用氫循環來取代碳循環？
11. 什麼是氫經濟？試闡述氫經濟溫室氣體減量與之關係。

2

氫的生產

氫的生產方法相當多元，目前主要來自化石燃料，而許多工業製程也生產了爲數可觀的副產氫，而再生能源製氫是普遍期待的綠氫技術，目前成本仍然過高。

氫氣在使用時是零排放，但製氫的原料來自於化石燃料時，例如煤或天然氣，都會產生二氧化碳，用火力電廠的電力電解水製氫也會排放二氧化碳，這些都不算綠氫。只有使用再生能源，如太陽光電、風力發電電解水製氫，才可以得到零排放的綠氫，而生物質製氫，例如液態生物燃料改質，具有碳中和的特性，也可以稱爲綠氫。

爲了解決綠氫的高成本難題，進入氫能社會初期可先使用成本較低的工業製程副產氫，以加速氫氣供應基礎設施之完善，同時藉由技術進步來降低再生能源製氫成本，再擴大利用由再生能源生產的綠氫，而邁入向永續發展之氫能社會。

2-1 多元化的製氫技術

氫能作爲能源技術革命的重要發展方向，其潛力和重要性愈發受到全球的普遍認可，被視爲 21 世紀最具前景的清潔能源之一。氫能以其清潔環保、能效高、來源廣、可儲能等優勢，被稱爲「終極能源」，是未來替代化石能源的最佳選擇，並且能夠有效解決再生能源的消納問題，以解決能源危機、全球變暖及環境污染等。因此，氫能有著極具競爭力的優勢而受到人們的青睞。

氫的生產方法相當多元，可以從各種原料進行製備，如圖 2-1 所示。

使用再生能源製備氫氣可以得到零排放的綠氫，例如利用風電、水電或太陽光電直接電解水是簡單的潔淨製氫技術，一般我們也將之稱作「綠氫」。目前綠氫成本仍然太高，而且必須考慮製氫量 (發電量) 隨天候變化的因素；生物質製氫 (例如沼氣或液態生物燃料改質) 具有碳中和的特性，也可以稱爲綠氫。

從化石燃料製備氫氣中，無論是來自石油的汽油，來自煤炭的合成氣 (煤氣)，或者是天然氣，均是先利用改質 (reforming) 技術，如蒸汽改質法、部分氧化法、自熱改質法，將這些碳氫燃料改質產生粗氫，然後再藉由純化技術，如變壓吸附法 PSA(pressure swing adsorption)、膜分離等，將粗氫中的雜質分離後，可純化成純度達 99.99% 以上的純氫。這種方式製備氫氣將會排放大量溫室氣體，因此又被稱作「灰氫」。

工業製程副產氫是目前市場上重要的氫氣來源之一。煉油廠加氫脫硫過程中所產生的尾氣 OG(off gas)，以及煉鋼廠提煉煤焦時所產生的焦爐氣 COG(coke oven gas) 均含有大量氫氣，苯乙烯與鹼氯製程中也會生產大量的副產氫氣，將這些氣體加以分離、純化之後便可作爲燃料電池的氫燃料使用，一般也稱之爲「藍氫」。將上述天然氣通過蒸汽甲烷重整、自熱蒸汽重整製備灰氫過程中使用碳捕集、利用與封存 (CCUS) 等技術，捕獲溫室氣體，實現低排放生產，也屬於藍氫的一種。

進入氫能社會初期可使用成本較低的工業製程副產氫來解決綠氫高成本的難題，因此，藍氫並不是綠氫的替代品，而是一種加速社會向綠氫過渡的必要技術。待氫氣供應基礎設施完善，同時藉由技術進步來降低綠氫成本後，進而再擴大利用綠氫而邁入一個眞正永續發展的氫能社會。

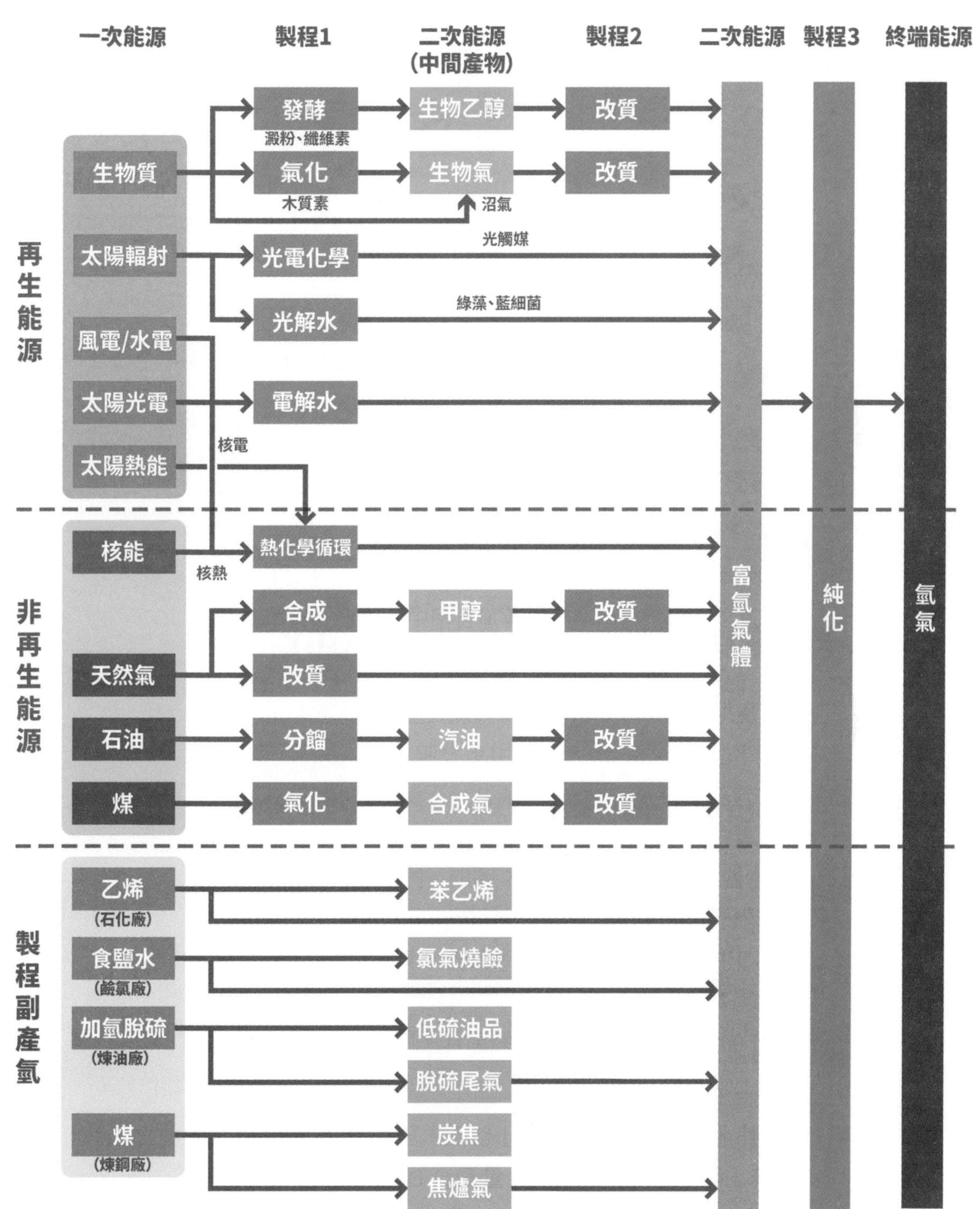

圖 2-1　多元化的製氫程技術

表 2-1 不同製氫技術之比較

氫氣種類	製氫方式	原料	優點	缺點
灰氫	化石能源	煤	技術成熟，成本低，來源廣泛，大規模穩定製氫方式	污染嚴重
		天然氣	產量大，技術成熟，目前主流製氫方式	耗能高與溫室氣體排放嚴重
藍氫	工業副產氫	焦爐氣、化肥、氯鹼等	成本低，初期理想氫源	純度低、提純難
綠氫	電解水	電、水	技術簡單、無碳排放，最具發展潛力	耗電量大、未規模化應用、成本高
	其他方式	熱化學，生物質、光催化等	原料豐富	技術不成熟，初期研究階段

2-2 綠氫

2-2-1 再生電力水電解 (renewable eletrolysis)

水電解製氫是一種傳統且相當成熟的製氫技術，已有近百年的發展歷史。水製氫過程是氫氧燃燒生成水的逆反應，因此，只要提供一定形式的能量，則可使水分解，水電解就是將電流通過水而分解成氧氣和氫氣的技術。水電解製氫技術簡單，無污染，所製作的氫純度高，它的缺點是消耗電量大，生產一立方米氫氣需耗電量爲 4 ～ 5 度電左右，因此，其應用受到一定的限制。

目前商業化的水電解設備以鹼液電解槽爲主，水電解製氫過程是將直流電通入氫氧化鉀水溶液中使水分解爲氫氣與氧氣，而爲了降低電解電壓一般會在電解液中加入五氧化二礬。當鹼液電解槽中的電極上加上電壓時，氫氧根離子移向陽極，在足夠的電位差下便會引起電解用而使得陰極產生氫氣，陽極產生氧氣。

水分子在電極上發生電化學反應，分解成氫氣和氧氣。其化學反應式如下：

陽極：$2OH^- \rightarrow H_2O + 1/2O_2 \uparrow + 2e^-$ (2-1)

陰極：$2H_2O + 2e^- \rightarrow H_2 \uparrow + 2OH^-$ (2-2)

總反應式：$2H_2O \rightarrow 2H_2 \uparrow + O_2 \uparrow$ (2-3)

究竟電解水需要施加多大的電壓呢？電解出每立方米的氫氣需要多少電力呢？

要使水電解能夠進行，在電解槽上的兩個電極上必須施以大於理論電壓。水電解的理論電壓是不考慮任何損耗下的最小電壓，因此又稱爲理想電壓。在理想電壓下的電能相當於水生成的吉布斯自由能變化，兩者的關係可以用熱力學方程式進行表示

$$\Delta G = -\mathrm{n}FE_{\mathrm{n}} \tag{2-4}$$

其中 n 爲反應物之當量數 (或電子轉移數)，F 爲法拉第常數 (965,000 庫侖 / 莫耳電子)，E_{n} 則爲的水的理想電解電位。在常溫常壓 (25°C，1 atm) 下，一莫耳水析出一莫耳氫氣的自由能變化量 $\Delta G = 237$ kJ，因此，水的理論電解電壓是

$$E_{\mathrm{n}} = -\Delta G/(\mathrm{n}F) = 237/(2 \times 96{,}500) = 1.23 \text{ V}$$

理論電解電壓是相對應於自由能的變化，在熱力學條件下，水電解需要的能量必須考量過程中熵的變化 (增加)，也就是

$$\Delta H = \Delta G + T\Delta \mathrm{S} \tag{2-5}$$

因此，水電解所需能量不低於生成水的生成熱 $\Delta H = 286$ kJ/mol，而水的生成熱將全部轉換成爲電能時的電解電位稱爲熱力學電壓：

$$E_{\mathrm{H}} = 286/(2 \times 96{,}500) = 1.48 \text{ V}$$

換言之，將熱力學電壓 1.48 V 加到電解槽上把水電解成氫與氧時，則其消耗的電能相當於氫的燃燒熱。

根據法拉第定律，分析出一克當量的物質需要 96,500 庫侖電量 (26.8 安培時)，因此，在陰極析出一莫耳的氫氣需要 53.6 安培時，從水電解製取 1 $\mathrm{Nm^3}$ 氫氣所需的電量爲

$$Q = (1{,}000/22.4) \times 53.6 = 2{,}390(\mathrm{Ah})$$

此電量和理想電壓的乘積則爲理想功率：

$$W_G = (2{,}390/1{,}000) \times 1.23 = 2.95 \text{ kWh}$$

也就是每立方米氫的理想耗電率爲 2.95 度電。至於熱力學電壓下的耗功率爲：

$$W_H = (2{,}390/1{,}000) \times 1.48\mathrm{V} = 3.53 \text{ kWh}$$

理想電解槽的效率 (或稱熱力學效率) 爲理想功率與熱力學功率之比：

$$2.95/3.53 = 83\%$$

現代電解槽的製氫效率是量測生產每單位體積氫氣所消耗的能量 ($\mathrm{MJ/Nm^3}$)，在常溫常壓下，理想電解槽將耗功率爲 12.7 $\mathrm{MJ/Nm^3H_2}$，所以耗功率愈小，則效率愈高。

如圖 2-2 所示，常見的電解技術包括鹼液電解槽 (alkaline electrolyzer)、質子交換膜電解槽 (proton exchange membrane electrolyzer) 及固態氧化物電解槽 (solid oxide electrolyzer) 等三種，而目前市場上商業化以鹼液電解器與質子交換膜電解器爲主。表 2-2 則爲三種電解技術之比較。

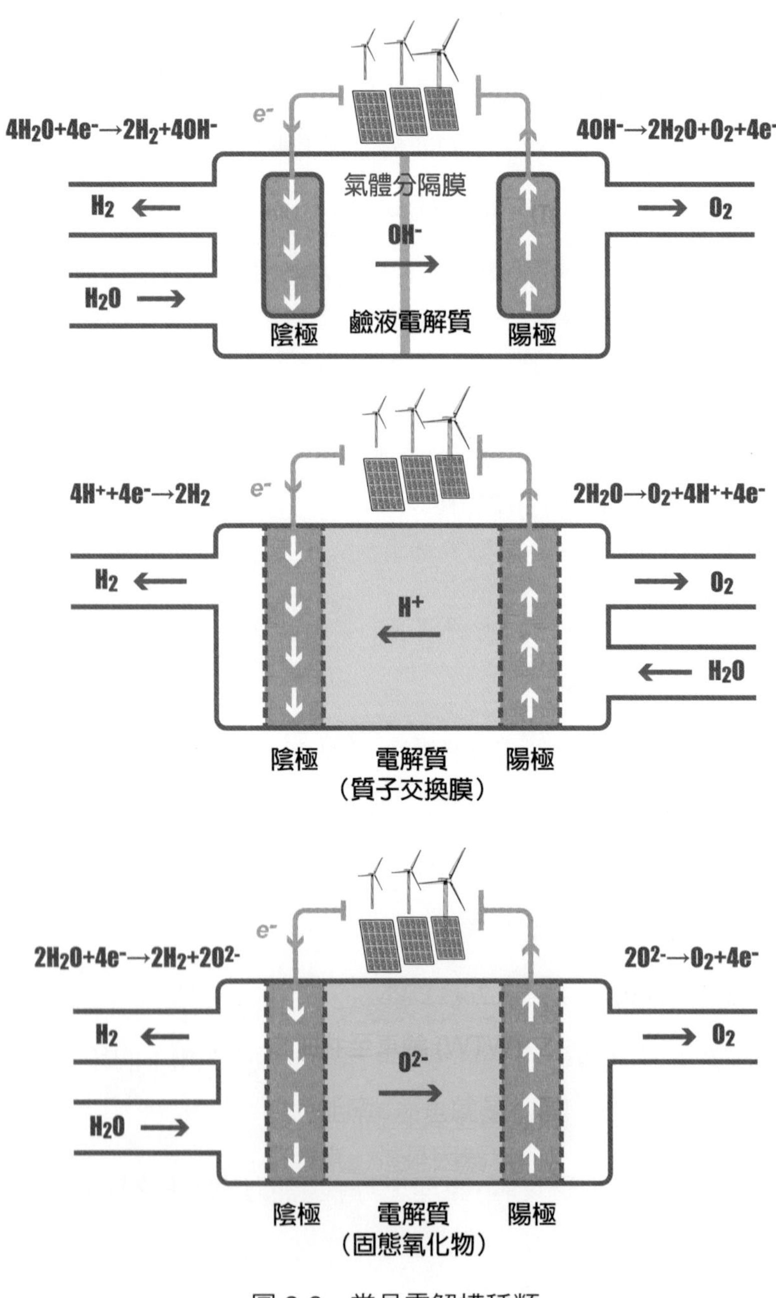

圖 2-2 常見電解槽種類

表 2-2　常見電解技術之比較

技術	鹼液電解槽	質子交換膜電解槽	固態氧化物電解槽
進料	KOH 溶液、NaOH 溶液	純水	純水
電極觸媒	鎳基金屬	鉑 / 釕	鎳陶瓷
電解質	KOH 溶液、NaOH 溶液	高分子膜	陶瓷
電力需求	4.5 ～ 6.5 kWh/Nm^3	5.0 ～ 6.5 kWh/Nm^3	–
系統規模	可大型化能	50Nm^3/h	–
溫度	50 ～ 100°C	20 ～ 100°C	600 ～ 800°C
氫氣純度	99.99%	99.99%	99.99%

圖 2-3 是鹼液電解槽照片。鹼液電解槽它是最早商業化的電解技術，也是最爲成熟的技術。電解質採用鹼性水溶液，如氫氧化鉀或氫氧化鈉，電極上的觸媒一般採用鎳基金屬。由於技術簡單、可靠而且不必使用貴金屬觸媒，因此價格低廉。鹼性電解槽的產氫功率可達 MW 級，氫氣生產速率達 200 Nm^3/h，可作爲儲能裝置，目前被廣泛使用在大規模製氫工業中。就能源應用而言，傳統鹼性電解槽也有些缺點，例如，無法快速反應變動性大的輸入電力，如風力發電與太陽光電等再生能源，此外，所生產之氫氣純度不如質子交換膜電解器，必須過濾電解質等雜質才能夠獲得高純度的氫氣。鹼性電解槽的效率是大約在率 60 ～ 75%。

圖 2-3　薄膜水電解器照片

質子交換膜電解槽雖然已經商業化多年，由於目前技術仍無法大型化，因此並不適合作為儲能裝置之用。目前質子交換膜電解器與質子交換膜燃料電池一樣，一般採用全氟磺酸膜作為電解質隔膜，它具有很好的機械強度和化學穩定性，同時具有分隔電解槽陰陽極的功能，隔膜兩側的電極通常使用鉑族金屬作為催化劑，一般施以 1.5 V 的工作電壓即可有效分裂水分子。質子交換膜電解槽可以在較高電流密度下工作，產氫速率快且效率高。質子交換膜電解槽可以迅速反應電力變化，產氫量可以在短時間內從零到滿載，這項優點對於平衡電網電力而言相當重要，此外，質子交換膜電解槽可以提供高純度氫氣而無需純化。由於質子交換膜的缺點在於裝置成本較高，如電解質薄膜 (Nafion) 與電極催化劑 (鉑)，限制了其廣泛使用。質子交換膜電解槽的轉換效率很高，大約在 65 ～ 90% 之間。

固態氧化物電解槽是一種高溫電解技術，在 600 ～ 800 高溫下，水以蒸汽方式呈現很容易就分解成氫氣與氧氣，固態氧化物電解槽也可能經由水蒸氣與二氧化碳共電解過程而製造出合成氣 (CO, H_2)。這種高溫電解技術的優點在於高效率，特別是假若電力與熱能可來自再生能源，如聚熱型太陽能電廠所供應的高品質熱與電。合成氣可以用作生產合成碳氫燃料作為化工原料，從固態氧化物電解技術製造液態燃料提供一個長期儲存太陽能的可行路徑。固態氧化物電解技術相較於前兩者仍屬年輕，目前仍無商業化之固態氧化物電解槽在運轉。這種電解槽的缺點是工作在高溫限制了材料的選擇，優點則是較高的反應溫度使得電化學反應中，部分熱能取代電能，效率因而較高，尤其是當餘熱被汽輪機或製冷系統等回收利用時，系統效率可達 90%。

水電解的電能可由各種一次能源提供，包括化石燃料、核能、太陽能、水力能、風能及海洋能等。由於目前各國電網電力碳排放係數仍高而且發電效率普遍低落，因此，就能源效率與環境衝擊來看，採取電網電力進行水電解製氫並不是一項好的選擇。然而，利用電網離峰餘電進行水電解製氫不啻是一種可行的儲能方式。如圖 2-4 所示，當水電解電力來自再生能源時，例如太陽光電、風力發電等，不僅沒有污染排放，而且也可藉由水電解製氫來調節其間歇性的供電型態，也就是利用氫作為中間載能體來達到能量調節與儲存的目的。隨著再生能源發電成本逐漸降低、轉換效率提高及使用壽命延長的趨勢下，其用於製氫的前景不可估量，利用各類再生能源進行水電解製氫勢必成為未來大量製氫的重要方式之一。

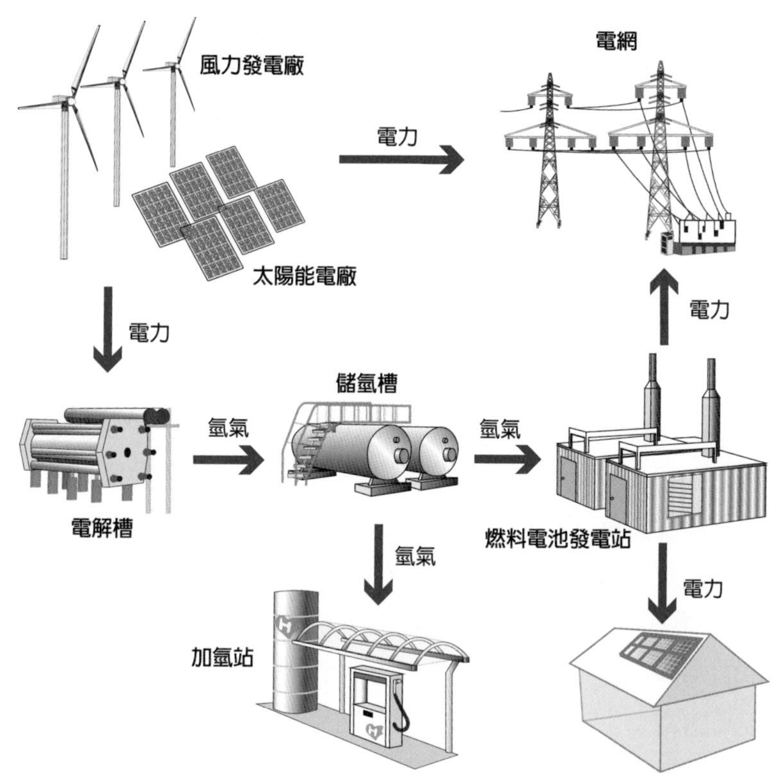

圖 2-4　再生能源水電解製氫之技術關聯圖

2-2-2　電轉氣 P2G

電轉氣 P2G(power to gas) 就是將剩餘電力轉換爲氫氣儲存或與應用，尤其是指利用再生能源剩餘電力製造氫氣，如光伏發電、風力發電的等。藉由將電力轉化爲氫氣儲存，可有效利用再生能源的剩餘電力。一旦太陽能發電及風力發電的成本大幅降低，P2G 就有望普及。

P2G 的附加值，對於上游端的輸配電企業來說，在於輸出功率變化型再生能源 (太陽能、風能) 的輸出功率穩定化及輔助服務 (頻率穩定化服務)，對於下游端的電力需求者來說，其優點是氫氣可用於燃料電池車及家用燃料電池、能量儲存、工業氣體等。

P2G 技術已經在日本、歐洲等國家開始廣泛推廣。2002 年，本田汽車在美國加州沒有輸電設備的沙漠地區，建立全世界第一座利用太陽能產生氫氣的加氫站，這座位於本田加州研發中心的加氫站使用 8 kW 太陽光電系統電解水製取氫氣，然後壓縮存入一個 250 bar 的高壓容器內，製氫量足夠提供一部燃料電池汽車一整年的燃料需求。此一製氫系統可以同時使用電網供電製氫，以提高氫氣產量。

德國政府計畫於 2030 年時再生能源滿足國內 50% 電力需求，這一比例相當於目前的 2 倍。要想達到此一目標，必須實現可隨時應對再生能源輸出變動的轉換技術，提高能源儲存的效率。對此，德國積極推動的電產氣 P2G 之實證，例如，利用風力發電產生的剩餘電力進行水電解生成氫氣，提供給加氫站或混入天然氣管道作爲燃氣使用。德國風力發電多數集中在北部，由於北部電力需求不大，因此大都向工業集中的南部輸送電力，然而高壓輸電設施鋪設十分緩慢，2011，德國柏林北方勃蘭登堡州推動了 P2G 的「普倫茨勞 (Prenzlau) 風力氫計畫」，平時將 6 MW 風機產生的電力併入電網，夜間電力過剩時，則進行電解水製氫並儲存，2012 年，這些風力氫開始執行柏林市 CEP 計畫爲燃料電池車提供氫氣，或者將其混入天然氣中作爲城市燃氣使用。在城市燃氣添加的氫氣的混合燃料稱作氫烷 (Hythane)，這是一種清潔燃料可以有效地削減硫氧化物 (SO_X) 及氮氧化物 (NO_X) 等有害物質的排放。另外，德國大型電力公司 RWE 將 P2G 定位爲未來能源供給的重要技術之一。RWE 在德國西部北萊茵 - 威斯特法倫州 (NRW) 的伊本比倫 (Ibbenburen) 進行供電網、供氣網和供熱網整合的設備的 P2G 實證。實證是將利用光伏發電和風力發電的剩餘電力，電解水製造氫氣，將製出的氫儲存在供氣網中，然後，將氫用於運轉率較高的電力生產，也就是先儲存利用剩餘電力生產氫氣，需要時再取出來轉換成電力。以傳統儲能系統，如鋰離子電池，作爲吸收再生能源剩餘電力來增強電網容量的方式在實際應用中有一定限度。而 RWE 電力公司將電力轉換成氫等氣體能源後，便可利用擁有龐大容量的供氣網。在此次實證中，以 86% 的利用率運轉電產氣設備時的效率最高。RWE 實證所使用之電產氣的核心設備電解槽由英國 ITM Power 公司提供，輸出功率爲 150 kW，可在 14 bar 的壓力條件下生成氫。電解所產生的廢熱用於調整向供氣網輸的送氫壓力。在光伏發電和風力發電輸出較低的時段，將從現有供氣網接受燃料供給，經由熱電聯產設備生成電力和溫水。

法國科西嘉島 2012 年啓動了「以併網爲目的的再生氫任務計畫 MYRTE(Mission hYdrogene Renouvelable pour l’inTegration au reseau Electrique)」，該計畫將光伏發電和儲氫技術組合起來，目的是使光伏發電的電力變動平均化，從而順利併入電網。MYRTE 計畫目標是使不穩定電力的再生能源佔到電網供電量的 30% 以上。MYRTE 計畫共設置了 560 kW 的太陽能光電板，如圖 2-5 所示，利用其剩餘電力，以 50 kW 的電解裝置將水分解成氫氣和氧氣，分別儲存在儲氣罐中，如 2-6 所示。太陽光電板與 15 kV 的電網聯動，在需要電力時，向 100 kW 的燃料電池系統提供氫和氧進行發電。水電解和燃料電池發電時的廢熱作爲溫水回收，儲藏在溫水罐中。

MYRTE 使光伏發電的電力變動平均化的過程如下：提前一天向爲科西嘉島供電的法國電力公司 EDF(Electricite de France) 提供光伏發電及向電網供電的預測數據。一般是根據天氣預報和過去的實際數值等預測光伏發電的輸出功率，向 EDF 提供利用水電解裝置和燃料電池進行了平均化的供應電力的輸出預測數據。在當天的運行中，以向 EDF 提出的併網供電預測曲線爲基準，當實際發電量高於預測曲線時，利用高出的剩餘電力電解水製造氫和氧，儲存在儲藏罐中。反之，當實際發電量低於預測曲線時，則利用儲藏罐中儲存的氫和氧，通過燃料電池發電，然後提供給系統電網。

圖 2-7 是 2013 年 7 月 16 日的數據圖，該日晴朗天氣，日照充足。藍色曲線爲前一天向 EDF 提出的平均化和梯形化後的併網供電量預測值，當天的光伏發電輸出爲紅線曲線。早上 7 點左光伏板右開始發電，之後發電量逐漸增加，到正午前後達到峰值，然後逐漸降低，到晚上 8 點左右停止發電。這一天的天氣比預測的要好，太陽光的發電量基本都高於預測曲線，因此，可以利用剩餘電力 (綠色曲線) 來電解水，實際併入電網的電力曲線爲圖中藍色梯形曲線。雖然多少還有些變動，但基本接近預測曲線。

圖 2-5　MYRTE 計畫中輸出功率為 560 kW 的太陽能電池板

圖 2-6　MYRTE 計畫中之儲氫罐和儲氧罐

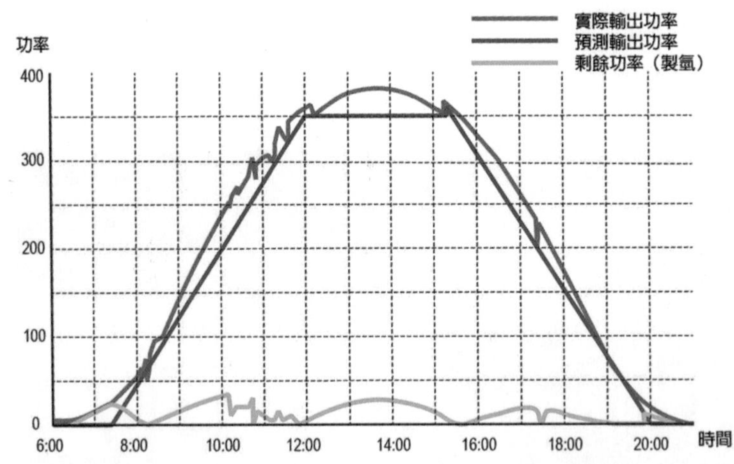

圖 2-7　使光伏發電的電力變動平均化後，提供給系統電網的模式；藍色梯形圖是前一天提供給 EDF 的數據，紅色曲線是當天的太陽能輸出，綠色曲線則是剩餘電力電解水製氫

2-2-3　液態生物燃料改質

生物質是指經由光合作用所形成的各種有機體，包括所有的動植物和微生物。生物質是太陽能以化學能形式貯存在生物質中的一種能量形式，以生物質爲載體，因此，也屬於廣義的太陽能。

依據來源的不同，可以將適合於能源利用的生物質分爲農業資源、林業資源、城市固體廢棄物、生活污水和工業有機廢水及畜禽糞便等五大類。圖 2-8 爲常見生物質製氫方法，目前國際間積極開發大量製氫的生物質以含有澱粉或纖維素的農業資源與林業資源為主，而城市固體廢棄物、生活污水和工業有機廢水、畜禽糞便等生物質能利用基本上是基於於資源回收利用與環境保護，目前並無法作為大量生產氫氣質用。

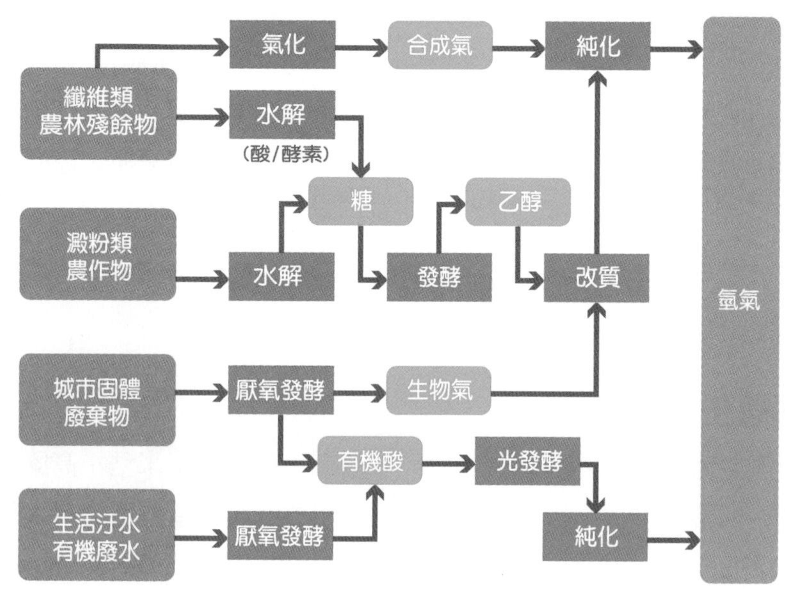

圖 2-8 常見生物質製氫方法

目前所謂液態生物燃料一般是指生物酒精與生物柴油。

生物酒精原料來自含糖或澱粉農作物，如甘蔗、甜菜、玉米等，稱為第一代生物酒精，而原料取自於農業廢棄物，如甘蔗渣、稻草、玉米秸等，則稱為第二代生物酒精，又稱為纖維素酒精。第一代生物酒精技術已相當成熟，美國、巴西等國家已經將玉米酒精添加到汽油裡取代部分汽油，然而它容易常造成與民爭食的後遺症，墨西哥就曾因為將大量玉米用於生產乙醇使得國內玉米價格節節升高，而造成民衆恐慌。第二代生物酒精主要來自於植物中的纖維素，它並非人類或動物的主食，因此沒有糧食排擠的問題，對農地利用的影響也較小。纖維素本身是一種複雜的植物多糖體，是由數百個到近萬個葡萄糖殘基藉由 β1-4 糖 鍵連接而成，在水中有高度的不溶性，目前纖維素酒精的生產成本仍然太高，製程如下：

1. 預處理：粉碎纖維素，增加酵素接觸面積，同時進行蒸煮破壞纖維組織。
2. 分離：將殘留材料與糖液分離，尤其是木質素。
3. 糖化：將纖維素聚醣分子打破轉化為糖。
4. 發酵：糖液的微生物發酵，也就是酵母吃掉糖進行代謝而生成酒精。
5. 蒸餾：用以產生濃度大約 95% 的酒精。
6. 脫水：用分子篩去除水份，以得到純度超過 99.5% 的無水酒精。

生物柴油的原料主要來自未加工過，或者使用過的植物油及動物脂肪，它的製作方法是利用轉脂化反應 (transesterification)，將油脂中的三酸甘油酯與醇類在鹼性環境中反應，分解爲三條碳鏈的脂肪酸酯與甘油，其中脂肪酸酯就是生質柴油，它的物理和化學性質與柴油非常相近。生物柴油的原料來源因地制宜，美國常使用大豆、玉米或動物脂肪，歐洲國家則使用油菜籽或動物脂肪，馬來西亞則使用棕櫚油，印度則使用桐油樹。而爲了避免與民爭糧，目前第二代生質柴油原料主要來自於痲瘋樹、棕櫚樹等非食用性作物。

製取上述液態生物燃料之後，進一步採取與天然氣製氫一樣的蒸汽改質技術，便可大量生產氫氣。

2-2-4 固態生物質氣化

一般用農業生產過程中的廢棄物，例如，稻草、稻殼、玉米秸、高粱秸、麥秸等，或者林業資源中的零散木材、殘留的樹枝、樹葉和木屑等，這些都含有大量的碳氫化合物，這些生物質在結構上主要由纖維素 (cellulose)、半纖維素 (hemicelluloses)、木質素 (lignin) 和少量灰分組成，隨著種類和產地的不同，生物質組成也不同。

圖 2-9 說明固態生物質氣化產氫之過程，基本上與煤氣化類似，主要包括乾燥、熱解與氣化等熱化學過程，除了需要大量的熱之外，也必須控制反應氣體的比例與接觸時間。首先將生物質加熱到 100°C 加以乾燥；溫度達到 150°C 時即開始出現熱解現象，生成低分子化合物。生物質熱解完成後產物中有大約 70% 重量的氣體與液體，而其餘 30% 的固體主要成分就是炭焦 (char)。

生物質　纖維素、半纖維素、木質素

乾燥 120-150 °C　蒸發生物質內水分

乾燥質　$C_6H_7O_4$

熱解 500-600 °C　主產物：焦炭 (30%)　副產物：液氣混合物 (70%)　CH_4、H_2、CO、焦油

炭焦

氣化 900-1100 °C　$C + H_2O \longrightarrow CO + H_2$　$CO + H_2O \longrightarrow CO_2 + H_2$

純化

H_2　合成氣　$CO + H_2 + CH_4 + CO_2 +$

圖 2-9　生物質氣化製氫示意圖

將固態的炭焦溫度提高到 900 ～ 1,000°C 時，通入空氣 (或氧氣) 與水蒸氣使之氣化。此一高溫環境會藉由殘餘氣體或部分炭焦燃燒熱作爲上述高溫反應的熱源。此時，揮發性物質和部分炭焦與氧氣發生燃燒反應產生二氧化碳和少量一氧化碳，以提供隨後之氣化反應所需之熱能：

$$C + O_2 \rightarrow CO_2 + \text{熱能} \tag{2-6}$$

$$C + O_2 \rightarrow 2CO + \text{熱能} \tag{2-7}$$

然後，炭焦與蒸汽進行氣化反應生成一氧化碳和氫氣

$$C + H_2O \rightarrow CO + H_2 \tag{2-8}$$

此外，可逆的水氣轉移反應以非常快地讓氣化槽內的一氧化碳、蒸汽、二氧化碳和氫氣達到平衡濃度

$$CO + H_2O \rightarrow H_2 + CO_2 \tag{2-9}$$

在氣化這個階段，通入不同的反應氣體會影響炭的氧化程度，而所得到的產物也不盡相同，例如，以空氣作爲反應氣會同時導入氮氣而使之成爲最終產物，如此將不利氫氣的分離與純化，如果使用氧氣則不但價格昂貴且操作過程相對危險，此外，也會形成過多的碳氧化物。

此外，爲了獲得高品質非腐蝕氣體，有必要清除由於熱解所產生的酸與瀝青，爲此，這些產物必須再加熱到 1,000 ～ 1,100°C 的高溫下，以便使他們裂解 (熱降解)，或者在 800 到 900°C 時進行催化反應以防止碳灰熔化或煤渣形成 (在 900 和 1,000°C 之間)，而妨礙氣化器之操作。

2-2-5　沼氣製氫

沼氣，顧名思義就是沼澤裡的氣體。在沼澤地經常可以看到有氣泡冒出來，將其點火便可燃燒，這就是自然界天然發生的沼氣。沼氣是多種氣體混合物，其中主要成分是甲烷，約佔 50% ～ 75%，在常溫下無色、無味、無毒，難溶於水，是非常好的氣態燃料，其它成分包含硫化氫、一氧化碳等可燃氣體，以及二氧化碳、氮氣、氨氣等不可燃氣體。

沼氣的來源非常廣，包括動物糞肥、污水、都市固體廢物等有機質都是沼氣的原料，這些有機生物質在缺氧環境下，經發酵或者無氧消化過程就可以產生沼氣，因此也稱爲生物氣體 Biogas。早期，沼氣利用技術還不成熟的年代，通常會將這些沼氣當作廢棄物直接燃燒掉或排放到大氣中。由於甲烷造成溫室效應能力 GWP 是二氧化碳的二十三倍，直接排放沼氣將會大幅增加全球暖化風險。

如圖 2-10 所示，以沼氣作爲產氫原料的應用例子相當多，例如，污水處理場、垃圾掩埋場及牧場或養豬場等。以污水處理場爲例，首先將富有有機質的家庭生活污水或食品加工廢水導入厭氧消化槽，槽底層的有機質在 38 ～ 40°C 下可經由甲烷菌厭氧發酵而產生生物氣，生物氣從槽的上部引出並將其導入儲存槽，經過濾純化後即可作爲蒸汽甲烷改質製氫製程的進料，當然也可以將此生物氣直接作爲高溫燃料電池之燃料。至於在牧場或養豬場方面，第一步，先將動物糞便收集製作成堆肥，然後將堆肥內的有機質在密封缺氧環境下分解成生物氣體，最後，同樣地將生物氣收集儲存並過濾純化後作爲蒸汽甲烷改質製氫的原料。

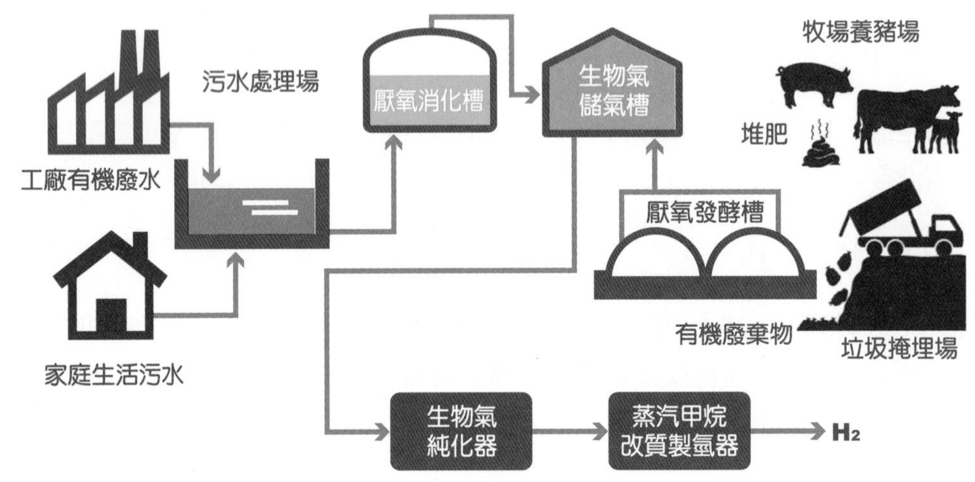

圖 2-10　沼氣製氫示意圖

根據統計，美國大型污水處理廠所產生之生物氣大約只有 10% 回收再利用，其餘 90% 直接排放掉，這些生物氣足以支持 1,500 MW 燃料電池電廠運轉，而所產生的電力則足以供應 120 萬個家庭年平均用電。此外，在美國，大型養牛牧場或養豬場產生甲烷氣，足以滿足 2,100 MW 燃料電池電廠所需之燃料，所產生的電力足以供應 175 萬個家庭使用。

2-2-6　綠藻光解水製氫

一般綠色植物行光合作用時會產生氧氣，而綠藻 (green algae) 或藍細菌 (cyanobacteria) 在厭氧條件下進行光合作用卻可以產生氫氣，稱爲光解水產氫。

綠藻光解水製氫是以太陽光爲能源，以水爲原料，並不需要其它碳質，它是藉由綠藻其特有的氫酶 (hydrogenase)，通過光合作用將水分解爲氫和氧，製氫過程並不會產生二氧化碳。綠藻光解水轉化效率低，最大理論轉化效率大約在 10% 左右。

如圖 2-11 與 2-12 所示，綠藻具有兩個獨立而協調的光系統 PSI 與 PSII，第二光系統 PSII 接收太陽光後將水分解成質子 (H^+) 和氧氣 (O_2)，並釋放出電子 (e^-)，電子先在 PSII 內利用太陽光提升位能後，在類囊體膜內循著電子傳遞鏈傳遞到第一光系統 PSI，在 PSI 內再藉由太陽光將電子作第二次激發，激發後的電子經過鐵氧化還原蛋白 Fd 後，有兩條途徑選擇，第一條是走暗紅色箭頭的固碳路徑，第二條則是粉紅色箭頭的產氫路徑。

第一條路徑是將電子傳遞給 FNR，將 $NADP^+$ 還原成 NADPH，然後在卡爾文循環 (Calvin cycle) 作用下進行固碳作用，以合成葡萄糖，這就是一般綠色植物光合作用的反應。

第二條路徑則是將電子傳遞給氫酶，然後在氫酶催化作用下與質子反應成氫氣而釋出藻體外，

$$2H^+ + 2Fd^- \xrightarrow{\text{氫酶}} H_2 + Fd \tag{2-10}$$

基本上，上述用來維持生長的固碳反應及產氫反應都需要消耗電子，因此兩條路徑彼此相互競爭。

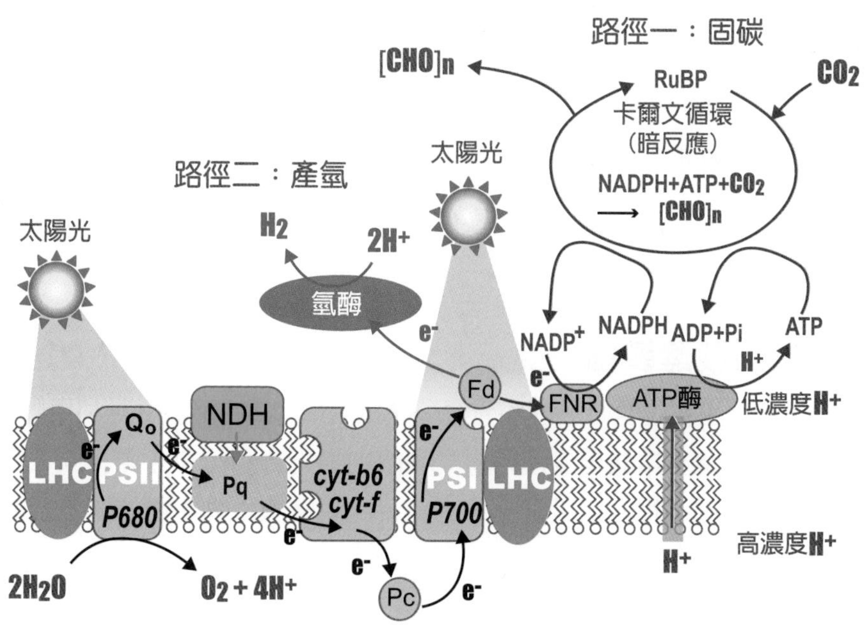

圖 2-11　綠藻產氫示意圖

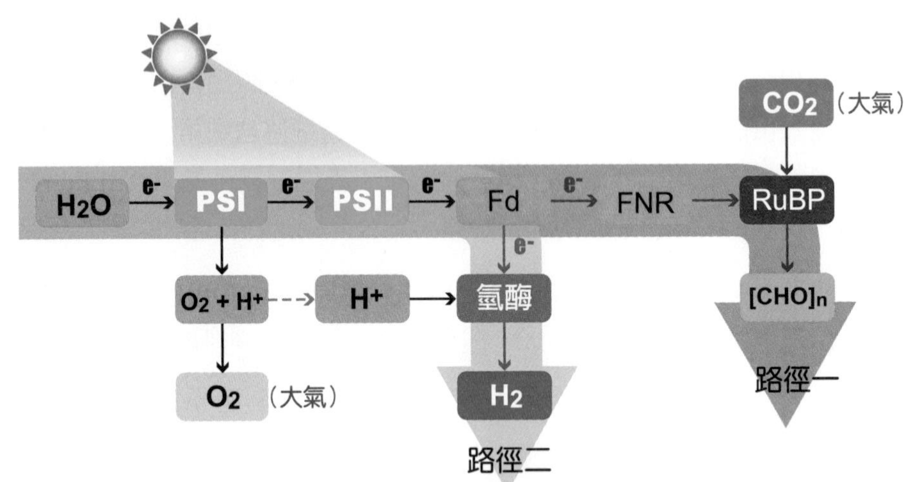

圖 2-12　綠藻光解水路徑圖

然而氫酶對氧非常敏感，在分壓超過 2 的環境下，便會停止運作，因此綠藻光解水產氫反應必須在缺氧環境下進行。綠藻光解水的反應式爲可以寫成：

$$12H_2O \xrightarrow{\text{光能}} 24H^+ + 24e^- + 6O_2 \tag{2-11}$$

$$24H^+ + 24e^- \xrightarrow{\text{氫酶}} 12H_2 \tag{2-12}$$

而總反應就是利用太陽光將水分解成氫氣與氧氣。

氫酶是綠藻產氫的關鍵因素，一般綠色植物並沒有氫酶，因此無法進行光合產氫反應。

2-2-7　微生物發酵製氫

微生物製氫技術主要包含暗發酵和光發酵產氫兩種。其中暗發酵是利用厭氧微生物，將有機質分解成氫氣及有機酸等副產物，光發酵則是光合細菌在光照和固氮作用下，將有機酸代謝產生氫氣的過程。在設計上，可以將此兩種微生物產氫方式結合藉以提高有機廢物的資源化效率。

生活污水中存在大量有機質，當這些有機質都分解成葡萄糖時，厭氧菌可進行暗發酵這些單糖分解產生產氫，如圖 2-13 所示，以丁酸爲產物時，一莫耳葡萄糖可產生二莫耳氫氣，而乙酸爲產物時則可產生四莫耳氫氣，其反應方程式可寫成

$$C_6H_{12}O_6 + 2H_2O \rightarrow 2CH_3COOH + 4H_2 + 2CO \qquad \Delta G = -206\ \text{kJ} \tag{2-13}$$

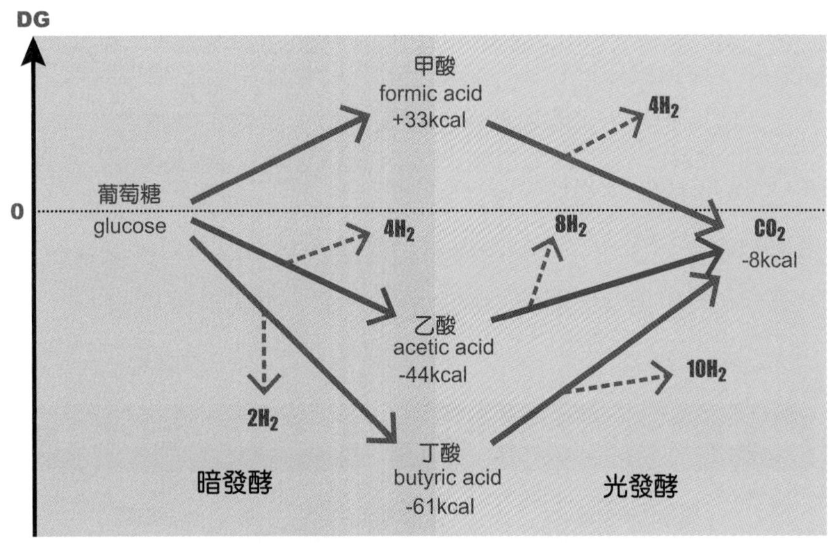

圖 2-13　微生物混合製氫能階圖

也就是每莫耳的葡萄糖產生四莫耳的氫氣與一莫耳乙酸。由於自然反應趨勢是往降低自由能的方向進行，因此，圖 2-13 的能階圖顯示厭氧細菌已無力代謝乙酸，然而此含有有機酸之廢液隨意排放將對環境造成影響。此時，可利用光合細菌的光發酵將乙酸轉化為氫氣，也就是利用光合細菌吸收太陽能來提供代謝乙酸所需之能量，並釋放氫氣。乙酸光發酵的反應式為

$$2CH_3COOH + 4H_2O \rightarrow 8H_2 + 4CO_2 \qquad \Delta G = 209.2\ \text{kJ} \tag{2-14}$$

如此，厭氧細菌暗發酵與光合細菌光發酵的混合系統，可使一莫耳葡萄糖產生十二莫耳的氫氣

$$C_6H_{12}O_6 + 6H_2O \rightarrow 12H_2 + 6CO_2 \qquad \Delta G = 3.2\ \text{kJ} \tag{2-15}$$

進行光發酵之光合細菌是一種進行不產氧光合作用細菌的總稱，它是地球上古老的細菌之一，常見如紅假單胞菌或紫色非硫菌。這些光合細菌的光合作用單位捕獲光子後，其能量被送到光合反應中心 PSI，進行電荷分離，產生高能電子，此高能電子經由 Fd 分配，一部分通過 FNR，另一部分則傳遞到固氮酶 (nitrogenase)，在固氮過程中，每莫耳氮需消耗八個電子，其中 N_2 還原成 NH_3 消耗六個電子，同時有兩個電子以 H_2 的形式消耗掉：

$$N_2 + 8H^+ + 8e^- \xrightarrow{\text{固氮酶}} 2NH_3 + H_2 \tag{2-16}$$

在正常情況下，光合細菌的固氮和產氫同步進行，當環境處在氮饑餓狀態時，質子幾乎全部在固氮酶上被還原成氫氣。失去電子的光合反應中心必須得到電子以回到基態，以繼續進行光合作用，此時，乙酸對於光合細菌而言，是電子供應者

$$CH_3COOH + 2H_2O \rightarrow 8H^+ + 8e^- + CO_2 \tag{2-17}$$

上述將暗發酵產氫技術和光合細菌產氫技術結合起來混合型產氫系統，不僅可將污水轉化成氫能源，同時也是一種環境保護的重要方法，如圖 2-14 所示。

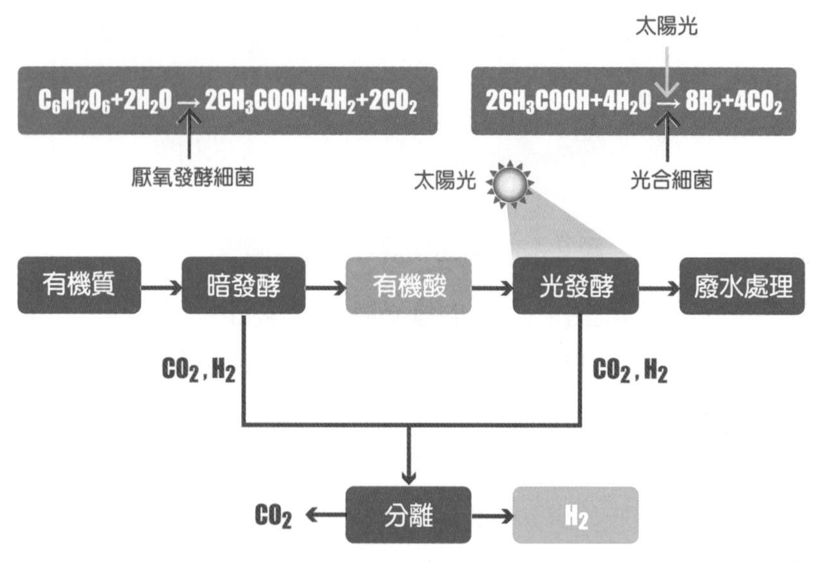

圖 2-14 微生物混合製氫方塊圖

光合細菌光發酵與綠藻光解水一樣都屬於微生物產氫技術，而且產氫能源均來自太陽光，不同之處是光發酵是以有機質爲供氫體，而光解水則是以水爲供氫體。無論是光合細菌的光發酵或是厭氧細菌的暗發酵產氫反應，都是生物體排除過剩電子的一種有益行爲。由於光合細菌只有一個光合系統 PSI，缺少綠藻進行光解水作用的光合系統 PSII，所以必須進行以有機物作爲電子供應者，然而結構簡單，光發酵相較於光解水之光轉化效率較高。

圖 2-15 爲共培型 (co-culture) 微生物產氫系統，它是將複合式光產氫系統與暗發酵產氫系統整合成爲三合一的產氫系統。複合式光反應器的設計主要是爲了要擴大產氫微生物對太陽光的利用率，也就是將產氫微生物吸收太陽光譜延伸到可見光以外的區域，例如紅外線，如此便可以結合光合作用有機體與非產氧光合細菌 (an-oxygenic) 成爲複合式光產氫技術。

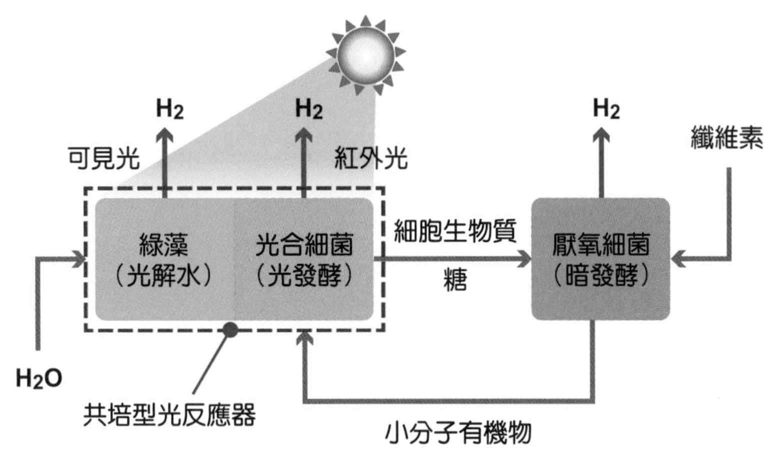

圖 2-15　三合一整合型製氫系統

綠藻的吸收光譜大約分佈在 500 ～ 700 nm 的可見光區域，因此，如果光合細菌能夠將吸收光譜延伸到紅外線 (700 ～ 900 nm) 區域的話，若能將綠藻與光合菌種整合而成的複合式光產氫系統就能夠大幅提升太陽光利用率。在設計上，可以將二種微生物以適當的比例，以懸浮液狀態混合在一起裝在光反應器內。然後，將此複合式光產氫系統進一步與暗發酵產氫系統整合成為一個三合一產氫系統。此三合一共培型微生物產氫系統之製氫策略簡單描述如下：

1. 在厭氧情況下，綠藻／光合細菌在複合式光反應器內進行光解水／光發酵產氫，而厭氧菌則在發酵槽內進行暗發酵產氫反應。
2. 厭氧菌所需的原料除了可以從外界提供的纖維素生物質而來之外，也可以從綠藻或光合細菌的細胞質或糖分而來。
3. 暗厭氧細菌發酵過程的副產物小分子有機酸，例如甲酸或乙酸，則回饋作為光合細菌的原料。

表 2-3 比較生物製氫技術與生物質製氫技術之不同。兩者雖然都與生物技術之應用有關，但兩者產氫原料不同，所使用的技術也不盡相同。一般生物製氫的生物是指「產氫微生物」，因此，此種技術一般又稱為「微生物產氫」，也就是利用一些微生物的特殊生長方式將水或有機酸分解產出氫氣。生物質製氫的生物則是指含有大量碳水化合物的生物體，利用各種化學方法將其中所含的氫氣提煉出來。

表 2-3 生物製氫技術與生物質製氫技術質比較

種類	微生物製氫			生物質製氫	
技術	生物化學			生物化學	熱化學
	光解水	光發酵	暗發酵	發酵	氣化
微生物	需要			需要	不需要
氫源	水或有機酸			生物質	
能量來源	太陽光	太陽光	X	X	高溫熱源

2-2-8 光電化學製氫 (photoelectrochemical hydrogen production)

結合光電效應與電化學反應的光電化學產氫技術近年來相當受到重視，主要是因爲半導體技術與觸媒材料的進展而使此技術可行性大爲提高。

光電化學製氫原理在 1972 年由日本科學家藤島和本田所發現，他們利用 n 型二氧化鈦作陽極，以鉑黑作陰極，製成光電化學電池，在太陽光照射下，兩電極用導線連接時不僅有電流通過，陰極同時產生氫氣，陽極則產生氧氣。

圖 2-16 爲光電化學製氫示意圖，典型的光電化學電池 PEC(photoelectochemical cell) 包括一個半導體陽極及一個浸泡在電解液的金屬對應陰極，當入射光投射到半導體電極時，它會吸收一部分太陽光的輻射並發出電來，然後將所發出的電進行水電解反應，因此，半導體電極又稱爲光陽極 (photo anode)。在光陽極上方藍色帶是傳導帶 (conducting band)，下方的黃藍色帶則是 n 型半導體的價帶 (valence band)。價帶和傳導帶之間的能量差稱爲半導體能隙 E_g，而 PEC 就是利用半導體具有與光輻射匹配的能隙所開發出來的的電池。設計 PEC 時，所使用的半導體類光觸媒其價帶與傳導帶間之能隙必須與入射光光譜相互配合，才能吸收光能以產生電子電洞對。同時也必須與水的還原電位相符，才能夠催化氧化還原反應而分解水，因此，光觸媒材料之開發合成是 PEC 之發展重點，PEC 產氫過程可分成以下三個階段：

1. 電荷產生階段：當太陽光投射在光陽極之上時，光子能量大於半導體能隙 E_g 時，直接被半導體所吸收，並且在傳導帶產生電子以及在價帶產生電洞：

$$2h_V \rightarrow 2e^- + 2h^+ \tag{2-18}$$

2. 電荷遷徙階段：當電子從價帶提升到傳導帶時，在價帶便產生電洞。電洞遷徙至半導體和電解質之界面，而電子通過外電路傳遞到對應電極。

3. 電極反應階段：電洞移至光陽極與電解質界面後與水反應而產生氧氣與質子：

$$2h^+ + H_2O \rightarrow \frac{1}{2}O_{2(g)} + 2H^+_{(2q)} \qquad (2\text{-}19)$$

電子在外電路移動而抵達對應陰極，在對應電極與電解質之介面，電子與質子還原成氫氣：

$$2e^- + 2H^+_{(aq)} \rightarrow H_{2(g)} \qquad (2\text{-}20)$$

由於只能夠吸收太陽光中的紫外光，PEC 製氫效率很低，僅 0.4% 左右，此外，電極容易腐蝕，性能穩定性低，至今尚未達到實用化要求。美國能源部規劃光電化學製氫技術商業化之技術目標是：PEC 光轉化效率必須大於 10%，壽命超過 10,000 小時，要達到這個目標顯然還有一段漫長的路要走。

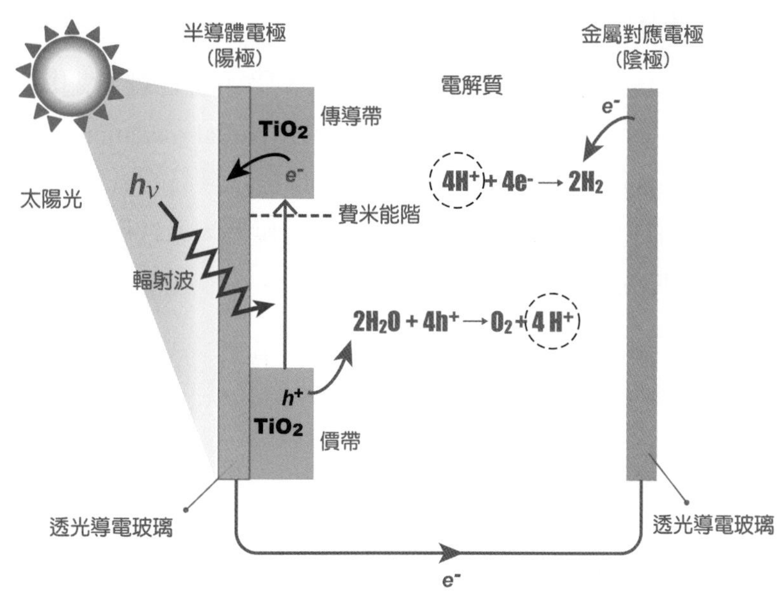

圖 2-16　光電化學電池製氫示意圖

2-3 灰氫

灰氫是通過化石燃料 (煤炭、石油、天然氣等) 燃燒產生的氫氣，在生產過程中會有二氧化碳等排放。灰氫的生產成本較低，製氫技術較爲簡單，碳排放量最高。這種類型的氫氣占當今全球氫氣產量的 90% 以上。

灰氫原料主要是碳氫化合物，在高溫催化環境下可與水蒸汽反應而產生氫，這種催化技術稱為水蒸氣改質法 SR(steam reforming)。氫的產量隨著原料中的氫碳比提高而增加，相反地二氧化碳的排放量則愈低。

煤氣化

$$C + H_2O = 2H_2 + CO_2 \qquad H_2/CO_2 = 2 \tag{2-21}$$

石油、重油、LPG、輕油等液態油品

$$[CH_2] + 2H_2O = 3H_2 + CO_2 \qquad H_2/CO_2 = 3 \tag{2-22}$$

以甲烷為主要成份的天然氣、生物氣體、甲烷水合物則是

$$CH_4 + 2H_2O = 4H_2 + CO_2 \qquad H_2/CO_2 = 4 \tag{2-23}$$

2-3-1 天然氣改質

碳氫燃料改質成氫氣與一氧化碳的主要方法，除了有已經普遍應用於商業生產的蒸氣改質法 SR 外，尚包括部分氧化改質法 POX(partial oxidation) 及自熱式改質法 ATR(autothermal reforming) 等。其中，蒸氣改質可以提供最高的氫氣濃度，燃料轉化效率也高；部份氧化法則具有改質速度快、啓動容易的優點，而且反應器體積小，自熱式改質法則是將上述兩種技術合併而達到熱平衡的方法。

由於改質的原理就是設法將碳氫燃料內的氫還原出來，同時將水蒸汽與空氣通入進行改質的碳氫燃料時，則燃料改質的反應方程式可以寫成以下通式：

$$C_nH_m + xO_2 + (2n-2x)H_2O = nCO_2 + \left(2n - 2x + \frac{m}{2}\right)H_2 \tag{2-24}$$

此改質反應方程式之係數分別代表：

- x：通入空氣與燃料氣體之莫耳數比。
- $(2n-2x)$：將燃料中的碳全部轉化成二氧化碳之最小水需求量。
- $(2n-2x+m/2)$：氫氣之最大產量。
- 反應熱：$\Delta H = n(\Delta H_{CO_2}) - (2n-2x)\Delta H_{H_2O} - \Delta H_{fuel}$

當燃料種類確定之後，加入的氧氣量 x 便成為影響整個改質反應的重要參數。

1. 蒸汽改質 ($x = 0$)

   當 $x = 0$ 時，表示改質反應中不加入氧氣，以天然氣主要成份甲烷為例，n = 1、m = 4，上述方程式便為蒸氣甲烷改質反應 SMR(steam methane reforming)。

$$CH_4 + 2H_2O \rightarrow CO_2 + 4H_2 \quad (2\text{-}25)$$

其中反應熱為 $\Delta H = \Delta H_{CO_2} - 2\Delta H_{H_2O} - \Delta H_{CO_4} = 103,288$ kJ/kmol，由於是吸熱反應，因此通常會將部分甲烷燃燒以提供所需的反應熱。

圖 2-17 為 SMR 製氫的方塊圖。首先將燃料氣體進行脫硫反應，去除燃料氣體中的硫，然後將大量過熱水蒸氣與甲烷一同注入高溫 (700 ～ 1,100°C)SMR 反應器中，在鎳基金屬催化下，發生蒸汽甲烷改質反應，以產生一氧化碳和氫。

$$CH_4 + H_2O \rightarrow CO + 3H_2 \quad (2\text{-}26)$$

通入蒸氣量通常為燃料中碳莫耳數的數倍之多，以避免甲烷化逆反應產生。SMR 反應後，產物氣體中仍含有大量的一氧化碳，因此，接著會用水氣轉移反應 WGR(water-gas shift reaction) 將 SMR 產物氣體中大部分的 CO 轉變成 CO_2，同時將水還原為氫氣而增加氫氣量。

$$CO + H_2O \rightarrow CO_2 + H_2 \quad (2\text{-}27)$$

表 2-4 為天然氣蒸汽改質製氫的反應程序與操作條件，目前 SMR 反應器所使用的觸媒以鎳基合金或陶瓷鎳為主，而鈷和其他貴重金屬的催化活性也相當高，然而價格昂貴的緣故，一般不會採用。WGS 反應器所使用的觸媒主要以鉻基合金為主。SMR 是吸熱反應，不僅反應速率緩慢且體積龐大，因此，必須在高溫下進行，而受限於耗時的間接加熱過程，SMR 並無法快速與瞬間啓動。表 2-5 為典型天然氣蒸汽改質後氣體的成分所示，其中水氣轉移反應後的產物氣體中的 CO 含量仍有 0.5% 左右，這個濃度對質子交換膜燃料電池的鉑觸媒而言，仍然無法接受，因此，一般會以選擇性氧化反應 (preferential oxidation) 降低 CO 濃度，或者是利用變壓吸附法 PSA(Pressure Swing Adsorption) 將氫氣分離出來，而將 PSA 的尾氣則可送回燃燒室內燃燒作為 SMR 供熱之用。

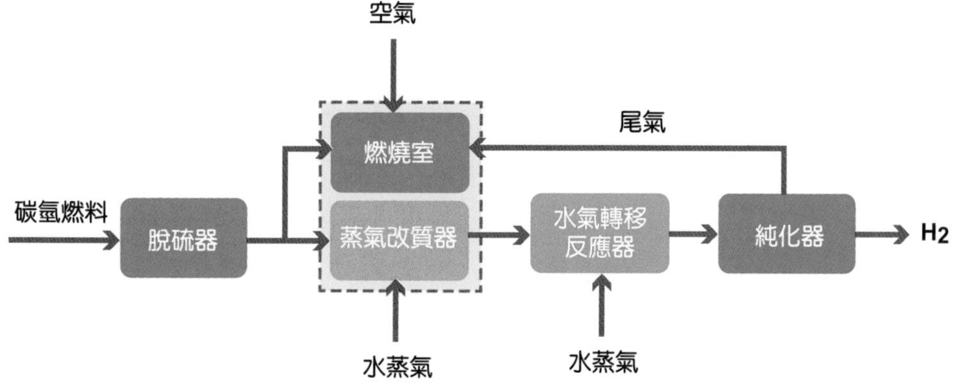

圖 2-17　蒸氣改質製氫方塊圖

表 2-4　天然氣 (甲烷) 改質製氫之反應程序與操作條件

<table>
<tr><th>程序</th><th colspan="3">脫硫反應 → 蒸氣甲烷改質反應 → 水氣轉移反應</th></tr>
<tr><td>反應式</td><td>$R-SH+H_2 \rightarrow R-H+H_2S$
$H_2S+ZnO \rightarrow ZnS+H_2O$</td><td>$CH_4+H_2O \rightarrow CO+3H_2$</td><td>$CO+H_2O \rightarrow CO_2+H_2$</td></tr>
<tr><td rowspan="2">觸媒</td><td rowspan="2">鈷 - 鉬催化劑
氧化鋅脫硫劑</td><td rowspan="2">鎳 / 陶瓷</td><td>中溫轉換：鐵 - 鉻</td></tr>
<tr><td>低溫轉換：鋅 - 鉻 - 銅</td></tr>
<tr><td rowspan="2">反應
溫度</td><td rowspan="2">300 ～ 400°C</td><td rowspan="2">650 ～ 700°C</td><td>中溫轉換：300 ～ 400°C</td></tr>
<tr><td>低溫轉換：200 ～ 300°C</td></tr>
</table>

表 2-5　典型天然氣蒸汽改質後氣體的成分 (莫耳分率)

成分	蒸汽改質反應後產物 (%)	水氣轉移反應後產物 (%)
H_2	46.3	52.9
CO	7.1	0.5
CO_2	6.4	13.1
CH_4	2.4	2.4
N_2	0.8	0.8
H_2O	37.0	30.4
Total	100.0	100.0

2. 部分氧化改質 ($x = 1$)

當 $x = 1$ 時，此時反應不加入水蒸氣，(2-24) 將成爲部分氧化改質反應 POX

$$CH_4 + O_2 \rightarrow CO_2 + 2H_2 \tag{2-28}$$

這時反應氣體所供應的氧氣量足夠將燃料中所含的碳都轉化爲成二氧化碳，氫氣則全來自甲烷。POX 所產生的氫氣量只有 SMR 的一半。

POX 是在氧氣供應量低於當數量時的非完全燃燒反應，是一種高度放熱反應，因此，反應過程中會大幅提高反應氣體溫度。與 SMR 反應一樣，如圖 2-18 所示，脫硫的燃料氣體經過 POX 反應後，進入水氣轉移反應器並通入大量過水蒸氣，一方面降低 CO 濃度，同時也降低系統溫度，最後再以純化技術如 PSA 來滿足質子交換膜燃料電池對氫氣純度的要求。

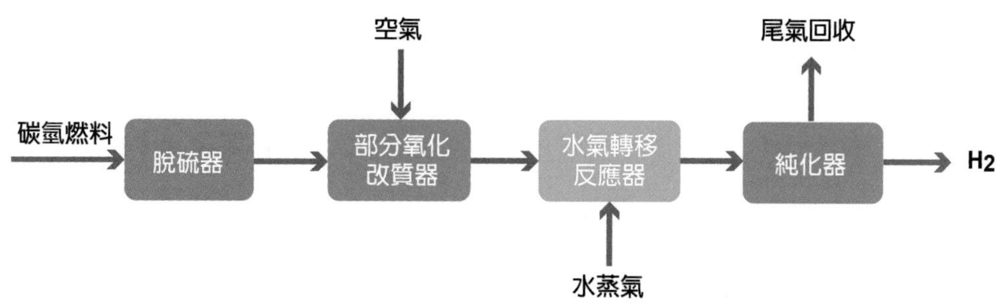

圖 2-18　部分氧化改質製氫方塊圖

一般而言，反應氣體在充分預熱下，POX 整體反應呈現放熱且可以自己維持的狀態。相較於 SMR 反應，POX 的產氫量較少，一莫耳的甲烷經由 SMR 反應可以產生四莫耳的氫氣，而 POX 僅產生二莫耳的氫氣，當進氣改為辛烷時此一比例更為懸殊，產氫比為 SMR：POX = 17：9，此外，由於 POX 使用空氣為氧化劑，因此產物氣體中會有大量的 N_2，造成分離上的困難，SMR 則沒有此一問題。

從 (2-24) 式得知，當 $x > n$ 時，水反而成為產物，此時，反應熱的大小取決於生成水的型態 (液態或汽態)，x 值增加時，多餘的氧氣將氧化氫氣而產生水，最後，x 值達到燃燒的化學計量時，所有碳與氫將被轉換成二氧化碳和水。燃燒反應的化學劑量為 $x = x_c = [n + (m/4)]$，以甲烷為例，x_c 為 2，也就是

$$CH_4 + 2O_2 \rightarrow CO_2 + 2H_2O \tag{2-29}$$

3. 自熱式改質

當 $0 < x < 1$ 時，則 (2-24) 式所呈現出蒸氣改質反應和部分氧化反應的混合模式。x 值增加時表示參與反應的氧氣量增加，此時水量需求將會減少，同時也會減少產物氣體內的氫氣含量。對反應熱而言，氧氣量逐漸增加會減少改質反應的吸熱量，一旦反應熱 $\Delta H = 0$ 時，改質反應便呈現熱中性，也就是不吸熱也不放熱的絕熱反應 (adiabatic reaction)，以甲烷為例，根據表 2-6 相關燃料氣體生成熱，可以計算出：

$$\Delta H = \Delta H_{CO_2} - (2-2x)\Delta H_{H_2O} - \Delta H_{CH_4} = 0$$

$$x = 1 - \frac{\Delta H_{CO_2} - \Delta H_{CH_4}}{2\Delta H_{H_2O}} = 1 - \frac{-393{,}522 - (-74{,}873)}{-2 \times 285{,}830} = 0.443$$

因此，甲烷熱中性改質方程式可以寫成

$$CH_4 + 0.443O_2 + 1.114H_2O \rightarrow CO_2 + 3.114H_2 \tag{2-30}$$

這也就是理想的自熱式改質反應 ATR。

表 2-6 與燃料電池相關之氣體或液體之生成熱

氣體種類	分子量 M，g/mol	生成熱，kJ/mol
一氧化碳，CO	28.0106	− 113.8767
二氧化碳，CO_2	44.010	− 393.4043
水蒸氣，H_2O	18.0153	− 241.9803
液態水，H_2O	18.0153	− 286.0212
甲烷，CH_4	16.043	− 74.85998
甲醇，CH_3OH	32.0424	− 238.8151
辛烷，C_3H_{18}	114.230	− 261.2312

如圖 2-19 所示，自熱式改質是整合 SMR 與 POX 的耦合改質技術，簡言之，就是將 POX 改質反應所產生的熱量交給 SMR 反應吸熱之用，如此可以省卻燃燒室。一般而言，ATR 反應路徑可以藉由選擇適當觸媒加以控制，以便決定 POX 和 SMR 兩者相對反應程度。SMR 吸收 POX 反應所產生一部分的熱，因此，ATR 改質器的最高溫度會將低於 POX 改質器，基本上，ATR 淨反應結果通常是微放熱過程。ATR 的氧 - 碳比與操作溫度比 POX 低，而相較於 SR，ATR 的體積更小、啓動更快、反應更快，而且可以得到高濃度的氫氣。

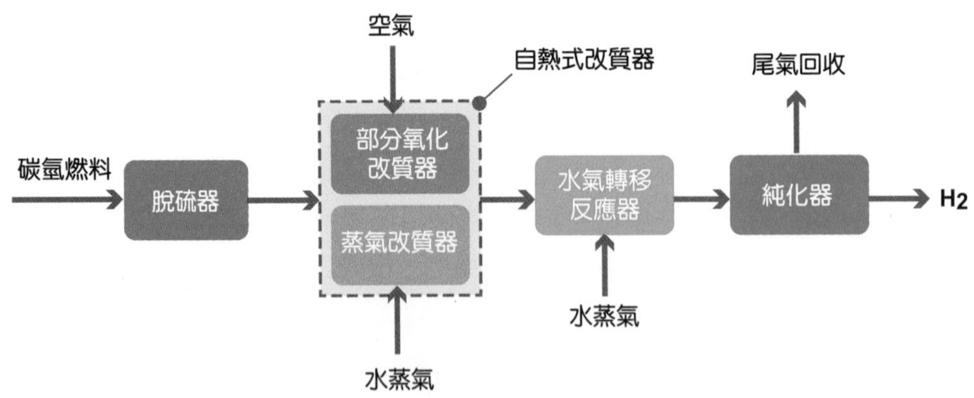

圖 2-19 自熱式改質製氫方塊圖

當燃料處理器的作用將燃料轉換成氫氣，燃料換效率表示成

$$燃料轉換效率 = \frac{產出陽極燃料之低熱值}{所使用燃料之低熱值} \tag{2-31}$$

燃料轉化效率基本上是一個狀態函數，並不受到路徑 (蒸氣改質、部份氧化或自熱改質) 影響，因此，將上述方程式調整到熱中性點則可以達到最大燃料轉化效率。甲烷在熱中性狀態 ($x = 0.443$，自熱改質反應) 下轉化成氫氣的效率爲計算如下：

$$\text{甲烷最大燃料轉換效率} = \frac{3.114 \times 241{,}820\ \text{kJ/kmol}}{802{,}310\ \text{kJ/kmol}} = 93.9\%$$

而甲烷蒸汽改質反應 ($x = 0$) 的燃料轉化效率則爲 91.7%，兩者之差正好等於蒸汽改質器的燃燒器尾氣所排出水的蒸發潛熱的損失，在 $x = 0.443$ 時，氫的濃度是 53.9%，而 $x = 0$(SR) 則是 80%。在實際的操作上，x 值將稍高於熱中性點，以便多出來的熱抵銷改質器的熱損失。表 2-7 爲幾種碳氫燃料熱中性點的效率。表 2-7 歸納幾種碳氫燃料的熱中性的理論燃料轉化效率。

碳氫燃料蒸氣改質爲現階段商業化大量製氫的主要方法，而生物燃料蒸汽改質，如生物酒精或生物柴油，則是目前積極開發之再生能源製氫技術之一。

表 2-7　主要碳氫燃料熱中性之與理論轉化效率

$C_nH_mO_p$	n	m	p	焓 (kcal/gmol)	m/2n	x_o	理論效率
甲醇，$CH_3OH_{(l)}$	1	4	1	− 57.1	2	0.23	96.3%
甲烷，CH_4	1	4	0	− 17.9	2	0.443	93.9%
辛烷，$C_8H_{18(l)}$	8	18	0	− 62	1.125	2.947	91.2%
汽油，$C_{7.3}H_{14.8}O_{0.1(l)}$	7.3	14.8	0.1	− 53	1.014	2.613	90.8%

2-3-2　煤氣化

煤炭是十八世紀後期的主流能源，將煤炭氣化是早期製取城市煤氣 (town gas) 的主要方法，也是當時照明 (煤氣燈) 或暖氣的主要能源。時至今日，在天然氣和石油氣未廣泛開發的地區，煤氣仍是城市燃氣的主要來源。

煤氣化是一個熱化學過程。以煤或煤焦爲原料，以氧氣、水蒸氣爲氣化劑，在高溫條件下通過化學反應將煤中可燃部分轉化爲氣體燃料的過程。煤氣化必須具備三個條件，即氣化爐、氣化劑、熱能，三者缺一不可。

圖 2-20 煤氣化製氫示意圖。首先，將煤粉 (或水煤漿) 送入氣化爐，在氣化爐內，煤經歷了乾燥、熱解、氣化和燃燒等幾個過程後產生煤氣。其中，燃燒過程主要目的將揮發性產物和部分焦炭與氧氣反應藉以提供隨後氣化反應所需之熱量。氣化主要反應爲炭與水蒸氣的水煤氣反應。

$$C + H_2O \rightarrow CO + H_2 \tag{2-32}$$

隨後，可逆的水氣轉移反應很快地將氣化爐內的一氧化碳、水蒸汽、二氧化碳和氫氣四種氣體濃度達到平衡：

$$CO + H_2O \leftarrow\rightarrow H_2 + CO_2 \tag{2-33}$$

此時，上述四種氣體可分別與碳亦可進行反應，包括，炭與氫氣進行甲烷生成反應：

$$C + 2H_2 \leftarrow\rightarrow CH_4 \tag{2-34}$$

碳亦可與水蒸氣進行碳水還原反應：

$$C + H_2O \leftarrow\rightarrow CO_2 + H_2 \tag{2-35}$$

碳甚至於也可與二氧化碳進行還原反應：

$$C + CO_2 \leftarrow\rightarrow 2CO \tag{2-36}$$

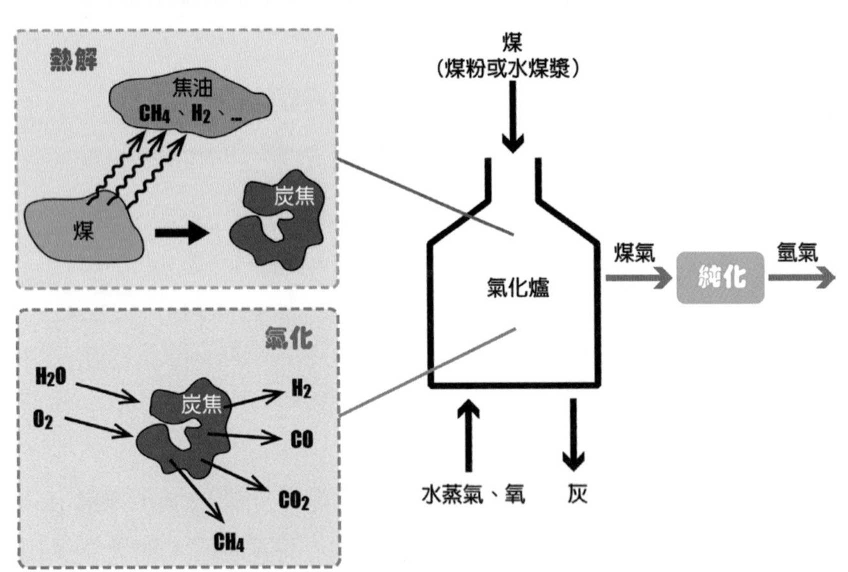

圖 2-20　煤氣化製氫示意圖

因此，煤氣化反應平衡後所的產品氣中的主要燃氣成分爲氫氣、一氧化碳、甲烷。將煤氣其經由純化技術如 PSA 分離純化後就可以得到氫氣。純化過程之尾氣仍含有大量甲烷，可以作爲供熱燃料，也可作爲蒸汽改質器的進料以進一步進行製氫程序。在氣化階段，通入不同的反應氣體會影響炭的氧化程度，而所得到的產物也不盡相同，例如，以空氣作爲反應氣會同時導入氮氣而使之成爲最終產物，如此將不利氫氣的分離與純化，使用氧氣則價格昂貴且操作過程相對複雜，此外，也會形成過多的碳氧化物。

煤製氫技術一直都受到相當大的爭議，道理很簡單，因爲煤的主要成分是碳，本身並不是具任何氫源，與其說煤製氫，不如說是從煤氧化 (燃燒) 所釋放出來的能量將水還原成氫氣，因此過程中不可避免地排放出大量的二氧化碳，煤製氫的發展廣受爭議是完全可以理解的。

2-4 藍氫

製程副產氫定義爲工業製程之副產品，又稱爲工業副產氫，是藍氫的一種。例如煉油製程尾氣 OG(off gas)、煉鋼廠焦爐氣 COG(coke oven gas)、苯乙烯製程副產氫及氯鹼製程副產氫等。這些副產氫都是富氫氣體，利用適當分離裝置，如變壓吸附法 PSA，就可以回收大量高純度氫氣。基本上，這些製程副產氫可以作爲邁入氫經濟初期的主要氫氣供應途徑之一。

1. 煉油廠製程尾氣：煉油廠在油品加工過程中有多種副產富氫氣體。例如，在催化改質過程中，烴類發生轉移反應，副產大量的富氫氣體 (含氫量高達 80%)；在加氫脫硫、加氫裂解反應、渣油催化裂化等過程中的尾氣均含有豐富氫氣，這些富氫氣體可以採用 PSA 提取高純度氫氣 (99.999%)。煉油廠利用富氫回收製氫產量相當可觀，不過煉油廠本身就是用氫大戶，所以副產富氫回收應用乃煉油廠重要之循環經濟。
2. 煉鋼廠焦爐氣：煤焦是煉鋼過程中的還原劑，煉鋼廠提煉焦過程中可獲得大量焦爐氣，它的氫含量約爲 50 ～ 60%，一般煉鋼廠大都將其作爲補充燃料，相當可惜。基本上，生產一噸焦，可獲得 400 Nm^3 焦爐氣，若用 PSA 法可提取純氫 240 Nm^3。
3. 苯乙烯製程副產氫：苯乙烯製程包含了由原料乙烯 (ethylene) 及苯 (benzene) 經烷化反應成爲中間產品乙苯 (Ethylbenzene)、由乙苯脫氫反應成爲苯乙烯，其中，副產氫量大値佳，PSA 純化後即可回收使用。
4. 氯鹼廠副產氫：氯鹼廠以食鹽水 (NaCl) 爲原料，採用電解法生產燒鹼 (NaOH) 和氯氣 (Cl_2)，同時可得到副產品氫氣。把這類氫氣再去掉雜質，可製得純氫。氯鹼廠的副產氫可以採用 PSA 提氫裝置處理，獲得高純度氫氣 (99.999%)。每生產一噸燒鹼，可得副產氫約 270 Nm^3。

基本上，回收上述製程副產氫並提純以作爲氫能源應用，並不需要大量的能源與製氫原料，完全符合節能與環保目標，採用合適的方式將這些氫氣進行彙集、儲運，將可獲得可觀經濟效益，並足以因應燃料電池初期市場包含發電機、車輛之氫能源所需，是過渡到大規模氫能源應用階段之前的重要氫氣來源。

2-4-1 煉油廠製程尾氣

如圖 2-21 所示，煉油廠之各種加氫脫硫製程進行油品加氫脫硫反應時，所產生大量富氫尾氣，一般規劃是經由氣體飽和工場進行硫化氫脫除後，導回氫氣工場的入料集管或送往公用燃氣系統直接提作爲鍋爐燃料。然而，這股製程尾氣之氫氣組成可高達 70% ～ 80%，如表 2-8 所示，深具回收效益。因此，目前有不少新設計是將脫硫過後的富氫尾氣利用氫氣回收單元 HRU(hydrogen recovery unit) 將氫氣回收，以供廠區氫氣需求，同時降低能耗。

圖 2-22 爲氫氣回收單元 HRU 流程示意圖，主要設備包括入料壓縮機、PSA 變壓吸附槽及 PSA 尾氣壓縮機等。首先利用入料壓縮機將製程尾氣加壓進入變壓吸附槽 PSA，再利用 PSA 內的活性炭與分子塞進行尾氣純化以得到高純度之產品氫，PSA 尾氣則經過另一壓縮機加壓送至氫氣工場作爲入料或送至公用燃氣系統調度支援使用。表 2-9 則爲製程尾氣回收效果與產品氫氣純度之範例。

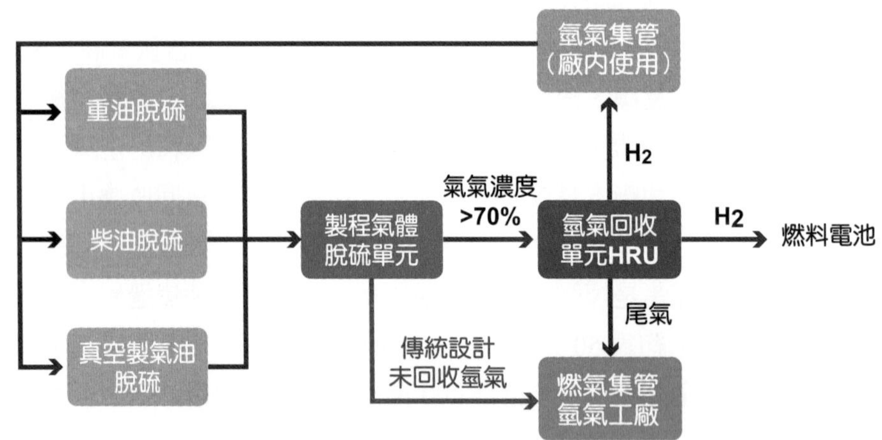

圖 2-21 煉油廠之氫氣回收單元 (HRU) 設計前後之比較

表 2-8 煉油廠製程尾氣組成

組成	體積含量
H_2	72 ～ 80%
CH_4	6.2 ～ 10%
C_3H_8	5.4 ～ 6.8%
C_4H_{10}	1.2 ～ 2.5%
C_5^+	1.5 ～ 2.0%
N_2	0.2 ～ 0.5%
MW(分子量)	7.9 ～ 10 g/mol
LHV(熱值)	480 ～ 600 kJ/mol

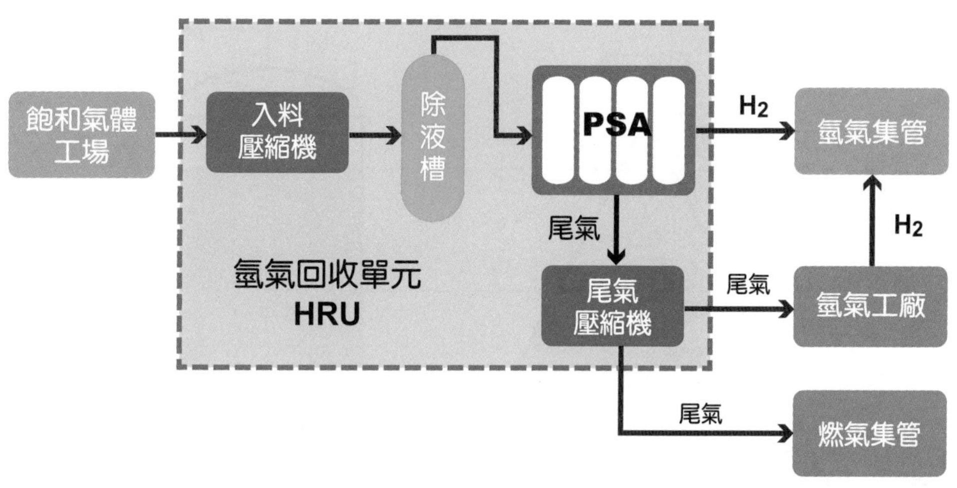

圖 2-22　氫氣回收單元流程示意圖

表 2-9　煉油廠製程尾氣回收效果與氫氣純度

組成	入料	出料	
	製程尾氣	PSA 尾氣	產品氫氣
H_2(mol%)	72 ～ 80	23 ～ 40	> 99.99
MW(g/mol)	7.9 ～ 19.5	22 ～ 46	2
LHV(kJ/mol)	480 ～ 600	850 ～ 1,200	240.2

變壓吸附技術 PSA 是工業上常見的氣體分離技術，它的原理是利用氣體成分在固體吸附材料上吸附特性的差異，以週期性的壓力變化過程進行氣體的分離。如圖 2-23 所示，氧化鋁與矽膠可吸附水分，而活性碳可吸附大部份的碳氫氣體，而分子篩材料則可吸附氮、氧、一氧化碳等其它氣體，隨後，在減壓下解吸被吸附的雜質成分使吸附劑獲得再生，以利於再次進行雜質的吸附分離。圖 2-24 為一組六槽式的 PSA 系統的結構與變壓吸附過程示意圖，氫氣純化過程包括：

順向升壓與吸附 → 順放 (氫氣) → 逆放 (尾氣) → 吹氣沖洗
→ 逆向升壓 → 順向升壓吸附

PSA 在工業應用有幾十年的歷史，由於具有能耗低、流程簡單、產品氣純度高等優點，在工業上迅速得到推廣。一般而言，含體積含氫量 30% 以上的混合氣體即適合以 PSA 提純氫氣。PSA 除了應用於氫氣的提純外，亦應用於 CO_2 的提純 (製取食品級 CO_2)、CO 的提純、變換氣脫除 CO_2、天然氣的淨化、空分製 O_2 和 N_2、煤礦瓦斯氣濃縮 CH_4、濃縮和提純乙烯等領域。

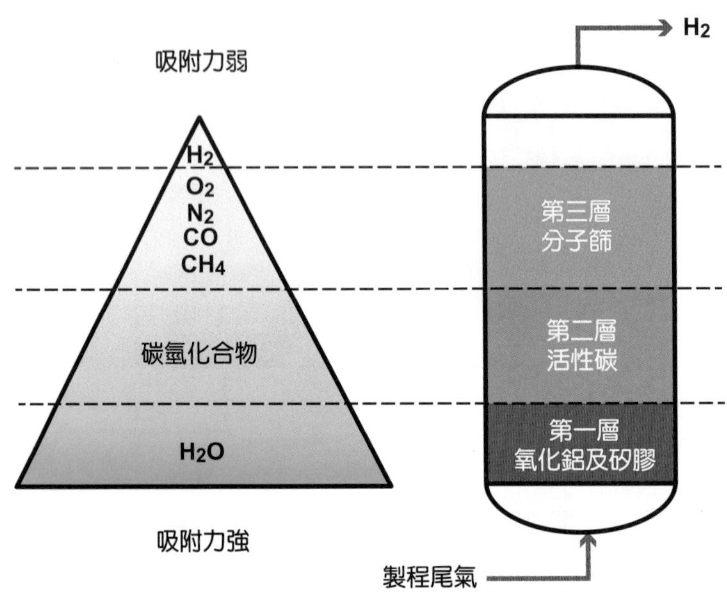

圖 2-23 變壓吸附系統 (PSA) 吸附劑之吸附力比較

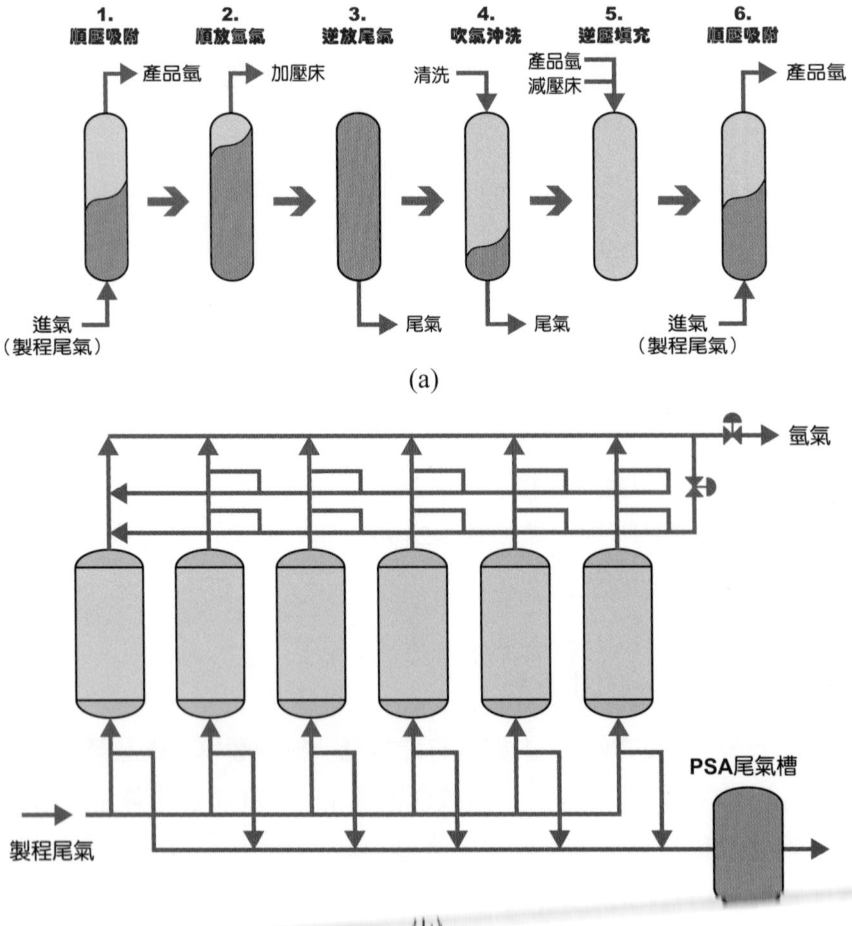

圖 2-24 六槽式 PSA 氫氣純化步驟，1. 順向升壓吸附、2. 順放氫氣、3. 逆放尾氣、4. 吹氣沖洗、5. 逆向升壓、6. 順向升壓吸附

2-4-2　煉鋼廠焦爐氣

炭焦是高爐煉鐵的重要燃料與還原劑。

煉焦是將煤在高溫下進行乾餾產生炭焦的過程，也就是將煤置於煉焦爐內，在隔絕空氣條件下，加熱到接近 1,000℃左右，經高溫乾餾後生產焦炭。煉焦過程同時可獲得副產煤氣與煤焦油，其中，煤焦油中含有苯、酚、萘等成分，是醫藥、農藥、炸藥、染料等之重要化工原料，而副產煤氣就是所謂的焦爐氣 COG(coke oven gas)。焦爐氣中含有豐富的氫氣，約佔體積的 55%，目前 COG 的用途主要作爲燃料直接燃燒使用，寶貴的氫氣資源被浪費掉，實在可惜。焦爐氣所產生的氫氣不僅可作爲廠內高純度冷軋鋼的保護氣，也可作爲合成化工原料甲醇、甲酸、氨的基礎原料氣，更可以作爲燃料電池的燃料。

1978 年美國 UCC 公司建造全世界上第一套焦爐氣製氫的工業 PSA 裝置，1984 年完成工業化生產後，這項技術已迅速推廣應用。由於 PSA 技術簡單、投資少、操作成本低、氫氣純度高而日益成爲焦爐氣分離的主導技術。

日本製鐵 (Nippon Steel Corporation) 於 2004 年針對旗下之君津煉鋼廠煉焦爐所產生之焦爐氣 COG 收集處理後，分離其中所含氫氣作爲車用燃料電池之氫氣來源，如圖 2-25 所示。

COG 熱值可高達 20 MJ/Nm^3，過去煉鋼廠皆用作爲燃料以提供廠內熱能或販售。但因 COG 氫氣含量豐富、容易回收，純化後相當適合作爲燃料電池車輛之燃料，於是君津煉鋼廠在日本政府 JHFC 計畫支持下，將廠內的 COG 分離出純氫並製備成液態氫，將其運輸至東京之有明加氫站，提供東京市內燃料電池巴士所需之燃料，此爲回收焦爐氣產氫作爲燃料電池燃料之世界首例。如圖 2-26 所示，先從煉焦爐中將焦炭與 COG 分離，再將 COG 經過前處理去除硫、焦油等雜質，然後再利用 PSA 分離氫氣與其他物質，可得到純度高達 99.999% 以上之氫氣。先將所生產之氫氣降至 193°C 成爲液態氫，再利用氦氣冷卻裝置使液態氫溫度降至　253°C，擴後再裝入液氫槽車運往東京有明之加氫站，供給有明市內燃料電池公車使用。君津煉鋼廠的氫氣產能爲 200 Nm^3/ 天，約可提供 40 ～ 60 台燃料電池車之使用量。

根據日本經濟產業省推估，當日本馬路上有 500 萬部燃料電池車時，一年所需要之氫氣量約爲 62 億 Nm^3，現階段 COG 含氫量大約爲 80 億 Nm^3/ 年，若再將甲烷含量近 30% 之尾氣進行改質，氫氣產量足以供應 500 萬部燃料電池車使用。從 COG 純化氫氣僅需經由單純之吸附操作即可，不必經過化學性之修飾改質，爲一操作簡單、效率高之程序，相較於電解法生產每立方米氫氣動輒需 5 ～ 6 度電而言，以 PSA 法從 COG 中提純氫氣僅需 0.5 度電。因此，自 COG 回收氫氣作爲工業原料之經濟價值遠高於作爲廠內補助燃料，而作爲氫能源提供燃料電池車使用其能源轉化效率高，而且可降低 SOx、NOx 等污染物的排放量，改善城市空氣品質，同時降低溫室氣體排放。

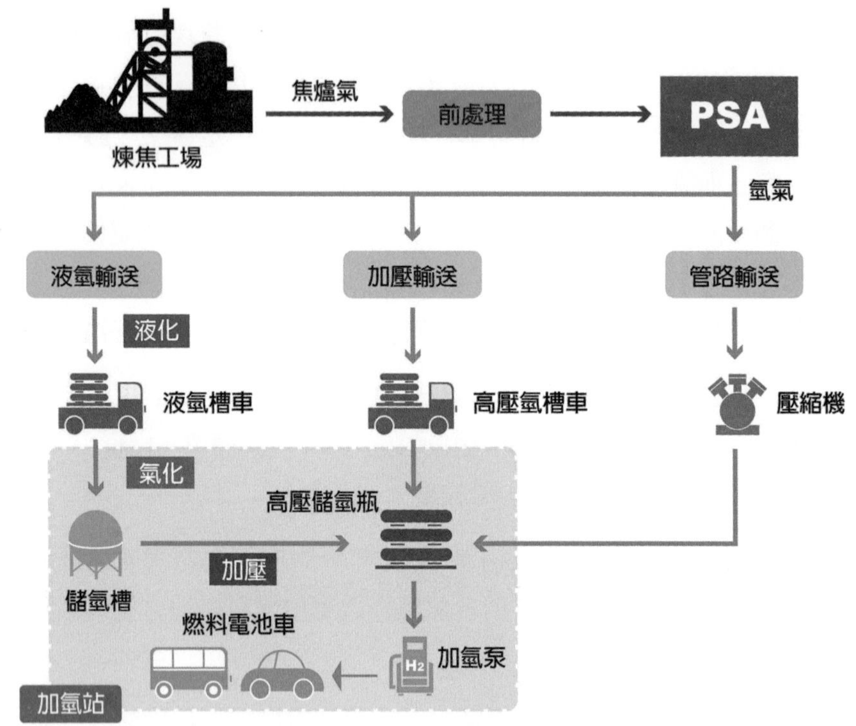

圖 2-25　日本 JHFC 計畫君津煉鋼廠之製程副產氫應用於燃料電池示意圖

表 2-10 ～表 2-12 整理了臺灣焦爐氣應用在燃料電池機車的估算結果。

表 2-10 爲中鋼公司焦爐氣之典型組成，其中氫氣體積分率 57.4%，與煉油廠尾氣相同，可將煉鋼廠的焦爐氣導入 PSA 系統進行純化製氫，以提供燃料電池使用。表 2-11 綜整臺灣在 2006 ～ 2008 年間之焦爐氣之年產量，表中亦歸納相對應之可產氫量，如表所示，從臺灣的焦爐氣可產氫量平均約 11.6 億 Nm^3/ 年，如此數量之氫氣究竟有多少？表 2-12 計算上述氫氣量所能夠供應的燃料電池機車數量。燃料電池機車每公里的耗能量 (燃料經濟性) 爲 50 Wh/km，相當每加侖汽油行駛 430 英里，當平均每部機車年行駛距離爲 5,000 公里時，每部機車每年將消耗 7.5 公斤氫氣，在這個基礎上可以歸納出臺灣每年從焦爐氣所產生的氫燃料可以提供超過 1,200 萬部的燃料電池機車在路上行駛，這個數量已經接近臺灣目前機車之掛牌數。由於煉鋼廠的焦爐氣主要用作廠內熱源，因此，一旦將焦爐氣氫氣分離作爲氫燃料使用時，在能量平衡的條件下，煉鋼廠勢必額外增加天然氣以補充因提取氫氣所失去的能量。根據 2008 年的數據，如果將全部焦爐氣中的氫氣分離出來，煉鋼廠將損失 3.2 億 kWh 能量的燃料，而爲了彌補這方面的熱能損失，約需補充 277 萬 Nm^3 天然氣，這個數量相當於目前臺灣天然氣的年消耗量的 2%。

表 2-10　典型焦爐氣之組成 *

成分	體積比例
H_2	57.4%
CH_4	24.6%
CO	7.1%
CO_2	2.4%
N_2	6.1%
O_2	0.1%
其它碳氫化合物	2.4%

* 中鋼數據 China Steel Corporation(CSC)

表 2-11　臺灣焦爐氣產氫之年產量

年度	COG 產量	COG 可生產之氫氣量			可供應之機車數
	MNm^3	MNm^3-H_2	kg-H_2	MWh	輛
2006	2,058	1,173	95,784,805	3,199,212	12,796,850
2007	2,020	1,152	94,002,741	3,139,691	12,558,766
2008	2,032	1,158	94,537,825	3,157,563	12,630,253

表 2-12　不同機車之燃料經濟性 (TTW)

機車動力	內燃機引擎 * (四衝程 50 C.C.)	燃料電池 **	鋰離子電池 &
耗油率 (liter/km)	0.0142	NA	NA
耗氫率 (gH_2/km)	NA	1.5	NA
等效能耗 (Wh/km)	129	50	30
照片			

*Yamaha CE50A
**APFCT ZES IV(車測中心測試結果)
& Standard for Vehicle Energy Consumption and Inspection Method

圖 2-26 爲不同機車之生命週期能量效率與溫室氣體排放示意圖[1]，包括汽油引擎機車、鋰離子電池機車及燃料電池機車。汽油引擎機車的汽油來自原油，鋰離子電池充電電力來自電廠的混合電力，至於燃料電池機車的氫氣則分別來自天然氣改質與焦爐氣純化而得。機車所使用燃料之生命週期效率又可稱爲油井到車輪 WTW(Well-to-Wheels) 效率，它可以分成從油井到油箱 WTT(Well-to-Tank) 與從油箱到車輪 TTW(Tank-to-Wheels) 兩個階段。

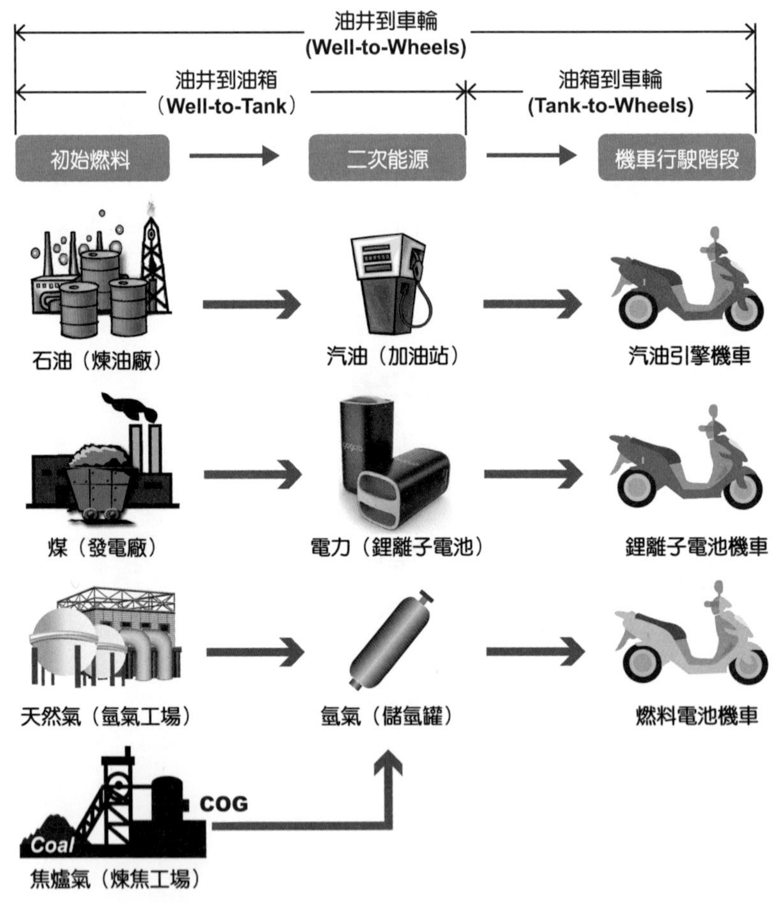

圖 2-26　機車之油井至車輪 (WTW) 之階段示意圖

圖 2-27 比較四種不同機車等效耗能率[2]，也就是行駛每公里所消耗燃料能量。鋰離子電池機車 WTT 效率低於汽油引擎機車，這是因爲目前用於鋰離子電池充電之電網電力平均發電效率低落的緣故，所幸鋰離子電池機車在行駛過程中的 TTW 效率遠高於汽油引擎機車，因此，鋰離子電池機車的 WTW 等效能耗率高於汽油機車。氫氣無論來自天然

1 J.J.Hwang, Sustainable transport strategy for promoting zero-emission electricscooter in Taiwan. Renewabe and Sustainabe Energy Reviews 14(2010)1390-1399.

2 J.J.Hwang, W.R.Chang, Life-cycle analysis of greenhouse gasemission and energy efficiency of hydrogen fuel cell scooters, Int.J.Hydrgen Energy 35(2010)11947-11956.

氣或是焦爐氣，燃料電池機車的等效耗能率均優於鋰離子電池機車與汽油引擎機車，其中，又以焦爐氣分離產氫方案具有最佳之燃料經濟性。圖 2-27 同時比較此四種機車之溫室氣體排放。鋰離子電池機車與燃料電池機車在行駛過程中都是零排放，鋰離子電池機車的 WTT 溫室氣體排放高於汽油引擎機車，這是因為電網電力排放係數高的緣故，當氫氣來自焦爐氣時，燃料電池機車可大幅減少生命週期之溫室氣體排放，這是因為焦爐氣製氫過程僅涉及變壓吸附裝置所需電力之間接排放。

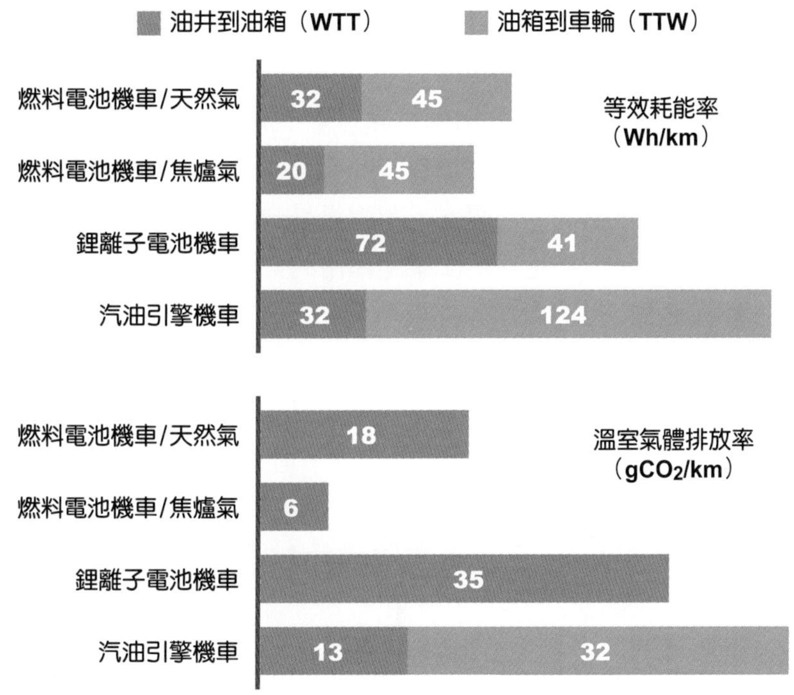

圖 2-27　不同機車系統之能耗及溫室氣體排放率比較

2-4-3　苯乙烯製程副產氫

苯乙烯 SM(Styrene Monomer, C_8H_8) 是無色油狀有芳香氣味的液體，沸點 145.2°C，它是為石化工業非常重要的中間原料，用途相當廣泛，可用以生產 PS 塑膠、ABS 塑膠、苯乙烯 / 丁二烯橡膠 (SBR)、不飽和聚酯 (UPS) 等，其中，PS 塑膠由於具有良好的電絕緣性、低吸水性及極佳的流動性，除了廣泛應用於食品容器、玩具、IC 卡及資訊產品製造上，更是新興資訊及通訊產業不可或缺的材料；而 ABS 在耐衝擊性、抗拉強度、亮度及硬度等物理性能方面較 PS 尤佳，也由於其優異的加工性能而被廣泛地應用於各種用途上，包括汽機車業、手提箱、水管閥門、玩具、資訊產品等。另有自行研發符合認證標準之耐燃級 ABS，主要用以資訊產業用材料，如電腦外殼、數據機、監視器外殼等。

十九世紀時即已知苯乙烯可由天然植物的香油中蒸餾出來，但一直到二次大戰前才由 Dow 與 BASF 發展出製程技術。二次大戰時由於合成橡膠的大量需求，SM 成爲重要的物資，同時大規模的生產工廠也開始興建。目前全世界每年 SM 的使用量已超過兩千萬噸，90% 以上採用乙苯催化脫氫法製造的，也就是將乙苯 (C_8H_{10}) 在催化劑作用下，達到 550 ～ 600°C 時脫氫生成苯乙烯：

$$C_6H_5\text{—}CH_2CH_3 \longleftrightarrow C_6H_5\text{—}CH{=}CH_2 + H_2 \tag{2-37}$$

如圖 2-28 所示，苯乙烯製程包含兩個步驟，第一步驟先由原料乙烯 (Ethylene) 及苯 (Benzene) 經烷化反應成爲中間產品乙苯 (Ethylbenzene)，第二步驟再由乙苯脫氫反應成爲苯乙烯，過程中會產生大量的副產氫。乙苯脫氫是一個可逆吸熱增分子反應，加熱減壓有利於反應向生成苯乙烯方向進行，工業上採用的方法是在進料中摻入大量高溫水蒸氣，以降低烴分壓，並提供反應所需的部分熱量。臺灣有爲數不少 SM 製造廠，例如臺灣化學纖維、臺灣苯乙烯、國喬石化等，SM 製程之副產氫回收後主要作爲工業原料自用或轉售。

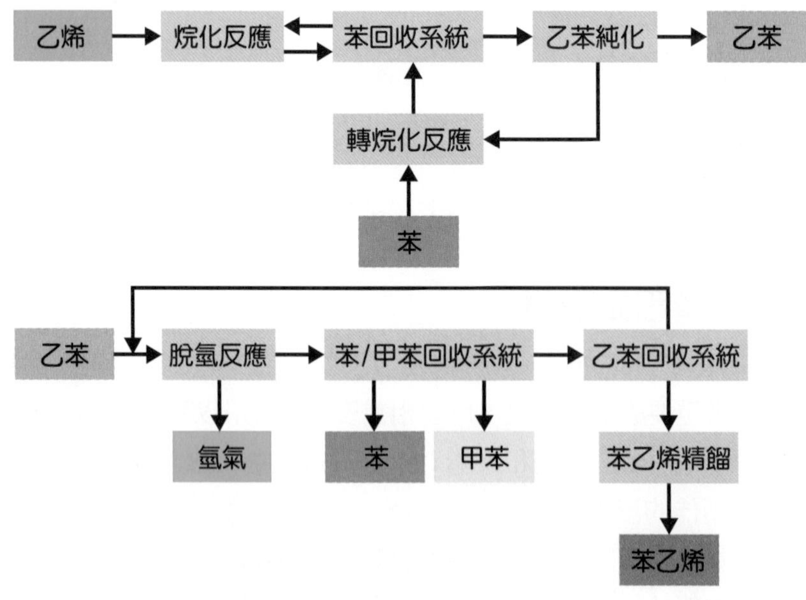

圖 2-28　苯乙烯製程方塊圖

2-4-4　氯鹼製程副產氫

氯鹼屬於無機化學工業，從十九世紀末發展至今，已經超過百年歷史。氯鹼工業以食鹽水爲原料，用電解法生產燒鹼 (氫氧化鈉)、氯氣、氫氣和由此生產一系列氯產品，例如鹽酸、高氯酸鉀、次氯酸鈣、光氣、二氧化氯等。氯與燒鹼都是重要的基本化工原料，廣泛用於化工、冶金、造紙、紡織、石油等工業，以及作爲漂白、殺菌、飲水消毒之用。

氯鹼工業是高耗能產業，生產過程所耗的電量僅次於電解法生產鋁，以美國爲例，氯鹼工業用電量佔總發電量的 2% 左右，因此，電力供應情況和電價對氯鹼產品的生產成本影響相當大，各國都愼選先進設備來降低電耗，例如，用金屬陽極代替石墨陽極，降低電壓，以及縮小極距進一步降低電耗。到 1980 年金屬陽極電解槽約佔世界氯鹼生產能力的一半。1970 年代所發展出離子交換膜電解法，已經大幅降低耗電量。

氯鹼製程技術有汞電解法、隔膜電解法、離子膜電解法三種生產方法。臺灣已於 1989 年禁用汞電解法生產氯鹼的製程，全球規模最大的氯鹼廠美國陶氏化學公司弗里波特廠採用隔膜電解法，離子膜電解法則是目前最新的氯鹼製程技術，臺灣與日本均以此技術爲主。

如圖 2-29 所示，在離子交換膜電解槽中，用陽離子交換膜把陽極室和陰極室隔開。陽離子交換膜只讓 Na^+ 帶著少量水分子通過，其它離子則無法通過。

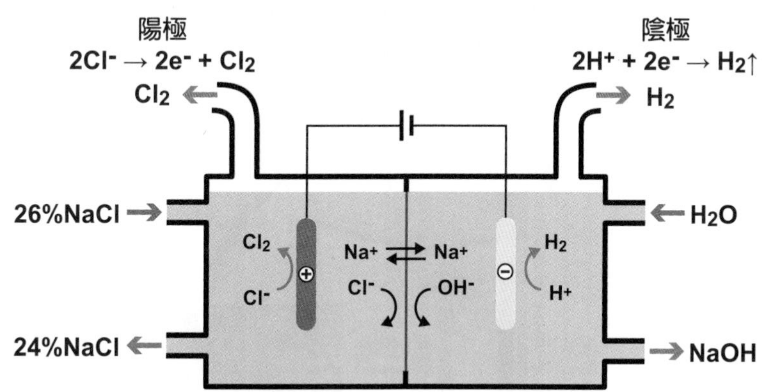

圖 2-29　離子交換膜氯鹼電解原理說明

當接通電源後，在電場的作用下，帶負電的 Cl^- 向陽極移動，在陽極室中 Cl^- 釋放電子而生成 Cl_2，從電解槽頂部排出：

$$\text{陽極：} 2Cl^- \rightarrow 2e + 2Cl \rightarrow Cl_2 \uparrow \quad (2\text{-}38)$$

而在陰極室中，H^+ 接獲電子而生成 H_2，也從電解槽頂部放出：

$$\text{陰極：} 2H^+ + 2e \rightarrow 2H \rightarrow H_2 \uparrow \qquad (2\text{-}39)$$

由於陰極質子不斷還原成氫氣而離開，破壞了水的電離平衡，促使水不斷電離同時提高溶液中 OH^- 的濃度，而且 OH^- 由於受陽離子交換膜的阻隔，無法移向陽極室，此時 Na^+ 則帶著少量水分子透過陽離子交換膜流向陰極室，如此在陰極室就形成了 NaOH 溶液，它從陰極室底部流出。因此，電解食鹽水的總反應可以表示如下：

$$2NaCl + 2H_2O \rightarrow 2NaOH + H_2 \uparrow + Cl_2 \uparrow \qquad (2\text{-}40)$$

隨著電解的進行，不斷往陽極室裡注入精製食鹽水，以補充 NaCl 的消耗，同時不斷往陰極室裡注入純水，以補充水的消耗並調節 NaOH 濃度。所得的鹼液從陰極室上部導出。由於陽離子交換膜能阻止 Cl^- 通過，所以陰極室生成的 NaOH 溶液中含 NaCl 雜質很少。使用這種方法所製得的產品比用隔膜法電解生產的產品濃度大，純度高，而且能耗也低，所以它是目前最先進的生產氯鹼的技術。

圖 2-30 是一個整合氯鹼製程與燃料電池系統的應用實例，它是位於東京水道局三園淨水場之運轉之燃料電池系統，三園淨水場將食鹽水電解製造出用來殺菌自來水的次氯酸鈉 (NaClO)，而電解產生的氫氣加以回收提供燃料電池使用，一方面可以完成高效率的殺菌劑製造系統，另一方面燃料電池所產生的餘熱也可以用在淨水場泥漿之乾燥與工廠反應槽的加溫，而達到高總體效率。

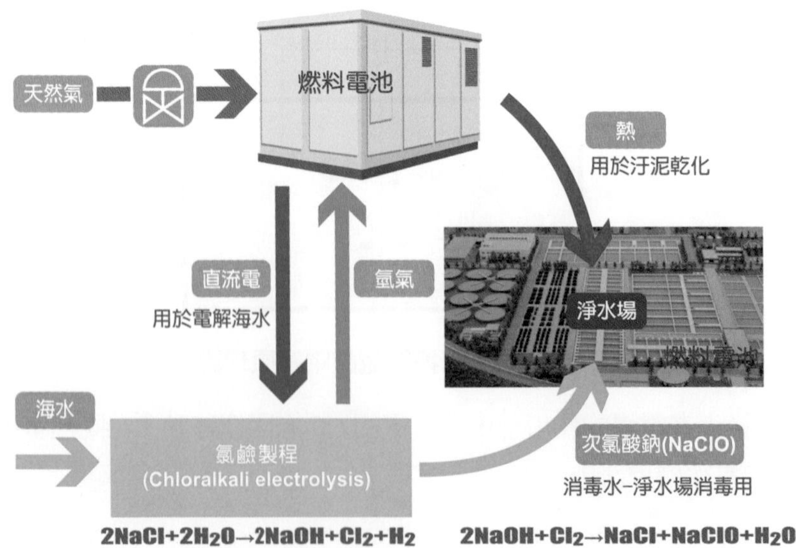

圖 2-30　氯鹼業與燃料電池整合應用之示意圖

氯鹼工業除原料易得、生產流程短、腐蝕和污染嚴重外，有以下兩項特有的問題。第一，電解食鹽水溶液時，按固定質量比例產生氯氣和燒鹼兩種產品，就一個國家或地區而言，經常對燒鹼和氯氣的需求量未必符合此生產比例，因此經常出現燒鹼和氯氣的供需平衡問題。以石化業發達的臺灣爲例，氯氣需求量大，例如 VCM(氯乙烯單體)、PVC(聚氯乙烯) 及其它有機氯化物的生產，以致燒鹼過剩需出口法予以平衡，或將燒鹼溶液或電解液以碳化法製成純鹼 (Na_2CO_3) 輸出。臺灣目前主要之氯鹼廠有台塑麥寮與仁武廠、臺灣志氯、華夏海灣與義芳化工等，其中台塑爲國內最大氯鹼業，主要提供 VCM、PVC 製程所需之氯氣，麥寮鹼廠爲全球最大之離子交換膜法鹼廠；臺灣志氯也是離子交換膜法鹼氯製造技術生產液氯、液鹼、鹽酸、漂白水及氫氣；華夏海灣塑膠頭份氯鹼工廠之氫氣全數作爲鹽酸原料。除了石化業製程需求之外，國內紙廠也有小型氯鹼廠以生產作紙張所需之漂白水，例如臺灣紙業與中華紙漿等，其中，臺灣紙業係以進口鉀鹽(氯化鉀)作爲原料，以離子交換膜電解生產氫氧化鉀、液氯、鹽酸及次氯酸鈉(消毒水)等產品，氫氣除了作爲鹽酸原料之外，其餘則作爲鍋爐燃料；至於中華紙漿的副產氫有接近 60%(1.2 噸／天) 直接排到大氣，相當可惜。

習題

1. 氫氣的產生方法有哪些？
2. 請列出 5 種太陽能製氫技術。
3. 碳氫燃料的改質方法有哪幾種？
4. 蒸氣改質反應包含哪兩種反應？
5. 請上網查閱甲醇製程技術，並探討甲醇改質製氫之合理性。
6. 炭本身並沒有氫的成分，爲什麼要用煤炭來製取氫氣？
7. 請列出以水爲原料爲的製氫技術。
8. 生物質製氫技術與生物 (學) 製氫技術，兩者有何不同？
9. 生物質製氫技術有哪幾種？
10. 生物學製氫技術中的光解水製氫，綠藻或藍細菌產氫過程和綠色植物行光合作用有何相似之處？相異之處？
11. 請比較光解水製氫與光合細菌產氫過程中之電子傳輸鏈。
12. 請比較光合細菌產氫與光解水產氫之電子傳輸鏈。
13. 硼氫化鈉 (sodium borohydride，$NaBH_4$) 爲化學氫之一。$NaBH_4$ 與水之化學反應式如下：

$$NaBH_{4(aq)} + 2H_2O_{(l)} \rightarrow NaBO_{2(aq)} + 4H_{2(g)} \quad \Delta H = -217\ kJ$$

常溫下，此反應僅能生成有限之氫氣，且其反應速率將隨時間增加而減緩，此乃因副產物 $NaBO_2$ 爲鹼性鹽類，故溶液 pH 值會隨之增加，亦更不利反應向右進行，換言之 $NaBH_4$ 溶液於高 pH 值環境下可穩定存在。此外，藉由提高溫度或加入酸性物質皆可提高氫氣生成速率。此反應亦可藉由催化劑增加其反應速率，此亦爲於此領域經常探討之部分，改變催化劑種類 (如：Ru、Ni_xB、Pt 或 Pt-Metal oxide 等)、催化劑之表面積、催化劑之量、催化劑合成方法或鍍於不同基質之催化劑等等，均對 $NaBH_4$ 生成氫氣之反應存在極大之影響。爲此，設計了一套實驗並完成以下數據量測：

I. $LiCoO_{2(s)}$ 重量：0.50 g
II. $H2PtCl_{6(aq)}$：濃度 0.011955 g/mL，取量 0.63 mL，Pt 含量 1.5%
III. $NaBH_4$ 重量：0.05 g
IV. $PtLiCoO_2$ 重量：0.0033 g
V. 蒸餾水：25 mL
VI. 氫氣產生速率

時間 (分)	氫氣體積 (mL)	
	實驗組 (加 $PtLiCoO_2$)	對照組 (未加)
90	120	60
150	142	70
隔夜	146	143

依計量化學計算：

$$NaBH_{4(aq)} + 2H_2O_{(l)} \rightarrow NaBO_{2(aq)} + 4H_{2(g)} \quad \Delta H = -217\ kJ$$

$NaBH_4$：0.05g ÷ 37.8g/mol = 0.013 mol

$H_{2(g)}$：0.013mol × 4 × 24.5 = 130 mL

即 0.05 g $NaBH_4$ 於 25°C，1 atm 下完全反應，約產生氫氣 130 mL。

根據以下實驗數據與結果，請回答以下問題，請回答以下問題：

(1) 本實驗測定硼氫化鈉與水反應產生氫氣之速率，試問加入 $PtLiCoO_2$ 觸媒對產生氫氣速率之影響爲何？

(2) $PtLiCoO_2$ 觸媒中若不加入 Pt，是否也具有觸媒催化效應？試搜尋相關研究資料並設計一個實驗驗證之。

(3) 通常反應物的濃度會影響反應速率，硼氫化鈉與水之反應是否會隨所添加之水量而反應速率不同呢？試設計一個實驗驗證之。

(4) 溫度會影響反應速率，硼氫化鈉與水之反應爲放熱反應，則此一實驗應如何改進？

(5) 若想縮短本實驗產氫反應之時間，可如何改進之？

3

氫的儲存與運輸

氫的儲存與運輸與氫的生產同樣重要，必須在經濟和安全上可行。

由於氫氣質輕且活性強，不易儲存。高壓氣態儲存是最普遍的儲氫方法，目前輕質材料儲氫瓶已可承受 80 MPa 的壓力；低溫液氫儲氫密度高，體積小，然而容器絕熱技術複雜，造價昂貴；金屬氫化物屬缺點在於重量儲氫密度低；有機氫化物儲氫是化學儲氫的一種，深受日本業界重視。

至於氫的運輸技術方面，目前主要採取管路、車輛、船舶等。液氫運輸的能量效率高，但液化過程需耗掉三分之一氫的能量；船運或卡車運輸高壓氫氣最爲常見，但運輸量相對有限；金屬氫化物運輸的能量效率低；有機氫化物關鍵在於脫氫觸媒的效率；天然氣管道也可用來輸送氫氣，但必須使用低含碳量的管材，避免氫脆現象而導致氫氣逃逸。對於大規模集中製氫和長距離輸氫來說，管道運輸是最合適的。

3-1 氫的儲存

目前常見氫氣儲存技術主要有高壓氫氣、低溫液氫、金屬氫化物儲氫、以及化學儲氫等。這些儲氫技術都有其優缺點，也各有其適用之載具，以燃料電池車爲例，在發展初期，高壓氫氣、低溫液氫與金屬氫化物呈現競爭態勢，而隨著高壓氫氣技術漸趨成熟後，現在燃料電池車大多是採高壓氫氣技術。

3-1-1 高壓氫氣 CGH2

高壓氫氣瓶可分成五種類型，Type I 到 Type V。Type I 是傳統金屬氫氣瓶，可承受最大壓力在 17.5 MPa(鋁瓶) ～ 20 MPa(鋼瓶) 之間，市面上常見紅色高壓氫氣鋼瓶即屬於此一類型。Type II 則是在 Type I 金屬氫氣瓶外圍纏繞玻璃纖維或碳纖維以增強耐壓程度，以玻璃纖維包覆之鋁瓶可耐壓 26 MPa，以碳纖維包覆之鋼瓶則可耐壓 30 MPa。Type III 則是以非結構體金屬材料爲襯裡，外部纏繞複合材料 (如芳族聚酰胺和玻璃纖維材料)，以鋁爲襯裡外部纏繞碳纖維時可承受壓力達 70 MPa。Type IV 複合瓶則是將 Type III 改以熱塑性高分子塑膠爲襯裡，外部同樣纏繞複合材料、碳纖維或 FRP 強化塑料，承受壓力亦可達 70 MPa。Type V 則是無襯裡之全複合材料氫氣瓶，2014 年開始進行原型氣瓶之測試。

燃料電池車發展初期，所使用之高壓儲氫罐的承受壓力約爲 30 MPa，此一壓力下所能夠儲氫之體積能量密度僅爲汽油的五分之一，在乘客車的有限空間內，並無法容納足夠的氫氣提供車輛所需之行駛里程，以通用汽車 HydroGen1 爲例，35 MPa 儲氫罐的儲氫量約爲 1.9 kg，所提供之行駛距離僅 153 km。70 MPa 的 Type IV 氫氣瓶從 2001 年開始於用於燃料電池車，包括豐田 FCHV、梅賽德斯 - 賓士 F-Cell 和 GM HydroGen4 等車款都採用此一類型之高壓氫氣瓶。

2003 年，以 Opel/Zafira 休旅車爲車體的通用汽車燃料電池原型車 HydroGen3，搭載了昆騰科技 (Quantum Technologies) 所開發的 Type IV 儲氫系統，如圖 3-1 所示，它是由兩個三殼儲氫罐 TriShield、感測器以及管閥件所組成。三殼儲氫罐由非浸透無縫高分子缸套、碳纖維複合材料和外層保護殼 3 層組成。HydroGen3 的 70 MPa 儲氫罐與舊款 35 MPa 儲氫罐大小大致相同，儲氫量則增加至 3.1 kg，行駛里程由 153 km 延長到 274 km，提高了 80%。2014 年底上市的豐田 MIRAI 燃料電池車也是搭載兩個 Type IV 氫氣罐，儲氫性能達到 5.7 wt.%，70 MPa 的高壓儲氫罐也同樣採用三層結構，內層是確保氫氣密封的樹脂襯裡，中層是確保耐壓強度的碳纖維強化 CFRP 樹脂層，表層是保護表面的玻璃纖維強化樹脂層。此外，MIRAI 在高壓儲氫罐裝置了溫度感測器，藉以檢測檢測罐內溫度，可以在確保安全性的同時，在 3 分鐘的時間內完成加氫作業。

JFE 鋼鐵 JFE Steel Cooperation 自 2003 年便開始進行 70 MPa 耐壓容器材料的開發工作，JFE 鋼鐵把以鋁合金爲內襯的碳纖維複合容器 (Type III) 作爲基本設計，由關係企業 JFE 科技研發生產，而自行生產 70 MPa 所需要的的壓縮機，則是藉用加拿大電力局旗下動力科技研究所的實驗設備進行實驗。JFE 鋼鐵研發目標朝向快速充氣、氫氣脆化、密封性能等技術進行，例如，因爲快速充氣而所引起升溫現象，過去的容器在 20 分鐘內，從 1 MPa 加壓到 70 MPa 時，僅能升溫到 30°C，而新的容器則有能力達到 60°C，在容器外部的溫度基本不變情況下，來提高內壁的熱容量，抑制氫氣升溫。

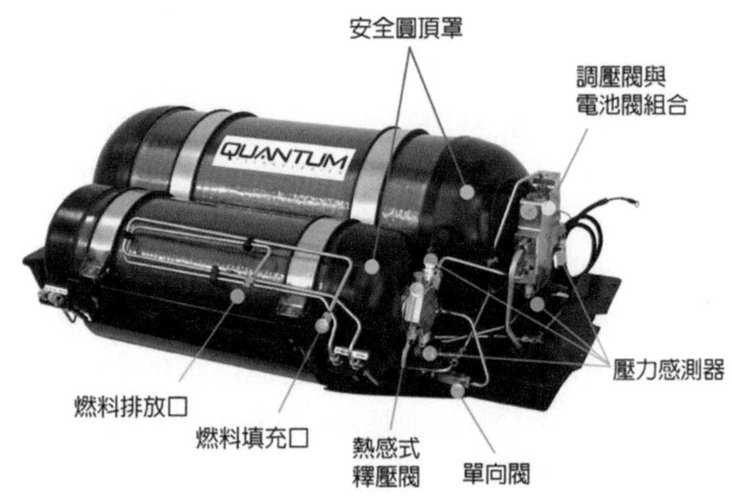

圖 3-1　70 MPa 之高壓複合材料氫氣儲存系統

3-1-2　低溫液氫 LH2

在標準狀態 STP 下，氫的密度是 0.089 kg/m^3，在 20 MPa 時密度則爲 17.8 kg/m^3，而液氫 LH2(liquid hydrogen) 的密度高達 70.0 kg/m^3。因此，從增加儲存密度的角度來看，液儲的確很有吸引力，火箭燃料就是由低溫液氫所提供。

相較於高壓氫氣，低溫液氫系統技術較爲嚴苛複雜，而且需要考慮熱傳的問題。液氫沸點 20.38 K，汽化潛熱僅 0.91 kJ/mol，且液氫溫度與外界溫度差距相當大，只要有一點點的熱量從外界侵入容器，即可快速沸騰而損失，因此，使用低溫液氫儲存技術必須利用眞空絕緣設備以防止在充填與抽出過程中，由於熱侵入而使低溫液氫蒸發造成損失。傳統液氫是將氫氣在標準大氣壓下冷凍至 − 252.72°C，使其變爲液體儲存在特製之高眞空絕熱容器 - 杜瓦瓶 (Dewars) 中，每天蒸發率大約 0.8%。

1990 年初，液氫加注速度相當慢，125 公升的液氫加注過程需要將近一小時，而且有將近 50% 體積的氫損失於大氣中。經過一連串的改進後，1996 年在德國巴伐利亞太陽氫能計畫 (Solar Hydrogen Bavaria Project) 所發展的液氫加注技術，相同容量的低溫液氫加注時間僅須 3 分鐘，而且幾乎沒有氫的損失。雖然低溫液氫加注過程所需之能量仍然高於高壓氫氣，然而液氫設備具體積小且重量輕，這種優勢在車輛的使用上尤其明顯。圖 3-2 爲安裝在 BMW hydrogen 7 後行李箱之液氫罐。

依照目前的技術而言，每天製造 5 ～ 30 噸的中小型之低溫液氫製造廠製程所需之能量約佔液氫能量的 30% 左右，在大型液氫製造廠 (300 噸 / 天)，所需之能量則可降低至 20%。相對地，隨著壓縮機的性能不同，25 MPa 的高壓氫氣製程中所需之能量約爲壓縮氫氣能量的 9 ～ 12%。

圖 3-3 爲日本岩谷產業的低溫液氫製程。基本上，低溫液氫製程與天然氣液化大致相同，它是藉由壓縮後與絕熱膨脹過程將氫降至並控制在液化溫度 (– 253°C) 左右，一連串的壓縮與絕熱膨脹過程中可以不斷地去除其中雜質而生產出純度達到 99.9999% 的液氫。這種熱脹冷縮原理與夏天自行車輪胎發熱相似，輪胎內空氣溫度升高壓力增大，而外界空氣溫度較低時輪胎內壓力又會變小。岩谷藉由液化溫度約 – 190°C 的氮氣的一系列絕熱壓縮膨脹過程中，在熱交換器中將氫氣溫度降到 – 253°C。由於液氮的製造成本頗高，目前正圍繞這種技術實用化不斷研發，而且超高壓的液氫對容器要求十分嚴格，通常金屬在 – 253°C 以下強度下降，液氫也面臨著洩露量過大的問題。圖 3-4 爲岩谷產業在大阪堺市的液氫廠，這個液氫廠每小時可生產 6 立方米的液氫。

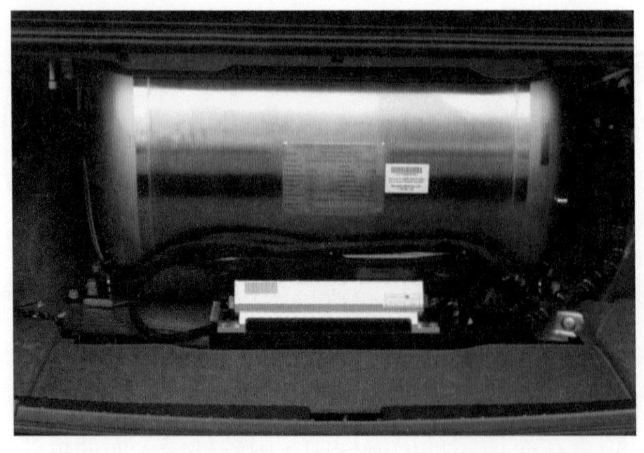

圖 3-2　安裝在 BMW hydrogen 7 之液氫罐

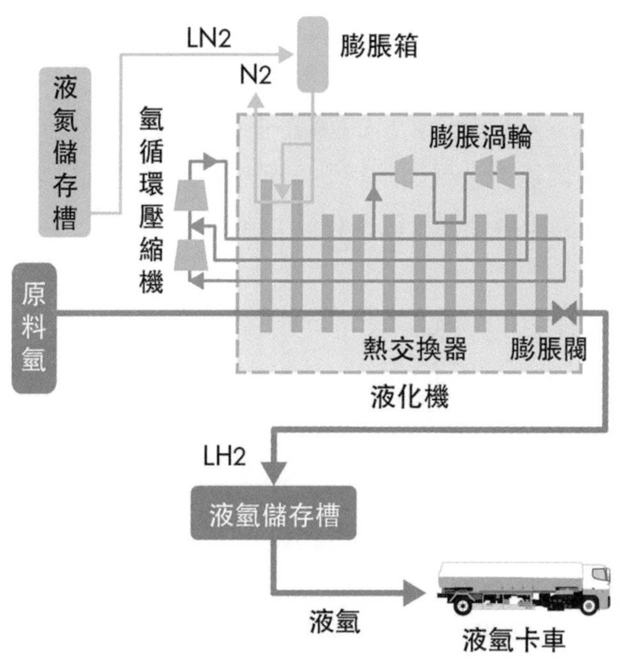

圖 3-3 岩谷產業液氫製程

圖 3-4 岩谷產業大阪堺市液氫廠，每小時可生產 6,000 公升的液氫

3-1-3 金屬氫化物儲氫

有別於 CGH_2 與 LH_2 的氣態與液態儲氫方式，金屬氫化物 (metal hydride) 儲氫技術是以儲氫合金 HSA(hydrogen storage alloy) 作爲純氫之儲存技術屬於固態儲氫技術。

儲氫合金始於 1958 年 ZrNi 儲氫合金的發現，1982 年美國 Ovonic 公司申請儲氫合金應用於電池電極製造之專利，使得此一材料受到重視，同年日本亦開始進行儲氫合金及鎳氫電池的研究，直到 1985 年荷蘭菲利浦公司突破了儲氫合金在充放電過程中容量衰減的問題，而使得儲氫合金在鎳氫電池負極材料上之應用脫穎而出，並於 1990 年由日本首度研製成功具有高體積／重量能量密度的鎳氫電池商品化產品上市，成爲影響鎳氫電池性能的關鍵所在；目前儲氫合金更因其特性，而成爲燃料電池既安全又有效的氫氣儲存方式之一。基本上，以儲氫合金儲放氫具有以下優點：

1. 體積儲氫密度高。
2. 不需要高壓容器和隔熱容器。
3. 安全性佳，沒有爆炸危險。
4. 儲氫合金在吸放氫過中還有過濾的功能，因此可以提高了氫的純度增加氫的附加價值。

表 3-1 爲金屬氫化物之種類與儲氫量之比較。

表 3-1　金屬氫化物之種類與儲氫量

種類	主系統	儲氫量
AB_5 型合金	$LaNi_5$ 等	1 wt.%
AB_2 型合金	$TiCr_{1.8}$、$ZrMn_2$ 等	～2 wt.%
AB 型合金	TiFe 等	～2 wt.%
BCC 構造合金	Ti-Mn-V 系、Ti-Cr-V 系、V-Ti-Cr 系等	～3 wt.%
Mg 系合金 (A_2B 型)	Mg_2Ni、Mg_2Cu 等	～4 wt.%

儲氫合金利用氫對於不同金屬元素間之親和力 (affinity) 不同的原理，將與氫之間有強親和力的 A 金屬元素與另一與氫之間有弱親和力的 B 金屬元素，依一定比例熔合成 AxBy 合金，若 AxBy 合金內 A 原子與 B 原子排列得非常規則，而介於 A 原子與 B 原子間之空隙亦排列得很規則，而這些氫原子便“見縫插針”般地進入合金原子之間的縫空中，當氫原子進入後形成 AxByHz 的三元合金也就是 AxBy 的氫化物，此 AxBy 合金 (主要包括 AB、A_2B、AB_2、AB_3、AB_5、A_2B_7) 概稱爲儲氫合金，又稱金屬氫化物。目前作爲強吸氫材料 A 類金屬主要包括 Mg、La、Y、Sc、Ti、Zr、V、Nb 等，作爲調整吸放氫之化學反應熱力及動力性質的輔助吸氫的 B 類金屬有 Cr、Mn、Fe、Co、Ni 等，此外，藉由添加不同的微量元素可以改善儲氫合金之儲氫量、放氫溫度／壓力／速度及遲滯效應等問題，例如 AB_2 型 Laves Phase Ti-Mn 合金，可以加入微量的鋯來取代鈦，以改善其遲滯效應之問題。

儲氫合金吸氫過程爲放熱反應，放氫過程則是吸熱反應；儲氫合金之選取必須考慮儲氫量大、容易活化、吸氫／放氫之化學反應速率快、使用壽命長、以及成本低廉等特性；目前常見的儲氫合金主要爲稀土系、鈦系、鐵系及鎂系等四種。

就稀土系儲氫合金而言，例如 $LaNi_5$，它的價格高且氫氣儲存密度低，但因其吸放氫之化學反應可以在室溫、常壓下進行，並不需要額外的散熱或加熱設備來輔助吸氫或放氫過程，因此，儲氫容器較爲簡便，故在民生應用例如家庭及個人可攜式電子產品等方面，極受到重視。

至於鈦系、鐵系、鋯系儲氫合金方面，美國 Brookhaven 國家實驗室於 1960 年代曾經開發出氫氣儲存量可達 1.9 wt.% 左右的 AB 型鈦鐵系合金，價格也相當便宜，然而，初期活化困難而且有相當大的遲滯效應 (hysteresis)，此外，平衡壓力會隨著氫在合金中之組成濃度而明顯改變，故儲氫能力及壽命受制於氫氣的純度；AB_2 被視爲最能取代 AB(如 Ti-Fe) 及 AB_5(如 La-Ni) 的儲氫合金，其中 ZrV_2 之儲氫量雖然高達 3 wt.% 左右，但由於它在室溫下的平衡壓力過低，並不具實用性，目前最具有潛力的 AB_2 型儲氫合金是 Ti-Mn 合金，它的價格低廉、容易活化、儲氫量高，可達 2 wt.% 左右，相當受到業界矚目，然而有明顯的遲滯效應及平衡平台壓力 (equilibrium plateau pressure) 效應等缺點，而影響到應用價值。

鎂系儲氫合金，例如 Mg2Ni、Mg-Ni，具有重量輕、價格低廉的優點，而且它的儲氫能力超過所有金屬氫化物，然而，因純鎂金屬表面極易氧化生成一層氧化膜，以致於嚴重影響氫氣的吸附，故放氫反應必須在高溫下才能進行，在實務上，即便溫度高達 400°C，氫氣儲存量通常無法達到 5 wt.%，若溫度低於 350°C 以下，則吸放氫之化學反應相當緩慢，需要長時間才能達成，由於需要加熱、絕熱等設備，因此，儲氫系統較爲複雜、笨重且昂貴，而活化處理困難與放氫溫度高的缺點限制了它在家庭及個人可攜式電子產品等小型或攜帶型儲能裝置方面的實用價值，但從其高儲氫量及整體的價格與重量等因素來考量，在大型儲能裝置方面仍頗具經濟效益。

豐田的燃料電池原型車曾經使用儲氫合金的儲氫器，巴拉德公司研製出筆記型電腦用燃料電池搭配了鈦鐵儲氫合金的儲氫器，台灣的亞太燃料電池公司則以儲氫量 1.5 wt.% 的儲氫合金作爲燃料電池電動機車的氫源，圖 3-5 爲儲氫合金應用於機車之示意圖。對於車載儲氫系統，國際能源總署 IEA 提出的固態儲氫技術標準的儲氫量應大於 5 wt.%，並且能夠在溫和的條件下吸放氫，而美國能源部 DOE 的車載儲氫系統的標準更高，也就是不得低於 6.5 wt%。至今還沒有一種儲氫合金材料能夠滿足此一性能標準。

2006 年 4 月在美國舊金山所舉辦的美國材料學會春季會議上，豐田汽車發表了關於氫氣燃料車的相關技術報告，在報告中發表了容積爲 180 L 的混合式高壓氫瓶，在承受 35 MPa 的壓力下可以儲存 2.2 wt% 的氫氣，這個混合式高壓氫氣儲藏瓶在五分鐘內可加滿 80% 的氫氣。整個的儲氫瓶重量只有 230 kg，乘以 2.2% 之後正好是 5 公斤。以往豐田所使用 AB2 鉻錳鈦合金的儲氫量只有 1.9 wt%，而這次所採用的是釩鉬鉻鈦合金，儲氫量可以大幅的提高到 2.5 wt%。豐田的混合式儲氫技術融合了儲氫合金的高體積吸氫量以及高壓儲氫槽質輕的兩項優點，來達到 5 公斤儲氫量的目標。不過混合式儲氫瓶的問題點是熱交換器的功率，因爲在充氣候會產生大量的熱，所以必須進行散熱，而且不能讓熱量積聚在狹窄的空間。但是爲了散熱把瓶口加大的話，氫氣瓶的強度會下降，因此要生產出最佳散熱的儲存器，以當時技術而言還是一件相當困難的事情。圖 3-6 爲混合式儲氫瓶之照片。

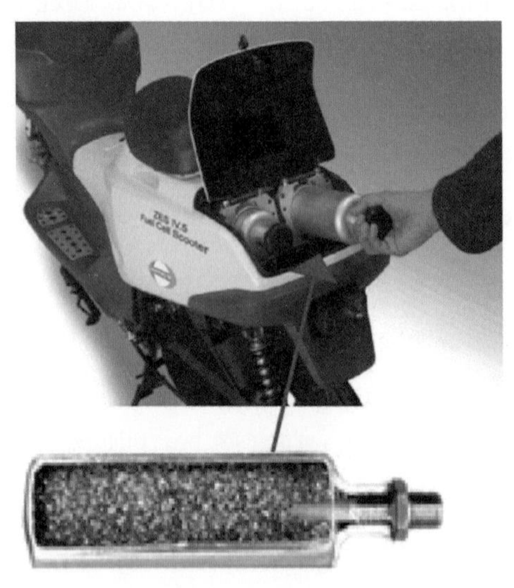

圖 3-5　金屬氫化物儲氫應用於機車之實例

圖 3-6　混合式儲氫瓶之內部結構

3-1-4　液態有機氫載體儲氫

液態有機氫化物 LOHC(liquid organic hydrogen carrier) 儲氫是使用有機化合物作爲氫載體進行儲存與運輸，此一技術深受日本企業的關注，以千代田化工進行之實證爲例，首先，在氫氣工廠永氫氣將甲苯氫化成甲基環己烷，然後將液態之甲基環己烷運輸至加氫站，甲基環己烷進行催化脫氫反應產生氫氣提供燃料電池車使用，而脫氫後的甲苯回收後運回原氫氣工廠進行氫化作業。氫氣藉由與甲苯反應成甲基環己烷體積可以縮小 500 倍以上，因此運輸方便，且對設備要求不高，運輸效率比傳統陸上高壓運輸至少提高 5 倍以上。

如表 3-2 所示，目前已開發之有機氫技術所使用之氫載體主要以芳香族有機物爲主，如苯與萘。常見的三種有機氫儲氫系統分別爲甲苯 / 甲基環己烷：

$$\text{C}_6\text{H}_{11}\text{CH}_3 \rightleftarrows \text{C}_6\text{H}_5\text{CH}_3 + 3\text{H}_2 \quad (3\text{-}1)$$

苯 / 環己烷：

$$\text{C}_6\text{H}_{12} \rightleftarrows \text{C}_6\text{H}_6 + 3\text{H}_2 \quad (3\text{-}2)$$

以及萘 / 十氫化萘：

$$\text{C}_{10}\text{H}_{18} \rightleftarrows \text{C}_{10}\text{H}_8 + 5\text{H}_2 \quad (3\text{-}3)$$

這些有機性質相當穩定但有劇毒，有些在常溫常壓下呈現液體，有些則是固體如萘，有些甚至是致癌物。有機氫的關鍵技術在於脫氫催化劑之開發，脫氫催化劑必須具有優異選擇性與更高的耐久性。脫氫是吸熱反應，需要大約 400°C 的熱源。

表 3-2 芳香族有機氫載體氫轉移機制與特性

反應機制	儲氫量	安全性與利便性
甲苯 +3H2 ↔ 甲基環己烷	6.16 wt.% 0.53 Nm^3/L	常溫常壓下，產物與反應物均爲液體
苯 +3H2 ↔ 環己烷	7.19 wt.% 0.62 Nm^3/L	苯是致癌物
萘 +5H2 ↔ 十氫萘	7.29 wt.% 0.71 Nm^3/L	萘通常爲固體，需要使用溶劑

氨廣泛用作化肥原料，氨儲存和運輸的許多方面都具有很高的技術成熟度，目前則有相當多的研究進行以氨爲氫載體的儲氫技術。

將氫轉變爲氨使氫著眼於易於運輸與儲存，這個思路與芳香族有機氫技術相同。如表 3-3 所示，氫密度越高，可運輸愈大量的氫，沸點愈接近常溫則提取氫所需的能源愈少，儲存及運輸等所需的能源消費量愈少。因此，與高壓氫氣、液氫和甲基環己烷相比，氨的氫運輸量 (氫密度) 更大，同時，還可省去運輸及儲存所需的壓縮和液化能源。此外，氨即使不經過提取氫的程序，也能直接用於燃氣輪機發電燃料。

表 3-3 氨與其他儲氫技術之比較

	氫密度	沸點	提取氫所需之能量
氨 Ammonia	121 kg/Nm^3	− 33.4°C	30.6 kJ/molH_2
甲基環己烷 MCH	47.3 kg/Nm^3	101°C	67.5 kJ/molH_2
液氫 LH2	70.6 kg/Nm^3	− 252.9°C	0.899 kJ/molH_2
高壓氫 CGH	23.2 kg/Nm^3(35 MPa) 39.6 kg/Nm^3(70 Mpa)	− 252.9°C	(無需)

出處：日本科學技術振興機構 JST

戴姆勒克萊斯勒與風險公司千禧電池 (Millennium Cell Inc.) 曾經合作開發過氫氣即付系統 HDS ™ (hydrogen on demand system) 的化學儲氫技術，圖 3-7 爲 HDS ™示意圖。這套系統搭載在名爲鈉 (Natrium) 的 Chrysler Town & Country 休旅車上。HDS ™使用硼氫化鈉 (sodium borohydride，$NaBH_4$) 爲氫的載體，當硼氫化鈉與水進行催化反應時便可產生氫氣和硼酸鈉 (硼砂)，它化學方程式

$$NaBH_{4(aq)} + 2H_2O_{(l)} \xrightarrow{\text{觸媒}} 4H_{2(g)} + NaBO_{2(aq)} \quad \Delta H = -217\ kJ \qquad (3\text{-}4)$$

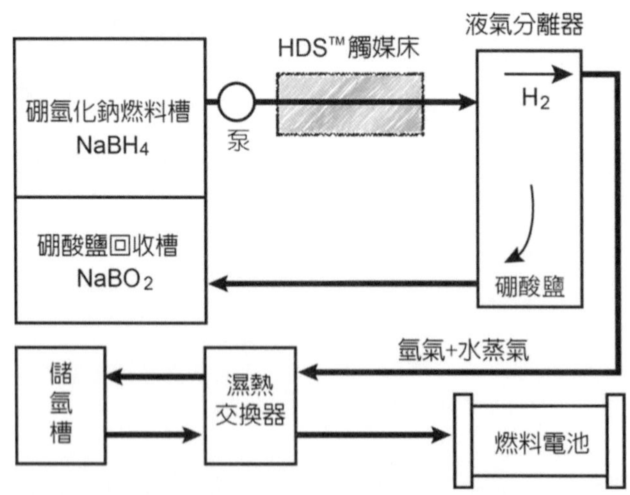

圖 3-7 氫氣即付系統 HDS ™示意圖

反應所產生的氫氣提供給燃料電池使用，硼砂則進行回收循環使用。HDS ™技術具有以下幾項特點：

1. HDS ™只生產必要的氫氣，安全性高。
2. HDS ™搭配燃料電池使用後，副產品是硼砂和水，完全無汙染。

3. HDS ™產氫過程是可逆的，因此，使用過的硼砂可以再次「充氫」成硼氫化納，重複使用。
4. HDS ™的 $NaBH_4$ 溶液不可燃。

表 3-4 爲搭載 HDS ™的 Natrium 的規格，HDS ™裝在休旅車的底盤，並不會影響到車輛原有的使用空間。續航里程可達 480 公里以上，最高時速 129 公里，0 ～ 96 km/h 加速 16 秒，每百公里耗油量相當於 8 升汽油。很可惜，美國能源部於 2007 年終止了支持此項計畫，主要原因是儲氫率與成本均無法達到車載儲氫系統的目標 – 4.5%，200 美元 / kWh。

表 3-4　Chrysler Natrium Minivan 基本規格

車名	Natrium Minivan
動力次序	前輪驅動，再生煞車系統
馬達	35 kW 西門子直流馬達
蓄電池堆	40 kW SAFT 鋰離子電池
燃料	硼氫化鈉 ($NaBH_4$)，可重複使用
燃料處理系統	HDS ™ (Hydrogen on Demand System)，Millennium Cell, Inc.
燃料電池系統	Ballard/XCELLSiS
耗燃料率	相當於 12.5 km/L 汽油
加速性	16 秒 (0 ～ 60 公里)
極速	128 km/hr
續航力	480 km

3-1-5　其他儲氫技術

除了上述常見儲氫技術之外，科學家也一直地在致力於尋找新的儲氫方式，例如奈米碳管、石墨烯、空孔微玻璃等，目前均有一定進展，這些先進的技術包括：

1. 奈米碳管 (carbon nanotubes)：奈米碳管 CNT(carbon nanotube) 儲氫被視爲未來可能輕量化儲氫技術之一。碳元素在周期表中屬於第六輕的元素，原子量爲 12，用碳替代其他比較重的金屬作儲氫合金使用，可以大幅提高儲氫能量密度。高分散的奈米碳管具有很大的表面積則可以成爲一個很好的吸附材料，特別是在氫的吸附方面，將大量的氫吸附在奈米碳管的管壁上。美國國家再生能源實驗室與 IBM 公司於 1997 年採用程式控溫脫附儀 TPDS 測量單壁奈米碳管的載氫量，從實驗結果推測在 130 K、4 × 10^4 Pa 條件下的載氫量爲 5 ～ 10 wt%，這是全世界第一篇關於奈米碳管儲氫的報導。然而美國能源部後來的研究發現，在室溫下，單壁式奈米碳管 SWNT 並無法達到作為燃料電池車的儲氫材料的 6 wt% 儲氫量的技術指標，而目前選擇的方案是在單壁式碳奈米管中摻雜一些金屬而成為混合材料來增加氫氣吸附的動力學效率，而達到室溫常壓下吸放氫的目標。這項研究目前仍在進行中。

2. 石墨奈米纖維 (graphite nanofibers)：奈米石墨纖維典型尺寸為 5 ～ 100 μm，直徑為 5 ～ 100 nm。其儲氫量可達 75 wt.%，也就是 1 克奈米石墨纖維可儲 3 克氫氣。最近美國西北大學聲稱，使用這種材料將可使燃料電池車的行駛里程增加到 8,000 km；中國大陸瀋陽金屬曾利用自製的奈米石墨纖維多次重複獲得了 8 wt.% 以上的儲氫量。雖然這種材料目前還處在實驗室研究階段，而且尚有許多問題與困難有待突破，然而一旦研究成功，並得到推廣應用，則可能成為儲氫技術的一場革命，從而推動整個氫能系統的開發和應用。
3. 碳凝膠 (carbon aerogels)：碳凝膠是一種類似於發泡塑料的物質，這種材料的特點是具有超細孔與大比表面積，並且有一個固態的基體。通常它是由間苯二酚和甲醛溶液經過縮聚作用後，在 1,050°C 的高溫和惰性環境下進行超臨界分離和熱解而得到的。這種材料具有奈米晶體結構，其微孔尺寸小於 2 nm。最近試驗結果證明，在 8.3 MPa 的高壓下，其儲氫量可達 3.7 wt.%。
4. 微玻璃球 (glass microspheres)：這種材料的尺寸在 25 ～ 500 μm 之間，球壁厚度僅 1 μm。材料在溫度範圍 200 ～ 400°C 間穿透性增大而使氫氣可以在一定壓力作用下浸入到玻璃體中，當溫度降至室溫附近時，玻璃體的穿透性消失，隨後隨著溫度的升高便可釋放出氫氣。研究發現，這種材料在 62 MPa 氫壓條件下，儲氫可達 10 wt.%，而且經檢測 95% 的微球中都含有氫。這種材料在 370°C 時，15 分鐘內可完成整個吸氫或放氫過程。

3-2 氫的運輸

氫主要以三種不同型態的氫進行運輸，也就是壓縮氫氣、低溫液氫或液態有機氫、固態金屬氫化物；運輸技術則有管道運輸、車輛運輸、船舶運輸等。選擇何種運輸方式則基於運輸過程的能量效率、氫的運輸量、運輸過程氫的損耗、運輸里程等四點因素綜合考慮。

美國能源部曾就氫的運輸規劃了以下三種方案：

第一是利用管路或高壓氫罐拖車輸送氫氣至加氫站，這項方案有可能以目前現有天然氣管路輸送天然氣與氫氣混合氣至加氫站，然後再將混合氣分離純化後獲得純氫。

第二是先將氫氣液化然後再以低溫液氫槽車載送到加氫站。

第三項方案則是將高密度氫載體運輸到加氫站，處理後釋放出氫氣，例如先將天然氣、甲醇、乙醇等傳統含氫載體，運輸到加氫站後再改質製氫；另一個例子就是用有機物作爲氫載體，如環己苯或十萘氫，將其輸送加氫站經由脫氫程序後釋放出氫氣。

日本國內目前主要有高壓氫氣、低溫液氫、液態有機氫等運輸方式，表 3-5 比較了此三種方式之運氫量。採用卡車運輸高壓氫氣爲目前最爲常見的氫氣運輸方式，但運輸的量相當有限，以一部 40 噸的卡車運送 20 MPa 壓縮氫氣，氫氣的運輸量約爲 3,000 立方米 (250 kg)。低溫液氫運輸效率高，如圖 3-8 所示，一部液氫槽車大約等於 12 部高壓氫氣卡車的運輸量，但氫氣液化過程能耗大 (約三分之一的氫能量)，同時還存在運輸設備絕熱與避免氫氣蒸發的複雜技術要求，因此，液氫較適合於短途運輸。至於有機氫運輸量，每部化學槽車運氫量約爲 10,000 立方米，是高壓氫氣的 4-5 倍左右。此外，管道運輸氫氣也積極在發展中，低壓氫氣的管道運輸操作壓力一般爲 1 ～ 3 MPa，輸氣量 310 ～ 8,900 kg/h，非常適合用於大規模集中製氫和長距離運輸，但是必須避免管路氫脆的現象。

表 3-5　三種型態氫之運輸量比較

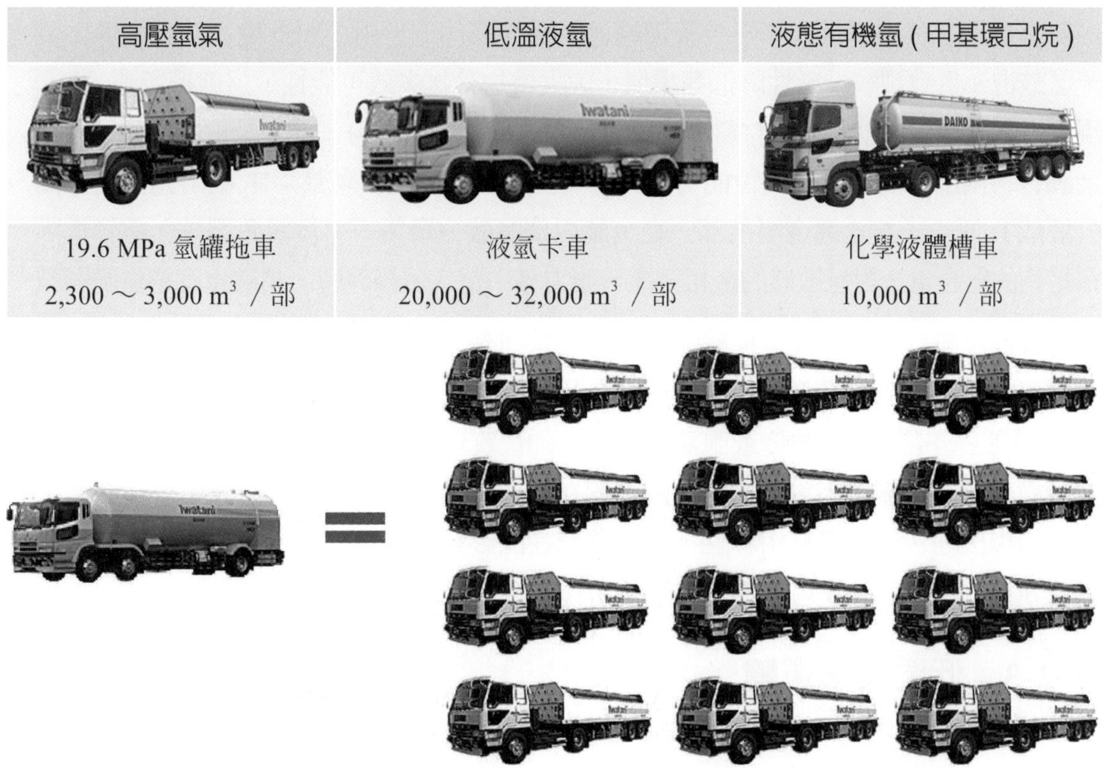

高壓氫氣	低溫液氫	液態有機氫 (甲基環己烷)
19.6 MPa 氫罐拖車 2,300 ～ 3,000 m^3 ／部	液氫卡車 20,000 ～ 32,000 m^3 ／部	化學液體槽車 10,000 m^3 ／部

圖 3-8　一部低溫液氫槽車 (左) 約為 12 部高壓氫氣槽車 (右) 運輸量

3-2-1 高壓氫氣槽車運輸

高壓氫氣長期以來廣泛運用於工業中，包括半導體、液晶、冶煉等。在燃料電池產業中，高壓氫氣可以爲家庭燃料電池供應氫氣以供發電之應，也可以爲加氫站提供氫氣通過壓縮機壓入蓄壓器中，爲燃料電池車提供燃料。加氫站氫氣運輸與工業應用中點對點運輸類似，因此傳統的氫氣運輸方式可以廣泛應用於燃料電池車產業。

高壓氫氣運輸方法一般適用於區域製氫工場與加氫站間之短途運輸，目前一般採用的 20 MPa 壓力高壓槽車每輛車具有 2,300 ～ 3,000 Nm^3 的運輸量。具有低成本的優勢，缺點是不利於長途運輸。目前可以根據容器材質、運輸方式，提供了三種不同的壓力運輸，分別爲 14.7 MPa、19.6 MPa 及超高壓 45 MPa。

3-2-2 低壓氫氣管路運輸

低壓氫氣的管道運輸在歐洲和美國已有 70 多年的歷史。1938 年，位於德國萊茵魯爾工業區的 HULL 化工廠建立了世界上第一條輸氫管道，全長 208 公里，主要用於化工廠氫資源匹配利用，但成本也非常高，只是小規模和特殊場景使用。如果要擴大應用場景，就需要在管道輸送技術上不斷突破。

由於氫氣密度小、擴散係數大、易對材料力學性能產生劣化，尤其氫進入金屬材料內部易導致材料力學性能下降，管道輸送的操作條件下，由於內外應力綜合影響，易出現氫鼓泡、氫致裂紋、延性降低等損傷，大大增加管材失效可能性，這就是所謂「氫脆」現象。具體來說，就是金屬材料在高壓氫環境中服役時，氫分子能夠分解成氫原子滲透入金屬材料內部，造成材料的性能劣化，即「氫脆」。氫脆表現爲：H_2 吸附到金屬表面→分解成 H 原子→滲透進金屬內部→在金屬內部擴散→聚集→引發氫致裂紋。當管道中存在足夠的氫含量、對氫敏感的金相組織、應力集中這三個條件時，易導致管道氫脆開裂。

國際上雖已建成一定規模輸氫管道並正常運營，且這些管道基本採用低等級鋼材，氫損傷管材問題並不是很突出，但由於運行壓力較低、設計偏保守，管道綜合輸送效率普遍不高。研究開發高強度或耐氫脆管材，加快實現氫氣管輸系統降本增效，是滿足當前規模化氫儲運需求的重要途徑，國際間在這方面已經開展大量的研究，包括氫致金屬材料損傷機理、氫與管材相容性、氫對焊縫性能影響、焊接技術，以及新型非金屬管材開發等。

3-2-3 低溫液氫運輸

低溫液氫 LH2 適用於大規模長途運輸氫氣。將氫氣在 – 253°C 的溫度下液化，體積可以縮小 800 倍以上，相比較陸上高壓運輸效率提升 12 倍以上，是目前效率最高的運輸方式之一，以 LH2 形式運輸氫氣對於需要高純度氫氣的用戶來說可能很有吸引力。

能源行業方面，天然氣的生產、運輸和儲存液化已有豐富的經驗；然而，與天然氣 (－162°C) 相比，氫氣 (－253°C) 的沸點較低，需要不同的技術。

氫液化和儲存是已經使用數十年的成熟技術，主要用於太空應用和石化行業，然而，用於運輸 LH2 的船隻尚未投入商業使用。

基本上，氫液化是一種相當成熟的技術，全球液化裝機容量約爲每天 500 噸。大多數大型氫液化工廠是在 1950 年至 1970 年間爲美國 NASA 建造的，目前仍是全球最大液氫工廠，產能爲 34 噸／天。在過去二十年中，僅建造約 5 ～ 10 噸／天的小型工廠，自 2020 年以來，美國建造一些約 30 噸／天的工廠，以滿足運輸行業不斷增長的需求。韓國正在建設世界上最大的氫液化設施，產能爲 90 噸／天，將於 2023 年投入運營，主要服務於交通運輸領域。

氫液化是一個能源密集型過程。最新的氫液化工廠的平均耗電量約爲每公斤 10 千瓦 (kWh/kg)，相當於氫氣能量含量 (低熱値) 的 30% 左右。液化氫氣的最低理論能量需求 52 爲 2.7 kWh/kg，遠低於實際消耗。歐洲 IDEALHY 項目在 2013 年的概念技術設計中實現了 6.4 kWh/kg。美國能源部將大型工廠 (300 噸／天) 的最終目標定爲 6 kWh/kg，相當於 18% 氫的能含量。對於 LNG 而言，液化設施的一次能源消耗總量要低得多，約爲 LNG 的 5 ～ 10%。儘管能源需求相對較高，但用於出口的大型氫液化終端可能會位於能夠獲得低成本和低排放電力的地區。假設電力成本爲 25 美元 /MWh，美國能源部目標爲 6 kWh/kg，則液化電力支出將爲 0.15 美元／ kg。然而，電力成本僅佔氫液化成本的一小部分，因爲液化的設備成本仍然是影響整體經濟可行性的主要成本組成部分。美國能源部已將大型氫液化工廠 (300 噸／天) 的資本成本目標設定爲 1.42 億美元 (不包括儲存)。相比之下，目前的成本估計爲 5.6 億美元。

目前，全球已有多家公司正在致力於設計與開發商用液化氫油輪。日本川崎重工 KHI 已獲得日本海事協會船級社原則批准，用於容量高達 160,000m^3(每次航行約 10 kt H2) 的大型 LH2 油輪，其推進系統可以使用氫氣；歐洲 C-Job Naval Architects 與 LH2 Europe 合作，計劃建造一艘由氫燃料電池提供動力的 37500 m^3 LH2 油輪，預計將於 2027 年投入使用；韓國造船與海洋工程公司及其造船廠 Hyundai Mipo Dokyard 將建造一艘 20000 立方米的 LH2 油輪，該油輪將使用氫氣作爲燃料電池的燃料，預計將於 2025 年至 2027 年之間準備就緒。

日本川崎重工 2009 年即展開氫能計畫，目前已經開發出用於火箭燃料的液氫儲氫技術，同時也開發了氫燃氣輪機技術，利用氫氣燃燒發電。在構建液氫供應鏈方面，川崎重工聯合多家氫氣生產與供應廠商共同推動，包括電源開發株式會社 J-Power(Electric Power Development) 負責製氫，岩谷產業株式會社 (Iwatani) 開發運氫輪船，大林組

(Obayashi) 與川崎重工共同建立氫能電廠，以 1,000 kW 氫氣發電機提供試點社區電力與供暖。川崎重工積極開發氫能供應網絡的重要目的是擬藉此機會成為液氫運輸標準之制定者。

川崎重工最新的計畫是將在海外製取氫氣，並將其運輸回日本。川崎重工選定澳洲東南部 Latrobe Valley 煤礦，此處褐煤由於含有 50% ～ 60% 的水，能量密度很低，而褐煤乾燥時也可能引發自燃，故運輸困難，難以作為優質燃料，因此價格低廉。川崎重工計畫藉由褐煤氣化產氫，提高其褐煤價值，同時降低製氫成本。川崎重工計畫將國外製取之氫氣液化後以液氫輪船運回日本，圖 3-9 為川崎重工之液氫運輸船，運輸船採用了可以容納 2,500 Nm^3 液氫的極低溫蓄壓式設備，並且氫罐的洩漏量也控制在 0.09% 左右，川崎重工的目標是要讓此液氫貨船取得日本海事協會之認證，而成為全世界上第一艘實用化之液氫運輸船。

川崎重工預估大規模產氫技術後，這些褐煤提取的氫氣足以供給 30 萬輛燃料電池車使用，而氫氣的生產成本也將減半。此計畫同時配合澳洲聯邦政府以及 Victoria 州政府所推行的二氧化碳捕捉封存計畫，也就是將製氫過程同時產生的二氧化碳捕捉後運輸到枯竭的天然氣氣田中封存起來，此外，計畫也將利用澳洲豐富的再生能源來電解水製氫，如此，無論是褐煤氣化或再生能源水電解，所製得的氫氣均不排放二氧化碳。製氫站最早將於 2017 年建成，每天可產生 20 噸氫氣。川崎重工海外製氫與運輸計畫如圖 3-10 所示，此計畫已獲得日本新能源工業技術發展組織 NEDO(New Energy Development Organization) 的支持。

過去，川崎重工為柴油以及液化天然氣運輸技術支付大筆的專利費用，如今，川崎重工擬透過發展此大規模之運輸氫氣技術取得先機，而成為國際液氫供應鏈的標準制定者。川崎重工團隊已經與政府機構合作，制定海上運輸氫氣準則、氫能設施以及港口設備安全準則等，希望趕在德國與美國之前開發與制定相關標準。

圖 3-9　川崎重工之液氫運輸船

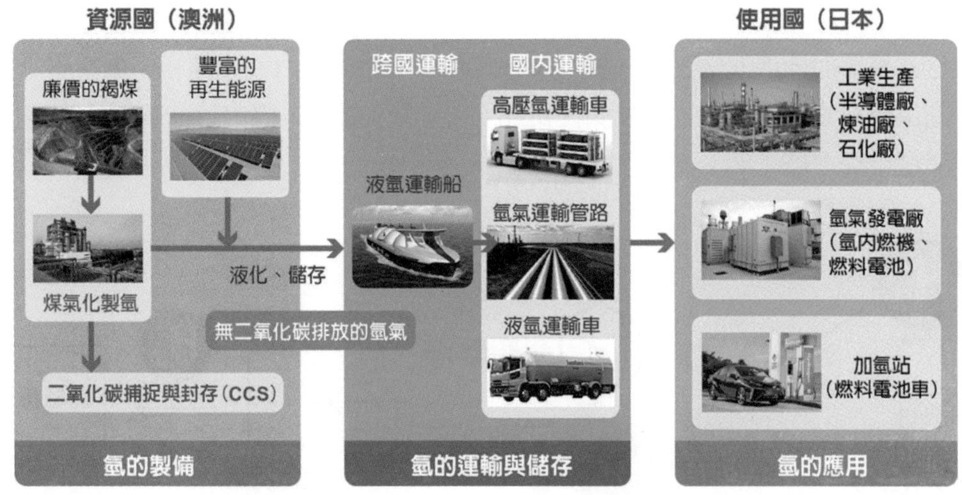

圖 3-10　日本川崎重工海外製氫與運輸計畫

3-2-4　液態有機氫載體運輸

氫可以結合到有機分子中，形成具有與石油產品相似特性的 LOHC(liquid organic hydrogen carrier)。LOHC 不需要冷卻，可以使用現有的石油基礎設施進行運輸和儲存。到了目的地，氫氣從 LOHC 中提取。加氫和脫氫過程均需要能量，相當於所運輸氫氣能量含量的 35% ～ 40% 左右。雖然發生了一些降解，載體分子可以重複使用，但需要運回出口碼頭，導致額外的運輸燃料消耗，僅比空船略高。

2021 年，芬蘭的 HySTOC 項目於啓用了 LOHC 加氫和儲存設施，採用 Hydrogenious LOHC 技術，向脫氫裝置所在的加氫站供應氫氣。在加氫站，氫氣從 LOHC 中釋放出來，用變壓吸附技術爲燃料電池汽車提供高純度氫氣。2019 年，先進氫能源鏈技術開發協會(AHEAD) 委託文萊達魯薩蘭國建造一座加氫示範設施，將氫氣以甲基環己烷 (MCH) 的形式輸送到日本 TOA Oil Co Keihin 煉油廠的燃氣輪機。MCH 脫氫分離出氫氣和甲苯，後者被運回出口碼頭，從而可以再次用作氫載體。MCH 通過安裝在集裝箱船上的 24 立方米 ISO 罐式集裝箱運輸。2022 年，AHEAD 項目首次使用約 12500 載重噸的傳統化學品船將文萊達魯薩蘭國工廠生產的 MCH 運往日本 ENEOS 煉油廠。

圖 3-11 爲日本千代田化工的甲苯／甲基環己烷系統之氫氣運輸機制圖。首先，利用甲苯與氫氣反應而成爲液態的甲基環己烷，此時氫就能夠像汽油一樣在常溫常壓下運輸，可充分利用現有的運輸設備，運輸到使用點 (加氫站) 之後，經由特殊觸媒轉換器便能夠高效從液氫中提取出氫氣。

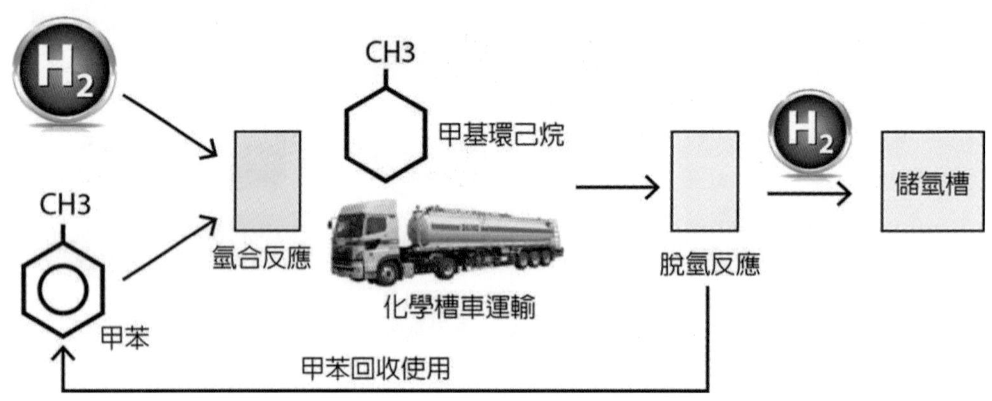

圖 3-11　千代田之甲苯／甲基環己烷有機氫輸送機制

有機氫運輸的核心技術在於氫氣合成和脫氫，這個過程需要特殊的催化劑。但由於目前多采用芳香族有機物，這種苯、萘以及甲苯、十氫萘極其穩定但有劇毒，催化劑的選用成了成敗關鍵。有機物運輸方便，對設備要求不高，運輸效率比傳統陸上高壓運輸至少提高 5 倍以上，這種技術也受到了日本企業的關注。

千代田化工將利用有機氫技術，將液化氫從中東和亞洲的產油國運到日本，然後在日本的脫氫工廠分離氫氣而進行銷售與應用，如圖 3-12 所示。千代田目前設想的銷售氫氣對象有三類，第一類是立即產生需求的，如日本的煉油廠和化工廠，這些工廠需要使用氫氣來去除產品中的硫等雜質。第二類是以氫氣爲燃料的氫發電站的需求，千代田化工於 2015 年，在川崎市建設全球第一座商用氫發電站，將氫氣添加在天然氣中進行混燃，直接使用燃氣輪機，這種方式不僅不會降低燃燒效率，還能減少二氧化碳排放量。第三類就是燃料電池車 FCV 的加氫站。千代田化工打算以能在常溫常壓下儲運氫氣的有機氫開拓加氫站的需求，也就是向加氫站運送有機氫液體，按照需求當場分離氫氣。

在 FCV 領域，包括豐田和本田等車廠和氣罐材料企業在內，許多技術開發都位於世界領先地位。而在氫基礎設施建設方面，由於受到比歐美更加嚴格的法規的限制，日本企業不佔優勢，而千代田化工力爭新型供氫網成爲 FCV 所處氫社會的典範，日本在這方面也有可能成爲世界的領頭羊。

在使用有機物以外，HyGrid 也曾考慮將氫氣轉化爲氨等化學燃料運輸。氨氣可以直接電解產生氫氣，但日本企業考慮的重點並不是此處，他們認爲氨氣的運輸比起氫氣更加方便。在海外合作開發能源可以將剩餘熱量以及剩餘電力通過水和氮氣之間的反應產生氧氣和氨進行儲存。製備氨之後利用運輸船的方式運輸到國內，通過電解等方式產生氫氣。

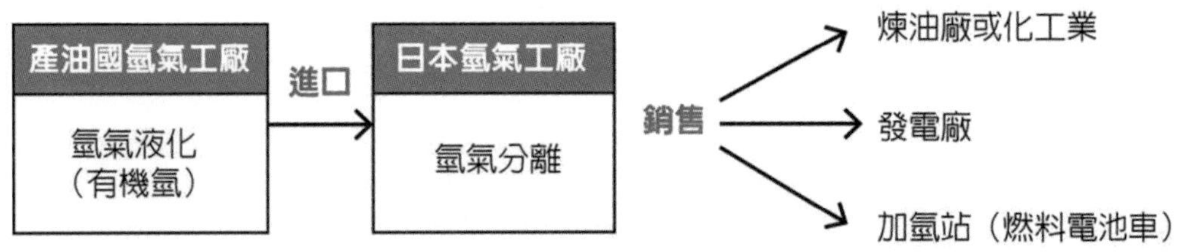

圖 3-12 千代田氫氣銷售業務之規劃

3-2-5 液氨運輸

全球範圍內已經建立氨基礎設施，每年的海上貿易量約爲 2000 萬噸 (Mt/ 天)，並且在 120 多個港口設有 195 個氨碼頭。國際航運航線十分完善，全球範圍內擁有完善的港口網絡，可大規模處理氨。氨通過完全冷藏、非加壓的罐車運輸，通常設計用於運輸液化石油氣 (其沸點爲 – 42°C，較氨沸點 – 33°C 爲低)，前提是不存在含有銅或鋅或其部件的部件與貨物接觸的合金。儘管氨有毒、有腐蝕性且具有刺激性氣味，但其安全運輸和儲存有既定的慣例；然而，如果船舶使用被定義爲有毒產品的氨作爲燃料，則必須調整國際海事標準。

隨著氨國際貿易的成熟，進口國有機會用低排放替代品取代基於化石燃料的進口。不過，可以額外使用多少氨還存在不確定性，例如通過燃煤電廠的混燒或作爲運輸燃料。如果最終用途需要氫氣而不是氨，則必須使用氨裂解裝置將其重新轉化爲氫氣，將氨分解爲氮氣和氫氣。小規模 (1 ～ 2 噸 / 天) 和高溫 (600°C ～ 900°C) 的氨裂解已經商業化並用於冶金，但能耗約爲氨能源含量的 30%，並且很少包括氫氣純化。氨裂解在較低溫度 (＜ 450°C) 下進行，這將減少能源消耗，並且不使用貴金屬作爲催化劑，其成熟度較低。對於燃料電池車，氫氣的最低純度爲 99.97%，氨的最大濃度爲 0.1ppm，惰性氣體 (氮氣和氬氣) 的最大濃度爲 100ppm。因此，圍繞氨裂化的創新需要解決與效率、成本、純度和規模相關的挑戰。

圖 3-13 爲日本海外氫氣供應鏈下氫能社會的描述。在 2030 年前，建成以海外氫製造設備和日本國內使用據點結合的供應鏈，並實現海外氫氣進口量 200 ～ 300 億 Nm^3 目標。2040 年，日本將建成使用再生能源大量製造、輸送、儲存綠氫的基礎設施，特別是將太陽光和風力等間歇能源轉化爲氫氣進行儲存再利用。目前，日本氫用於燃氣渦輪機的發電成本爲 17 日元 /kWh，接近於用石炭和 LNG 發電的成本 (12 ～ 14 日元 /kWh)。到 2030 年，海外氫氣進口量達到 200 ～ 300 億 Nm^3，日本國內的發電站所用的燃料可以用氫來代替。而石油發電的成本超過了 30 日元 /kWh，因此，通過氫來代替石油火力發電的前景可期。

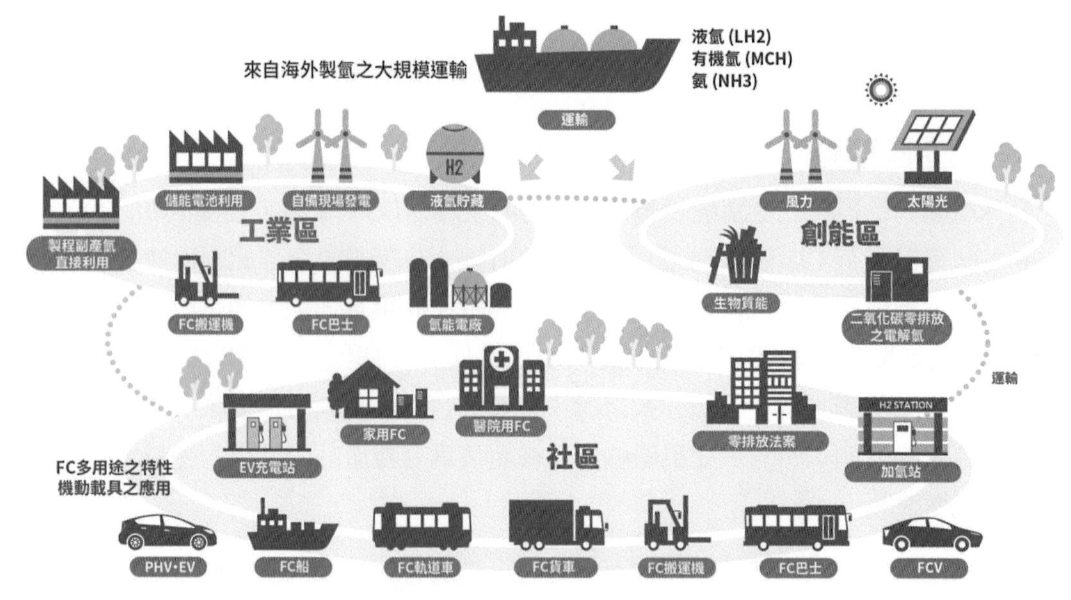

圖 3-13　日本海外氫氣供應鏈下的氫能社會

依照日本氫燃料電池戰略路線圖規劃，海外氫能運輸主要藉由液氫 (LH2)、液態有機氫載體 (LOHC)、氨 (NH_3) 運輸等三種形式進行。因爲不同氫載體之間的能量損失各不相同，最終將影響運輸效率，如圖 3-14 所示，其中，數字顯示了相對於起始值 100 的供應鏈中氫的剩餘能量含量，假設各步驟的所有能量需求都將由氫或氫衍生燃料滿足，液氫運輸效率約 73% ～ 79%，氨則約爲 63% ～ 64%，液態有機氫化物則約爲 57% ～ 59%。

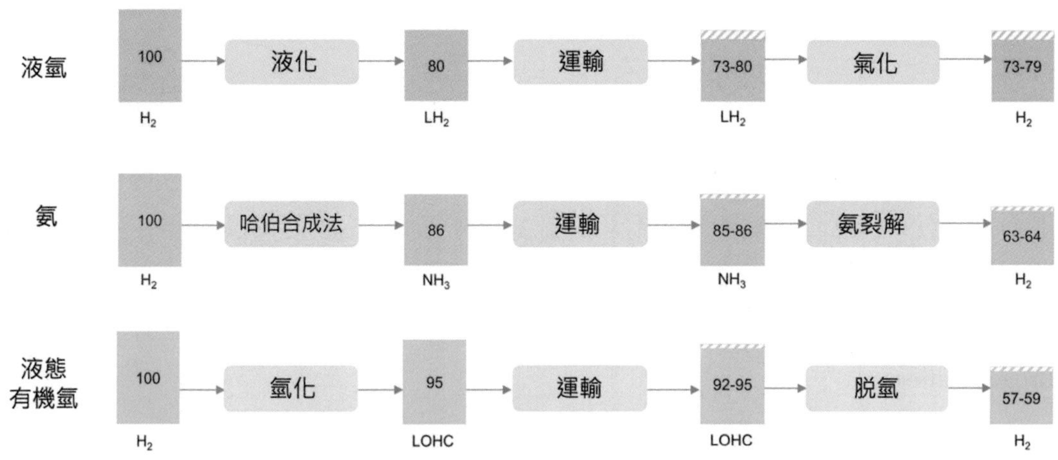

圖 3-14　氫氣轉化和運輸鏈上可用的能源 (以氫當量計算)

3-3 加氫站之建置

圖 3-15 為加氫站之基本架構，包括：

1. 氫氣源：高壓氫氣或液氫作為氫源供應，通常儲存在鋼瓶架或拖車鋼瓶中。
2. 壓縮機：將氫氣壓縮成 35 MPa(H35) 或 70 MPa(H70)。
3. 緩衝區：將加壓的氫氣儲存在緩衝區的管子中。
4. 熱交換器：在加注之前，氫氣在熱交換器中冷卻，以便加速加注燃料。
5. 加氫泵或分配器：將冷卻的氫加注到燃料電池車中。

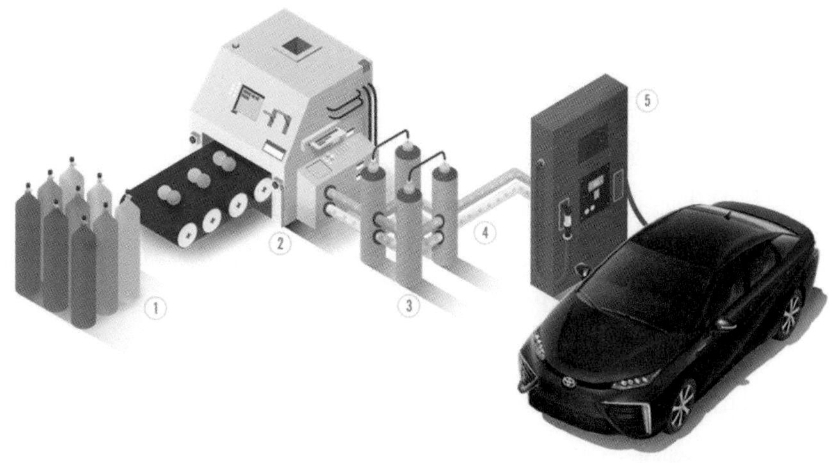

圖 3-15　加氫站之架構 (本圖片取自 Toyota 網站)

3-3-1 加氫站之種類

加氫站的氫氣可以直接在加氫站內生產製造，也可以從氫氣工廠製造後運輸到加氫站。氫氣在工廠集中生產時，長距離的運輸將增加輸氫成本，當氫氣在較接近使用點的半集中型的製氫廠生產，則可以降低運輸成本，一旦在氫氣是在使用點直接生產的分散型製氫廠，就可以省掉氫氣運輸成本。如圖 3-16 所示，加氫站的氫氣直接在站內生產製造者稱爲現場型加氫站 (on-site hydrogen station)，而是從製氫工廠製造後運輸到加氫站者稱爲離場型加氫站 (off-site hydrogen station)，而兩者兼具者稱爲混合型加氫站 (hybrid hydrogen station)。

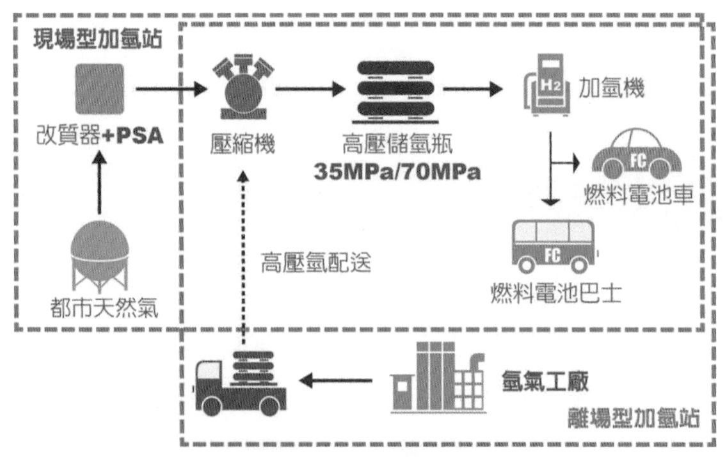

圖 3-16 離場型與現場型加氫站之比較

日本愛知縣瀨戶北加氫站屬於典型離場型加氫站，它的氫氣是來自新日本製鐵名古屋製鐵所之焦爐氣 COG，先在鋼廠內將 COG 分離並純化而得氫氣，再經由卡車將高壓罐裝氫氣運輸到瀨戶北加氫站供車輛加氫，如圖 3-17 所示。瀨戶南加氫站則是日本第一座混合型加氫站，大部分氫來自在站內天然氣改質而得，另一部分氫則是運輸而來的副產氫，藉由雙重來源，可提高氫供應的可靠度，另外，由於使用輔助的離站氫能，使站內天然氣改質製氫的生產設備得以高效率方式運轉，兩者參數之比較如表 3-6 所示。美國加州燃料電池夥伴聯盟 CaFCP 的加氫站則是以液氫運輸車載運氫氣至各個加氫站貯儲，使用前先將液氫氣化爲 25 MPa、35 MPa 的高壓氫氣再充填至燃料電池車中；德國慕尼黑機場的燃料電池巴士其液氫是用電網電力將鹼液電解後液化所得；德國漢堡離場型加氫站則是利用化學工場的副產氫加壓後利用專用拖車運送至加氫站作運用。

由於日本的燃料電池車已正式上市銷售，加氫站設置已從示範模式開始邁向產業化。最近，許多業者緊鑼密鼓地推動低成本加氫站的建設，目標是將目前數億日元的加氫站建置費用降低一億日元以下。幾家日本鋼鐵業巨頭積極從技術開發，產品佈局和標準法規建議等幾個方向，來加速推動加氫站設施的產業化，以降低目前加氫站的建設費用。

JFE 鋼鐵株式會社 JFE Steel Corporation 積極開發由無縫鋼管和碳纖維強化塑料 (CFRP) 結合製成的新型加氫站用超高壓氫氣蓄壓器，並準備於 2018 年量產，這種新型複合材料儲壓器與目前加氫站所用的鋼製蓄壓器相比，成本將可降低 30% ～ 50%。神戶製鋼 KOBELCO 正在力推將氫壓縮機、蓄壓器、冷凍機等進行標準化打包的加氫站裝備集成單元，可以有效地降低加氫站建設費用。新日鐵住金則專注於能夠有效防止氫脆的不銹鋼管的生產，並提出了在加氫站建設中規範有關氫氣管件規格標準化的建議，據稱將這些規格標準化後，加氫站高壓氫氣專用不銹鋼管件的成本與通用不銹鋼管的對比差價，將由目前的 2 ～ 3 倍降低到 1.5 ～ 2 倍。

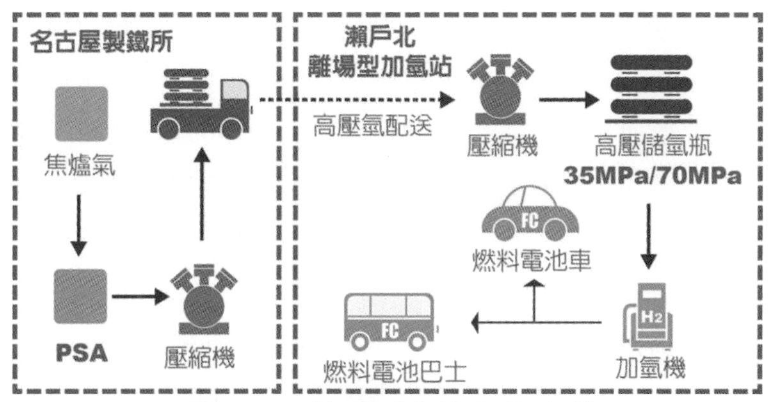

圖 3-17 愛知瀨戶北離場型加氫站

表 3-6 瀨戶北與瀨戶南加氫站之參數比較

名稱	瀨戶北加氫站	瀨戶南加氫站
型態	離場型	混合型
照片		
建造者	新日本製鐵、大陽日酸	東邦氣體、大陽日酸
原料	焦爐氣 COG	天然氣 (城市煤氣)
氫製造方法	PSA 純化	水蒸氣改質 + PSA 純化
氫製造能力	9.0 kg/h(100 Nm^3/h) (PSA)	8.9 kg/h(100 Nm^3/h)
壓縮設備	9.0 kg/h(100 Nm^3/h) (PSA)	8.9 kg/h(100 Nm^3/h)
氫存放裝置	3,600 L(40 MPa)	6,000L(40 MPa)
氫氣純度	99.99% 以上	99.99% 以上
加注壓力	35 MPa(FCV 與 FC Bus)	35 MPa

3-3-2 全球加氫站之佈局

自從殼牌石油公司於 2003 年 4 月在冰島雷克雅維克開設了第一座商用加氫站以來，全球加氫站數量持續成長。根據 H2stations.org 的統計，截至 2015 年底爲止，全球在運作的加氫站總數是 214 座，其中光是 2015 一年就新增了 54 座[1]。目前大全球加氫站設置地點集中在歐洲、美國東岸與西岸，以及亞洲的日本與韓國。

日本的燃料電池車領先全球正式上市銷售，而加氫站佈局更是不落人後，除了滿足豐田 Mirai、本田 Clarity Fuelcell 以及其它本土燃料電池車的需求外，更積極的要做到全球領導地位。日本加氫站的建置初期採取政府、車廠和運營商共同合作的模式推動。2015 年 7 月，日本三大車廠豐田、本田和日產宣布聯合投資 60 億日元支持日本加氫站的建設與運營，JX 日礦日石能源的第一座加氫於 2014 年 12 月在日本神奈川縣海老名市的加油站內正式建立營運，並計畫以東京圈爲中心新建 40 座加氫站。2016 年底日本共有超過 90 座加氫站，計畫在 2021 年 3 月底，數量將增加到 160 座，在接下來的五年中增加到 320 座。

德國積極成爲全球第一個有基本加氫站網絡的國家。德國加氫站的開發可以分成在 CEP 框架中實施的市場啓動階段和在 H2 Mobility 框架中實施的 2016 年後的市場擴張階段。2013 年，參與 H2 Mobility 的六家公司 (戴姆勒、Air Liquide、林德、OMV、殼牌、TOTAL) 宣布在 2023 年之前將加氫站的數量將增加到 400 座，屆時加氫站將分佈在德國整個高速公路的網絡中，至少每隔 90 公里有一座加氫站，至少在每個大都市區內有 10 座加氫站。

斯堪地納維亞氫公路夥伴關係 SHHP(Scandinavian Hydrogen Highway Partnership) 由挪威的 Norsk Hydrogen forum，瑞典的 Hydrogen Sweden 和丹麥的 Hydrogen Link 所組成，目標是建構歐洲第一個可用的加氫站網絡地區。挪威大部分用電來自水力發電，因此考慮用水電解製氫發展氫氣站，目前共有 5 座加氫站；丹麥地處連結德國和斯堪地納維亞半島的關鍵節點，因此積極推動氫能鏈 (Hydrogen Link) 的氫公路計畫，目前共設置有 9 座加氫站；瑞典推動氫公路計畫 Hydrogen Sweden，目前在斯德哥爾摩、馬爾默和瑞典北部設置 3 座加氫站，目標是建置約 10 座加氫站。2012 年 10 月，SHHP 與冰島四個國家與主要車廠 (豐田、本田、日產、現代) 簽署了備忘錄，目標是 2014 年至 2017 年間建設氫基礎設施並引進燃料電池車。

2015 年，美國加州眾議院於所通過了第八號法案，州政府將撥款 2 億美元於 2024 年之前建設超過 100 座公共加氫站。法案還規定加氫站的氫氣部分來源必須是再生能源，

1 http://www.netinform.net/H2/H2Stations/Default.aspx

如地熱、水力發電、海浪能、海洋熱能、潮汐能、太陽能、風能、生物能、城市固體垃圾轉換的氣體、填埋氣等。根據 CaFCP 資料顯示，截至 2016 年底，加州已經正式開放的加氫站共計有 32 座，新建與程序進行中的則有 20 座。

韓國貿易、工業和能源部預估 2020 混合動力車、插電式混合動力車、純電動車以及燃料電池車在整體新車銷量將可佔 20%。韓國政府則計畫到 2020 年在全國建設 80 座用於燃料電池車的加氫站，2016 年將建設 13 座加氫站。

除了一般型的加氫站之外，有些日本企業目前正進行補給用之小型加氫站與加氫車的應用開發。行駛在路上的汽車突然發現快沒油了怎麼辦？路邊如果能有小型的加油站能夠加一點油，使其能夠支撐到大型加油站加油即可，同樣的道理易可適用於加氫站。2014 年，本田推動智能加氫站 SHS(smart hydrogen station) 之建置，如圖 3-18(左) 所示。SHS 結構緊湊，易於安裝，也是全球座同時具備氫氣製造、儲存與填充功能的設備。SHS 本質上是一座高壓水電解槽，毋需額外高壓氫泵即可對燃料電池車進行充氫，電力則是來自再生能源 (如太陽光電、風電或生物質發電)。SHS 體積小，建置用地面積約 3.2 m×2.1 m，僅爲一般加氫站面積 1/30，而且對於氫氣儲存設施沒有特殊要求，即使在加氫站不易建置的商業區也相當容易安裝，它可以鋪設成數量更大、更廣泛的臨時加氫網，以便滿足燃料電池車的臨時加氫需求，有助於燃料電池車普及。本田已經於琦玉市、北九州市與岩谷產業設置了 SHS 加氫站。

2015 年，豐田與 Air Products 合作，在加州新建設的加氫站建成前，用移動加氫車爲消費者提供氫氣，如圖 3-18(右) 所示。Air Product 公司的移動加氫車使用蓄電池以及太陽能發電製氫，加氫車每次可以爲 Mirai 加註半個罐氫氣，提供 150 英里的續航里程。移動加氫車的儲氫能力爲 85 kg，每罐可以滿足 30 多輛車的加氫需求。

圖 3-18　本田之智能加氫站 SHS(左) 以及豐田之移動加氫車 (右)

習題

1. 常見的有機氫儲氫技術有哪些？
2. 試比較現場型加氫站與離場型加氫站之差異。
3. 試說明氫氣即付系統 HDS ™的氫氣供應機制。
4. 全球第一座商用加氫站設在何處？
5. 豐田的未來 (Mirai) 燃料電池車是用何種儲氫技術？
6. 低溫液氫儲氫技術有哪些優缺點？
7. 試說明金屬氫化物儲氫技術之優缺點。
8. 氫的運輸工具有哪些？
9. 試說明一座加氫站它的基本架構有哪些？
10. 從環境正義的角度，試闡述日本川崎重工的海外製氫與運輸計畫。

燃料電池簡介

人類最早學會使用能源的方法是燃燒，一開始燒柴來取暖、烹煮，讓環境變得舒適，食物變得美味；接著燒煤來推動蒸氣機幫我們做工，後來，人們大量使用電，這時候生活品質大爲改善。

說來奇怪，發電爲什麼第一個步驟也是拿燃料來燒呢？爲什麼非得用燒成熱能不可呢？這種方法的效率很高嗎？有沒有不必燒就能夠把燃料變成電的方法？這個問題的答案就是「燃料電池」。

燃料電池是一種把燃料化學能直接變成電能的機器，也就是直接用氫來發電的技術，很乾淨，且不會污染環境，也不會產生造成溫室效應的二氧化碳。而當氫氣從太陽能電解水而來時，就可以不必依賴石油，所以能源安全有保障。

4-1 燃料電池歷史

燃料電池的起源可以追溯到十九世紀初，歐洲的兩位科學家匈百 (C. F. Schönbein) 教授與葛羅夫 (W. R. Grove) 爵士。瑞士籍匈百是巴塞爾大學 (University of Basle) 的教授，而葛羅夫則是英國的法官也是一位科學家。

1839 …… 葛羅夫發明燃料電池，當時稱氣體電池

…… 1889 蒙德與藍格正名氣體電池為燃料電池

1959 …… 培根開發出實用的鹼性燃料電池

…… 1962 奇異高分子電解質燃料電池用於雙子星計畫

1965 …… 普惠鹼性燃料電池用於阿波羅計畫

…… 1966 通用推出全球第一輛高分子電解質燃料電池車

杜邦發明全氟磺酸膜 Nafion®

1970 年代 …… 美國 TARGET 磷酸燃料電池開發計畫

…… 1983 巴拉德公司成立

1998 …… 加州燃料電池夥伴聯盟 CaFCP 成立

…… 2003 美國提出氫燃料倡議 HFI

氫能與燃料電池經濟國際夥伴 IPHE 成立

2009 …… 日本啟動 ENE FARM 計畫

美國聯邦政府削減燃料電池車預算

…… 2015 豐田正式販售燃料電池車 Mirai

圖 4-1　燃料電池歷史之重要里程碑

一般認為燃料電池最早誕生於1839年葛羅夫的「氣體電池(gas voltaic battery)」實驗，然而比較嚴謹的說法應該是匈百在1838年首度發現燃料電池的電化學效應[1]，而第二年葛羅夫發明了燃料電池。

在匈百寫給英國學者法拉第的信中曾經提到，他在家中洗衣間所建立的實驗裝置可以不需充電而直接產生電流。隔年(1839)一月，在哲學雜誌(Philosophical Magazine)的報導中再次提到前述之實驗結果，內容強調氫氣與白金電極上的氯氣或氧氣所進行的化學反應過程中能夠產生電流，匈百將這種現象解釋為極化效應(polarisation effect)，這便是後來被稱為燃料電池的起源。值得一提的是，匈百曾經從英國先進科學學會(British association for the advancement of science)獲得40英鎊經費進行燃料電池之研究，這是全世界第一個官方正式資助的燃料電池研究。

葛羅夫的氣體電池構想是源自於水電解實驗。水電解是利用電將水分解成氫氣與氧氣，葛羅夫認為反過來將氧氣和氫氣進行反應，就有可能逆轉電解過程而產生電。圖4-2為葛羅夫的實驗裝置，燒杯左邊試管內有氧氣，而右邊試管內則有氫氣，各自浸泡在稀硫酸中，試管中央為鉑箔電極，將4組鉑箔電極串連後便可在上方電解槽中電解出氫氣與氧氣，葛羅夫稱這項發明作「氣體電池」。這就是後來被公認為全世界第一個燃料電池。

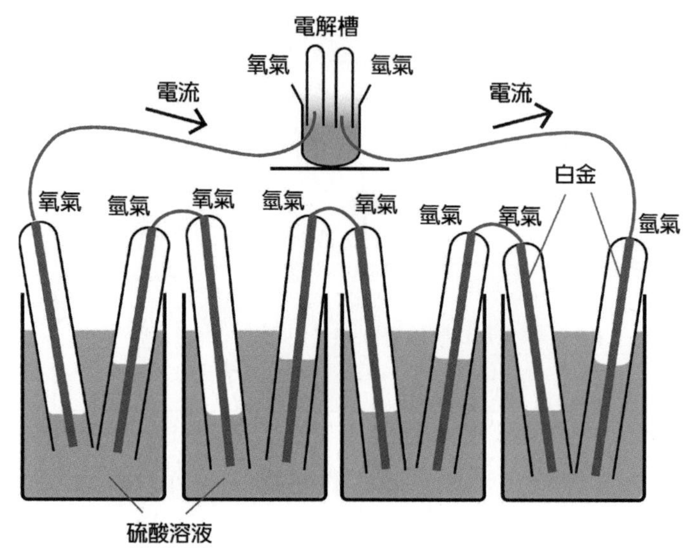

圖 4-2　葛羅夫 (William R. Grove) 爵士進行的氣體電池實驗

1　The Birth of the Fuel Cell 1835-1845, Ulf Bossel, ISBN 3-905591-06-1.

燃料電池一詞一直到了 1889 年才由蒙德 (L. Mond) 與藍格 (C. Langer) 二位化學家所提出。就十九世紀當時科技而言，燃料電池商業化存在許多無法克服的障礙，例如白金的來源、氫氣的生產等。因此，人們對葛羅夫的發明便逐漸淡漠，直到十九世紀末，由於內燃機技術崛起配合大規模化石燃料的使用，使得燃料電池應用變得遙遙無期，甚至被認為只不過是科學史上的一次奇特事件。直到 1959 年，培根 (F. T. Bacon) 製造出一部實用的鹼性燃料電池 AFC(alkaline fuel cell) 焊接機，才又掀起一股燃料電池研究熱潮。

1960 年代的冷戰期間，美俄太空競賽造就燃料電池技術的快速進展。如圖 4-3 所示，為了執行載人太空船雙子星計畫，NASA 在尋找適合動力源過程中，特別分析各種發電技術的特性，包括常規化學電池、燃料電池、氫氧內燃機、太陽能電池及核能等。其中，常規化學電池太重，太陽能電池價格昂貴且功率密度低，而核能又太危險，相形之下燃料電池作為太空船之動力源必須具備高比功率與高比能量的特性，則特別適合作為功率要求在 1 ～ 10 kW，飛行時間在 1 ～ 30 天的載人太空船的主電源。此外，燃料電池反應所產生之純水還可以作為太空人之飲用水，與攜帶的液態氧同時可作為太空船之備份維生系統。因此，NASA 便開始推動了一系列燃料電池的研究計畫，進行太空飛行動力之開發設計。

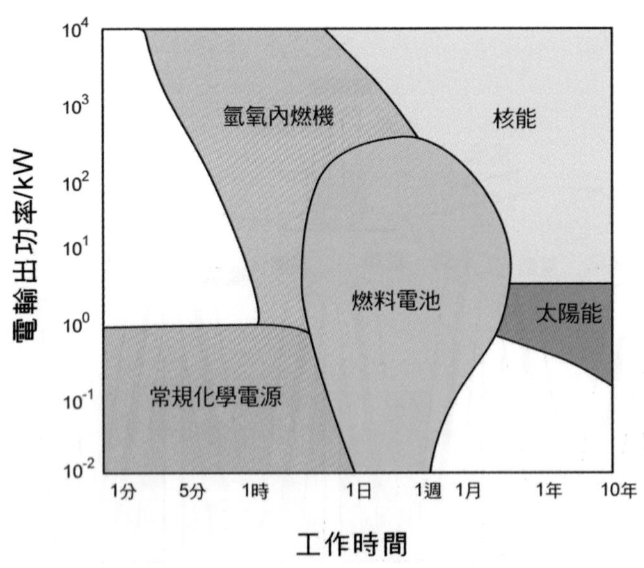

圖 4-3　太空用電源分析

1962 年雙子星載人太空船 (Gemini Space Capsule) 搭載奇異公司的質子交換膜燃料電池 PEMFC(proton exchange membrane fuel cell)，當時採用的磺化聚苯乙烯電解質耐熱性差，電力輸出與壽命均不理想，其膜甚至劣化而污染太空人的飲用水，直到改採用杜邦公司開發 Nafion® 膜，劣化現象才獲得改善；不過後來的阿波羅登月太空船 (Apollo Space Capsule) 與後來的太空梭 (Space Shuttle) 均搭載普惠公司的鹼性燃料電池。1966

年，通用汽車將雙子星技術應用於車輛動力而開發出第一部燃料電池車 (FCV) Chevrolet Electrovan。

1970 年代石油危機後，各國紛紛對燃料電池投入關注，美國主導以磷酸燃料電池 PAFC(phosphoric acid fuel cell) 為核心的 TARGET[2] 計畫，主要目的是開發分散型電源並擴大天然氣的使用。由於最早商業化的緣故，PAFC 被稱為第一代燃料電池。

1990 年代，全球各大車廠紛紛投入以質子交換膜燃料電池為動力的電動車研發。1999 年，加州政府、車廠、燃料電池廠商共同成立加州燃料電池伙伴聯盟 CaFCP(California Fuel Cell Partnership)，在沙加緬度開始對燃料電池車與加氫站進行商業化實證；2002 年起，日本政府也啓動 JHFC(Japan Hydrogen and Fuel Cell Program) 的燃料電池車商業化實證工作，而豐田與本田開始以租賃提方式提供燃料電池車給特定用戶使用，藉以蒐集行車資訊作為商業化設計之參考；2003 年美國前總統布希提出氫燃料倡議 (Hydrogen Fuel Initiative)，並在國情咨文中強調將美國帶入氫經濟 (Hydrogen Economy)；同年底，十八個國家與地區成立氫與燃料電池經濟國際夥伴組織 IPHE(International Partnership for Hydrogen and Fuel Cells in the Economy)，推動國際氫能和燃料電池技術之研發、展示、商業應用活動，它同時也作為各國制定氫能政策、規範與標準的平台。

就在燃料電池車正要起飛之際，2009 年，美國政府大幅削減燃料電池車的聯邦預算，並取消氫燃料倡議，直接受到衝擊的當然是美國車廠，而非美國作車廠，尤其是豐田、本田、梅賽德賓士等，並沒有受到這項政策影響，仍持續推動燃料電池車商業化。同年，日本政府推動 ENE FARM 計畫，加速家用燃料電池熱電共生系統普及化，而 2011 年 311 東日本大地震促使計畫加速畫堆動。豐田已於 2014 年底在日本正式上市量產燃料電池車，銷售價格約為 700 萬日元，這是燃料電池車商業化的一個重要里程碑。

4-2 燃料電池概述

4-2-1　燃料電池原理

由於冠有電池兩個字，燃料電池經常被認為和傳統 (二次) 電池一樣，是一種儲能的裝置，這是一項誤解，那究竟燃料電池和二次電池有什麼差異呢？

燃料電池與二次電池一樣，是一種將化學能轉換為電能的裝置。二次電池的兩端分別是正極與負極，能量則是儲存在內部的電解液中，而電解液中活性物質的濃度會隨著電力的供應而逐漸降低，當這些活性物質化學能使用完畢時，電池就無法供電，必須更換或充電後才能夠再使用。

2　Team to Advance Research for Gas Energy Transformation

燃料電池內部的電解質並沒有儲存能量。如圖 4-4 所示，它的能量來源是從外部供給的氫氣與氧氣，氫氣與氧氣分別在燃料電池的陽極與陰極觸媒上反應，只要不斷地供應氫氣與氧氣就可以不斷地提供電力。簡言之，二次電池是一個能量轉換機器，同時也是一個儲能裝置，而燃料電池純粹是一個能量轉換機器，它的能量是來自外面的燃料，當燃料不斷地進入燃料電池，它就能夠不斷地發電，因此，從工作方式來看，它就是一部發電機。

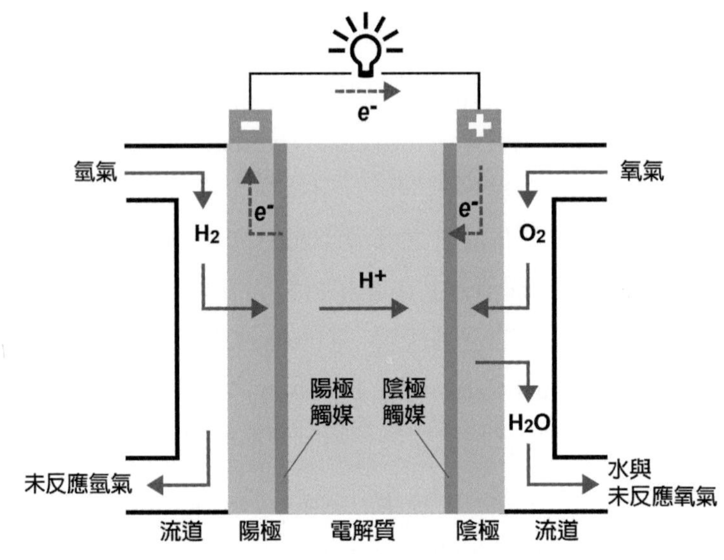

圖 4-4　二次電池與燃料電池之比較

燃料電池發電方式與傳統發電機或火力電廠仍有所不同，兩者之差別如圖 4-5 所描述，傳統火力發電必須先將燃料燃燒以產生熱能，再利用熱能製造高壓及高溫的水蒸氣來推動渦輪機，最後再將渦輪機的機械能轉換成爲電能。在一連串的能量轉換過程中，不僅產生噪音與污染，同時也造成損失而降低效率。相形之下，燃料電池發電是直接以電化學方式將燃料化學能轉變爲電能，因此，步驟少、效率高，過程中沒有燃燒，所以不會產生污染，而沒有轉動元件，所以噪音低。

燃料電池發電：化學能 $\xrightarrow{\text{電化學反應}}$ 電能

傳統熱機發電：化學能 $\xrightarrow{\text{燃燒}}$ 熱能 → 機械能 → 電能

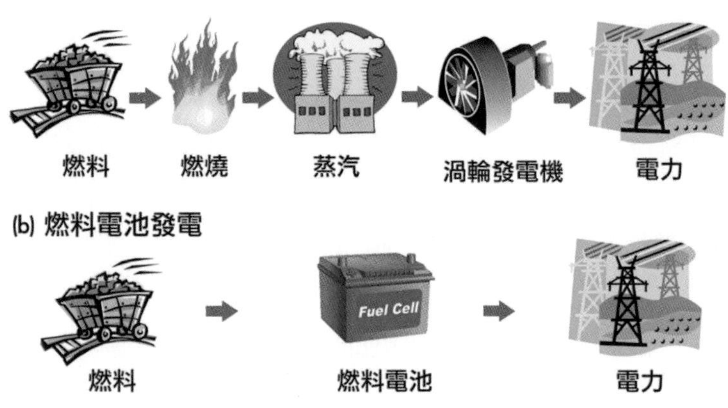

圖 4-5　燃料電池與傳統火力發電之比較

4-2-2　燃料電池特點

燃料電池具有以下幾項特點：

1. 效率高：燃料電池直接將化學能轉換爲電能，發電效率在 40% ～ 60% 之間，熱電合併 CHP(combined heat and power) 效率可達 90% 以上，是其它發電技術無法項背。

2. 噪音低：火力發電、水力發電、核能發電均以大型渦輪機爲主要裝置，渦輪機是一種高速旋轉機械，運轉時噪音非常大，相對地，燃料電池結構簡單且沒有轉動件，屬於固態發電機(solid-state generator)，可以安靜地將燃料化學能轉換成電能。

3. 污染低：燃料電池以氫爲主要燃料，即便氫來自化石燃料時，發電過程的二氧化碳排放量仍比內燃機少；其次，燃料電池發電時不需燃燒，所以幾乎不會排放硫的氧化物 (SO_X) 與氮的氧化物 (NO_X)，進而減輕對大氣的污染。

4. 進料廣：只要含有氫原子的物質都可作爲燃料電池料源，如化石燃料的煤與天然氣、再生能源的沼氣與乙醇等，甚至太陽光電與風電都能以電解水產氫，因此，不僅符合能源多元化、減緩主流能源耗竭，甚至可作爲人類終極能源使用方式。

5. 用途多：燃料電池發電容量由單節電池的功率與數目決定，因此，發電規模具有彈性，能夠提供的電力範圍相當廣，可以應用在數 W 的可攜式電力、數十 kW 的車輛動力、以及數百 kW 到數 MW 的分散型電站等。

4-2-3 燃料電池種類

如表 4-1 所示，依電解質性質不同，常見燃料電池可分成以下五種：

1. 鹼性燃料電池 AFC(Alkaline Fuel Cell)：AFC 以強鹼溶液 KOH 溶液爲電解質，導電離子爲 OH^-，以石綿網或碳化矽作爲電解液之支撐體。AFC 功率密度較高，但所使用燃料嚴格，必須以純氫作爲陽極燃料氣體，以純氧作爲陰極氧化劑。催化劑使用鉑、金、銀等貴重金屬，或者鎳、鈷、錳等過渡金屬。此外，因此壽命較短。AFC 已成功地應用於太空計畫，但地面民生用途有其限制。

2. 質子交換膜燃料電池 PEMFC(Proton Exchange Membrane Fuel Cell)：PEMFC 以固態高分子膜爲電解質，操作溫度從室溫到 80°C 左右；以富氫氣體爲燃料時，CO 含量必須 < 10 ppm。PEMFC 的操作溫度較低，餘熱利用價值較低，然而低溫操作也使得 PEMFC 具有啓動時間短的特性，可以在幾分鐘內達到滿載負荷，非常適合作爲車輛動力，此外，在移動電源、家用電力及分散式電源等方面均有一定的市場。

3. 磷酸燃料電池 PAFC(Phosphoric Acid Fuel Cell)：PAFC 以 100% 磷酸爲電解質，操作溫度在 160 ～ 220°C 之間；與 AFC 的氫氧化鉀不同，磷酸可與 CO_2 並存，使得 PAFC 成爲最早進行民生應用的燃料電池。PAFC 的發電效率大約在 40 ～ 45%，燃料氣體中 CO 的濃度必須小於 0.5%。PAFC 已屬成熟技術，壽命大約在 40,000 小時，產品多作爲特殊用途之分散式電源，如飯店、醫院、污水處理場等。

4. 熔融碳酸鹽燃料電池 MCFC(Molten Carbonate Fuel Cell)：MCFC 以碳酸鹽爲電解質，在 600 ～ 800°C 的操作溫度下呈現熔融狀態，分佈在多孔陶瓷支撐層。CH_4 與 CO 均可直接作 MCFC 爲燃料，餘熱可回收或與燃氣輪機結合成複合發電系統。MCFC 必須配置 CO_2 循環系統，且燃料氣體中 H_2S 和 COS 需小於 0.5 ppm；MCFC 已商業化，主要作爲高品質電力之用，也是分散型電廠的理想的選擇。

5. 固態氧化物型燃料電池 SOFC(Solid Oxide Fuel Cell)：SOFC 之電解質爲陶瓷，操作溫度在 600 ～ 1,000°C 之間。SOFC 沒有電解質蒸發與材料腐蝕問題，外型較具彈性；由於具有內改質能力，CO 與 CH_4 均可作爲 SOFC 的燃料。SOFC 是目前化石燃料發電技術的理想選擇之一，尤其以目前正在開發的頁岩氣，更是 SOFC 的最佳搭配組合，可作爲分散式電廠或者複合式電廠之用。

表 4-1　常見燃料電池基本特性之比較

溫度類型	低溫燃料電池 (60 ～ 200°C)			高溫燃料電池 (600 ～ 1,000°C)	
電解質類型	鹼性燃料電池 (AFC)	質子交換膜燃料電池 (PEMFC)	磷酸燃料電池 (PAFC)	熔融碳酸鹽燃料電池 (MCFC)	固態氧化物燃料電池 (SOFC)
應用	太空、國防	汽車、可攜式電力、住宅電源	高品質電力、熱電合併電廠	熱電合併電廠、複合電廠	高品質電力、熱電合併電廠、複合電廠、住家電源
優點	污染低、效率高、維護需求低	啓動快、無電解質逸漏質、低污染、低噪音	低污染、低噪音	熱電合併效率高、具內改質能力	熱電合併效率高、具內改質能力
缺點	燃料與氧化劑限制嚴格、壽命短、造價高	價格高	價格昂貴，發電效率相對低	啓動時間長、電解液具腐蝕性、價格高	啓動時間長、對材料的要求非常嚴苛、價格高
導電離子	氫氧根離子 (OH^-)	質子 (H^+)	質子 (H^+)	碳酸根離子 ($CO_3^{2}-$)	氧離子 ($O^{2}-$)
反應方程式 陽極	$H_2 + 2OH^- \rightarrow 2H_2O + 2e^-$	$H_2 \rightarrow 2H^+ + 2e^-$	$H_2 \rightarrow 2H^+ + 2e^-$	$H_2 + CO_3^{2-} \rightarrow H_2O + CO_2 + 2e^-$	$H_2 + O^{2-} \rightarrow H_2O + 2e^-$ $CO + O^{2-} \rightarrow CO_2 + 2e^-$
反應方程式 陰極	$\frac{1}{2}O_2 + H_2O + 2e^- \rightarrow 2OH^-$	$\frac{1}{2}O_2 + 2H^+ + 2e^- \rightarrow H_2O$	$\frac{1}{2}O_2 + 2H^+ + 2e^- \rightarrow H_2O$	$\frac{1}{2}O_2 + CO_2 + 2e^- \rightarrow CO_3^{2-}$	$\frac{1}{2}O_2 + 2e^- \rightarrow O^{2-}$
燃料	純氫	氫氣、甲醇	氫氣	氫氣、天然氣、頁岩氣、煤氣、沼氣	氫氣、天然氣、頁岩氣、煤氣、沼氣
氧化劑	純氧	空氣、氧氣	空氣、氧氣	空氣、氧氣	空氣、氧氣
發電效率	60 ～ 70%	43 ～ 58%	37 ～ 42%	>50%	50 ～ 65%
水管理	蒸發排水	蒸發排水＋動力排水	蒸發排水	氣態水	氣態水
熱管理	反應氣體散熱＋電解質循環散熱	反應氣體散熱＋獨立冷卻劑循環散熱	反應氣體散熱＋獨立冷卻劑循環散熱	內改質吸熱＋反應氣體散熱	內改質吸熱＋反應氣體散熱

若依操作溫度區分，可分成低溫燃料電池的 AFC、PEMFC、PAFC，以及高溫燃料電池的 MCFC 與 SOFC 兩類。基本上，操作溫度影響燃料電池所使用觸媒之種類，同時也影響所使用燃料之種類，圖 4-6 顯示燃料電池之典型操作溫度與原理，表 4-2 則顯示燃料成份對燃料電池之影響，其中氫氣是所有燃料電池共同的燃料；一氧化碳可作高溫燃料電池的燃料，但會毒化低溫燃料電池；甲烷是高溫燃料電池的燃料；二氧化碳對 AFC 而言是毒物，對其它燃料電池則是稀釋劑；硫或硫化物對大部分的燃料電池而言都是毒物，圖 4-7 將上述各種燃料電池依其特性與發電容量進行市場區隔。發電容量從數百 W 到 10 kW 以下而適合作爲可攜式電力與住宅電力的有 PEMFC 與 SOFC；近百 kW 的 PEMFC 在車輛動力應用受到高度矚目；發電容量在數十到數百 kW 之間的 PAFC、PEMFC、MCFC 及 SOFC，則適合作爲醫院、商場及資料與數據中心之高品質電力；工業用共生型發電容量大約在數百 kW 到數個 MW，此時，SOFC 與 MCFC 的熱電合併系統，或者 SOFC 與燃氣輪機 GT 複合系統都可以滿足需求；數十 MW 以上發電容量的 SOFC 或者 SOFC/GT 複合系統可作爲供應區域用電的分散型電廠。

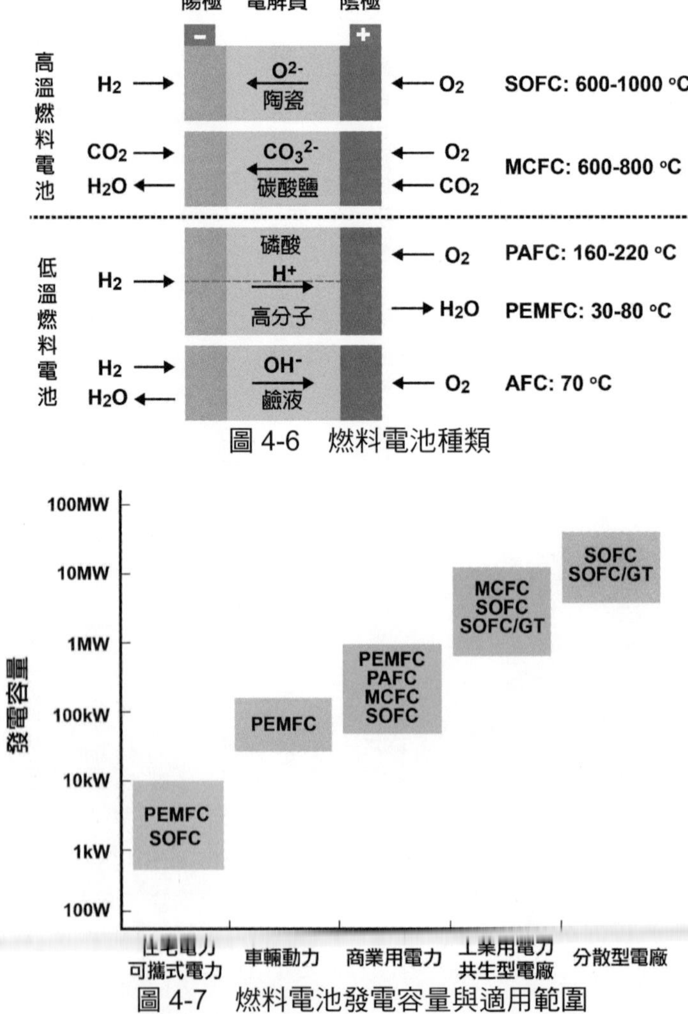

圖 4-6 燃料電池種類

圖 4-7 燃料電池發電容量與適用範圍

表 4-2　燃料成份對燃料電池之影響

燃料成分	低溫燃料電池			高溫燃料電池	
	AFC	PAFC	PEMFC	MCFC	SOFC
H_2	燃料	燃料	燃料	燃料	燃料
CH_4	毒物	稀釋劑	稀釋劑	燃料	燃料[b]
CO	毒物[a]	毒物 (> 0.5% vol.)	毒物 (> 10 ppm)	燃料[b]	燃料
CO_2，H_2O	毒物	稀釋劑	稀釋劑	稀釋劑	稀釋劑
NH_3	毒物	毒物	毒物	–	燃料
Cl_2	毒物	毒物	毒物	毒物	毒物 (?)
S(H_2S 或 COS)	毒物	毒物 (> 50 ppm)	毒物	毒物 (> 0.5 ppm)	毒物 (> 1.0 ppm)
說明	a：泛指影響燃料電池效率或壽命的物質。 b：CO 和 H_2O 進行水氣移轉反應產生 H_2 和 CO_2；CH_4 和 H_2O 進行蒸汽甲烷改質反應生成 H_2 和 CO。				

4-3 關鍵材料與元件

構成燃料電池的三大基本元件包括：

1. 電極 (electrode)
2. 電解質 (electrolyte)
3. 分隔板 (seperator)。

電極是燃料電池發電的場所，可分成陰極 (cathode) 與陽極 (anode) 兩部分，燃料氣體的電化學氧化反應發生在陰極，氧氣的電化學還原反應則發生在與陽極。

燃料電池的電極為多孔結構，厚度一般在 200 ～ 500 μm 之間。在高溫燃料電池中，電極可由觸媒材料所製作而成，例如 SOFC 的鎳及 MCFC 的氧化鎳，而低溫燃料電池的電極基本上是由氣體擴散層支撐一層薄薄的觸媒材料所構成，例如 PAFC 與 PEMFC 的鉑電極。

燃料電池電解質的功能是分隔燃料氣體與氧化劑，並同時傳導離子。從減少歐姆電阻的角度來看，電解質厚度愈薄愈好，然而設計上也必須兼顧電解質的強度，以目前的技術而言，電解質隔膜的厚度一般在數十個 μm 到數百個 μm 之間。

燃料電池電解質就型態可分為固態與液態兩類，前者包括全氟磺酸樹脂膜及 YSZ 膜，後者並無固定型態，因此必須先以絕緣材料製作多孔支撐體，如石棉膜、碳化矽膜、鋁酸鋰膜等，然後再將電解液，如氫氧化鉀、磷酸、熔融鋰鉀碳酸鹽等，浸入多孔隔膜，藉由毛細力附著在隔膜孔內，其導電離子可以為氫氧根離子、質子、碳酸根離子。

雙極板又稱為分隔板 (Seperator)，它具有收集電流、疏導反應氣體及分隔氧化劑與還原劑的作用；雙極板的性能取決於板材特性、流場設計與加工技術。

4-3-1 多孔電極與觸媒

電催化是加速電化學反應中電荷轉移的一種催化作用，一般發生在電極與電解質界面上。電催化速率由觸媒的活性決定，同時與電極與電解質間電雙層 CDL(charge double layer) 本質有關。由於電雙層內的電場強度很高，對參加電化學反應的分子或離子具有明顯的活化作用，使反應所需的活化能 (activation energy) 大幅度下降，所以，一般電催化反應均可在遠比非電催化反應低得多的溫度下進行。觸媒不僅要對特定的電化學反應有良好的催化活性，而且能夠在一定的電位範圍內耐電解質的腐蝕，同時也必須具有良好的電子導電性。表 4-3 比較各種燃料電池使用之觸媒及其電極結構。

表 4-3　燃料電池使用觸媒電極結構之比較

種類	AFC	PEMFC	PAFC	MCFC	SOFC
陽極觸媒	雷尼鎳、鉑	鉑	鉑、鉑釕	鎳鉻合金、鎳鋁合金	鎳
陰極觸媒	雷尼鎳、鉑	鉑	鉑	鋰化 - 氧化鎳	摻鍶錳酸鑭
電極結構	黏結型電極、雷尼金屬	黏結型電極	黏結型電極	燒結型電極	燒結型電極

燃料電池電極結構與一般平板電極不同，由於燃料電池所使用之燃料與氧化劑為氣體，而氣體在電解質中溶解度很低，因此必須增加電極表面積，而多孔氣體擴散電極就是因應此項需求而發展出來的電極結構，它的表面積比可以高出平板電極好幾個數量級，這也是促使燃料電池從理論階段進入到實際應用的關鍵因素之一。

燃料電池的氣體擴散電極的結構，大致可分成多層結構的黏結型電極 (bind electrode) 及單層燒結型電極 (sintered electrode) 兩類，如圖 4-8 所示。

單層燒結型氣體擴散電極是將觸媒與電解質混合粉末燒結而成，如 SOFC 的鎳 -YSZ 陽極，也可以是直接以觸媒材料燒結而成，如 MCFC 的鎳鉻合金陽極，基本上，SOFC 整個多孔電極都是活性區域，而 MCFC 的活性區域僅限於多孔電極與液態電解質表面之間以毛細力穩定的三相界面。

多層黏結型氣體擴散電極是將高分散型觸媒內添加黏結劑 (如聚四氟乙烯) 後黏貼至氣體擴散層而形成，其中，氣體擴散層為非活性區，觸媒層才是進行電催化反應的活性區域，低溫燃料電池 PEMFC、PAFC、AFC 普遍採用黏結型電極，而高溫 AFC 的電極則採用是雷尼金屬結構。

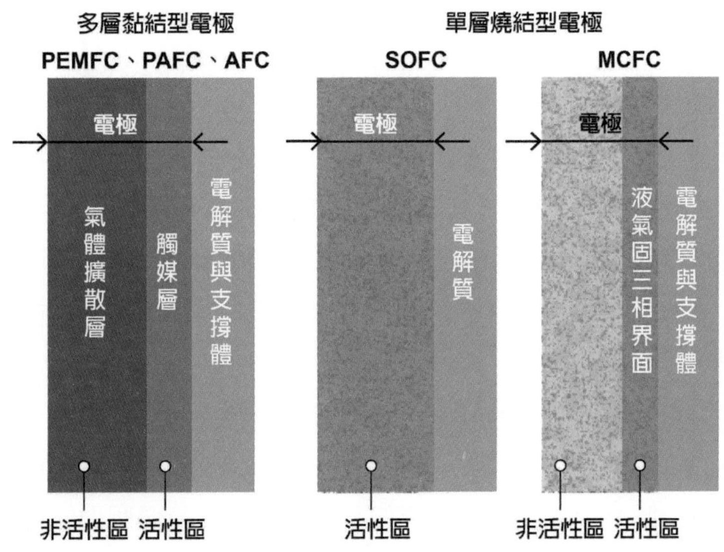

圖 4-8 黏結型氣體擴散電極與燒結型氣體擴散電極之比較

4-3-2 電解質

電解質的功能為傳導離子與分隔燃料氣體與氧化劑。

從型態來看，燃料電池的電解質可以區分成液態與固態兩種，AFC、PAFC 及 MCFC 使用液態電解質，PEMFC 與 SOFC 則為固態電解質；固態電解質屬於無孔膜結構，可以直接製作成薄膜來阻隔氣體與傳導離子；液態電解質無法單獨完成阻隔陰極與陽極氣體的工作，而必須藉由毛細力吸附在電解質支撐體的多孔隔膜內來進行工作，電解質支撐體則必須能承受在工作條件下的電解質腐蝕，以保持其結構的穩固，同時，電解質支撐體必須是電子絕緣材料，否則會短路而降低效率。表 4-4 比較常見燃料電池所使用之電解質及其支撐隔膜。

表 4-4 燃料電池所使用電解質隔膜之比較

種類	AFC	PEMFC	PAFC	MCFC	SOFC
電解質	氫氧化鉀溶液	全氟磺酸樹脂	磷酸溶液	熔融碳酸鹽 (鋰、鉀)	釔安定氧化鋯 (YSZ)
電解質支撐體	石綿	－	碳化矽	鋁酸鋰	－

一般而言，由電解質支撐體所製作之多孔隔膜的孔徑必須小於多孔電極的孔徑，以確保在工作時膜孔內始終飽浸電解質，如此，當操作條件改變所引起電解液體積變化，或者電池運行中電解液流失導致電解液體積減少時，隔膜中不會出現無電解質的空孔，因爲一旦膜孔內出現未被電解液填滿的空孔，將導致燃料氣體與氧化劑互竄，進而降低效率。燃料電池在運轉時，由於負載變化，隔膜兩側氣體壓力經常會出現不均勻的現象，而造成一定的壓力差。因此，隔膜的微孔內所飽浸的電解液必須能夠承受一定的壓力差，所以，在設計隔膜時，可以依據電解液的表面張力、浸潤角的大小和可能的最大壓力差，來決定微隔膜之最大允許孔徑。在最大孔徑小於最大允許壓差對應的孔徑條件下，隔膜的最大的孔隙率一般爲 50 ～ 70%。其次，隔膜愈薄則歐姆阻抗愈小，然而由於微孔膜需借助浸入的電解液導電，因此也不宜太薄，通常爲 200 ～ 500 μm。如表 4-4 所示，目前鹼性燃料電池、磷酸燃料電池及熔融碳酸鹽燃料電池分別採用石棉、碳化矽及鋁酸鋰製作電解質支撐體隔膜。

固態電解質是將具有離子導電能力的電解質材料製作成無孔薄膜，例如，以全氟磺酸樹脂所製成的 PEMFC 質子交換膜，以釔穩定氧化鋯 YSZ(yttria stabilized zirconia) 所製成的 SOFC 電解質隔膜。由於固態膜所能夠承受兩側反應氣體壓力差較大，因此可以將固態膜製作得很薄，進而大幅度降低電解質的歐姆電阻，以目前的製作技術而言，以質子交換膜厚度可以作到 5 μm，SOFC 的 YSZ 隔膜最薄者也已在 10 ～ 20 μm 之間。

4-3-3　分隔板

分隔板又稱雙極板，作爲燃料電池分隔板材料必須考慮以下幾項因素：

1. 具有阻氣功能。
2. 重量輕，以提高電池堆的比功率。
3. 強度夠，以支撐燃料電池堆結構。
4. 電的良導體，方便收集電流。
5. 具抗腐蝕能力。
6. 熱的良導體，以利反應熱的排除。

表 4-5 爲主要燃料電池所使用的分隔板材料之比較。分隔板材料主要爲無孔石墨板、複合碳板及金屬板等。無孔石墨材料的優點是導電性及耐腐蝕性均佳，缺點是無孔石墨的製程複雜耗工費時，而且無孔石墨板質地硬脆不易加工因此流場製作成本高昂；複合碳板是將高分子樹脂和石墨粉混合攪拌而成複合材料，再經由射出或壓模成型而製成分隔板，這種方式可以將流場直接製作在模具上，如此可以省去刻化流場程序而大幅降低分隔板的成本，非常適合大量生產。然而，無論是無孔石墨板或複合碳板，因爲結構問題，它們的板厚有一定的限制，一般在爲 3 mm 左右，難以進一步降低，因此，燃料電池堆之體積比功率無法提高，金屬分隔板的優點是厚度較薄 (100 ～ 300 μm)，而且可採用沖壓成型等方法加工，有利於降低成本與提高體積功率，然而，使用金屬分隔板必須解決腐蝕問題，例如採用物理被覆或化學改質等技術加以克服。

表 4-5　燃料電池分隔板使用材料之比較

種類	AFC	PEMFC	PAFC	MCFC	SOFC
分隔板材料	無孔石墨板、鎳板	無孔石墨板、複合碳板、金屬板	複合碳板、金屬板	不銹鋼板、鎳基合金鋼板	LCC、鎳鉻合金

4-4 燃料電池堆

燃料電池的單電池其操作電壓大約在 0.5 ～ 0.8 V 之間，而用戶端所需之電壓往往高出單電池許多，因此，與所有電池一樣，爲了滿足高電壓之要求，必需將多個單電池串聯起來，以提高電池堆的輸出電壓。

如圖 4-9 所示，常見的燃料電池串聯方式有垂直堆疊與水平串接等兩種方式。第一種垂直堆疊是將一個單電池的正極與另外一個單電池的負極直接接觸，然後按壓濾機的組裝方式逐一將單電池堆疊起來而構成一個燃料電池堆，此種組裝方式大多用在中大型燃料電池堆；第二種水平串接方式是將多個單電池置於同一平面上，每個單電池之間的正負極則用導線串接，此種串接方式可以隨者載具的外型而將燃料電池堆設計成爲平板結構，而且通常會搭配印刷電路板製程技術進行導線與相關感測器及電子電路之整合設計，這種串聯方式適用於小功率的迷你或微型燃料電池。

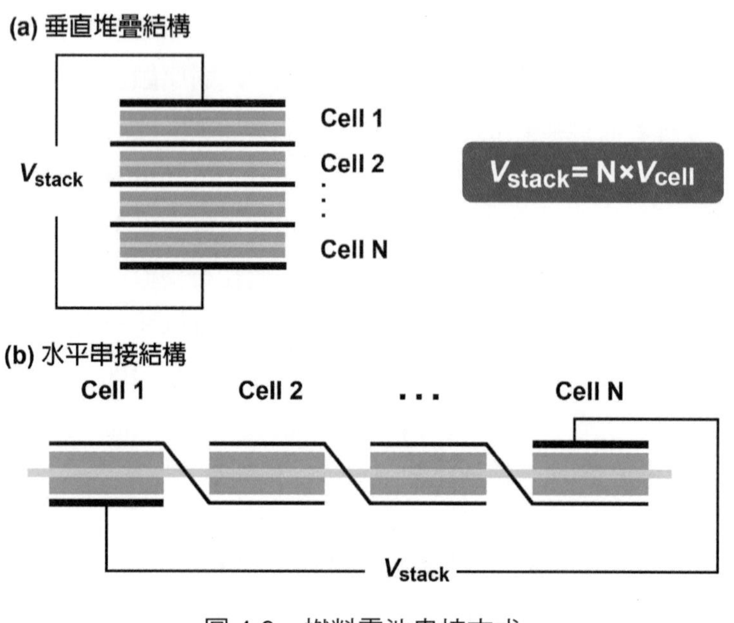

圖 4-9　燃料電池串接方式

串聯數目決定燃料電池操作電壓，而工作面積則決定燃料電池操作電流。因此，進行燃料電池堆的設計時，首先必須根據需求和燃料電池性能來決定電極面積和串接數量，以質子交換膜燃料電池爲例，若某使用者需要一個 24 V、600 W 的電池堆，則其規劃流程如圖 4-10 所示，依照目前的技術水準，在 0.6 ～ 0.9 V 的單電池操作電壓下電流密度大約爲 200 ～ 800 mA/cm^2，假設選取設計點爲 0.7 V、500 mA/cm^2 時，則輸出電壓 24 V 的燃料電池需由 35 個單電池串聯而成，在 24 V 的操作電壓下，600 W 的燃料電池必需輸出 25 A 的電流，因此，電極的有效工作面積應爲 25 A ÷ 500 mA/cm^2 = 50 cm^2；根據上述設計，一個電極工作面積爲 50 cm^2，由 35 節單電池組成的電池堆，工作電壓爲 24.5±3.5 V，可以輸出 525 ～ 700 W 之功率，因此可以滿足用戶的要求。圖 4-11 爲電極面積相同的單電池所組成不同電壓的燃料電池堆，數目愈多則操作電壓愈高，輸出功率也愈高。

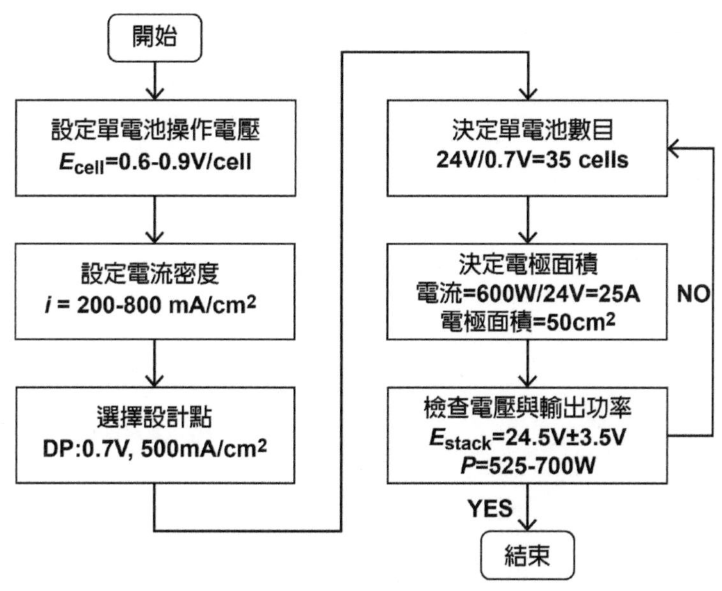

圖 4-10　燃料電池堆置設計流程，以 24 V、600 W 規格為例

圖 4-11　不同數目單電池堆疊成不同功率的燃料電池堆
(本圖片取自巴拉德公司網站)

4-5 燃料電池系統

圖 4-12 爲燃料電池系統示意圖。基本上，燃料電池系統除了作爲核心的燃料電池堆之外，必須具備空氣管理、燃料氣體管理、熱管理及電力管理的能力，才能夠構成一個自主運轉的發電系統。

燃料電池的工作方式與內燃機相似，必須不斷地向燃料電池內部送入燃料氣體與空氣，同時，還必須能夠排出等量的反應產物，才能夠確保連續穩定地輸出電能，一個運轉中的燃料電池，共計有兩進三出，兩進爲燃料氣體與空氣，三出則爲水、熱、電。因此，構成一個完整的燃料電池系統，除了燃料電池堆之外，必須整合許多系統輔助元件，或稱 BOP(balance of plane) 元件，以進行氣、水、熱、電之管控，如此才能夠構成一個完整的發電系統。

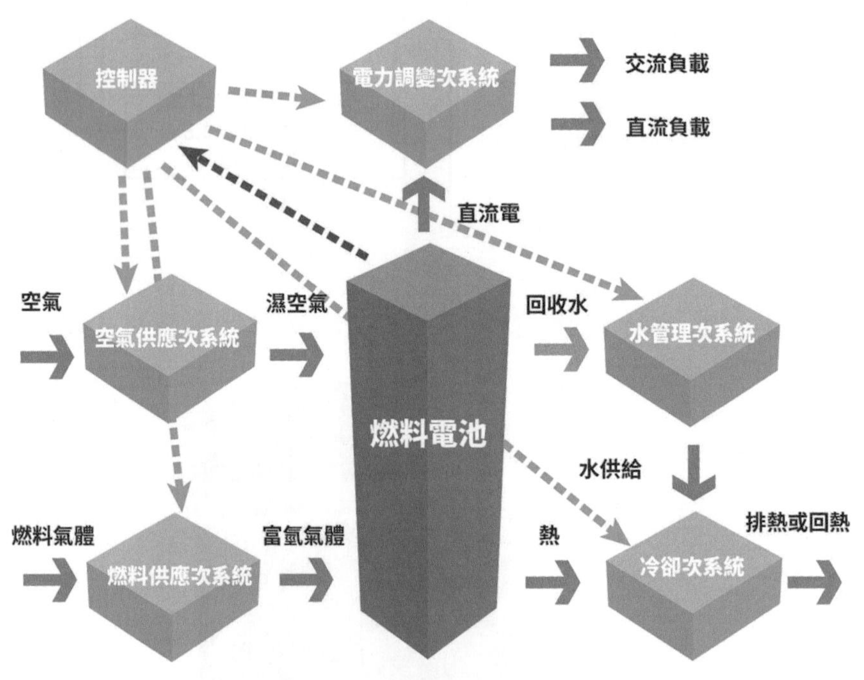

圖 4-12　燃料電池系統方塊圖

如圖 4-12 所示，燃料電池系統可分成幾個次系統，氫氣供應次系統、空氣供應系統、冷卻次系統、以電力調控次系統及控制器等。

1. 燃料氣體供應次系統：燃料氣體供應次系統負責燃料氣體進出燃料電池的管控。低溫的燃料電池如 PEMFC 與 PAFC，所使用的燃料可以是純氫，也可以是醇類或烴類，當以醇類或烴類爲燃料時，必須先通過燃料處理器，經過改質過程後，將燃料氣體轉化爲富氫氣體並去除對陽極氫氣氧化過程有毒的雜質後再進入燃料電池堆；高溫燃料電池如 SOFC 與 MCFC，由於本身具有內改質能力，因此，可以不必設置燃料改質器，而直接使用天然氣、甲醇等碳氫燃料。燃料氣體供應次系統之設計關係到燃料氣體利用率之高低，所採用的 BOP 元件包括調壓閥、單向閥、壓力感測器、電磁閥、比例閥、真空噴射器等。

2. 空氣供應次系統：主要負責陰極空氣之管控，如果是質子交換膜燃料電池，空氣供應次系統尚需負責陰極的水管理工作。空氣管理次系統所採用 BOP 元件包括空氣濾清器、空氣泵、浦增濕器等。燃料電池陰極空氣 (氧氣) 需求量隨著負載大小而調整，一般而言，陰極氧化劑之當量數大約在 2.5-3 之間。
3. 熱管理次系統：主要負責燃料電池堆溫度之管控，同時進行系統餘熱利用之管理。目前燃料電池的電能轉換效率約 50%，因此有近半的化學能需以熱的形式呈現，爲了確保燃料電池穩定工作，必須將這些餘熱排放除或回收再利用。

   以質子交換膜燃料電池爲例，它操作溫度以不超過 80°C 爲宜，一般會在燃料電池堆冷媒出口處進行溫度量測，然後藉由控制風扇轉速與調整冷媒流速來決定散熱程度。低溫與中溫燃料電池如 AFC、PEMFC、PAFC，也可以利用回熱器將餘熱回收轉變成可利用的熱水或蒸氣，而高溫燃料電池如 SOFC 與 MCFC，所利用高溫尾氣與其它發電裝置連動，如氣渦輪發電機，組成複合發電循環，以提高複合發電系統的發電效率與燃料利用率。熱管理次系統所採用的 BOP 元件包括冷媒泵、冷媒槽、熱交換器，散熱風扇等。
4. 電力調控次系統：電力調控次系統的主要工作就是調整燃料電池所輸出的電力與輸出端之負載進行匹配。與一般化學電池一樣，燃料電池輸出爲直流電，然而，當負載電壓高於燃料電池輸出電壓時則必須加裝升壓轉換器 (boost converter)，反之則需加裝降壓轉換器 (buck converter)，另外，對於要求在負載變化時能夠輸出穩定電壓的直流電用戶，燃料電池輸出端必須加裝直流電變壓器 (DC/DC converter) 進行穩壓；對於交流電用戶或需要與電網並聯的燃料電池發電站，則必須將直流電轉換成交流電，也就是需要加裝直 / 交流電逆變器 (DC/AC inverter)；電力調控次系統之主要 BOP 元件包括 DC/AC 逆變器、DC/DC 變壓器、降壓轉換器、升壓轉換器等。
5. 控制器：控制器是燃料電池系統的中樞。主要功能爲接受各個次系統的訊號，進行邏輯運算並下達指令給所有致動元件，以確保燃料電池堆能夠在最佳之操作條件下運轉，因此，必須要有良好的控制裝置 (硬體) 與操作策略 (軟體)。燃料電池控制器有三項主要功能：
   - 啓動燃料電池系統；
   - 監控燃料電池系統以確保燃料電池堆能夠在預定的條件下運轉；
   - 當系統失效、偏離操作條件，或系統提出要求時關閉燃料電池系統。

習題

1. 何謂燃料電池？它是何時發明的？爲什麼開發工作到了二十一世紀，現在又積極起來了？
2. 目前一般家庭所使用的電力是來自發電廠，其中有一部分是採用渦輪機發電技術，例如，台電公司的大林火力發電廠、通宵火力發電廠、興達火力發電廠等，試問燃料電池發電原理與一般電廠之發電原理有何不同？當以燃料電池技術作爲主要發電技術時，它與傳統火力發電比較有哪些優缺點？
3. 鉛酸電池是一種二次電池，它與操作原理與燃料電池有什麼不同之處？
4. 燃料電池的特點有哪些？請詳細敘述之。
5. 構成燃料電池的基本元件有哪些？
6. 燃料電池之電極結構與一般二次電池 (如鉛酸電池) 之電極結構有何差異？
7. 氫氧燃料電池發電時，所使用的燃料或氧化劑是氣體，而導電離子又必須在電解液中移動，而電化學反應又必須在固體催化劑 (觸媒) 的表面上進行，這種環境似乎是簡直是不可能存在，但是，燃料電池辦到了。請以圖示法描述電子與導電離子如何在燃料電池內移動。
8. 什麼是雙孔電極？什麼是粘結型電極？兩者有何差別？
9. 依電解質之種類來區分，常見的燃料電池可以分爲哪幾種？
10. 氫氧燃料電池電解質溶液酸減度不同，正極反應也不同爲什麼啊，不都是氧得電子嗎？
11. 氫氧燃料電池以 H_2 爲還原劑，O_2 爲氧化劑，電極爲多孔鎳，電解液爲 30% 的 KOH 溶液，下列有關敘述何者正確？
    (A) 負極反應爲 $4OH^- - 4e \rightarrow O_2 + 2H_2O$
    (B) 負極反應爲 $H_2 + 2OH^- - 2e \rightarrow 2H_2O$
    (C) 工作時正極區 pH 升高，負極區 pH 降低
    (D) 工作時溶液中陰離子移向正極
12. 常見的燃料電池中，有哪幾種電解質是液態的？又有哪幾種電解質是固態的？液態電解質本身會流動，如何固定？
13. 常見的燃料電池中，有哪幾種的電極仍需要採用貴金屬 (如白金) 作爲觸媒？爲什麼？

14. 常見的燃料電池中，有哪幾種屬於高溫燃料電池？哪幾種屬於中溫燃料電池？又有哪些是低溫燃料電池？
15. 燃料電池雙極板材料必須具備哪些特性？
16. 燃料電池的發電效率並不會受到發電容量與負載大小之影響，而發電容量大小與燃料電池堆兩端的電壓差以及通過燃料電池堆的電流大小有關。從燃料電池的幾何形狀來看，決定通過燃料電池堆電流大小的因素是什麼？決定燃料電池電壓高低的因素是什麼？
17. 燃料電池的應用領域非常廣，請依照燃料電池的發電容量以及特性說明燃料電池的應用領域。
18. 一氧化碳對有些燃料電池而言會降低它的效率或縮短它的壽命，這種現象我們稱作「中毒」。對哪些燃料電池而言，一氧化碳是毒物？對哪些燃料電池而言，一氧化碳卻又是燃料？
19. 如果以天然氣作為燃料電池的燃料時，必須進行哪些處理程序？對於低溫燃料電池，例如 PEMFC，它的燃料處理程序與高溫燃料電池 (如 SOFC、MCFC) 有何不同？
20. 氫氧燃料電池以 H_2 為還原劑，O_2 為氧化劑，電極為多孔鎳，電解液為 30% 的氫氧化鉀 (KOH) 溶液，下列敘述何者正確：

    (A) 負極反應為 $4OH^- - 4e^- \rightarrow O_2 + 2H_2O$

    (B) 負極反應為 $H_2 + 2OH^- - 2e^- \rightarrow 2H_2O$

    (C) 工作時正極區 pH 升高，負極區 pH 降低

    (D) 工作時溶液中陰離子移向正極。
21. 一種新型燃料電池，它以多孔鎳板為電極插入 KOH 溶液中，然後分別向兩極上通乙烷和氧氣，其電極反應式分別為

    陽極：$C_2H_6 + 18H^- - 14e^- \rightarrow 2CO_3^{2-} + 12H_2O$

    陰極：$7H_2O + \frac{7}{2}O_{2(g)} + 14e^- \rightarrow 14OH^-$

    以下有關此電池的推斷，何者正確？

    (A) 電解質溶液中 CO_3^{2-} 向正極移動。

    (B) 放電一段時間後，KOH 的物質的量濃度不變。

    (C) 通乙烷的電極為負極。

    (D) 參加反應的 O_2 和 C_2H_6 的質量比為 7：1。

22. 航太領域使用氫氧燃料電池具有高能、輕便和不污染環境等優點。氫氧燃料電池有酸式和鹼式兩種，它們發電時的總反應可以表示為：$2H_2 + O_2 \rightarrow 2H_2O$。
酸式氫氧燃料電池的電解液是酸，其陽極反應可以表示為：$2H_2 \rightarrow 4e^- + 4H^+$；則其陰極反應示為何？鹼式氫氧電池的電解液是燒鹼，其陰極反應可以表示為：$O_2 + 2H_2O + 4e^- \rightarrow 4OH^-$；則其陽極反應式為何？

23. 燃料電池是燃料 (如 H_2、CO、CH_4 等) 跟氧氣或空氣起反應，將化學能轉變為電能的裝置，電解質溶液是強鹼溶液。下面關於甲烷燃料電池的說法中正確的是
(A) 負極反應為：$O_2 + 2H_2 + 4e \rightarrow 4OH$
(B) 負極反應為：$CH_4 + 10OH^- - 8e \rightarrow CO + 7H_2O$
(C) 隨著放電的進行，溶液的 pH 值不變
(D) 放電時溶液中的陰離子向負極移動。

5 燃料電池效率

燃料電池不是儲能裝置，更不是蓄電池，而是一個能量轉換裝置。

在轉換過程中必然會造成部分能量損失，此一損失之大小直接反應在「效率 (efficiency)」之高低。燃料電池效率越高，代表燃料的化學能轉換成為電能的比例越高，因此，提高燃料電池效率乃開發燃料電池的重要工作之一。

燃料電池效率最簡單地的定義就是實際輸出電功比上所所消耗燃料的能量。

如何決定燃料電池輸出電功呢？

又燃料電池消耗了多少燃料的能量呢？

如何提昇燃料電池的效率呢？

回答上面幾個問題正是本章的重點所在。首先，從熱力學的角度探討燃料電池之可逆電位，藉以推導燃料電池可以輸出之最大電功；其次，藉由電極反應動力學推導通過電極電流大小與過電位及反應物濃度間之關係，並分析造成燃料電池損失之活化極化、歐姆極化、濃度極化產生的原因；最後，探討燃料電池效率之影響因素，並從熱力學與電極動力學的角度分別提出改善燃料電池效率之方法。

5-1 燃料電池熱力學 (fuel cell thermodynamics)

熱力學主要是研究平衡狀態下能量轉換之科學。燃料電池熱力學就是討論平衡狀態下，燃料電池可作的最大電功。

氫與氧在內燃機 ICE(internal combustion engine) 內燃燒反應產生水 (如 BMW hydrogen 7)，而在燃料電池內發生電化學反應也是產生水 (如 Toyota Mirai)，兩者的化學反應方程式都是

$$2H_2 + O_2 \rightarrow 2H_2O \tag{5-1}$$

這兩種反應到底有什麼不同呢？

圖 5-1 比較了兩種反應的終始狀態 (state) 與過程 (process)。內燃機是將燃料的化學能轉化爲機械能，而燃料電池是將燃料的化學能轉化爲電能，兩者所經歷的過程並不相同。就狀態而言，兩者的初始狀態與最終狀態都一樣，因此，兩者氫燃料的能量改變量是一樣的，而這些氫燃料的能量改變量 (也就是反應熱) 究竟有多少可以作機械功或電功呢？

要算出上述反應熱作出的最大功，就必須在熱力學的可逆過程 (reversible process) 下進行。

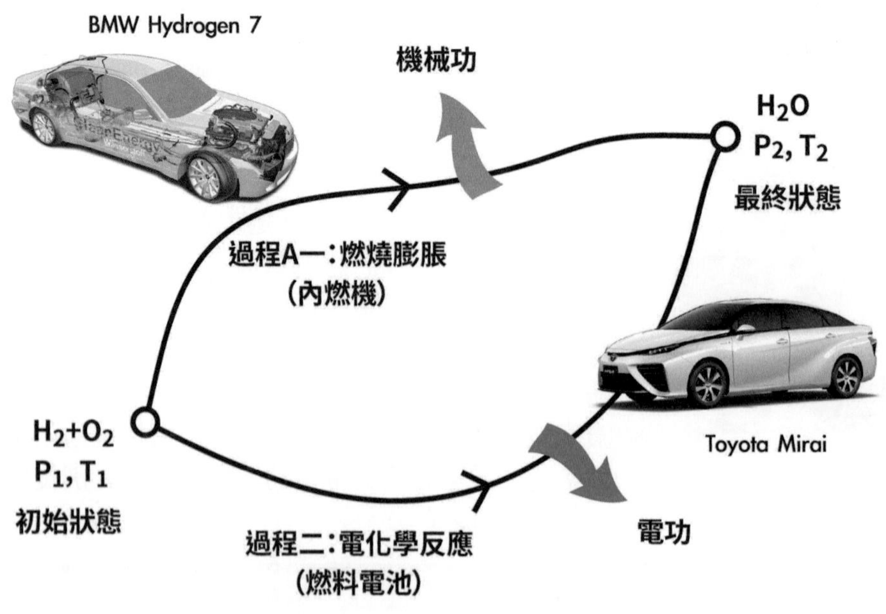

圖 5-1 水生成反應之路徑比較

所謂可逆過程是指系統能夠在無能量損失情形下通過無窮小的變化實現反轉的熱力學過程。換言之，可逆過程中系統必須時時處於平衡，然而這在實際情況下試無法達成的，只能通過使過程緩慢進行來趨近，例如，當內燃機作可逆機械功時，就必須將膨脹速度降低到非常非常小，而且無任何摩擦阻力，而就燃料電池要作可逆電功時，通過電極的電流必須非常非常地小，電壓差也要非常非常地小。由於這些變化都是無窮小，內燃機或燃料電池都是在準靜態下進行反應，準靜態環境相當接近熱力學可逆過程，此時，反應過程需耗時無窮長且過程中對外作最大功。可逆過程的另一種定義是，過程發生後能夠被復原並對系統本身或外界不產生任何影響的過程稱作可逆過程。

燃料電池的電化學反應是在可逆過程下完成稱為可逆燃料電池 (reversible fuel cell)，而此電位稱之為可逆電位 (reversible potential)。基本上，可逆燃料電池反應是一種理想狀態的電極反應，也就是時時刻刻處在平衡狀態下的電化學反應，本質上並沒有電流通過，此時，可藉由熱力學基本定律來界定反應物的化學能轉變為電能的定量關係；相反地，藉由可逆電位也可以準確地測定化學反應的許多熱力學函數，例如自由能變化、平衡常數、活性等。

5-1-1　吉布斯自由能與可逆電位

圖 5-2 歸納的幾個重要熱力學狀態函數間之關係。

吉布斯能 G(Gibbs energy)，又稱吉布斯自由能、吉布斯函數、自由焓，它是描述系統的熱力性質的一種熱力勢，可以寫成：

$$G = H - TS = U + PV - TS \tag{5-2}$$

其中，H 是焓 (enthalpy)，T 是絕對溫度 (K)，S 是熵 (entropy)，U 為系統的熱力學能 (內能)，P 為壓力，V 則是體積。

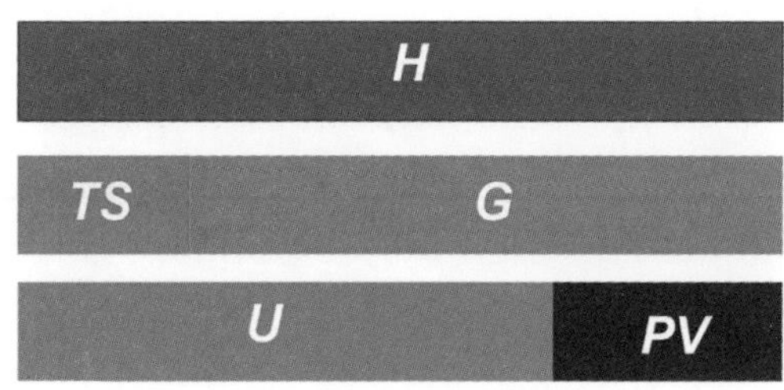

圖 5-2　熱力學函數之關係

內能 U 代表系統所含有的能量，又稱熱力學能，它是組成物體分子的無規則熱運動動能和分子間相互作用勢能的總和，但不包含因外部力場而產生的系統整體之動能與位能。

焓 H 是一個熱力學系統中的能量參數，物理意義即系統之內能再加上 PV 乘積，$H = U + PV$，它是熱力學中為便於研究等壓過程而引入的一個狀態函數。

熵 S 則是一種量測在動力學方面不能作功的能量總數，也就是熵增加，其作功能力也下降，熵亦代表一個系統混亂的程度，而自然界的變化傾向於最低能量與最大亂度，故達平衡狀態是代表最大亂度與最低能量傾向的妥協。

假設在等溫等壓狀況下，一個熱力系統從初態變換到終態，則其吉布斯能減少量必定大於或等於其所做的非體積功[1]，如果這變換是可逆過程，則其吉布斯能減少量等於其所做的非體積功。因此，此熱力系統所能做的最大非體積功是其吉布斯減少量。

在等溫條件下，吉布斯函數改變量可以寫成：

$$\Delta G = \Delta H - T\Delta S \tag{5-3}$$

ΔG 代表著熱力學系統中焓變化量 ΔH 中可以轉換為其它能量的部份，又稱為自由能 (free energy) 變化量，$T\Delta S$ 則為不可用能，無法轉換為其它能量。就燃料電池而言，此一自由能變化量就是燃料電池在可逆過程中可作的最大電功 W_R：

$$-\Delta G = W_R \tag{5-4}$$

因此，當燃料電池的電化學反應中之自由能全部轉換成電功時可以表示為：

$$-\Delta G = W_R = Q \cdot E_{\mathrm{n}} = nF \cdot E_n \tag{5-5}$$

E_{n} 是燃料電池的可逆電位[2]，Q 則是反應時通過燃料電池的電量，n 為反應時轉移之電子數，F 為法拉第常數 (Faradays constant)[3]，也就是 1 莫耳電子所帶的電量。(5-5) 式是熱力學與電化學之間相互聯結的重要橋樑，藉由此式，燃料電池的可逆電位可由電化學反應的自由能變化求得。

1 熱力學系統在壓力的作用下因體積變化所做的功是體積功；任何其它種類的功屬非體積功，例如，由於彈簧伸展而做的彈性功，由於電池內化學變化生成的電功，由於肌肉運動而產生的生物功等，都是非體積功。

2 又稱電動勢 (electromotive potential)，平衡電壓 (equilibrium voltage)、理想電壓 (ideal voltage)、無效電位 (null potential)、開路電壓 (open-circuit voltage，OCV) 等。

3 一莫耳電子就是 6.0221023 個電子，每一個電子所帶的電荷量為 1.602×10^{-19} 庫倫 (Coulomb)，因此，一莫耳電子所帶的電荷量等於 $6.022\times1023\times1.602\times10^{-19}$ = 96,487 庫倫，這個值就叫作法拉第常數 F，F = 9.6487 庫倫/莫耳。

以氫氧燃料電池為例，它的反應方程式如下：

$$H_2 + \frac{1}{2}O_2 \rightarrow H_2O \tag{5-6}$$

產物與反應物之自由能改變量為

$$\Delta G = G_{H_2O} - G_{H_2} - \frac{1}{2}G_{O_2} \tag{5-7}$$

因此，可逆電位則可以從下式直接算出

$$E_n = \frac{-\Delta G}{2F} \tag{5-8}$$

表 5-1 為不同狀態下水生成反應之自由能改變量以及從此一自由能改變量所計算出的氫氧燃料電池之理想電位，例如，在 200°C 下，水之 $\Delta G = -220$ kJ/mol，因此燃料電池之理想電位 $E_n = 220{,}000/(2\times 96{,}485) = 1.14$ V。在常溫常壓 (25°C、1 大氣壓) 下，標準自由能 ΔG^{oo} 是與標準可逆電位 E_n^o 之關係：

$$\Delta G^o = -nF \times E_n^o \tag{5-9}$$

因此，氫氧燃料電池標準可逆電位 $E_n^o = 237200/(2\times 96485) = 1.23$ V

表 5-1　氫氧燃料電池反應之吉布斯自由能變化量與理想電位

水的型態	溫度 (°C)	ΔG(kJ-mol^{-1})	E_n(V)
液態	25	− 237.2	1.23
液態	80	− 228.2	1.18
氣態	200	− 220.4	1.14
氣態	600	− 199.6	1.04
氣態	800	− 188.6	0.98
氣態	1,000	− 177.4	0.92

5-1-2　可逆電位與溫度之關係

根據吉布斯亥姆霍茨方程式 (Gibbs-Helmholtz Functiou)，等壓條件下自由能變化量的溫度梯度為：

$$\left[\frac{\partial(\Delta G/T)}{\partial T}\right]_p = -\frac{\Delta H}{T^2} \tag{5-10}$$

$$\Delta H = \Delta G - T\left[\frac{\partial(\Delta G)}{\partial T}\right]_p \tag{5-11}$$

將 (5-5) 式代入上式，可以得到焓變與可逆電位間的關係：

$$\Delta H = -nFE_{\mathrm{n}} + nFT\left(\frac{\partial E_{\mathrm{n}}}{\partial T}\right)_p \tag{5-12}$$

整理 (5-3) 式，熵變 ΔS：

$$\Delta S = \frac{(\Delta H - \Delta G)}{T} \tag{5-13}$$

將 (5-5) 與 (5-12) 式代入上式，可以得到熵變與可逆電位溫度係數之間的關係：

$$\Delta S = nF\left(\frac{\partial E_{\mathrm{n}}}{\partial T}\right)_P \tag{5-14}$$

因此，在等壓狀態下，可逆電化學反應之反應熱可以表示成：

$$\Delta Q = T\Delta S = nFT\left(\frac{\partial E_{\mathrm{n}}}{\partial T}\right)_P \tag{5-15}$$

由於燃料電池反應是放熱反應 $\Delta Q < 0$，因此，燃料電池可逆電位隨著溫度增加而降低，也就是$(\partial E_{\mathrm{n}} / \partial T)_p < 0$，如圖 5-3 所示。

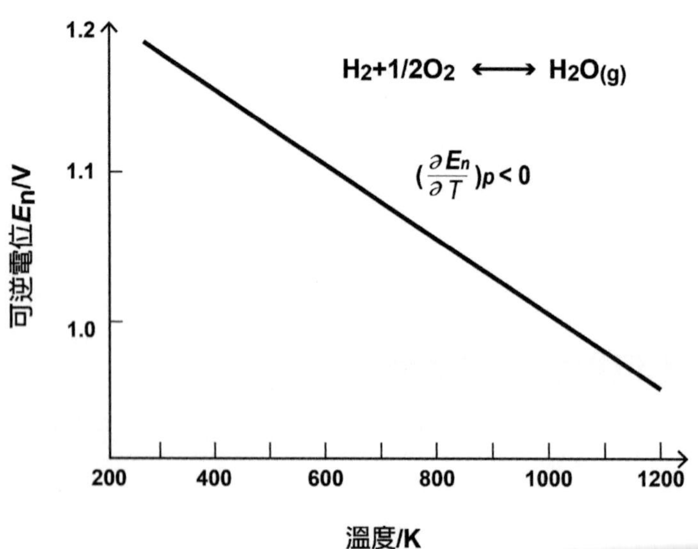

圖 5-3　燃料電池可逆電位與溫度之關係

表 5-2 爲不同種類之燃料電池在其典型操作條件下之可逆電位。氫氧燃料電池之標準可逆電位爲 $E_n^o = 1.23V$，這個値就是化學教科書上寫的氧標準還原電位。在 80°C 操作下的PEMFC可逆電位降爲1.18 V，而1,100°C高溫操作下的SOFC，可逆電位只有0.91 V。

表 5-2　不同種類型態之燃料電池之典型操作溫度與理想電位

操作溫度	25°C	80°C	100°C	205°C	650°C	1,100°C
燃料電池種類	氫氧燃料電池	PEMFC	AFC	PAFC	MCFC	SOFC
可逆電位 E_n/V	1.23	1.18	－	1.14	1.03	0.91

5-1-3　可逆電位與壓力之關係

除了溫度之外，參與燃料電池電化學反應氣體之壓力也是影響可逆電位之關鍵因素之一。

就一個等溫條件下的化學反應通式：

$$n_A A + n_B B \rightarrow n_C C + n_D D \tag{5-16}$$

其自由能改變量與反應物之活性度 a 間的關係可以表示爲下列方程式：

$$\Delta G = \Delta G^o + RT \ln \left[\frac{a_C^{n_C} \times a_D^{n_D}}{a_A^{n_A} \times a_B^{n_B}} \right] \tag{5-17}$$

將 (5-7) 與 (5-8) 式代入上式中，則可逆電位

$$E_n = E_n^o + \frac{RT}{nF} \ln \left[\frac{a_A^{n_A} \times a_B^{n_B}}{a_C^{n_C} \times a_D^{n_D}} \right] \tag{5-18}$$

假設燃料電池的燃料爲理想氣體時，則活性度可以用燃料氣體分壓與標準壓力之比來表示：

$$a = \frac{P}{P^o} \tag{5-19}$$

以氫氧燃料電池爲例：

$$a_{H_2} = \frac{P_{H_2}}{P^o} \text{，} a_{O_2} = \frac{P_{O_2}}{P^o} \text{，} a_{H_2O} = \frac{P_{H_2O}}{P^o} \tag{5-20}$$

(5-18) 式可以表示為：

$$E_{\mathrm{n}}=E_{\mathrm{n}}^{\mathrm{o}}+\frac{RT}{2F}\ln\left[\frac{\left(P_{\mathrm{H_2}}/P^{\mathrm{o}}\right)\times\left(P_{\mathrm{O_2}}/P^{\mathrm{o}}\right)^{1/2}}{\left(P_{\mathrm{H_2O}}/P^{\mathrm{o}}\right)}\right] \tag{5-21}$$

當壓力都以 bar 為單位，上式則可簡化為：

$$E_{\mathrm{n}}=E_{\mathrm{n}}^{\mathrm{o}}+\frac{RT}{2F}\ln\left(\frac{P_{\mathrm{H_2}}\times P_{\mathrm{O_2}}^{\frac{1}{2}}}{P_{\mathrm{H_2O}}}\right) \tag{5-22}$$

這就是燃料電池的涅斯特方程式 (Nernst equation)，它提供在固定溫下燃料電池可逆電位 (E_n) 與反應氣體分壓間的關係。簡言之，燃料電池之可逆電位會隨著氫氣與氧氣分壓提高而增加，並隨著水蒸汽分壓之增加而減小。

表 5-3 歸納幾種主要燃料電池電化學反應所對應的涅斯特方程式。當溫度固定且標準可逆電位已知時，不同壓力下的可逆電位則可藉由表 5-3 的涅斯特方程式決定。其中，在 MCFC 的電化學反應中，CO_2 同時參與 MCFC 的陽極與陰極半反應，也就是陽極產生 CO_2，而陰極反應需要 CO_2，雖然反應式中陽極產生的 CO_2 以及陰極所消耗的 CO_2 一樣，然而在實際操作時陽極與陰極 CO_2 的濃度並不一定相等，因此，表 5-3 中的 CO_2 分壓仍然保留。

表 5-3　燃料電池電化學反應之涅斯特方程式

化學反應式	燃料電池種類	涅斯特方程式
$H_2+\frac{1}{2}O_2\rightarrow H_2O$	PEMFC、PAFC、AFC	$E_{\mathrm{n}}=E_{\mathrm{n}}^{\mathrm{o}}+\left(\frac{RT}{2F}\right)\ln\left(\frac{P_{\mathrm{H_2}}\cdot P_{\mathrm{O_2}}^{1/2}}{P_{\mathrm{H_2O}}}\right)$
$H_2+\frac{1}{2}O_2+CO_2\rightarrow H_2O+CO_2$	MCFC	$E_{\mathrm{n}}=E_{\mathrm{n}}^{\mathrm{o}}+\left(\frac{RT}{2F}\right)\ln\left[\frac{P_{\mathrm{H_2}}\cdot P_{\mathrm{O_2}}^{1/2}\left(P_{\mathrm{CO_2}}\right)_{\mathrm{c}}}{P_{\mathrm{H_2O}}\cdot\left(P_{\mathrm{CO_2}}\right)_{\mathrm{a}}}\right]$
$CO+\frac{1}{2}O_2\rightarrow CO_2$	SOFC	$E_{\mathrm{n}}=E_{\mathrm{n}}^{\mathrm{o}}+\left(\frac{RT}{2F}\right)\ln\left(\frac{P_{\mathrm{CO}}}{P_{\mathrm{CO_2}}}\right)+\left(\frac{RT}{2F}\right)\ln\left(P_{\mathrm{O_2}}^{1/2}\right)$

5-2 燃料電池電極動力學

熱力學提供電極平衡狀態下的訊息，以及電化學反應的自然趨勢，所討論的電極在可逆狀態下之電位。可逆電極是一種理想狀態，電極上並沒有電流通過，也就是沒有作電功。燃料電池一旦作功，則會破壞平衡而發生不可逆過程。

就燃料電池使用者而言，所最關心的是工作中的燃料電池輸出的電功有多少？如何決定燃料電池之電功，這就必須從電極動力學的角度進行探討。燃料電池之電極反應與一般化學反應一樣，必須遵守化學動力學定律，而最大不同之處就是它多了電壓一項變數，用來克服電極反應上熱力學與動力學的限制。

5-2-1　巴特勒 - 弗門方程式 (Butler-Volmer equation)

電化學反應方程式必須包含反應物、產物及移轉之電子數，通式可寫成：

$$\mathbf{O} \underset{k_{\mathrm{ox}}}{\overset{k_{\mathrm{rd}}}{\rightleftarrows}} \mathbf{R} \quad (\pm ne^-) \tag{5-23}$$

上式中 O 為氧化劑，R 為還原劑，使用雙箭頭符號表示還原反應與氧化反應在電極上同時進行，當以 c_{R} 表示為還原劑濃度而 c_{O} 表示氧化劑濃度時，正逆方向的還原速率與氧化速率可以寫成：

$$v_{\mathrm{rd}}(E) = k_{\mathrm{rd}}(E) \times c_{\mathrm{O}} \tag{5-24}$$

$$v_{\mathrm{ox}}(E) = k_{\mathrm{ox}}(E) \times c_{\mathrm{R}} \tag{5-25}$$

k_{rd} 與 k_{ox} 分別為還原速率常數 (reductive rate constant) 與氧化速率常數 (oxidative rate constant)。一般而言，電化學反應速率是電極電位 E 的函數，在可逆狀態下正逆反應之速率大小一樣，也就是 $v_{\mathrm{rd}}(E_{\mathrm{n}}) = x_{\mathrm{ox}}(E_{\mathrm{n}})$，在非可逆電位下兩者並不相等，而兩者之差就是淨反應速率 $v_{\mathrm{net}}(E)$：

$$v_{\mathrm{net}}(E) = v_{\mathrm{rd}}(E) - v_{\mathrm{ox}}(E) \tag{5-26}$$

基本上，電極上的任何電位均可藉由調整氧化劑濃度 c_{O} 與還原劑濃度 c_{R} 來達成可逆狀態，也就是當電極的電位保持一定時，調整 c_{O} 與 c_{R} 來達成反應平衡而無淨電流產生，此時電極是處在可逆電位下，且正逆反應速率相等：

$$k_{\mathrm{rd}}(E_{\mathrm{n}}) \times c_{\mathrm{O}} = v_{\mathrm{rd}} = v_{\mathrm{ox}} = k_{\mathrm{ox}}(E_{\mathrm{n}}) \times c_{\mathrm{R}} \tag{5-27}$$

上式經過整理後可以得到

$$\ln\left[k_{\mathrm{rd}}\left(E_{\mathrm{n}}\right)\right]+\ln\left[\frac{1}{k_{\mathrm{ox}}\left(E_{\mathrm{n}}\right)}\right]=\ln\frac{c_{\mathrm{R}}}{c_{\mathrm{O}}} \tag{5-28}$$

根據涅斯特方程式，可逆電位與反應物濃度之關係為：

$$E_{\mathrm{n}}=E_{\mathrm{n}}^{\mathrm{o}}+\frac{RT}{nF}\ln\frac{c_{\mathrm{O}}}{c_{\mathrm{R}}} \tag{5-29}$$

因此，(5-28) 式可以寫成

$$\ln\left[k_{\mathrm{rd}}\left(E_{\mathrm{n}}\right)\right]+\ln\left[\frac{1}{k_{\mathrm{ox}}\left(E_{\mathrm{n}}\right)}\right]=\frac{nF}{RT}\left(E_{\mathrm{n}}^{\mathrm{o}}-E_{\mathrm{n}}\right) \tag{5-30}$$

由於任何電位都可以藉由調整反應物濃度而使其成為可逆電位，而且上式又與反應物濃度無關，因此，上式適用於任何電位，也就是可將可逆電位 E_{n} 以任意電位 E 取代：

$$\ln\left[k_{\mathrm{rd}}(E)\right]+\ln\left[\frac{1}{k_{\mathrm{ox}}(E)}\right]=\frac{nF}{RT}\left(E_{\mathrm{n}}^{\mathrm{o}}-E\right) \tag{5-31}$$

將上式對電位 E 微分後整理，可以得到以下式子：

$$\frac{RT}{nF}\frac{d}{dE}\ln\left[\frac{1}{k_{\mathrm{rd}}(E)}\right]+\frac{RT}{nF}\frac{d}{dE}\ln\left[k_{\mathrm{ox}}(E)\right]=1 \tag{5-32}$$

上式等號左邊兩項之和等於一，且均為正值，因此兩項值均介於 0 與 1 之間，假設第一項為 α

$$\frac{RT}{nF}\frac{\mathrm{d}}{\mathrm{d}E}\ln\left[\frac{1}{k_{\mathrm{rd}}(E)}\right]=\alpha \tag{5-33}$$

則第二項可表示 $1-\alpha$

$$\frac{RT}{nF}\frac{d}{dE}\ln\left[k_{\mathrm{ox}}(E)\right]=1-\alpha \tag{5-34}$$

其中 α 稱為還原對稱因子 (reductive symmetric factor)，$1-\alpha$ 則稱為氧化對稱因子 (oxidative symmetric factor)。將 (5-33) 式對 E 作積分則可以得到以下式子：

$$\ln\frac{1}{k_{\mathrm{rd}}(E)}=\frac{\alpha nFE}{RT}+\mathrm{C}_1 \tag{5-35}$$

以電極標準電位 E_n^o 為邊界條件代入上式，可以將積分常數 C_1 消除，也就是：

$$\ln\frac{k_{rd}(E)}{k_{ox}(E_n^o)}=\frac{anF}{RT}(E_n^o-E) \tag{5-36}$$

整理之可得還原速率常數為：

$$k_{rd}(E)=k_{rd}(E_n^o)\ \exp\left[\frac{\alpha nF}{RT}(E_n^o-E)\right] \tag{5-37}$$

以相同的方式整理 (5-34) 式可得到氧化速率常數：

$$k_{rd}(E)=k_{ox}(E_n^o)\ \exp\left[\frac{-(1-\alpha)nF}{RT}(E_n^o-E)\right] \tag{5-38}$$

圖 5-4 為電化學反應速率常數與電極電位 E 的關係，當反應平衡時，電極電位為可逆電位，且還原速率常數等於氧化速率常數，此時又稱為平衡常數 k^o(equilibrium constant)：

$$k^o=k_{rd}(E_n^o)=k_{ox}(E_n^o) \tag{5-39}$$

因此，還原與氧化速率常數可以分別寫成：

$$k_{rd}(E)=k^o\ \exp\left[\frac{\alpha nF}{RT}(E_n^o-E)\right] \tag{5-40}$$

$$k_{rd}(E)=k^o\ \exp\left[\frac{-(1-\alpha)nF}{RT}(E_n^o-E)\right] \tag{5-41}$$

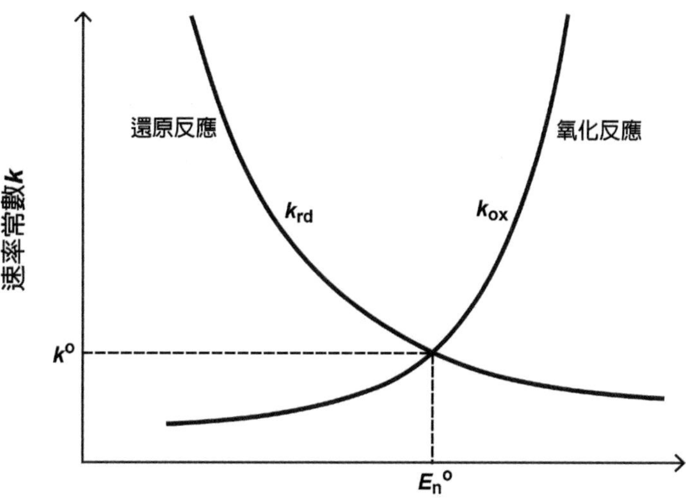

圖 5-4　反應速率常數與電極電位之關係

電化學之淨反應速率可以用通過電極電流大小來表示：

$$v_{\text{net}}(E)=\frac{i}{nF} \tag{5-42}$$

將 (5-30) 式與 (5-31) 式代入上式中可以得到

$$i=nF(v_{\text{rd}}-v_{\text{ox}})=nF(k_{\text{rd}}\times c_{\text{O}}^{\text{s}}-k_{\text{ox}}\times c_{\text{R}}^{\text{s}}) \tag{5-43}$$

上式中在氧化劑與還原劑濃度符號中特別標示，上標 s 主要是要強調是在電極表面上濃度。只有達到電化學平衡狀態時，在電極表面上反應物的濃度才會等於外在環境的成團濃度 (bulk concentration)，$c_{\text{R}}^{\text{s}}=c_{\text{R}}^{\text{b}}$，$c_{\text{O}}^{\text{s}}=c_{\text{O}}^{\text{b}}$。將還原與氧化速率常數代入上式中，則通過電極之電流密度與電極電位之關係為：

$$i=nFk^{\text{o}}\left\{c_{\text{O}}^{\text{s}}\exp\left[\frac{\alpha nF}{RT}(E_{\text{n}}^{\text{o}}-E)\right]-c_{\text{R}}^{\text{s}}\exp\left[\frac{-(1-\alpha)nF}{RT}(E_{\text{n}}^{\text{o}}-E)\right]\right\} \tag{5-44}$$

上式就是巴特勒 - 弗門方程式 (Butler-Volmer equation)，這是電極動力學上的一個重要方程式，它連結了電極上的電流 i、電位 E，以及反應物濃度 c_{R}^{s} 、c_{O}^{b} 等重要的電化學參數。

5-2-2 極化與過電位

當電流通過燃料電池時，電極上會發生一系列不可逆過程，例如，反應氣體在電極表面吸附、解離、脫離、溶解，電子 / 離子在導體內傳遞，反應氣體在多孔電極內擴散，而每一不可逆過程或多或少存在著阻力或障礙，以氫氧燃料電池陰極反應為例，如圖 5-5 所示，氧氣從空孔到觸媒表面的擴散阻力 (R_{conc})，氧分子在觸媒表面吸附、解離與脫離的阻力 (R_{act})，質子在電解質內傳遞的阻力 (R_{Ω})，電子在觸媒與載體的傳遞阻力 (R_{Ω})，以及水分子在電解質內的擴散阻力 (R_{conc}) 等。為了使電極上的電化學反應能夠持續進行，就必須消耗自身的能量去克服這些阻力，因此，電極電位會出現偏離可逆電位現象，也就是電極電位會從平衡電位 E_{n} 則降為 E，此超出電極電位 E 而達到可逆電位 E_{n} 的電位差 $\eta=E_{\text{n}}-E$，稱為過電位 (overpotential)，簡言之，過電位就是以提供克服反應阻力所需的電位差。

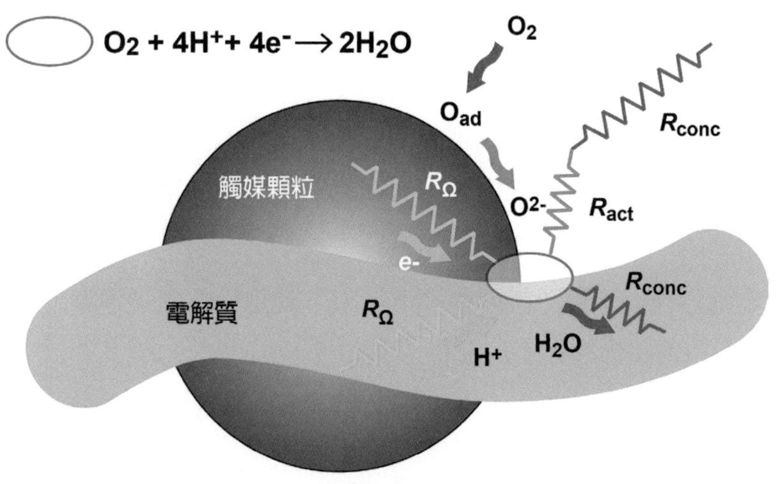

圖 5-5　燃料電池電化學反應之阻抗

上述偏離沒有淨電流通過電極時之電化學現象又稱爲極化 (polarization)。基本上，極化是對電極不可逆之定性描述，而過電位則是電極克服反應阻力所需電位差之定量描述，當極化發生在電池之陽極稱爲陽極極化，在陰極則稱爲陰極極化。根據產生的原因，極化可以歸納爲以下三種類型：

1. 活化極化 (activation polarization)：主要是因爲電極表面剛要啓動電化學反應時，所呈現速率遲鈍的現象。活化極化直接與電化學反應速率有關，因此又稱爲電化學極化，影響此階段電壓降主要原因是來自觸媒吸附與脫附動力學。
2. 濃度極化 (concentration polarization)：當燃料電池處於高電流狀態時，燃料氣體與氧化劑必須適時地移動至電極表面，才能夠維持高電荷交換情況，一旦燃料氣體與氧化劑來不及提供，也就是在電極表面無法維持適當反應物濃度時，則發生濃度極化。
3. 歐姆極化 (ohmic polarization)：歐姆阻抗主要來自離子在電解質內遷徙，以及電子在電極移動時的阻抗。基本上，電解質與電極阻抗均遵循歐姆定律。影響歐姆極化的關鍵因素爲燃料電池的內電阻，包括電解質的導電度及元件間界面之接觸阻抗等。

5-2-3 活化過電位

燃料電池在接近可逆電位運轉時，會因為反應太慢而無法偵測到電流。造成這種速率緩慢現象歸因於無法克服反應過程中的活化能。遇到這種情況，一般可以提高反應溫度或加入觸媒來降低活化能來加速反應，而電化學反應的緩慢現象則可以用提高電位來克服。

由於燃料電池陰極活化極化較陽極顯著，以下就陰極的氧氣還原反應的進行活化極化分析。氫氧燃料電池陰極還原半反應為：

$$O_2 + 4e^- \underset{k_{ox}}{\overset{k_{rd}}{\longleftrightarrow}} 2O^{2-} \tag{5-45}$$

根據巴特勒 - 弗門方程式：

$$i = nFk^{o}\left\{c_{O}^{s}\exp\left[\frac{\alpha nF}{RT}(E_{n}^{o}-E)\right]-c_{R}^{s}\exp\left[\frac{-(1-\alpha)nF}{RT}(E_{n}^{o}-E)\right]\right\} \tag{5-46}$$

當反應達成平衡時，電極表面上的反應物濃度等於環境濃度，也就是$c_R^s = c_R^b$與$c_O^s = c_O^b$，因此，上式可以簡化為另外一種形式之涅斯特方程式：

$$\frac{c_O^b}{c_O^b}\exp\left[\frac{\alpha nF}{RT}(E_n^o - E)\right] = 1 \tag{5-47}$$

將上式乘到巴特勒 - 弗門方程式中，並以陰極過電位 η 取代 $E_n - E$：

$$i = nFk^{o}(c_R^b)^{\alpha}(c_O^b)^{1-\alpha}\left\{\frac{c_O^s}{c_O^b}\exp\left[\frac{\alpha nF}{RT}\eta\right]-\frac{c_R^s}{c_R^b}\exp\left[\frac{-(1-\alpha)nF}{RT}\eta\right]\right\} \tag{5-48}$$

上式中之過電位包括活化極化與濃度極化效應，為了消除濃度極化效應，其濃度比 c_R^s / c_R^b 與 c_O^s / c_O^b 均假設等於 1 時，可得：

$$i = nFk^{o}(c_R^b)^{\alpha}(c_O^b)^{1-\alpha}\left\{\exp\left[\frac{\alpha nF}{RT}\eta_{act}\right]-\exp\left[\frac{-(1-\alpha)nF}{RT}\eta_{act}\right]\right\} \tag{5-49}$$

如圖 5-6 所示，可將淨電流密度分成還原電流密度與氧化電流密度兩部分：

$$I = i_{rd} + i_{ox} \tag{5-50}$$

其中：

$$i_{rd} = nFk^{o}(c_R^b)^{\alpha}(c_O^b)^{1-\alpha}\exp\left(\frac{\alpha nF}{RT}\eta_{act}\right) \tag{5-51}$$

$$i_{\mathrm{ox}} = nFk^{\mathrm{o}}(c_{\mathrm{R}}^{\mathrm{b}})^{\alpha}(c_{\mathrm{O}}^{\mathrm{b}})^{1-\alpha}\exp\left(\frac{-(1-\alpha)nF}{RT}\eta_{\mathrm{act}}\right) \tag{5-52}$$

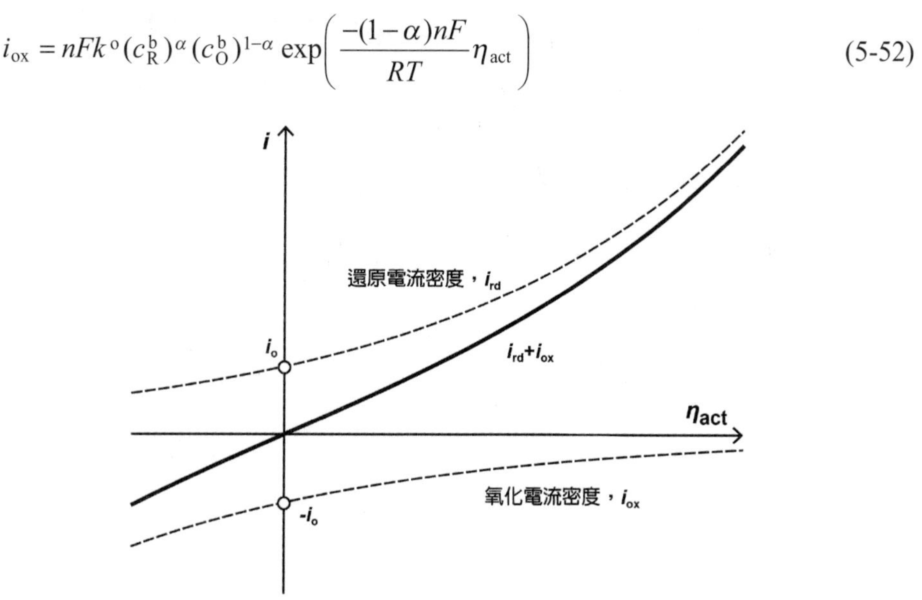

圖 5-6　淨電流與氧化還原電流之關係

當電化學反應平衡時，通過電極之淨電流等於 0 且 $\eta_{\mathrm{act}} = 0$，於是：

$$(i_{\mathrm{rd}})_{\eta_{\mathrm{act}}=0} = -(i_{\mathrm{ox}})_{\eta_{\mathrm{act}}=0} = nFk^{\mathrm{o}}(c_{\mathrm{R}}^{\mathrm{b}})^{\alpha}(c_{\mathrm{O}}^{\mathrm{b}})^{1-\alpha} = i_{\mathrm{o}} \tag{5-53}$$

i_{o} 為平衡狀態時之可逆電流，又稱為交換電流密度 (exchange current density)，它是衡量觸媒電化學活性的重要因素。影響交換電流密度的因素有觸媒組成與粒度、溫度、反應物濃度等。與粒度有關的主要原因是因為通常測得的電流大小與電池單元觸媒層的投影面積有關。

據此，陰極的活化極化方程式可寫成：

$$i = i_{\mathrm{o}}\left\{\exp\left[\frac{\alpha nF}{RT}\eta_{\mathrm{act}}\right] - \exp\left[\frac{-(1-\alpha)nF}{RT}\eta_{\mathrm{act}}\right]\right\} \tag{5-54}$$

從圖 5-6 可知，當活化過電位 η_{act} 大到一定程度時，還原電流幾乎就是淨電流。

巴特勒 - 弗門方程式中的對稱因子 α 在活化極化中究竟扮演什麼角色？

圖 5-7 為活化能與電極反應可逆性之關係。當反應為可逆時 (實線)，正逆反應能階之差 ΔG 即為可用能。

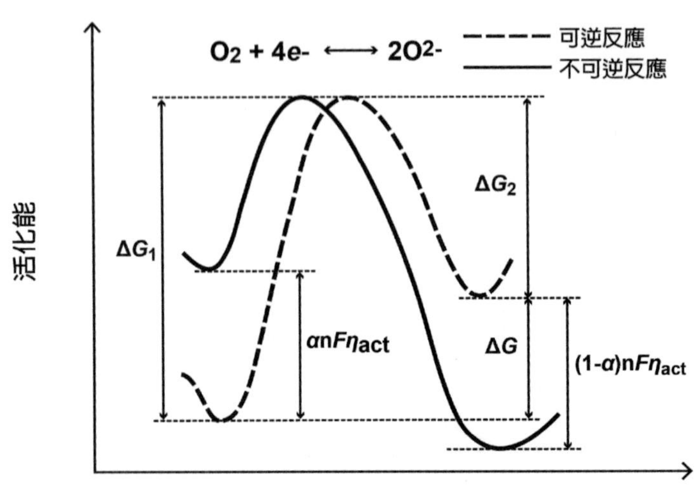

圖 5-7　對稱因子 α 與活化能能階之關係

$$\Delta G = \Delta G_1 + \Delta G_2 \tag{5-55}$$

當不可逆發生時 (虛線)，正逆反應的活化能階均發生變化，其中，正反應所需活化能降低 $\alpha nF\eta_{act}$，而逆反應的能階則提高 $(1-\alpha)nF\eta_{act}$，而兩者皆有助於正反應，也就是氧氣還原反應 ORR(oxygen reduction reaction) 之進行。

因此，活化過電位對電化學反應的影響可分成兩部分，一部分過電位 $\alpha\eta_{act}$ 是用以加速氧氣還原反應；另一部份 $(1-\alpha)\eta_{act}$ 則用以阻止氧離子氧化反應，換言之，α 與 $1-\alpha$ 分別代表過電位用以加速正反應與減緩逆反應之百分比，兩者值均介於在 0 與 1 之間，也稱為傳輸係數 (transfer coefficient)。

α 大小則視反應與電極材料而定，就大部份電極材料而言，氫電極的 α 值大約為 0.5，氧電極的 α 值變化較大，但仍然介於 0.5 與 1.0 之間。

當燃料電池陰極活化極化明顯時，也就是 η_{act} 夠大時，$i_{rd} >> i_{ox}$，因此，(5-54) 式等號右邊第二項可以忽略不計：

$$i = i_o \exp\left[\frac{\alpha nF}{RT}\eta_{act}\right] \tag{5-56}$$

所以

$$\eta_{act} = b \times \ln\left(\frac{i}{i_o}\right)，b = \frac{RT}{\alpha nF} \tag{5-57}$$

上式又稱爲塔菲爾方程式 (Tafel equation)，圖 5-8 則是電流密度指數與活化過電位之間之關係圖，又稱爲塔菲爾圖 (Tafel plot)，其中，紅色虛線是塔菲爾方程式，實線部分是實驗量測之結果，虛線的斜率爲 b，與 x 軸上的截距就是交換電流密度 i_o，兩者均是影響活化過電位的重要因素。其中，斜率 b 愈大，表示在相同電流下，活化過電位愈大，因此而使得電化學反應速率變慢；相反地，斜率 b 愈小，i_o 值愈大，如此便可加速電化學反應。

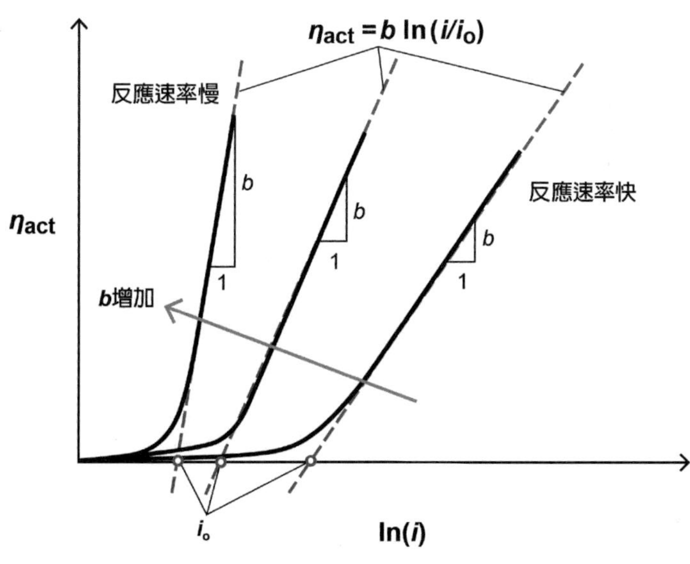

圖 5-8 燃料電池之塔菲爾圖

圖 5-9 比較三種不同的交換電流密度 i_o 活化過電位與電流之關係，從圖中可以很清楚地看出 i_o 值愈小活化過電位愈大。交換電流密度 i_o 代表著電極從平衡狀態下，開始產生過電位時之電流密度大小，不同電極之電化學反應 i_o 值可以相差到幾個數量級，它是影響燃料電池效率關鍵因素之一。

燃料電池的活化過電位等於陰極過電位 ($\eta_{act,c}$) 與陽極過電位 ($\eta_{act,a}$) 之和。

$$\eta_{act} = \eta_{act,a} + \eta_{act,c} = b_a \ln\left(\frac{i}{i_{o,a}}\right) + b_c \ln\left(\frac{i}{i_{o,c}}\right) \tag{5-58}$$

表 5-4 爲 25°C 時表面平滑之平板氫電極在不同金屬催化作用下的交換電流密度，由於眞實電極表面爲粗糙不平而會增加的電化學之反應面積，因此氫電極實際的交換電流密度將高於表中所列之値。從表 5-4 可以清楚地看出鈀在氫電極上的交換電流密度最大，鉑次之。一般而言，燃料電池氧電極的交換電流密度遠低於氫電極，兩者之差可達五個數量級之多，即便使用鉑進行電催化，氧電極的交換電流也只有 10^{-5} mA/cm^2 左右。由於陽極過電位比陰極過電位低很多，因此，在燃料電池中氫電極的活化極化阻抗通常可以忽略不計。

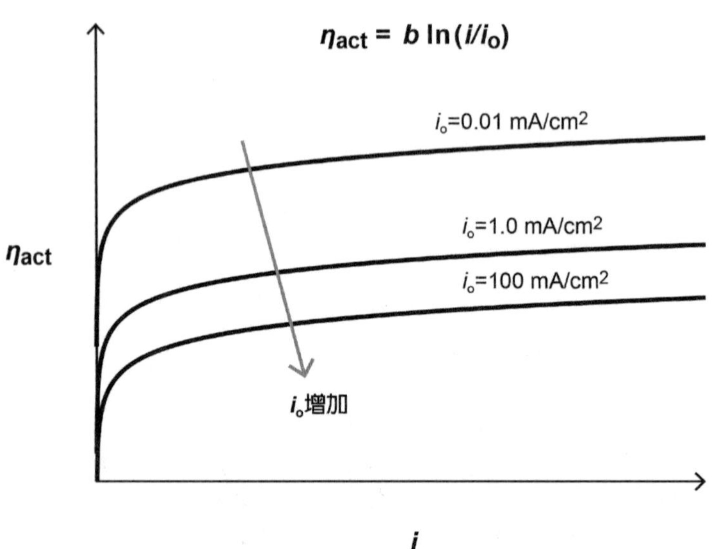

圖 5-9　活化過電位與交換電流密度之關係

表 5-4　不同金屬催化之氫電極的交換電流密度

金屬種類	Pb	Zn	Ag	Ni	Pt	Pd
i_o(mA/cm^2)	2.5×10^{-10}	3.0×10^{-8}	4.0×10^{-4}	6.0×10^{-3}	0.5	4

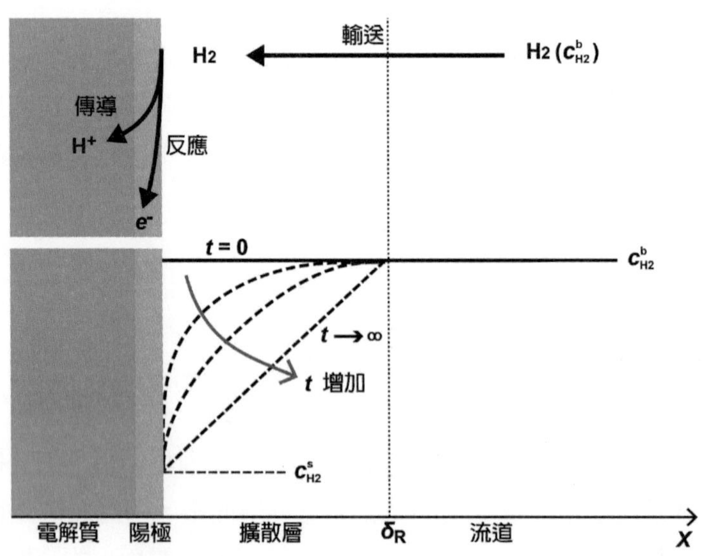

圖 5-10　反應物與產物在電極表面輸送示意圖

5-2-4　濃度過電位

當燃料電池電極表面反應氣體濃度因消耗而造成與環境濃度有所差異時，便會產生濃度極化。

反應氣體緩慢的抵達電極表面或產物緩的地離開電極表面，是造成濃度過電位的主因。以氫氧燃料電池陽極氫氣氧化反應為例：

$$H_2 \rightarrow 2H^+ + 2e^- \tag{5-59}$$

如圖 5-12 所示，當氫氣在陽極表面上消耗時會從外在成團環境中補充，補充過程必須迅速且完整，否則陽極表面氫氣濃度與環境成團濃度必然有所差異，如圖 5-13 所示：

$$c_{\mathrm{R}}^{\mathrm{s}} < c_{\mathrm{R}}^{\mathrm{b}} \tag{5-60}$$

相同地，在陽極上產生的質子必須很快從陽極表面擴散到電解質內，由於產生質子的速率比質子在電解質內擴散速率來得快，因此存在質子濃度不均現象：

$$c_{\mathrm{O}}^{\mathrm{s}} > c_{\mathrm{O}}^{\mathrm{b}} \tag{5-61}$$

上述兩項不等式便是造成濃度極化的主因。

將巴特勒 - 弗門方程式稍加整理可以寫成

$$c_{\mathrm{O}}^{\mathrm{s}} - c_{\mathrm{R}}^{\mathrm{s}} \exp\left[\frac{-nF}{RT}(E_{\mathrm{n}}^{\mathrm{o}} - E)\right] = \frac{i}{nFk^{\mathrm{o}}} \exp\left[\frac{\alpha nF}{RT}(E_{\mathrm{n}}^{\mathrm{o}} - E)\right] \tag{5-62}$$

當電極反應速率夠快 $k^{\mathrm{o}} \rightarrow \infty$，則等號右邊等於 0，巴特勒 - 弗門方程式可簡化成為涅斯特方程式。此時活化極化效應以消除，而只存在濃度極化：

$$E = E_{\mathrm{n}}^{\mathrm{o}} - \frac{RT}{nF} \ln \frac{c_{\mathrm{R}}^{\mathrm{s}}}{c_{\mathrm{O}}^{\mathrm{s}}} \tag{5-63}$$

當反應達成平衡時，電極表面濃度將與環境濃度一致，電極電位變成可逆電位且而滿足以下型式的涅斯特方程式：

$$E_n = E_{\mathrm{n}}^{\mathrm{o}} - \frac{RT}{nF} \ln \frac{c_{\mathrm{R}}^{\mathrm{b}}}{c_{\mathrm{O}}^{\mathrm{b}}} \tag{5-64}$$

因此，將兩式相減可以得到濃度過電位的基本方程式：

$$\eta_{\mathrm{conc}} = E - E_n = \frac{RT}{nF} \ln\left(\frac{c_{\mathrm{R}}^{\mathrm{b}} \times c_{\mathrm{O}}^{\mathrm{s}}}{c_{\mathrm{R}}^{\mathrm{s}} \times c_{\mathrm{O}}^{\mathrm{b}}}\right) \tag{5-65}$$

陽極表面氫氣體質傳輸送現象可以用 Fick's 擴散定率來描述：

$$\frac{i}{nF} \approx D_{\mathrm{R}} \frac{c_{\mathrm{R}}^{\mathrm{b}} - c_{\mathrm{R}}^{\mathrm{s}}}{\delta_{\mathrm{R}}} \tag{5-66}$$

其中，D_{R} 爲氫氣擴散係數，$c_{\mathrm{R}}^{\mathrm{b}}$ 爲遠離電極的氫氣濃度，$c_{\mathrm{R}}^{\mathrm{s}}$ 是陽極表面上氫氣濃度，δ_{R} 則是邊界層厚度。當電極表面氫氣濃度爲 $c_{\mathrm{R}}^{\mathrm{s}} = 0$ 時，也就是環境所供應的氫氣在電極表面剛好反應完畢且一點都不剩，此爲電極反應產生電流之極限值，因此稱爲限制電流密度 (limiting current density)i_{L}：

$$\frac{i_L}{nF} = D_{\mathrm{R}} \frac{c_{\mathrm{R}}^{\mathrm{b}}}{\delta_{\mathrm{R}}} \tag{5-67}$$

將上述兩個式子整理後可得到：

$$\frac{c_{\mathrm{R}}^{\mathrm{s}}}{c_{\mathrm{R}}^{\mathrm{b}}} = 1 - \frac{i}{i_{\mathrm{L}}} \tag{5-68}$$

假設陽極表面質子濃度對濃度極化影響不大時 $c_{\mathrm{O}}^{\mathrm{s}} = c_{\mathrm{O}}^{\mathrm{b}}$ ，則此電極之濃度過電位爲：

$$\eta_{\mathrm{conc}} = E - E_{\mathrm{n}} = \frac{RT}{nF}\left(\ln\frac{c_{\mathrm{R}}^{\mathrm{b}}}{c_{\mathrm{R}}^{\mathrm{s}}} + \ln\frac{c_{\mathrm{O}}^{\mathrm{s}}}{c_{\mathrm{O}}^{\mathrm{b}}} \right) = -\frac{RT}{nF} \ln\left(1 - \frac{i}{i_{\mathrm{L}}}\right) \tag{5-69}$$

假設 $B = RT/nF$ 則

$$\eta_{\mathrm{conc}} = -B \ln\left(1 - \frac{i}{i_{\mathrm{L}}}\right) \tag{5-70}$$

圖 5-11 顯示濃度過電位 η_{conc} 與電流密度 i 之關係，η_{conc} 隨著電流密度增加而增加。電流密度固定時，濃度過電位隨著係數 B 值增加而增加。而當電流密度接近限制電流 i_{L} 時，活化過電位均發生陡昇現象，也就是，無論如何，通過電極電流均不可能高過其限制電流。

在燃料電池的兩個電極中，只要其中之一的電流密度到達限制電流密度時，整個燃料電池電位會急速下降到 0 而失效。因此，必須避免限制電流的發生；相同地，將限制電流向上延伸是進行燃料電池設計的重要目標之一，固定電極幾何條件下，提昇限制電流的方法包括有增加反應氣體濃度、增加反應氣體速率、以及將操作溫度提昇等方式，如圖 5-12 所示。

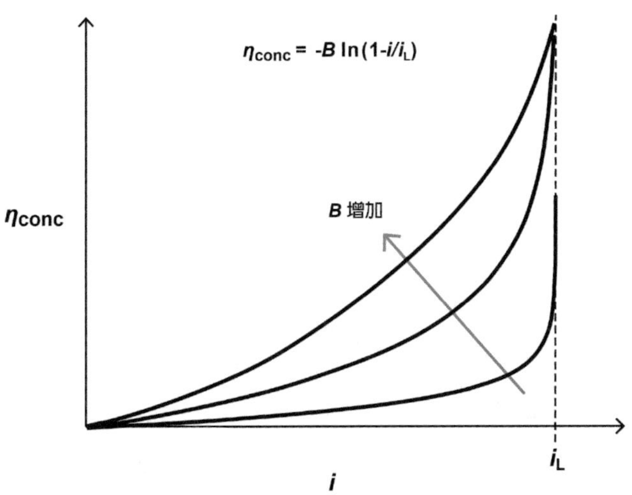

圖 5-11 濃度過電位與 B 值的關係

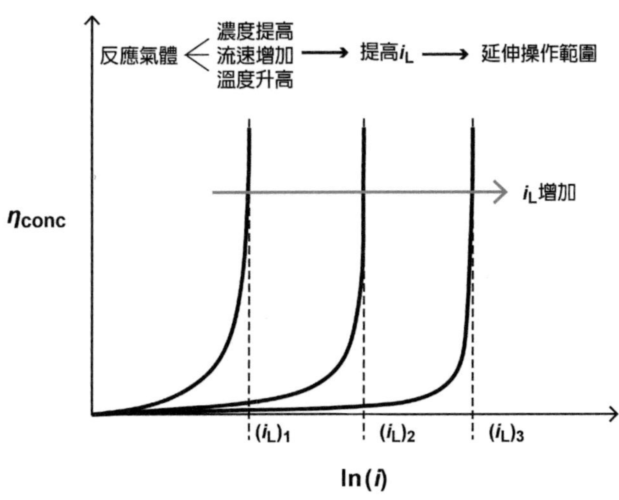

圖 5-12 影響限制電流的因素

5-2-5 歐姆過電位

歐姆過電位主要是要克服燃料電池電解質內離子流的阻抗以及電極材料內電子流之阻抗。降低電解質歐姆損失的方法為減少電極分隔距離 (減小電解質厚度) 與接觸阻抗及增加電解質離子傳導度。

由於電解質與電極材料之電阻均遵守歐姆定律，因此歐姆過電位可以表示成以下方程式：

$$\eta_{ohm} = iR_{\Omega} \tag{5-71}$$

i 是通過燃料電池的電流，R_{Ω} 則是包含燃料電池內電子、離子、接觸等全部的電阻，與歐姆過電位的關係如圖 5-13 所示。

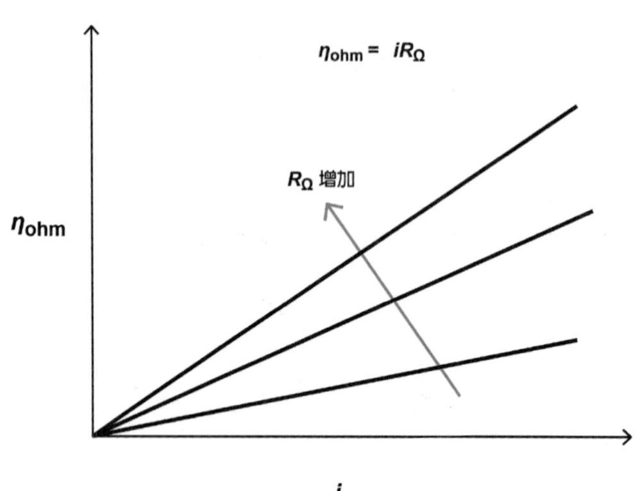

圖 5-13　歐姆過電位與電阻之關係

5-2-6　極化曲線

如圖 5-14，燃料電池輸出電位是以開路電壓 E_n 爲基礎，減去所有極化所造成的過電位而得

$$E_{FC} = E_n - \eta_{act} - \eta_{conc} - \eta_{ohm} \tag{5-72}$$

將 (5-58)、(5-72) 及 (5-74) 式代入 (5-75) 式中，燃料電池輸出電壓可用以下方程式來表示之：

$$E_{FC} = E_n - b\ln\left(\frac{i}{i_o}\right) + B\ln\left(1-\frac{i}{i_L}\right) - iR_\Omega \tag{5-73}$$

上式中 i_o、i_L、B、b 與 R_Ω 統稱爲電極動力學參數 (electrode kinetic parameters) 或稱爲塔菲爾參數，其中，B、b 與 R_Ω 爲待定參數，i_o 與 i_L 則分別查表與從實驗條件中計算而得。

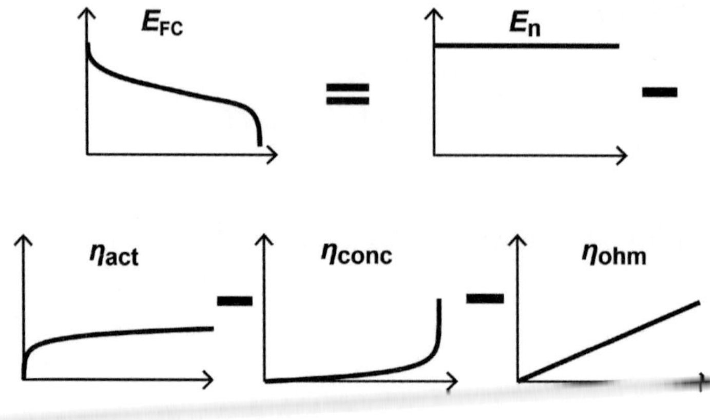

圖 5-14　燃料電池電壓與各種過電位之關係

燃料電池輸出電壓與電流之關係稱爲極化曲線(polarization curve)，又稱爲性能曲線，如圖 5-15 所示，橫座標爲通過燃料電池之電流密度，縱座標則爲燃料電池的輸出電壓。典型燃料電池極化曲線有三個特徵區域：

- 在低電流時，燃料電池的阻抗主要來自於活化極化，此時燃料電池電壓隨電流密度的增加迅速下降。
- 在高電流時，濃度過電位迅速增加而使得燃料電池電壓會急速下降，此時燃料電池的阻抗主要由質傳限制。
- 在整個操作電流範圍內，歐姆過電位隨著電流的增加而呈線性增加。

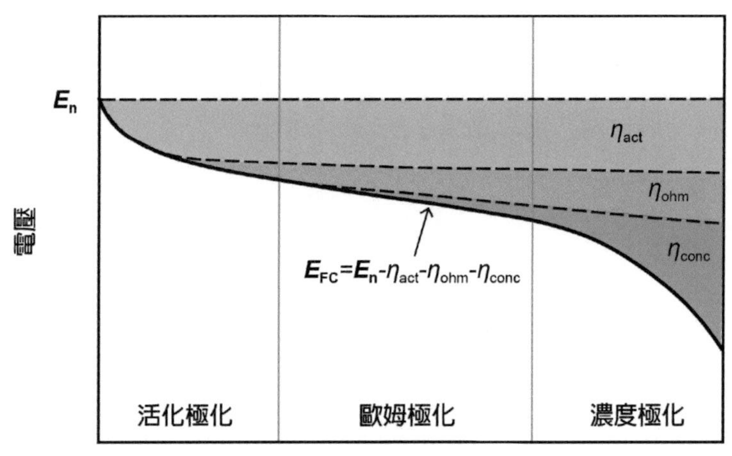

圖 5-15 典型燃料電池極化曲線

5-3 燃料電池效率

5-3-1　理想效率

理想效率一般定義爲自能量轉換裝置輸出之最大可用能與輸入能之比，也就是

$$\varepsilon=\frac{\text{可用能量}}{\text{輸入能量}} \tag{5-74}$$

此最大可用能可以是電能、機械能或熱能等。以熱機爲例，理想效率(或稱卡諾熱機效率)可以寫成：

$$\varepsilon c_{\text{amot}}=1-\frac{T_{\text{C}}}{T_{\text{H}}} \tag{5-75}$$

其中，T_H與T_C分別爲高溫熱庫與低溫熱庫之絕對溫標，由於$T_C > 0$，所以理想效率小於 1。例如，當蒸氣輪機的操作溫度爲 400°C 而出口水溫爲 50°C 時，其理想效率爲

$$\varepsilon c_{\text{amot}} = 1 - \frac{325}{675} = 52\%$$

由於燃料電池的電化學反應不涉及將熱能轉換爲機械能，因此，卡諾定理並不適用，而決定燃料電池的理想效率的回歸到自由能與焓的關係：

$$\varepsilon_{\text{n}} = \frac{\Delta G}{\Delta H} \tag{5-76}$$

燃料電池的電化學反應中每生成一莫耳的水需有二莫耳電子通過外電路作電功，因此，自由能變化所能作的最大電功可以寫成：

$$-\Delta G = W_{\text{R}} = 2FE_{\text{n}} \tag{5-77}$$

因此，燃料電池的理想效率可寫成：

$$\varepsilon_{\text{n}} = \frac{-W_{\text{R}}}{\Delta H} = \frac{-2FE_{\text{n}}}{\Delta H} \tag{5-78}$$

如果氫氧燃料電池反應的焓變全部轉換成電能時，則電動勢可以表示成：

$$E_{\text{H}} = \frac{-\Delta H}{2F} \tag{5-79}$$

例如，水生成反應的焓變取高熱值 HHV($\Delta H = -285.84$ kJ/mol) 時，則

$$E_{\text{H}} = \frac{-\Delta H}{2F} = \frac{285.84\ \text{kJ/mol}}{2 \times 96487\ \text{C/mol}} = 1.48\ \text{V} \tag{5-80}$$

因此，燃料電池之理想效率可以寫成：

$$\varepsilon_{\text{n}} = \frac{E_{\text{n}}}{E_{\text{H}}} \times 100\% \tag{5-81}$$

表 5-5 與圖 5-16 比較不同溫度下燃料電池與卡諾熱機之理想效率。無論是燃料電池之理想效率或是卡諾熱機的理想效率，都是從熱力學函數推導而得，因此又稱爲「熱力學效率 (thermodynamic efficiency)」。

究竟燃料電池與熱機何者理想效率高？

過去普遍的說法是，「由於燃料電池中的電化學反應不涉及將熱能轉換爲機械能，因此不受卡諾定理的限制，所以燃料電池的理想效率高於卡諾熱機的理想效率」。

表 5-5　燃料電池與卡諾熱機理想效率之比較

溫度 (°C)	ΔG(kJ-mol^{-1})	E_n(V)	燃料電池理想效率 ε_n(%)	卡諾熱機效率 (%) (低溫熱庫 298 K)
25	− 237.2	1.23	83	0
80	− 228.2	1.18	80	16
100	− 225.2	1.17	79	20
200	− 220.4	1.14	77	40
400	− 210.3	1.09	74	56
600	− 199.6	1.04	70	66
800	− 188.6	0.98	66	72
1,000	− 177.4	0.92	62	77

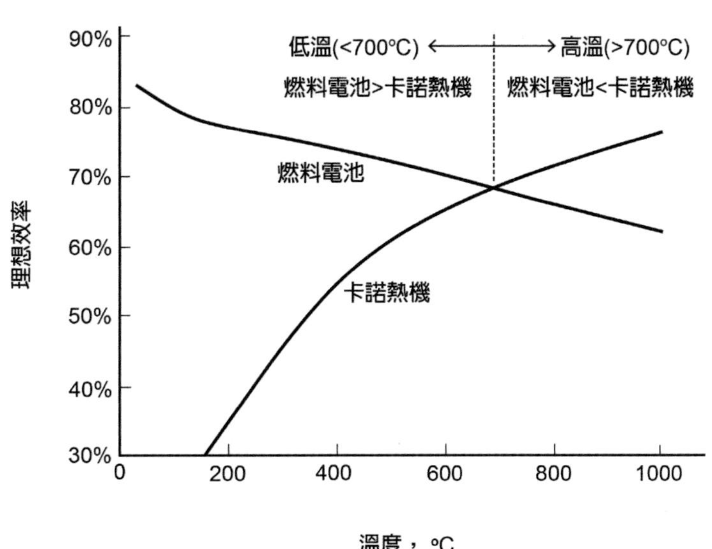

圖 5-16　燃料電池與卡諾熱機理想效率之比較 (卡諾熱機出口溫度為 298 K)

從圖 5-16 可以看出，燃料電池理想效率會隨著溫度的升高而降低，而卡諾熱機效率會隨著溫度的升高而提升。溫度低於 700°C 時，燃料電池熱力學效率會高於卡諾熱機之效率，然而，當溫度超過 700°C，卡諾熱機效率反而比燃料電池理想效率來的高。因此，兩者理想效率之關係，比較爲適切說法應該是，「燃料電池不像熱機一樣受到溫度的限制，因此，不必在高溫下就能夠具有高效率的優勢」。

5-3-2 燃料電池效率

燃料電池在可逆狀態下可輸出最大電功，然而在眞正操作時輸出電功將低於理想電功，我們將燃料電池實際輸出電功與可輸出之最大電功之比定義爲「電化學效率 (electrochemical efficiency)」，簡化後就是燃料電池操作電壓與可逆電位之比：

$$\varepsilon_{\mathrm{e}} = \frac{W_{\mathrm{FC}}}{-\Delta G} = \frac{E_{\mathrm{FC}} \times i \times t}{E_{\mathrm{n}} / (nF)} = \frac{E_{\mathrm{FC}}}{E_{\mathrm{n}}} \times 100\% \tag{5-82}$$

電化學效率的大小反應了燃料電池在操作時之可逆度 (reversibility)。

燃料電池效率定義爲實際輸出電功與輸入能量之比，這個比值剛好就是燃料電池理想效率與電化學效率之乘積：

$$\varepsilon = \varepsilon_{\mathrm{n}} \times \varepsilon_{\mathrm{e}} = \frac{E_{\mathrm{n}}}{E_h} \times \frac{E_{\mathrm{FC}}}{E_{\mathrm{n}}} = \frac{E_{\mathrm{FC}}}{E_h} \times 100\% \tag{5-83}$$

從上式得知，提高燃料電池效率的本質就是提高燃料電池的操作電壓 E_{FC}。燃料電池之操作電壓可以表示爲理想電壓減去所有極化所造成的過電位：

$$E_{\mathrm{FC}} = E_{\mathrm{n}} - b \ln\left(\frac{i}{i_{\mathrm{o}}}\right) + B \ln\left(1 - \frac{i}{i_{\mathrm{L}}}\right) - iR_{\Omega} \tag{5-84}$$

因此，提高燃料電池的操作電壓的做法不外乎設法提高可逆電位並減小過電位而使得燃料電池輸出電壓儘可能接近可逆電位，也就是：

$$E_{\mathrm{cell}} \xrightarrow{\text{電極動力學手段}} E_{\mathrm{n}} \xrightarrow{\text{熱力學手段}} E_{\mathrm{h}} \tag{5-85}$$

如圖 5-17 所示，要達成這項目標則可以從改善熱力學環境與強化電極反應動力學的兩個方向進行。

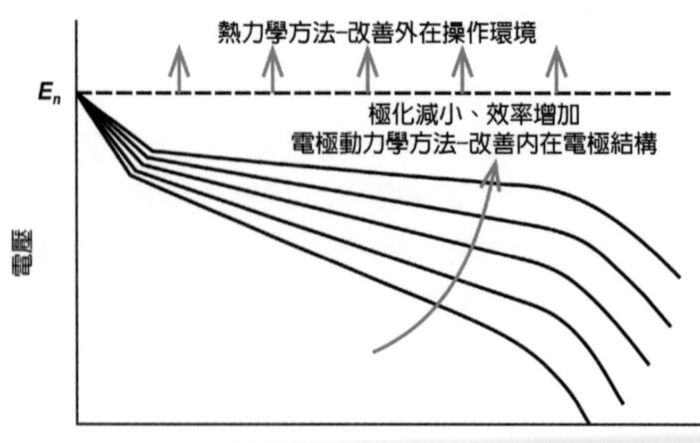

圖 5-17　提升燃料電池性能之方法

1. 強化電極反應動力學：從改善燃料電池設計著手。包括改善電極三相界面、增加電極反應面積、選擇高性能電觸媒等，都可以有效地改善電極反應、減小電極極化，而提高電解質的離子導電度、減小電解質隔膜的厚度、增加燃料電池內部各元件的導電度，則可以有效地降低歐姆極化。
2. 改善熱力學環境：調整操作條件以提高可逆電位。例如，提高燃料電池操作壓力、降低燃料利用率及降低燃料氣體之雜質等，均有助於提高電極的可逆性。

簡單的說，熱力學方法是在營造良好的外在操作環境，而電極動力學方法則是著重於燃料電池內部結構的最佳化，兩者都是提高燃料電池效率之重要方法，也是進行燃料電池設計時必須同時考慮的重要因素。

5-3-3　燃料電池系統效率

燃料電池對外部負載供電前，必須將部分電力提供給輔助元件使用，例如冷媒泵、空氣泵及逆變器等，以便讓燃料電池持續運轉。因此，外部負載實際所能夠獲得的電功比燃料電池本身所提供的電功來得少。當這些輔助元件與燃料電池整合爲一個自主的供電系統時，我們稱爲燃料電池系統，而系統效率可以表示成：

$$\varepsilon_{\mathrm{sys}}=\frac{W_{\mathrm{FC}}-W_{\mathrm{AP}}}{-\Delta H} \tag{5-86}$$

W_{AP} 包括燃料電池系統中所有輔助元件與能量轉換元件所消耗之電能。

燃料電池輸出電功時，同時也會產生可觀之餘熱，如果將此一餘熱利用適當的回熱技術而成爲可用能的一部分，此時燃料電池效率稱爲熱電合併效率 (combined heat and power efficiency)」，可以表示爲以下方程式：

$$\varepsilon_{\mathrm{CHP}}=\frac{i\times t\times E_{\mathrm{FC}}-W_{\mathrm{AP}}+\Delta Q}{-\Delta H} \tag{5-87}$$

表 5-6 歸納幾種常用的燃料電池效率的定義與說明。

表 5-6　燃料電池效率區分與說明

效率名稱	公式	說明	效率範圍
熱力學效率(理想效率)	$\varepsilon_{\mathrm{n}} = \dfrac{E_{\mathrm{n}}}{E_{\mathrm{H}}}$	熱力學損失	65 ～ 83%
電化學效率	$\varepsilon_{\mathrm{e}} = \dfrac{E_{\mathrm{FC}}}{E_{\mathrm{n}}}$	電極動力學損失	50 ～ 80%
燃料電池效率	$\varepsilon = \dfrac{E_{\mathrm{FC}}}{E_{\mathrm{H}}}$	熱力學損失 + 電極動力學損失	40 ～ 70%
燃料電池系統效率	$\varepsilon_{\mathrm{sys}} = \dfrac{W_{\mathrm{FC}} - W_{\mathrm{loss}}}{-\Delta H}$	輔助元件損失	35 ～ 65%
熱電合併效率	$\varepsilon_{\mathrm{CHP}} = \dfrac{W_{\mathrm{FC}} - W_{\mathrm{loss}} + \Delta Q}{-\Delta H}$	以回熱系統回收餘熱使用	60 ～ 80%

5-4 燃料電池性能檢測與模擬

極化曲線是判定燃料電池性能的依據，它是直接藉由量測燃料電池電壓與電離的關係獲得

$$E_{\mathrm{FC}}(i) = E_{\mathrm{n}} - \eta_{\mathrm{act}}(i) - \eta_{\mathrm{conc}}(i) - \eta_{\mathrm{ohm}}(i) \tag{5-88}$$

要進行燃料電池性能改善時必須降低個別損失著手，包括歐姆過電位、活化過電位、濃度過電位，那要如何量測這些過電位呢？

過電位的檢測是燃料電池設計之首要工作，目前常見的檢測技術包括伏安法量測極化曲線，電化學阻抗頻譜儀分析電極活化阻抗、歐姆阻抗、濃度阻抗及斷電流法決定活化過電位與歐姆過電位，如表 5-7 所示。

表 5-7　常見燃料電池檢測技術

檢測技術	檢測項目	檢測設備
伏安法	極化曲線	燃料電池測試機台
電化學阻抗頻譜儀	活化阻抗、歐姆阻抗、濃度阻抗	交流電阻抗儀
斷電流法	活化阻抗、歐姆阻抗	燃料電池測試機台

5-4-1　極化曲線量測

燃料電池個別元件如電極、電解質隔膜、分隔板等性能好壞並無法呈現整個燃料電池性能，因此，有必要將上述元件組合成單電池而且在特定條件下進行性能評估，以確定上述個別元件對燃料電池性能 (即極化曲線) 之影響。圖 5-18 爲典型量測 PEMFC 單電池性能之測試治具 (test fixture)，一般而言，測定 MEA 性能可以採用的電極面積縮小爲 0.5 ～ 5 cm^2 帶有參考電極的小電池，當探討雙極板的流場性能時，則必須採用將電極工作面積放大爲幾百平方厘米的大電池，以利量測分析。

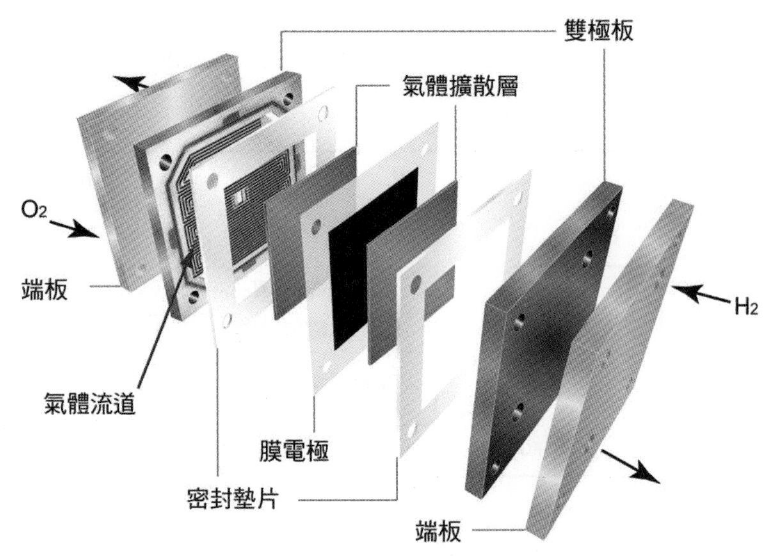

圖 5-18　PEMFC 單電池治具

目前市面上已有針對燃料電池性能量測而設計之燃料電池測試機台，它可以在確定燃料電池幾何條件下，精確控制燃料電池操作溫度、反應氣體濕度與當量濃度等操作條件參數，藉以量測出燃料電池之極化曲線，這些數據對燃料電池設計具有參考價值。

一般市售燃料電池機台均可以伏安法量測燃料電池極化曲線，它是藉由量測可逆電位與燃料電池電位來決定活化過電位、歐姆過電位、與濃度過電位三者總和，也就是

$$\eta_t = E_n - E_{FC} = \eta_{\text{conc}} + \eta_{\text{act}} + \eta_{\text{ohm}} \tag{5-89}$$

伏安法的量測方法有定電流法、定電壓法、定功率法、定阻抗法等，其中以定電流法與定電壓法最爲常用。

當電子負載以定電流方式抽電時，燃料電池電壓會隨著時間改變，可以寫成下列方程式

$$E_{FC}(t) = E_n - \eta_{\text{act}} - \eta_{\text{ohm}} - \eta_{\text{conc}}(t) \tag{5-90}$$

如圖 5-19 所示，從電子負載從燃料電池抽出一固定電流的瞬間，電壓陡降，然後再緩緩下降而逐漸趨向一個定值。陡降部分可視為歐姆過電位與活化過電位的合併量，而緩降量則為濃度過電位。這是因為反應之初，電極表面可供應百分之百燃料氣體濃度，反應發生後，燃料氣體擴散速率不及消耗速率而造成濃度過電位隨著時間增加而增加，而當燃料氣體擴散速率等於消耗速率時，濃度過電位的時間因素自然消失，在量測上，需等待電壓穩定時再讀值，以決定穩態下極化曲線上電壓電流的關係。

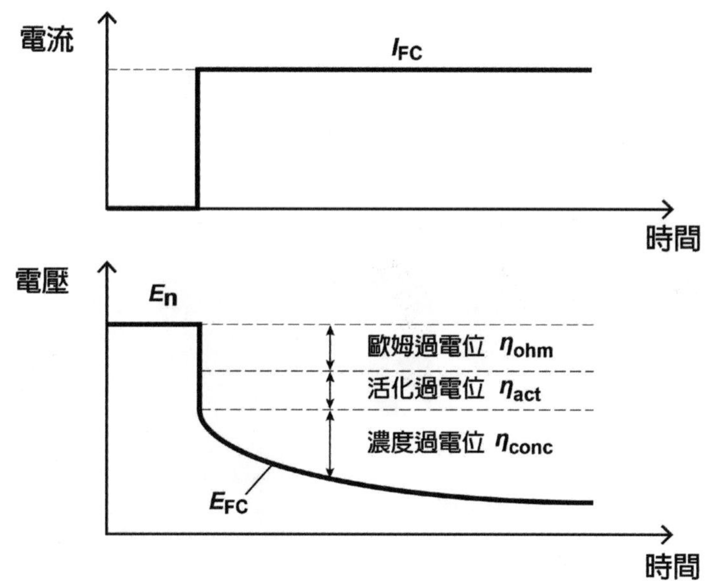

圖 5-19　定電流下燃料電池之電壓隨時間之變化

定電壓法則是固定燃料電池操作電壓以量測通過之電流量的方法。定電壓就是定過電位法，也就是上述三種過電位的總和等於常數。

$$\eta_{\text{tot}} = \eta_{\text{conc}}(t) + \eta_{\text{ohm}}(t) + \eta_{\text{act}}(t) = \text{常數} \tag{5-91}$$

圖 5-20 說明定電壓法中燃料電池電壓與電流的關係，當燃料電池電壓從開路電壓突然下降到一定值時，電流從零突然增加後隨著時間而逐漸下降。啓動瞬間的電壓降代表歐姆過電位與活化過電位的合併量，這時由於電極表面仍保有百分之百未反應的燃料氣體，濃度過電位可視為零，隨著時間增加電極表面的燃料氣體逐漸消耗而出現濃度極化現象，濃度過電位增加時其它兩種過電位必須隨之減少以確保定電壓條件，在量測上，和定電流法一樣需等待電流穩定時再讀取電壓值以決定穩態時之極化曲線。

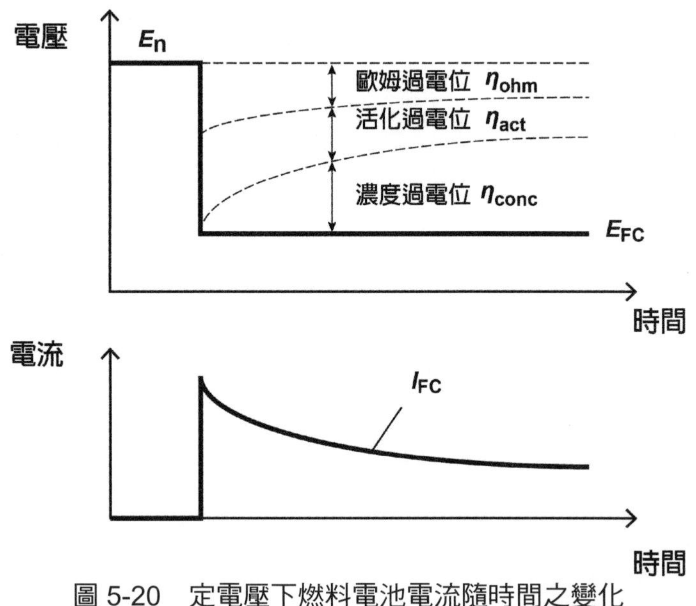

圖 5-20 定電壓下燃料電池電流隨時間之變化

圖 5-21 ～ 5-23 爲以定電壓下所量測 PEMFC 單電池之極化曲線，橫作標爲電流密度，縱座標爲單電池電壓。

圖 5-21 是在 23°C 和相對濕度 RH = 50% 的情況下，不同厚度的質子交換膜 Nafion®-117、1135、及 112 知己化曲線，從圖中可以看出，膜愈厚性能愈差，這是因爲膜愈厚燃料電池內電阻愈高，基本上，電解質隔膜厚度對燃料電池性能之影響相當大，並不下於電極催化活性對燃料電池性能之影響。

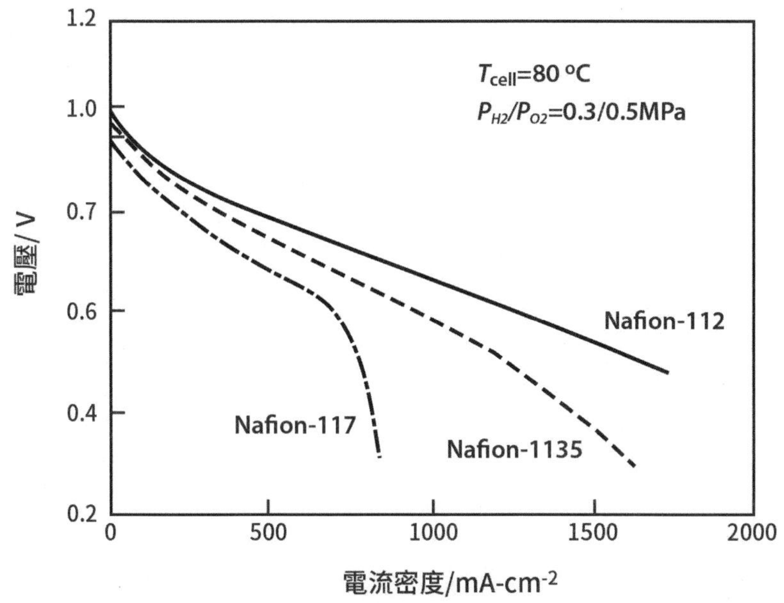

圖 5-21 不同厚度之 Nafion® 膜之性能曲線，燃料電池溫度 80°C，氫氣／氧氣操作壓力 0.3/0.5 MPa，增濕溫度 80°C，電極鉑載量 0.4 mg/cm^2

圖 5-22 則爲三種不同操作溫度下 (T_{cell} = 40、60、以及 80°C) 之燃料電池之性能。從圖中可以看出，操作溫度越高，燃料電池性能越好。高溫有助於電化學反應之進行與增加質子在電解質膜內的傳遞速度。但考慮所採用的 Nafion 膜是一種有機膜，其耐溫程度有限，而且確保膜含水，操作溫度不應高於 100°C，一般的操作溫度爲室溫至 80°C 左右。

圖 5-23 顯示質子交換膜燃料電池性能隨著壓力變化的情形。燃料電池性能隨著氫氧壓力提高而明顯提升。首先，Nernst 方程式顯示，可逆電壓隨著反應氣體增加而增加；此外，由於增加反應氣體壓力時，可以提昇反應氣體的質傳能力，所以燃料電池在較高的電流密度操作時，提高氣體壓力對燃料電池性能的影響較大。

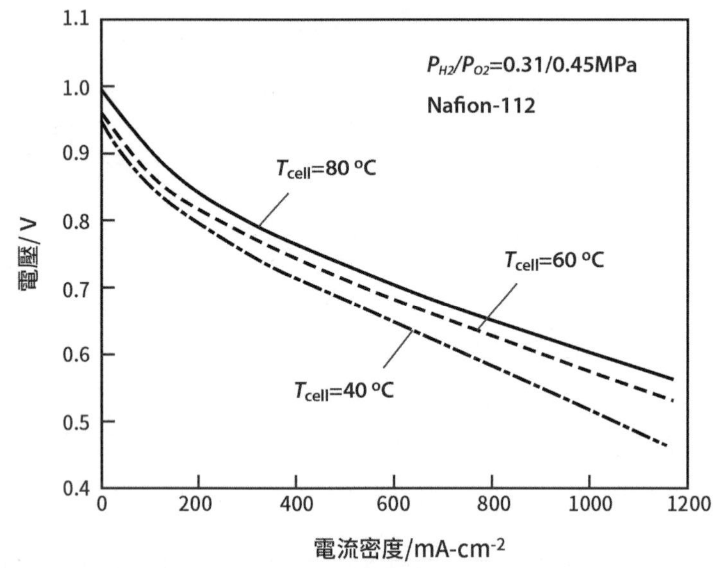

圖 5-22　溫度對電池性能的影響，氫氣／氧氣操作壓力 0.31/0.45 MPa，Nafion®112

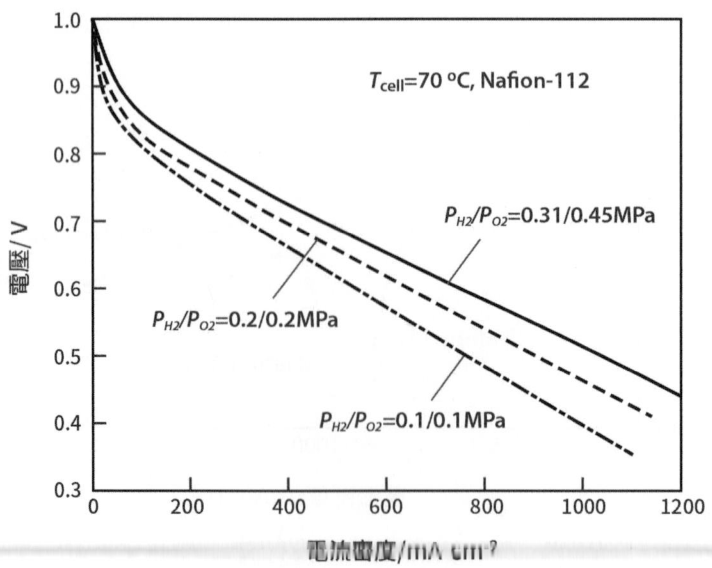

圖 5-23　操作壓力對燃料電池性能之影響

5-4-2　電化學阻抗頻譜儀 EIS

電化學阻抗頻譜儀 EIS(electrochemical impedance spectroscopy) 是檢測燃料電池活化阻抗的工具，它是結合交流阻抗儀與電化學原理所衍生出之檢測技術。如圖 5-24 所示，使用 EIS 進行阻抗分析時，在固定燃料電池操作電壓與電流的條件下，加入一個振幅 V_o 很小之擾動電壓 (如 100 μVAC)，這時電流與電壓仍保持線性關係，此時再藉由分析隨頻率變化之電流響應來量測電極上的活化阻抗。

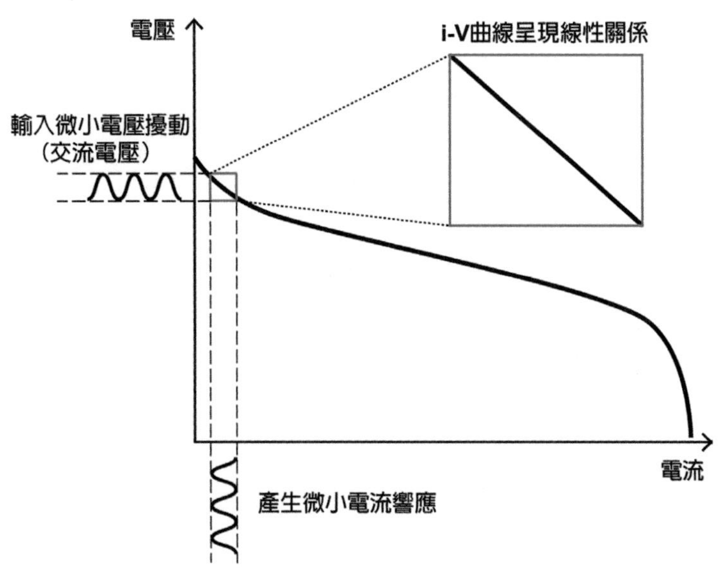

圖 5-24　正弦函數電壓擾動與電流響應之關係

基本上，阻抗與電阻一樣，兩者都是度量系統阻止電流流量能力，不一樣的地方是阻抗能夠處理時間或頻率問題，而電阻則與時間或頻率無關。根據歐姆定律

$$Z = \frac{V(t)}{i(t)} \tag{5-92}$$

如圖 5-25 所示，當極化曲線上一個量測點上加上一個振幅很小的擾動電壓 $V(t) = V_o\cos(\omega t)$ 時，產生響應電流 $i(t) = i_o\cos(\omega t - \phi)$。其中，$V_o$ 與 i_o 分別爲擾動電壓與響應電流的振幅，ω 爲頻率 ($\omega = 2\pi f$)，ϕ 爲相角，爲擾動電壓與電流相位差之關係。根據 (5-92) 式，阻抗可寫成

$$Z = \frac{V_o\cos(\omega t)}{i_o\cos(\omega t - \phi)} = Z_o\frac{\cos(\omega t)}{\cos(\omega t - \phi)} \tag{5-93}$$

為了便於分析，將上式用複變函數來描述，也就是

$$Z = \frac{V_o e^{j\omega t}}{i_o e^{j(\omega t-\phi)}} = Z_o e^{j\phi} = Z_o \cos\phi + jZ_o \sin\phi = Z_{real} + Z_{imag} \tag{5-94}$$

因此，系統阻抗可用阻抗大小 Z_o 與相角 ϕ 來表示，或者表示成實數項 $Z_{real} = Z_o\cos\phi$ 與虛數項 $Z_{imag} = j(Z_o\sin\phi)$ 之和。

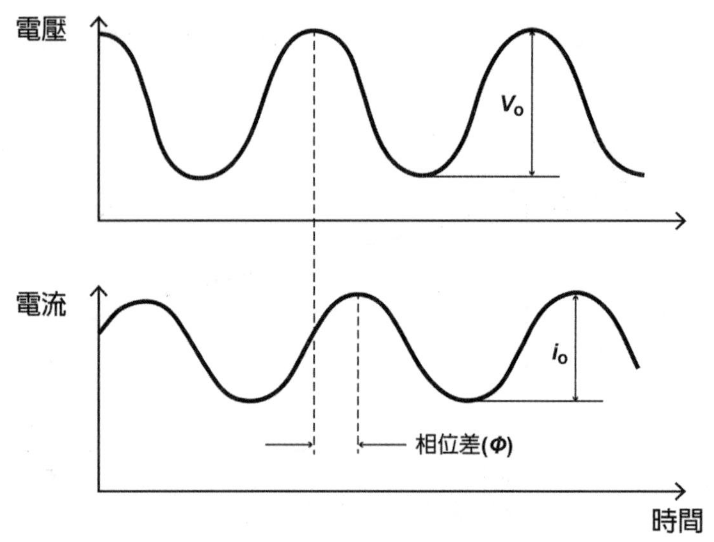

圖 5-25　電壓擾動與響應電流的關係

以 EIS 進行阻抗量測時，將不同頻率 ω 所得到的阻抗值點在 Z_{real} 與 Z_{imag} 的座標系統上，這就是所謂的奈奎斯特圖 (Nyquist plot)。一個奈奎斯特圖所使用頻率少則數十個，多則達數百個，而且通常圖上會現出橫跨幾個數量級的頻率。

如圖 5-26 所示，活化阻抗可以用電阻與電容所構成的並聯電路模擬，電阻用以模擬電化學動力學，大小不會隨頻率變化而改變，電容則是描述在反應界面上之電雙層 (charge double layer) 特性，也就是電化學反應之初，界面上會發生明顯的電荷分離現象，靠近陰極的這一面有電子聚集現象，而靠近電解質的一側則有等量質子聚集，這種電荷分離現象就像正負電荷分佈在電容兩端一般。

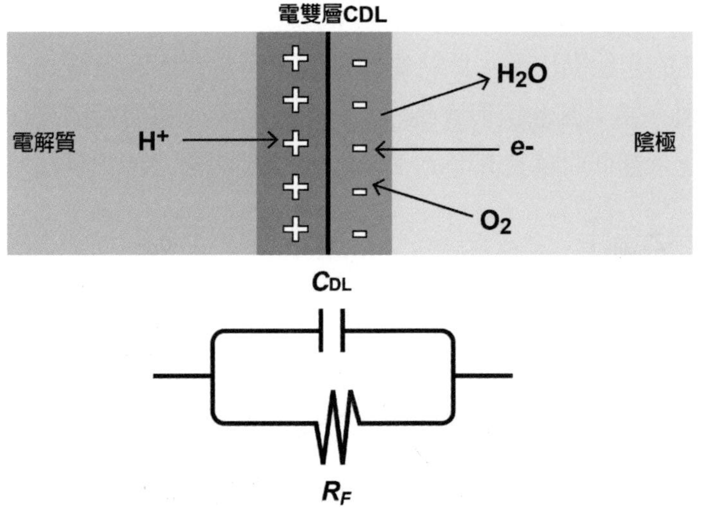

圖 5-26　電極活化阻抗等效電路

當電極上施加一固定振幅且不同頻率之交流電壓時，阻抗同時具有電阻成分與電容成分，其中，通過電容的電流大小可以表示成

$$i(t)=C_{\mathrm{DL}}\frac{\mathrm{d}V(t)}{\mathrm{d}t}=C_{\mathrm{DL}}\frac{\mathrm{d}\left(V_{\mathrm{o}}e^{j\omega t}\right)}{\mathrm{d}t}=C_{\mathrm{DL}}\times(j\omega)\times V_{o}e^{j\omega t} \tag{5-95}$$

此時，電容阻抗可以寫成

$$Z_{\mathrm{C}}=\frac{V(t)}{i(t)}=\frac{V_{\mathrm{o}}e^{j\omega t}}{C_{\mathrm{DL}}\times(j\omega)\times V_{\mathrm{o}}e^{j\omega t}}=\frac{1}{j\omega C_{\mathrm{DL}}} \tag{5-96}$$

如圖 5-27 所示，電容與電阻並聯之總阻抗可以表示成

$$\frac{1}{Z(\omega)}=\frac{1}{Z_{\mathrm{R}}}+\frac{1}{Z_{\mathrm{C}}(\omega)}=\frac{1}{R_F}+j\omega C_{\mathrm{DL}} \tag{5-97}$$

$$Z(\omega)=\frac{R_F}{1+\left(\omega C_{\mathrm{DL}}R_F\right)^2}-j\frac{\omega C_{DL}R_F^2}{1+\left(\omega C_{\mathrm{DL}}R_F\right)^2} \tag{5-98}$$

上式中，實部爲 $\mathrm{Re}(Z)=\dfrac{R_{\mathrm{F}}}{1+\left(\omega C_{\mathrm{DL}}R_{\mathrm{F}}\right)^2}$，虛部爲 $\mathrm{Im}(Z)=-\dfrac{\omega C_{\mathrm{DL}}R_{\mathrm{F}}^2}{1+\left(\omega C_{\mathrm{DL}}R_{\mathrm{F}}\right)^2}$，因此，阻抗絕對值可以寫成 $|Z|=\left[\mathrm{Re}(Z)^2+\mathrm{Im}(Z)^2\right]^{1/2}$，相位角則爲 $\phi=\tan^{-1}\left[\dfrac{\mathrm{Re}(Z)}{\mathrm{Im}(Z)}\right]$。

圖 5-27 爲典型的奈奎斯特圖，改變頻率的響應阻抗爲一個半圓形曲線，當頻率 $\omega = 0$ 時，從實軸右端的起始點出發，此時電容斷路，而當頻率逐漸增加時，這個點將延著半圓曲線向左移動，當半圓曲線與實軸左端再次交會時，電容短路而使等效電路阻抗爲零，此時所形成之半圓形曲線其直徑 R_F 即爲燃料電池電極之活化阻抗。

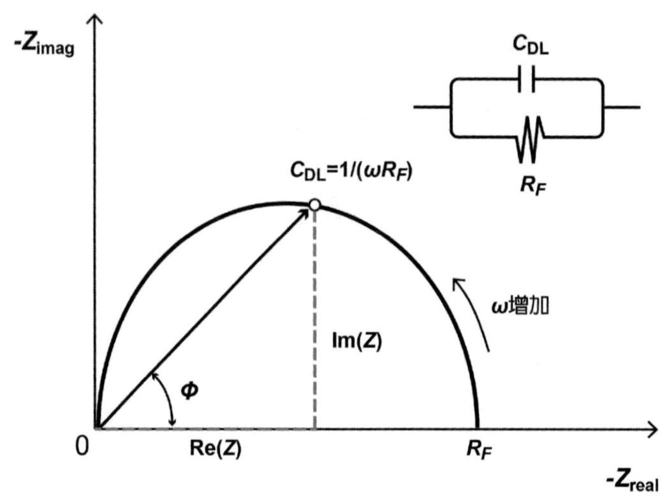

圖 5-27 燃料電池活化過電位之等效電路與奈奎斯特圖

理論上，燃料電池電極活化阻抗亦可從塔非爾方程式推導

$$\eta_{act} = \frac{RT}{\alpha nF} \ln\left(\frac{i}{i_o}\right) \tag{5-99}$$

由於阻抗可以表示成電位對電流的微分，因此

$$Z_F = \frac{d\eta_{act}}{di} = \frac{RT}{\alpha nF} \times \frac{1}{i} \tag{5-100}$$

將 $i = i_o e^{\alpha nF\eta_{act}/(RT)}$ 代入上式可以得到

$$Z_F = \left(\frac{RT}{\alpha nF}\right) \frac{1}{i_o e^{\alpha nF\eta_{act}/(RT)}} = R_F \tag{5-101}$$

R_F 大小端視於電化學反應動力學的強弱而定，交換電流 i_o 增加時會增加反應動力學而降低 R_F 值，相反地，R_F 值愈高表示電化學反應阻力愈大。

由於燃料電池有陰極與陽極兩個電極，因此典型的奈奎斯特圖具有兩個半圓形，而又因爲陰極與陽極的反應動力學不一樣，這兩個半圓的直徑大小也會不一樣。圖 5-28 爲不考慮濃度極化時之典型燃料電池的奈奎斯特圖，其中，小圓與實數軸的第一個 (左邊)

交點與原點的距離為此燃料電池的歐姆阻抗，而大小兩個半圓的直徑則分別代表兩陰極極化 $R_{F,c}$ 與陽極極化 $R_{F,a}$，換言之，在圖形兩個半圓與實數軸交會的三個點分別代表燃料電池內的三個阻抗值，η_{ohm}、$\eta_{act,A}$ 及 $\eta_{act,C}$。

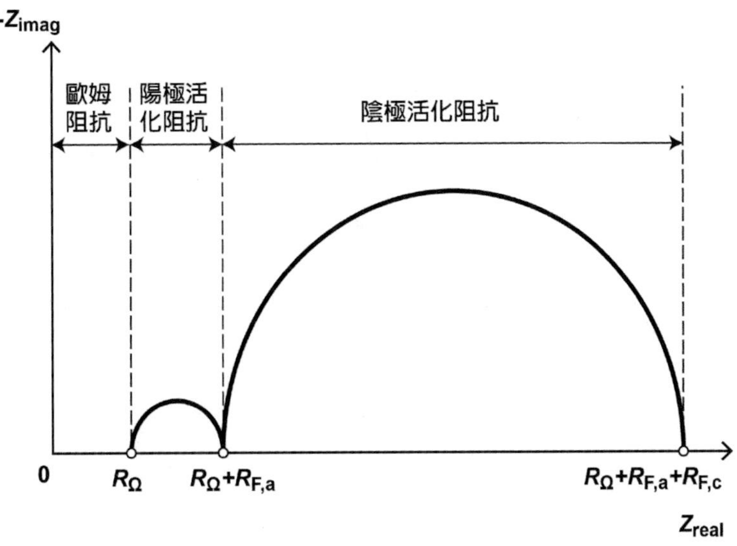

圖 5-28　燃料電池合併活化阻抗與歐姆阻抗之奈奎斯特圖

5-4-3　斷電流法

斷電流法 (current interrupt) 是一種相當簡易的活化過電位的量測方法。

當燃料氣體供應充沛時，可以將濃度極化忽略不計，因此，造成燃料電池電壓降的因素只剩下歐姆極化與活化極化。當一個運轉中的燃料電池突然斷路時，歐姆阻抗會立即消失，而此時觸媒與電解質界面所形成的電雙層 CDL 則需要一段時間才會消退，電壓因而呈現緩步上升的現象，最終電壓會升至開路電壓，這部分的電位差就是活化過電位。

如圖 5-29 所示，斷電流法之主要設備包括負載、開關及示波器，將這各示波器連接於燃料電池兩端，紀錄燃料電池電壓隨著時間的變化情形。首先將開關位置設定為短路，同時調整負載至所設定電流量，並將示波器調成時間與電壓之關係，電壓穩定瞬間將開關打開讓負載與燃料電池形成斷路狀態，這時候就會出現如圖 5-29 下半部電壓隨者時間的變化情形，這個圖中有兩個特徵電壓量 η_{ohm}(藍帶) 與 η_{act}(紅帶)，這兩個電壓量分別代表燃料電池之活化過電位與歐姆過電位。基本上，斷電流法特別適合單電池或小型燃料電池堆之量測，對於大面積的大型燃料電池堆而言，突然斷路容易造成電池之損傷。

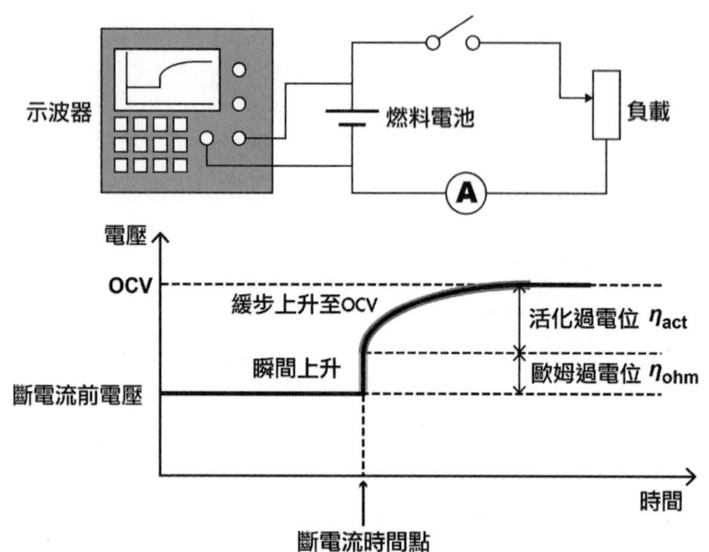

圖 5-29　斷電流法量測燃料電池活化過電位

圖 5-30 的三個圖形分別代表爲直接甲醇燃料電池、質子交換膜燃料電池及固態氧化物燃料電池等，三種燃料電池的典型斷電流法量測結果。由於直接甲醇燃料電池中甲醇的活化能相當高，因此活化過電位明顯高於歐姆過電位 ($\eta_{act} >> \eta_{ohm}$)；質子交換膜燃料電池的活化過電位與歐姆過電位相當 ($\eta_{act} \sim \eta_{ohm}$)；固態氧化物燃料電池由於高溫下燃料內能高，因此相當容易跨過反應所需的活化能，因此，活化過電位會明顯低於歐姆過電位 ($\eta_{act} << \eta_{ohm}$)。

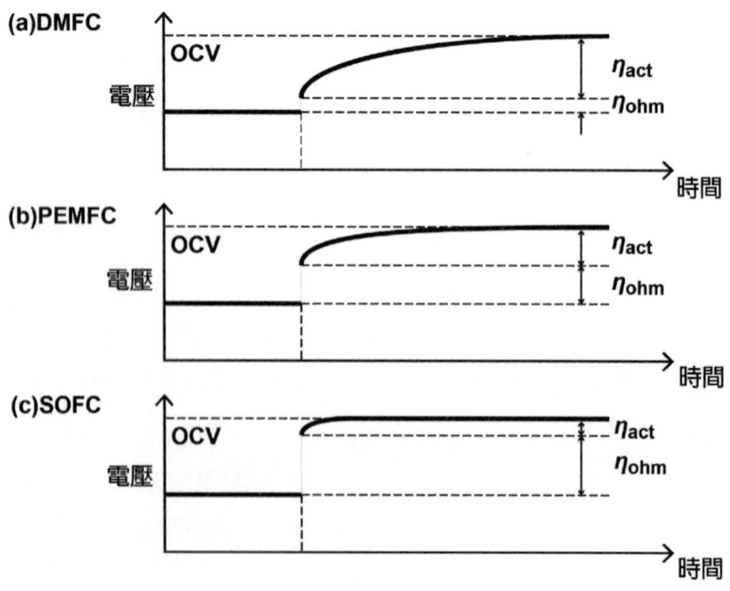

圖 5-30　三種典型燃料電池的活化過電位
(a) 直接甲醇燃料電池、(b) 質子交換膜燃料電池、(c) 固態氧化物燃料電池

5-4-4　燃料電池之模擬

燃料電池性能評估工具除了上述的實驗量測方法之外，數學模型 (mathematic modeling) 也是目前普遍被採用的燃料電池性能分析工具。建立燃料電池數學模型的方法很多，目前常用的方法有從實驗數據所歸納經驗模型 (公式)，以及以計算流體動力學爲基礎所延伸的多重物理模型建立並藉由電腦求出數値解。

一般而言，經驗模型建立相對簡單，它不必考慮燃料電池內部結構，只要依據實驗所得的極化曲線擬合出經驗方程式即可，所歸納出之經驗方程式中的參數需盡可能具有一定的物理意義，如此所求出之結果對改進燃料電池性能具有一定的參考作用，而且還可有效地用於商業化電池組的性能模擬，爲燃料電池系統的模擬、最佳化提供基本方程式。

燃料電池的多重物理模型必須般建立在合理的假設基礎上，例如，質子交換膜著重在水分子傳遞 (遷徙、電滲、擴散) 模型、觸媒層則必須強調電化學反應動力學模型、氣體擴散層則考慮多成份氣體在多孔介質輸送的數學模型、氣體流道與歧管則著重的流體動力學模型。因此，要建立完整燃料電池的多重物理模型，必須適當地將包括遷徙定律 (laws of migration)、擴散定律 (lows of diffusion)、以及對流定律 (laws of convection) 在內的基本輸送定理以及和電化學反應方程式運用到燃料電池內的各個特徵部位，然後進行聯立方程式的求解工作，求解之複雜程度隨著擬探討的部位與參數的增加而增加。目前市面上已經有許多商用軟體針對燃料電池的多重物理模型提供求解器 (solver)，例如 Comsol multiphysics、Anysis Fluent、Star-CD、CFD-RC 等，這些求解器一般會依照不同特性可將燃料電池分成幾項重點部位進行分析研究，例如，陽極流場、陽極氣體擴散層、陽極觸媒層、質子交換膜、陰極觸媒層、陰極氣體擴散層、陰極流場等區域，而電流、電壓、氫氣濃度、氧氣濃度、溫度等重要參數，在這些區域中的輸送現象不盡相同，因此，描述這些區域的數學方程式也有所不同，而這些商用軟體的模型中所採用的基本數學方程式不外乎描述燃料電池內多成份氣體擴散現象的 Stefan-Maxwell 方程式、描述觸媒層中三相界面電化學反應的 Bulter-Volmer 方程式、描述燃料電池的熱傳過程的能量方程式、描述氣體流道歧管動量傳遞的 Navier-Stoke 方程式、以及與氣體擴散層內動量傳遞的 Darcy 定律。

圖 5-31 直接燃料電池電池 DMFC 的模擬範例[4]。此一範例是以印刷電路板 PCB(printed circuit board) 概念進行 DMFC 模組設計，黃色部分爲集電器，矩陣排列的白色圓孔則是陰極的呼吸孔，新鮮空氣從此圓孔進入陰極，反應過後的氣體也是從這些圓

4　J.J.Hwang, C.H.Chao, Species-electrochemical tramsports in a free-breathing Cathcd of a PCB-based fuel cell, Electrochimica Acta 52(2007)1942-1950.

孔排除。爲了節省計算空間與時間起見，模型建構時取其 1/4 圓的對稱結構。圖 5-31 左下方是以多重物理模型所計算出陰極內流體的速度向量分布圖，右下圖則是氧氣等濃度面圖，在接近呼吸孔附近氧氣濃度高，在兩呼吸孔中間由於擴散距離最長，氧氣濃度最低。基本上，這種詳細速度與濃度分布結果從一般的實驗量測方法是無法獲得的。

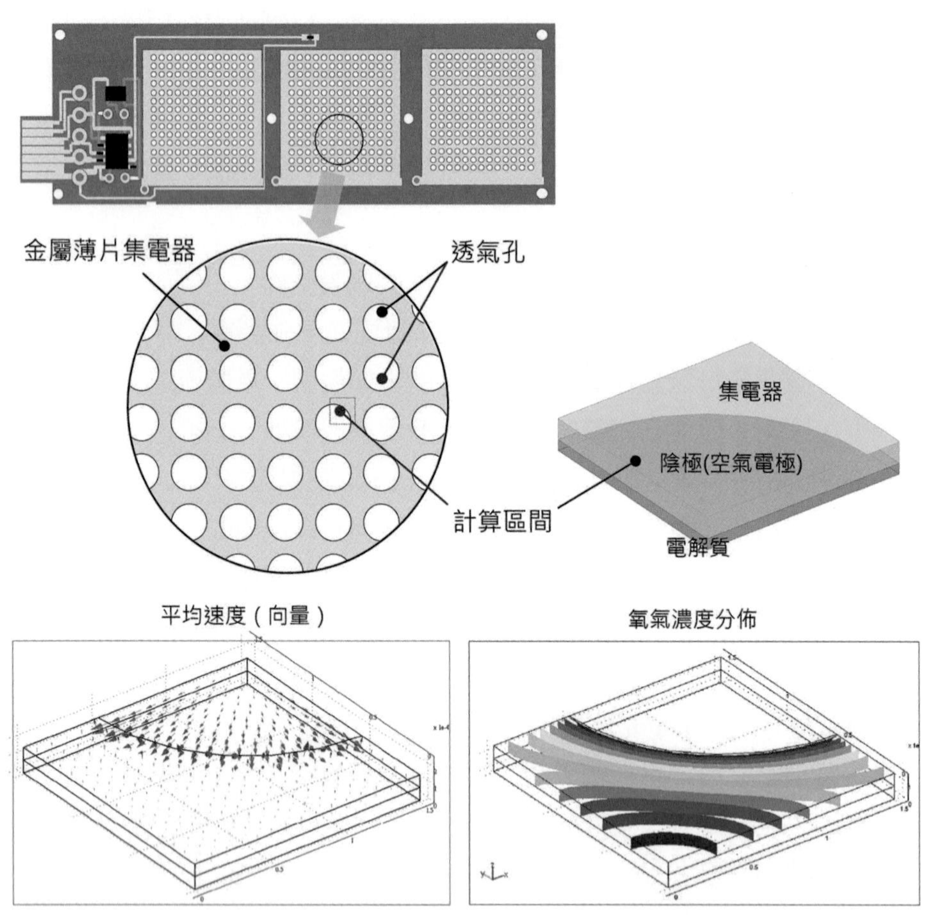

圖 5-31　利用多重物理模型所計算出陰極與氣體擴散層的氧氣分布

習題

1. 燃料在燃料電池電極上的化學反應和一般化學反應有何不同？
2. 氫氣和氧氣在燃料電池內的反應和燃燒有何不同？
3. 燃料的「焓」和「可用能」有什麼差別？可用能和燃料電池的可逆電位關係為何？
4. 什麼是燃料電池的可逆電位？影響燃料電池可逆電位的因素有哪些？為什麼操作溫度增加會降低燃料電池之可逆電位？
5. 丙烷燃料電池陰極的氧化劑是氧氣，陽極燃料是丙烷氣體，所以電極反應可以寫成

   陽極：$C_3H_{8(g)} + 6H_2O_{(l)} \rightarrow 3CO_{2(g)} + 20H^+_{(aq)} + 20e$

   陰極：$5O_{2(g)} + 20H^+_{(aq)} + 20e \rightarrow 10H_2O_{(l)}$

   (A) 寫出反應方程式；

   (B) 計算丙烷燃料電池的標準 (25°C 下) 電動勢。
6. 火力電廠的發電過程是，煤燃燒→蒸汽 (氣) 輪機→發電機。

   在此過程中，燃燒反應的化學能利用率僅 25% − 40%。如果設法使燃燒反應 $C + O_2 \rightarrow CO_2$，在燃料電池中進行：C ｜熔融氧化物｜ O_2，則化學能的利用率可達 60% 以上，試求 25°C 及 1.013 kPa 時，上述燃料電池的電動勢。已知 $\Delta_c H_m^\theta$ (C，石墨，298 K) = 393.51 kJ · mol^{-1}，及：

物質 B	C(石墨)	$CO_{2(g)}$	$O_{2(g)}$
S_m^θ (B，298 K)J · K^{-1}mol^{-1}	5.69	213.64	205.03

7. 什麼是燃料的「活性度」？它和燃料氣體的分壓有什麼不同？
8. 試從 Nernst 方程式來說明操作壓力與操作溫度對燃料地電池可逆電位之影響。
9. 在下表的空格內填入符號「＋」、「－」或「0」，以表示改變燃料電池第一欄之操作條件後會對燃料電池之可逆電位造成「增加」、「降低」、或「無影響」之效果。

改變操作條件	可逆電位
以 47% 氫氣含量的重整改質氣體取代純氫作為陽極進氣	
以純氧取代空氣作為燃料電池陰極進氣	
增加通過燃料電池之電流量	
陰極與楊極進氣成份不變，系統之操作壓力從 1 atm 增加至 3 atm	
操作溫度從 60°C 提高到 200°C	
提高陰極空氣流速	

10. 試推導出

I. 氫氧燃料電池陰極與陽極之 Butler-Volmer 方程式

II. 熔融碳酸鹽燃料電池陰極與陽極之 Butler-Volmer 方程式。

III. 固態氧化物燃料電池陰極與陽極之 Butler-Volmer 方程式。

11. 在何種情形之下 Butler-Volmer 方程式可以簡化為 Nernst 方程式？

12. 何謂極化？何謂極化過電位？兩者有何不同？造成燃料電池極化現象產生的原因有哪些？

13. 什麼是交換電流密度？它與活化過電位有何關係？

14. 什麼是對稱因數？它與活化能的關係為何？

15. 何謂限制電流密度？影響燃料電池限制電流密度的因素有哪些？

16. 在下表的空格內填入符號「＋」、「－」或「0」，以表示燃料電池在執行第一欄之動作後會對電極之過電位造成「增加」、「降低」、或「無影響」之效果

動作	歐姆過電位 η_{ohm}	活化過電位 η_{act}	濃度過電位 η_{conc}
增加通過燃料電池之電流量			
增加進入燃料電池之反應氣體			
攪拌燃料氣體			
增加電解質含量 (例如 Nafion®)			
稀釋燃料氣體			
增加小電極厚度			
減小電解質隔膜厚度			
增加電極面積			
震動燃料電池電極			
提高溫度 5°C			

17. 什麼是卡諾循環效率？它的大小受到哪些因素的影響？

18. 「燃料電池的效率要比內燃機引擎的效率來得高」，這個說法正確嗎？為什麼？

19. 試比較燃料電池之「理想效率」、「電化學效率」、「效率」、「系統效率」以及「熱電合併效率」之差異？如何提高「理想效率」與「電化學效率」？

20. 試說明燃料電池「檢測」的目的為何？

21. 列出三項主要影響燃料電池性能的操作參數。

22. 試比較斷電流法與電化學阻抗頻譜法的優缺點。

6

質子交換膜燃料電池

質子交換膜燃料電池 PEMFC(proton exchange membrane fuel cell) 的電解質是一種固態高分子聚合物，因此又稱爲高分子電解質燃料電池 PEFC(polymer electrolyte fuel cell)，或者固態高分子燃料電池 SPFC(solid polymer fuel cell)。

質子交換膜燃料電池除了具有燃料電池的一般優點外，最重要特點的就是啓動迅速且沒有電解液溢漏問題，因此，非常適合作爲運輸動力，尤其是作爲各式車輛之引擎。

早在 1960 年代，質子交換膜燃料電池即使用在雙子星太空計畫中，一直到了 1990 年代以後，各大車廠才開始投入質子交換膜燃料電池電動車的研發，2000 年之後，各式各樣的原型車陸續進行道路實證，一直到 2014 年底，豐田 Toyota Mirai 上市才正式揭開燃料電池車商業化的序幕。預期，以質子交換膜燃料電池爲核心動力的燃料電池電動車將可扮演新能源車的主要角色之一。

6-1 發電原理

圖 6-1 爲質子交換膜燃料電池之工作原理示意圖，以質子交換膜將電池分隔成陽極與陰極兩部分，陽極以氫氣爲燃料氣體，陰極則以空氣中的氧氣爲氧化劑。

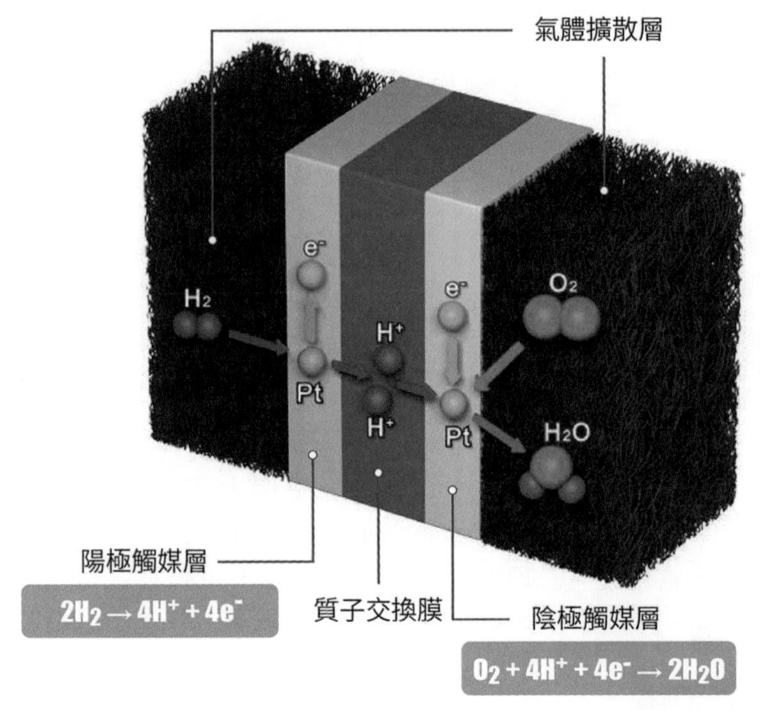

圖 6-1　質子交換膜燃料電池工作原理 (引用自 Toyota 網站圖片)

氫氣首先經過氣體擴散層後抵達陽極觸媒層，在觸媒層上進行氫氣氧化反應 HOR(hydrogen oxidation reaction)，將氫氣解離成爲質子與電子：

$$2H_2 \rightarrow 4H^+ + 4e^- \tag{6-1}$$

質子通過質子交換膜往陰極移動，而電子則經由外電路對負載作功後移往陰極。氧氣、電子與質子則在陰極觸媒層發生氧氣還原反應 ORR(oxygen reduction reaction) 產生水：

$$O_2 + 4H^+ + 4e^- \rightarrow 2H_2O \tag{6-2}$$

上述兩個電極的半反應中均涉及不同型態反應物與產物的輸送現象，包括氣相傳遞的氫氣與氧氣、液相傳遞的水合質子、以及在固相中傳遞的電子。因此，質子交換膜燃料電池的電化學反應必需在三種型態都存在的區域中發生，這就是所謂的三相界面 TPB(triple-phase boudary)。

以下以陰極的半反應爲例進行說明。

如圖 6-2 所示，陰極觸媒層的反應中，同時存在有氧氣、電子、質子與水等不同型態與物性的反應物或產物，電化學反應之所以能夠在陰極觸媒層持續發生的前提是，必須能夠將反應物傳送到 TPB 上，同時將產物傳送離開 TPB，因此，在觸媒層必須同時具備能夠讓電子、氣體、質子與水等順利移動的通道，如表 6-1 所示。

1. 電子是從外電路經由雙極板、氣體擴散層的碳纖維、碳粒 (觸媒支撐體)、最後再傳導到觸媒表面的 TPB。
2. 氧氣則是通過氣體擴散層的疏水孔道擴散到具有觸媒與電解質的 TPB。
3. 質子則是藉由浸潤的電解質從陽極藉由電滲 (electroosmosis) 作用傳遞到 TPB，生成的液態水藉由浸潤的電解質回擴散 (back diffusion) 到陽極，或蒸散進入疏水空孔後排出陰極。

相同地，陽極側的氫氣還原反應也是在 TPB 上進行。基本上，電極的性能與電極製作技術息息相關。首先，TPB 密度 [1] 將影響燃料電池反應動力學，因此，提高 TPB 密度將可提高反應速率，從而提高燃料電池性能。其次，反應物和產物往返每個 TPB 的過程都會影響反應動力學，因此，優化往返 TPB 的途徑也是提昇電極性能的重要方法。由此可知，影響質子交換膜燃料電池電極性能的因素不再只是觸媒之電催化活性與數量多寡，而是牽涉到多孔電極製程技術的空孔分布 (孔隙率)、質導劑 / 輸水劑 / 分散劑配比等參數之最佳化。

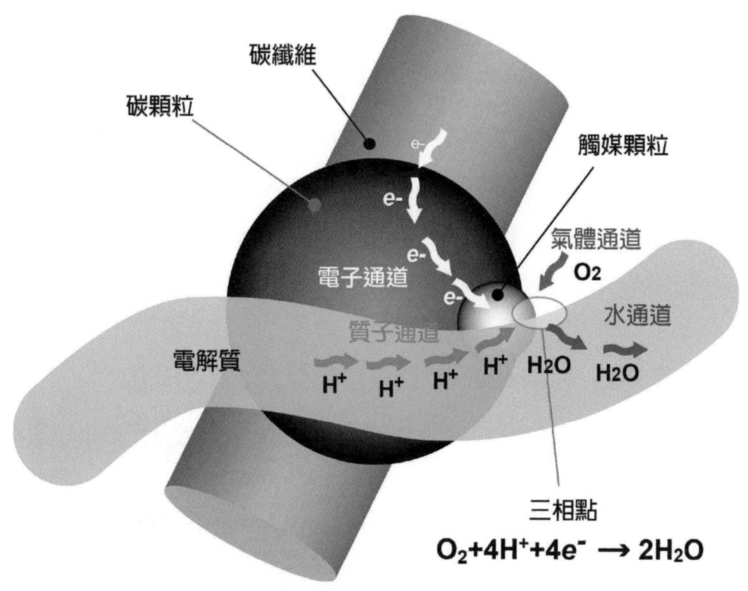

圖 6-2　質子交換膜燃料電池陰極三相界面反應示意圖

1　可用 FIB-SEM(focused ion beam SEM)3D 成像技術像可用來量測燃料電池 TPB 密度，作爲代表燃料電池活性的一種方式。

表 6-1 質子交換膜燃料電池陰極三相界面 TPB 之說明

輸送物質	通道組成	說明
電子	觸媒、碳粒、碳纖維	電子從外電路經由碳纖維、碳粒、觸媒到三相界面進行電化學反應
氣體	疏水空孔	氧氣藉由疏水空孔擴散到三相界面，水蒸氣則是利用疏水空孔排出陰極
質子與水	電解質	質子從陽極經由浸潤電解質傳遞到三相界面，水藉由浸潤電解質回擴散到陽極或經由疏水空孔排離陰極

6-2 關鍵元件

構成質子交換膜燃料電池的主要元件有質子交換膜 PEM(proton exchange membrane)、觸媒層 CL(catalysis layer)、氣體擴散層 GDL(gas diffusion layer) 及雙極板 BPP(bipolar plate) 等。

6-2-1 質子交換膜

質子交換膜燃料電池的電解質是一種固態高分子聚合物。

早期，通用電氣 GE 在研製太空用電力中所使用的聚苯乙烯磺酸 PSS(polystyrene sulfonate) 膜，穩定性與導電性均差，壽命也短。

杜邦於 1966 年首度將聚全氟磺酸 PFSA(perfluorosulfonic acid)[2] 樹脂用於氫氧燃料電池的電解質隔膜，結果燃料電池性能大幅提升。PFSA 是第一種人工合成具有離子性質的聚合物，又稱離聚物 (ionomer)。從 1972 年起便以 Nafion® 為名，推出一系列不同厚度的聚全氟磺酸膜，以提供質子交換膜燃料電池使用，如表 6-2 所示。

表 6-2 科慕 Nafion® 膜厚度重量 (23℃，RH50%)

型號	厚度 /μm	單位面積重量 /g-m^{-2}
Nafion®-111	25	50
Nafion® XL	27.5	55
Nafion®-112	51	100
Nafion®-1135，Nafion®-1035	89	190
Nafion®-115，Nafion®-105	127	250
Nafion® 117	183	360

2 由 DuPont 的員工 Walther Grot 所發明

Nafion® 膜是基於酸 (H^+) 形式的化學穩定的 PFSA/PTFE 共聚物的非增強膜。化學穩定的膜的物理性質保持相同，與未穩定的聚合物相比，其氟離子釋放量相當低，因而表現出相當好化學耐久性。

Nafion® 的離子特性是藉由增加磺酸基至聚合物矩陣上所形成，磺酸基具有非常好的質子交換功能及很高的水化性，因此可以有效的吸收水分。Nafion® 膜的化學式如下：

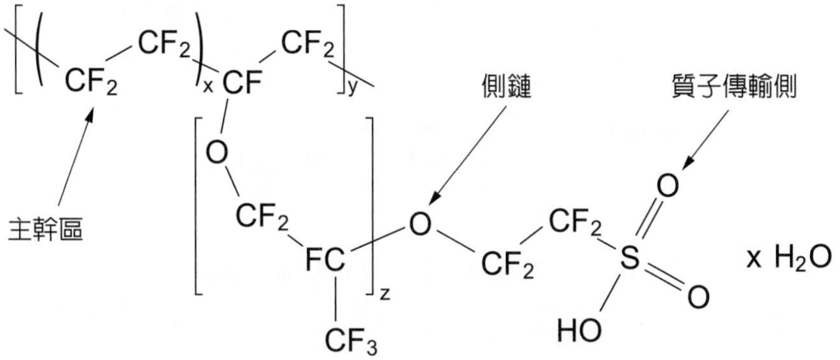

主幹區　側鏈　質子傳輸側

$$\left[\left(CF_2-CF_2\right)_x-CF(CF_2)\right]_y-O-\left[CF_2-FC(CF_3)\right]_z-O-CF_2-CF_2-SO_2(OH)\quad x\ H_2O \tag{6-3}$$

1970 年代以來，有許多研究針對 Nafion® 的質子傳導機制進行微相結構分析，並提出了許多模式描述 Nafion® 內離子團聚集方式以及離子在 Nafion® 內的輸送現象，例如三相模式 (three phase model)[3]、離子簇網路模式 (ionic cluster network model)[4]，基本上，這些模式雖無法完整地解釋實驗所發現之物理現象與特性，但它們確實已成功地將實驗發現的物理特性從結構型態延伸至微相而提供了簡化的微觀結構。從小角度 X 光散射 (SAXS) 以及中子繞射實驗結果均清楚顯示 Nafion® 膜內的確存在有離子簇，據此簡單地描繪出圖 6-3 的 Nafion® 立體結構[5]，Nafion® 分成三個區域：

主幹：由鐵氟龍結構 $((-CF_2-)_n)$ 所組成，結構強韌而穩定，即便厚度只有幾十個 μm，依然可以有效分隔陽極氫氣與陰極空氣。

離子簇：由磺酸根離子 (SO_3^-) 與質子 (H^+)、水分子 (H_2O) 等固定離子或相對離子所組成的「離子簇」，又稱爲質子交換側。

側鏈：結構爲 $-O-CF_2-(CF)(CF_3)-O-CF_2-CF_2-$，它的功用是連結主幹分子與離子簇。

---

3 H. J. Yeager, and A. Eisenberg, Perfluorinated Ionomer Membranes, ACS Symp. Ser. 180, p. 1, American Chemical Society, Washington, DC (1982).

4 T. D. Gierke, and W. L. Hsu, Perfluorinated Iomomer Membrane, ACS symposium, Ser. 180, p. 283., American Chemical Society, Washington, DC (1982).

5 K. Schmidt-Rohr, Q. Chen. Parallel cylindrical water nanochannels in Nafion fuel-cell membranes. Nature Materials 7(2008)75-83.

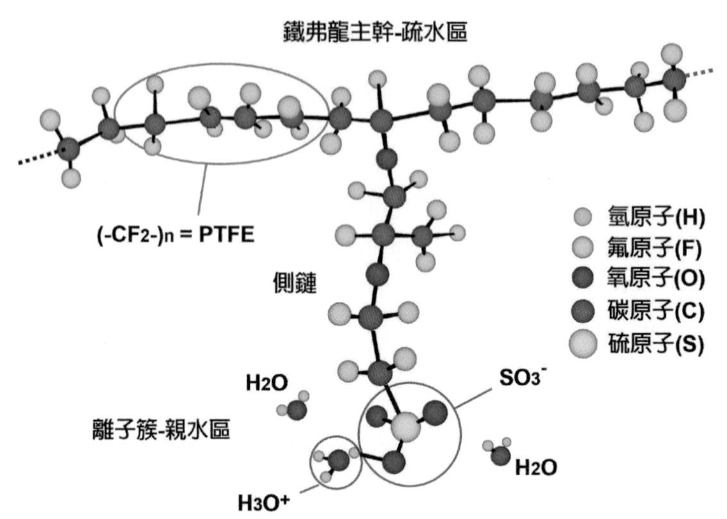

圖 6-3　質子交換膜化學式立體結構示意圖

圖 6-4 爲的 Nafion® 奈米水通道模型，薄膜是由隨機分布在膜內的奈米管所連結而成，每一個奈米管由兩端鐵氟龍疏水主幹以三明治方式夾住中間水通道，通道高度 *c* 約爲 2 nm，而質子則是經由中間水通道從陽極傳遞到陰極。質子在膜內傳導時，膜必須呈現含水狀態。以側鏈懸吊在主幹上的 SO_3H 是一種親水性的陽離子交換基團，SO_3^- 與 H^+ 間鍵結力弱而有利於 H^+ 的移動。SO_3^- 固定在主幹上，H^+ 很容易與通道內的水分子結合而形成水合質子 $m(H_2O)$　H^+(hydroniun ion)，其中 m = 1 ～ 2.5，在通道內自由移動。當陰極發生反應時，靠近陰極的 H^+ 就會跳進陰極參與還原反應而生成水，當 H^+ 離開後，SO_3^- 便會因靜電吸引鄰近的 H^+ 塡補空位，而電位差所引發的離子遷移力，會促使通道內 H^+ 從陽極向陰極移動。由於膜的持水特性，在 H^+ 擺脫　SO_3H 後，水合質子便會沿著 SO_3^- 側跳躍式移動而進行連鎖式的水合質子傳遞，也就是由於這個機制使得含水的質子交換膜成爲質子的良導體。質子雖可通過質子交換膜，但是它仍具有一般有機體之不導電的特性。

無論在導電與否，Nafion® 膜內的空孔都可容納大量的水分子，當 Nafion® 內完全充滿水分子時體積可增加 20%，Nafion® 膜含水量與其導電率強烈關聯，如圖 6-5 所示，Nafion® 膜的導電率隨著膜的含水率呈現線性增加的關係。

圖 6-6 爲 Nafion® 之製備技術與相關衍生產品。

首先通過 TFE(四氟乙烯，鐵氟龍單體) 與 PSEPVE(全氟磺酰基氟乙基丙基乙烯基醚)，合成而得到含有磺氟基團 (－ SO_2F) 的熱塑性塑料 Nafion®－ SO_2F，此塑料可被擠出成膜。在高溫氫氧化納溶液 ($NaOH_{aq}$) 將可這些磺氟基團 (－ SO_2F) 轉化成磺酸鹽基團

$(-SO_3-Na^+)$ 而呈現中性或鹼性形式，最終通過水解和酸處理轉化爲含有磺酸基團 $(-SO_3H)$ 的酸形式的全氟磺酸樹脂 PFSA。在 250°C 酒精溶液的壓力鍋中在加熱，PFSA 樹脂可以鑄成薄膜，另外 PFSA 樹脂可以製成分散液作爲電極塗層或修復受損膜的材料。

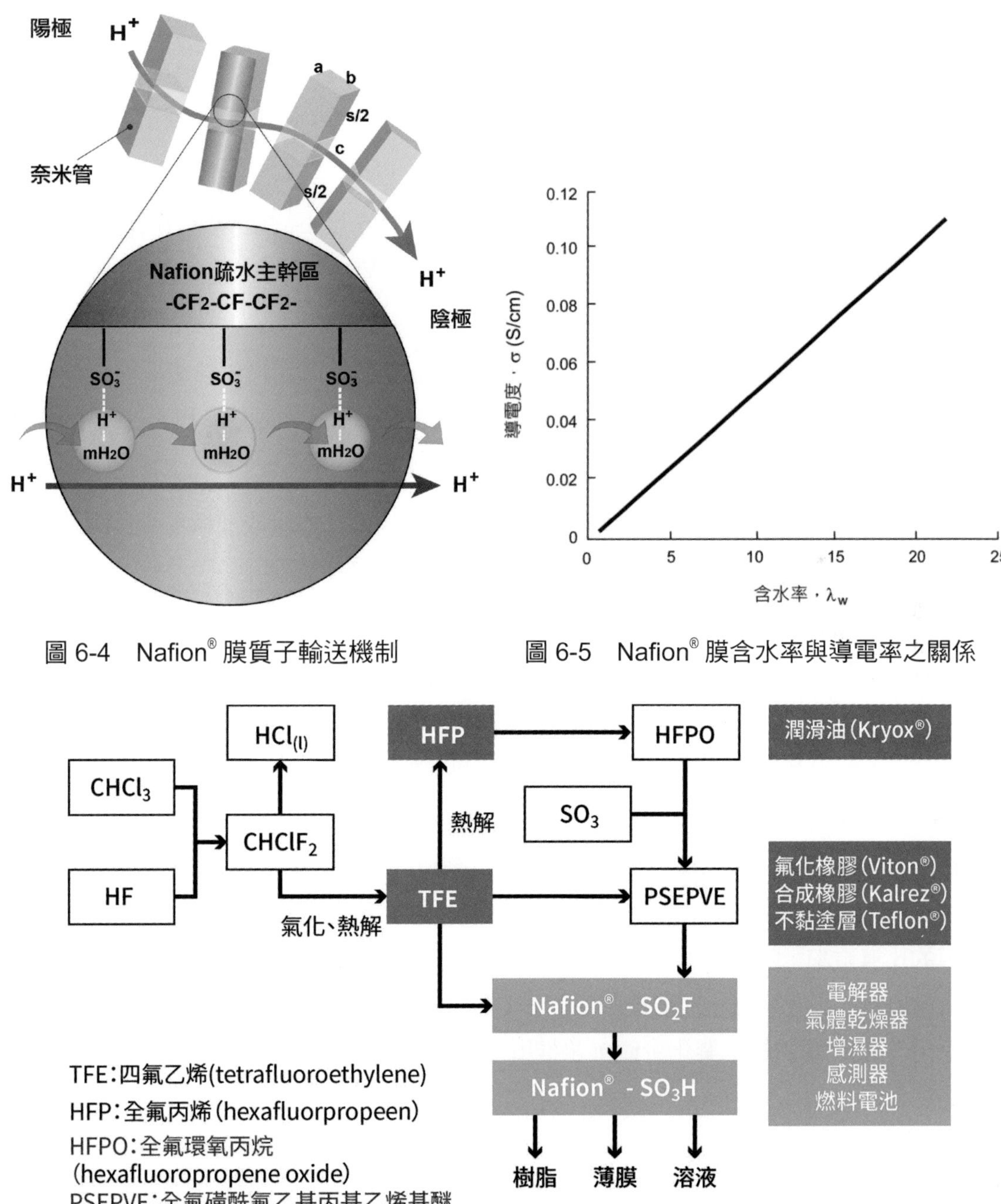

圖 6-4　Nafion® 膜質子輸送機制

圖 6-5　Nafion® 膜含水率與導電率之關係

TFE：四氟乙烯(tetrafluoroethylene)
HFP：全氟丙烯(hexafluorpropeen)
HFPO：全氟環氧丙烷
(hexafluoropropene oxide)
PSEPVE：全氟磺酰氟乙基丙基乙烯基醚
(perfluoro sulfonylfluoride ethyl propyl vinyl ether Vinyl Ethers)

圖 6-6　Nafion® 製程與相關衍生物及其用途

TFE 與 PSEPVE 兩種材料均都是涉及氟化學品。其中，TFE 是鐵氟龍單體，也就是生產 PTFE 的原料，首先由三氯甲烷 $CHCl_3$(氯仿) 和氫氟酸 HF 在五氯化銻催化下反應而製得到一氯二氟甲烷 $CHClF_2$(氟利昂 22)，$CHClF_2$ 熱解後即可得到 TFE。

PSEPVE 則是一個獨特的含氟中間體，合成技術相當複雜，它是由三種特殊材料合成製得：四氟乙烯 TFE，三氧化硫 SO_3，和全氟環氧丙烷 HFPO。其中，HFPO 乃自全氟丙烯 HFP 重排和氧化而成，而 HFP 則是由四氟乙烯經高溫裂化後得到。目前全球僅有少數廠商掌握 PSEPVE 合成技術。

上述製程所得到 PFSA 相當昂貴，製程中間產物 TFE 是不沾塗層與合成橡膠的主要原料，HFP 則是潤滑油 (如 Kryox®) 主要原料，而 PSEPVE 僅僅是用於生產聚合物 PFSA 的中間產物，別無他用。

杜邦率先於 1966 年開發出 PFSA 樹脂並以 Nafion® 爲註冊商標。往後開發出具有相同結構的 PFSA，包括 Asahi Glass 的 Flemion®、Asahi Kasei 的 Aciplex® 和 FuMA-Tech 的 Fumion® F 等。

隨著相關具有較短側鏈的全氟化離聚物的出現，Nafion® 型組成被稱爲「長側鏈 LSC (long side chain) 離聚物」，其表示的是如圖 6-7 所示的“長”側鏈。

離聚物的當量 (EW) 表示的是提供 1 莫耳可交換質子所需的聚合物重量，即離子交換容量 (IEC) 的倒數。這些特點直接產生 PEM 的幾個關鍵特性，例如質子傳導性及在水中膨脹和在低相對濕度下收縮的趨勢性。聚合物的 EW 和 IEC 取決於 TFE 和側鏈官能化 TFE 的比例。長側鏈膜通常包含當量爲 1100 ～ 900 g/mol 或離子交換容量爲 0.91 ～ 1.11 mmol/g 的離聚物。

Dow Chemical Company 在 1980 年代開發一種短側鏈 SSC(short side chain)PFSA 離聚物，Dow 膜，其側鏈中沒有氟醚基，僅包含兩個 CF2 基團，如此可以降低膜當量 EW 而提高膜的比導電率；隨後，如圖 6-7 所示，3M 開發了具有無氟醚側鏈帶，並帶有通過碳氫化合物原料的電化學氟化而形成的四個－ CF2- 基團；同一時期，Solvay 將其氟乙烯醚技術應用於 SSC 單體的工業化生產，並推出了 Aquivion®，Solvay 的 Aquivion® 膜則是市面上側鏈最短的 PFSA 膜。

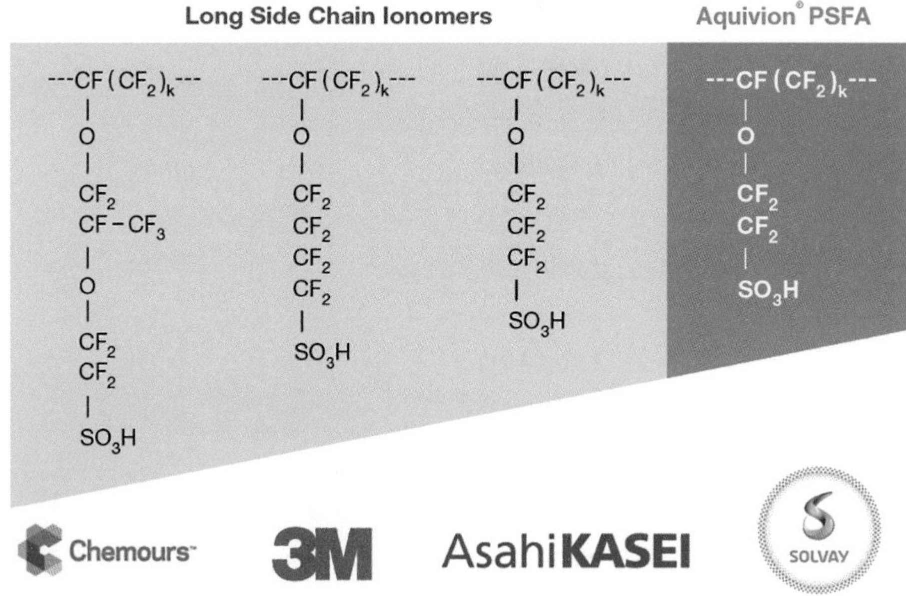

圖 6-7 機種 PFSA 離聚物結構比較

此外，目前市面上已開發出多種生產宏觀複合穩定 PFSA 膜的方法，例如在 PFSA 離聚物內加入擴張性鐵氟龍 ePTFE(expanded PTFE) 而形成 PFSA/ePTFE 的複合膜，GORE 的 Gore-Select® 微強化膜即是此種複合膜。這些膜的機械性能和尺寸穩定性的改善使得膜可以製作得非常薄 (低至約 5μm)。加入 PTFE 後雖然損失了一些導電率，膜薄可以獲得低的面積電阻，如表 6-3 所示，Gore-Select® 膜厚度爲 20μm，大約只有 Nafion®117 的 1/9，面積導電率爲 Nafion®117 的 3.5 倍；新型的 Nafion®XL 膜是一種 H^+ 型 PFSA/PTFE 共聚物的增強膜，不僅膜薄且大幅降低氟離子的釋放，進而提升膜的耐久性。表 6-3 爲幾種常見質子交換膜物理特性之比較。

此外，當溫度高於約 80°C 時，Nafion® 將脫水而喪失質子傳導性。這種限制困擾了燃料電池的設計，而且低溫也限制了觸媒對 CO 容忍性，爲了提高質子交換膜燃料電池的操作溫度，可以藉由原位化學反應 (in situ chemical reactions) 將二氧化矽和磷酸鋯摻入 Nafion® 水通道中，如此可將工作溫度提高到 100°C 以上。

表 6-3 幾種常見質子交換膜物理特性之比較

特性 PEM	當量 /EW (離子交換容量 IEC/mmolg^{-1})	厚度 /μm	導電率 /Scm^{-1}	導電 /Scm^{-2}
Nafion®117	1,100(0.91)	183	0.14	7
Dow	800(1.25)	125	0.15	12
Aciplex®-S	1,000(1.00)	120	0.108	9
Flemion®-S	1,000(1.00)	80	–	–
Nafion®XL	1,100(0.91)	27.5	0.051	18.6
Gore-Select®	1,100(0.91)	20	0.052	26
3M	800(1.25)	–	0.2	–
Soluay Aquivon® E87-05S	870(1.15)	20	0.228	114
Soluay Aquivon® E98-05S	980(1.02)	50	0.16	32

6-2-2 觸媒層

質子交換膜燃料電池屬於低溫燃料電池，反應動力學弱，因此陰極與陽極半反應均需借助觸媒催化電化學反應。早期曾經採用鎳、鈀等金屬作爲觸媒，目前則普遍以鉑作爲觸媒。陽極氫氣在鉑表面上的氧化反應的途徑大致依循著吸附、解離與脫離等步驟進行：

$$H_2 + Pt \rightarrow Pt - H_2 \tag{6-4a}$$

$$Pt - H_2 + Pt \rightarrow Pt - H + Pt - H \tag{6-4b}$$

$$Pt - H + H_2O \rightarrow Pt + H_3O^+ + e^- \tag{6-4c}$$

至於陰極的氧氣還原反應較爲複雜，在反應過程中往往會出現中間的價態粒子，而且會隨著電極材料與反應條件的不同出現不同的反應機制與步驟。有關陰極的電化學反應，基本上可以分爲以下兩大類，一類是 O_2 先獲得兩個電子還原成爲 H_2O_2，然後再進一步還原成 H_2O：

$$Pt + O_2 + 2H^+ + 2e^- \rightarrow Pt - H_2O_2 \tag{6-5a}$$

$$Pt - H_2O_2 + 2H^+ + 2e^- \rightarrow Pt - 2H_2O \tag{6-5b}$$

另一類反應過程中 H_2O_2 不出現，也就是 O_2 連續得到四個電子直接還原成 H_2O：

$$Pt + O_2 + H^+ + e^- \rightarrow Pt - HO_2 \tag{6-6a}$$

$$Pt + HO_2 + H^+ + e^- \rightarrow Pt - O + H_2O \tag{6-6b}$$

$$Pt-O+H^{+}+e^{-}\rightarrow Pt-OH \tag{6-6c}$$

$$Pt-OH+H^{+}+e^{-}\rightarrow Pt-H_2O \tag{6-6d}$$

氧在鉑表面的電催化還原過程主要採取四電子反應途徑進行，標準電極電位爲 1.23 V。一般而言，陰極氧分子電催化反應的關鍵在於 O－O 鍵的斷裂，因此，氧分子中的兩個氧原子最好都能夠與鉑接觸而活化，如果催化劑只能使反應進行到一半，也就是只斷裂一個 O－O 鍵，此時只有兩個電子參加反應，所以只能產生一半的電流，而且這一對氧化還原對的標準還原電位僅爲 0.695 V，可見二電子反應途徑會造成燃料電池電動勢下降、活性物質利用率降低、比容下降一半，因此，如何避免 H_2O_2 的產生是提高氧電極催化性能的關鍵。

鉑觸媒設計的原則在於提高觸媒與活性物質的接觸機率，也就是儘量讓觸媒暴露於反應氣體中。觸媒表面金屬原子數和總原子數的比值定義爲暴露比，暴露比爲 1 時，表示所有金屬都暴露在反應物之前。鉑晶體的外形是一個規則的八面體，粒子越小，則暴露比越大，例如，邊長爲 5.0 nm 的鉑粒子暴露比是 30%，當邊長縮小爲 2.8 nm 時，暴露比則增爲 49%，而邊長進一步降低至 1.4 nm 時，暴露比則高達到 78%。目前普遍採用支撐型觸媒來提高觸媒的暴露比，也就是以碳黑如 Vulcan XC-72 爲觸媒支撐體而將鉑顆粒分布在碳黑表面上，就像沾滿花生粉的麻糍一樣，支撐型觸媒不僅可提高電催化性能且觸媒用量也隨之減少，可降低成本，然而，由於高分散的鉑微粒具有較大的表面自由能，長期工作下來很容易連結成片，而使得比表面會慢慢下降，電催化性能因而降低，爲了避免這種變化，可以採用聚丙烯碳化後的碳黑作爲支撐體，以其中所含的 N、O 原子固定鉑，如此便可以有效延長燃料電池的壽命。圖 6-8 爲碳載鉑的 SEM 圖，其中黑色微小顆粒爲白金，而大型深色顆粒爲碳黑，半透明不規則型體則是電解質。

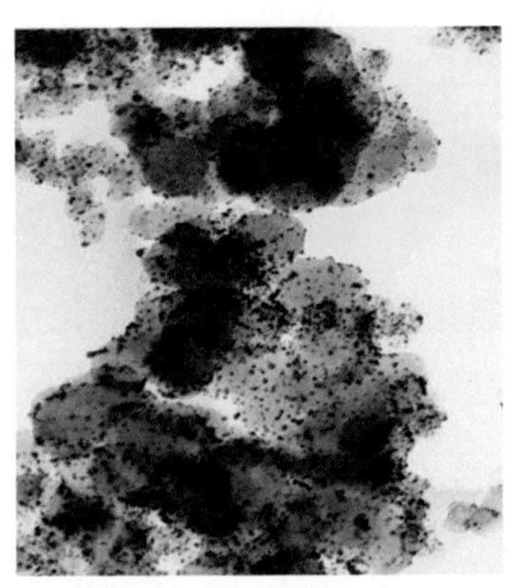

圖 6-8　Vulcan XC-72 碳黑上的鉑顆粒，Vulcan XC-72 碳黑的平均粒徑約 30 nm，比表面約為 250 m^2/g

當氫氣是從碳氫燃料改質而來時，燃料氣體中往往含有少量的 CO，CO 會吸附在鉑的表面而降低鉑的電催化能力，如圖 6-9(a) 所示，5 ppm 的 CO 含量就足以使質子交換膜燃料電池的電流密度下降一半。目前對於 CO 毒化的問題普遍採用雙元合金觸媒 (binary alloy catalyst) 技術來克服，例如在鉑觸媒中摻入釕而形成鉑 - 釕合金觸媒，可以大幅改善陽極的電催化性能，一般而言，以 50 wt.% 鉑加上 50 wt.% 釕的合金觸媒電催化能力最佳。

滲氧法也可以有效提高質子交換膜燃料電池對 CO 的容忍度，如圖 6-9(a) 所示，將微量空氣或氧氣注入含有一氧化碳的富氫燃料時，吸附在鉑表面的 CO 會迅速氧化成 CO_2，質子交換膜燃料電池的性能可恢復成以純氫爲燃料時之狀態，然而滲氧法有幾項缺點：第一，它無法應用在 CO 濃度過高的燃料 (如 > 100 ppm)，由於高濃度的 CO 需要大量的氧氣氧化，然而，當氧氣濃度接近 5% 時就到達爆炸臨界點，操作上相當危險；第二，滲氧法可能造成局部熱點而燒穿質子交換膜；第三，滲氧法中與 CO 反應過後，所剩的氧氣會繼續和燃料中的氫氣反應，如此會降低質子交換膜燃料電池的效率。在燃料氣體增濕器中加入微量的雙氧水，也可以得到滲氧法相類似效果，如圖 6-9(b) 所示。

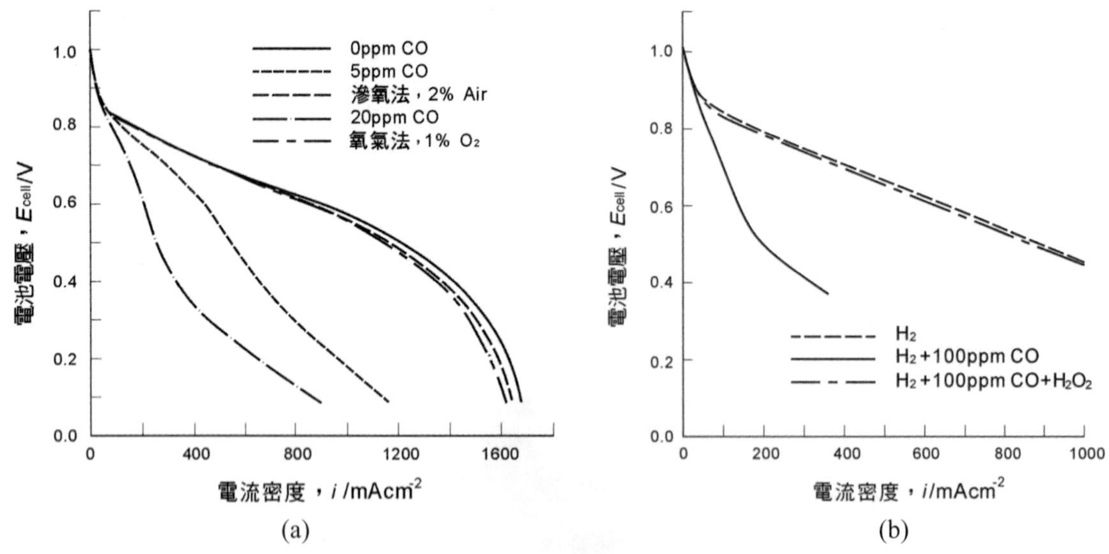

圖 6-9　鉑表面一氧化碳清潔技術，(a) 滲氧法，(b) 過氧化氫法

6-2-3　氣體擴散層

氣體擴散層 GDL(gas diffusion layer) 是質子交換膜燃料電池的關鍵元件，它具有調節燃料氣體、反應產物、電、熱輸送之功能。GDL 的疏水空孔可使燃料氣體順利擴散進入觸媒層並均勻分布在 TPB 上；GDL 的碳纖維可將陽極產生電子導入外電路，同時將外電路來之電子導入陰極，GDL 疏水空孔可讓生成水順利排除以避免水氾濫。

如圖 6-10 所示，氣體擴散層通常由碳纖維所構成大孔背襯 (macro-porous backing) 和微孔碳層 MPL(micro-porous layer) 的雙層結構組成。纖維背襯控制 GDL 的機械性能 (包括壓縮、彎曲和剪切強度等行爲)，同時也影響電極熱和電參數。根據毛細管壓力 - 飽和蒸汽的關係，它的疏水性及其微觀結構對水管理具有顯著影響。MPL 是 PEMFC 水管理的附加調解器，在常態的操作條件下，可以藉由調節 MPL 的孔徑分佈、碳的類型、以及 PTFE 負載量來優化水管理。此外，MPL 具有促進觸媒沉積並有效地保護質子交換膜避免被碳纖維穿孔。

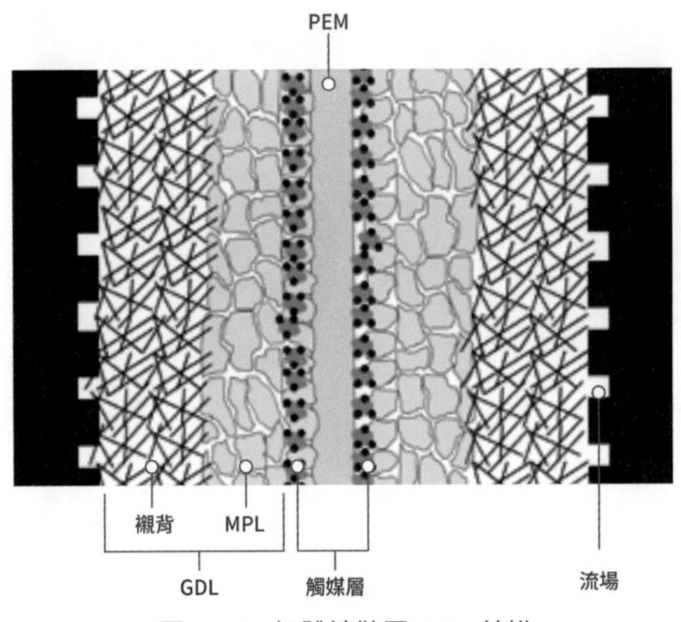

圖 6-10　氣體擴散層 GDL 結構

目前常見的 GDL 有碳布與碳紙兩類，如圖 6-11 所示。碳布 GDL 是一種機織結構 (woven structure)，具有較佳的彈性與韌性，同時機械強度較強，但厚度較厚，用碳布 GDL 進行燃料電池堆組裝時具有相當大的壓縮量 (約 10% ～ 60% GDL 厚度)，因此，碳布在電堆設計中具有類似可壓縮彈簧的功能。然而，由於織物的凹凸表面造成碳布 GDL 有較高的接觸電阻。相較於碳布 GDL，碳紙 GDL 比碳布 GDL 更薄，是優選的 GDL，目前已可採用輥對輥 (roll-to-rool)[6] 方式大量生產。圖 6-12 爲碳紙 GDL 量產流程圖。

1. 首先將原材料瀝青基碳纖維 (PAN-based carbon fiber) 切碎，然後利用傳統濕式造紙技術，也就是濕敷設 (wet-laid process) 加上熱黏合 (therobonding) 技術，將短切碳纖維加工成初級碳纖維網 (carbon fiber web)。
2. 然後，將初級碳纖維網浸漬於碳化樹脂後經由固化和再碳化 (石墨化)，此過程具有調節孔隙率並提高導電性和導熱性的功能。

6　輥對輥 (或卷對卷) 是一種製造和加工技術，它是將成卷形式的機織織物進行處理後，再捲繞於另一個輥來製造成品的加工方法。

3. 醮沾疏水劑 PTFE 進行疏水處理。
4. 塗佈微多孔層 MPL 並整平。
5. 最後，以燒結方法將 GDL 基材與 MPL 充分接合後便可以得到完整處理的 GDL。

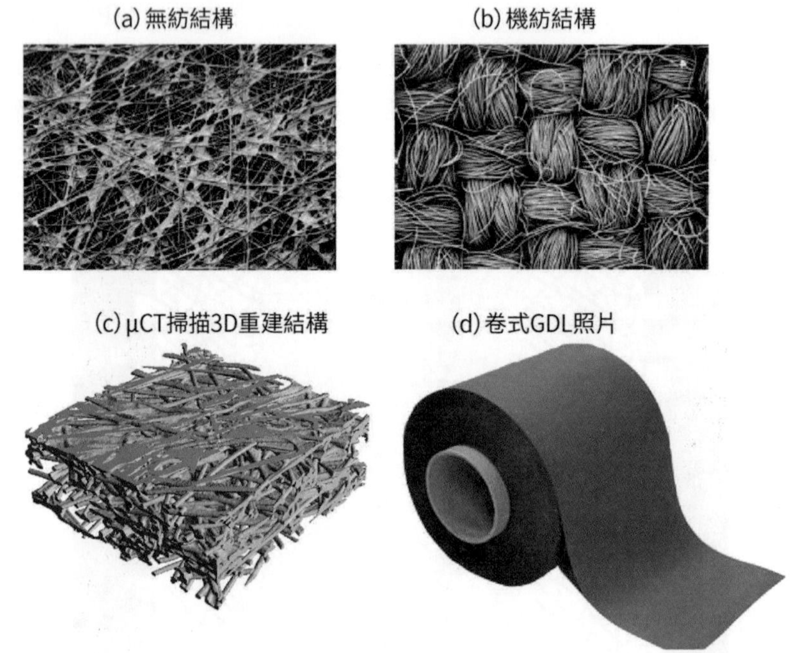

圖 6-11 氣體擴散層之 (a) 碳紙結構，(b) 碳布結構，(c) 碳紙 GDL 微電腦斷層掃描結構，(d) 碳紙卷 GDL 照片

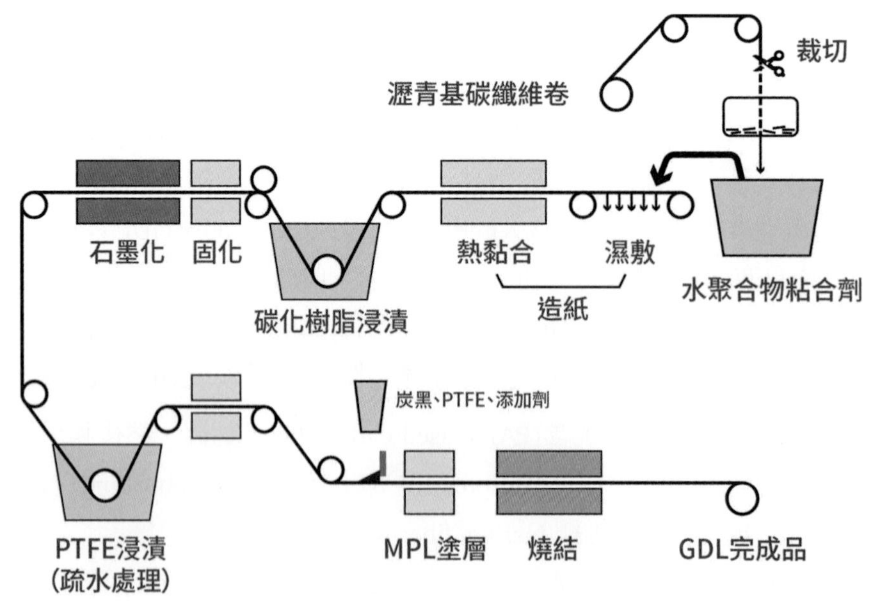

圖 6-12 碳紙 GDL 製程 [7]

7 SGL 製程，www.sigracet.com

碳紙背襯疏水劑 PTFE 的負載量一般在 5 ～ 30 wt.% 之間，經由實驗證實，微孔層 MPL 的炭黑 /PTFE 之組合比例約爲 77/23 wt.% 時有最佳孔隙度與疏水性，孔徑平均尺寸範圍爲 0.1 ～ 0.3 μm(水銀壓入法)，或 1.5 ～ 3 μm(從毛細管流 porometry 計算)，而疏水特性藉由水滴法 (sessile drop) 所量測之接觸角大於 150°。

碳布 GDL 一般較碳紙 GDL 來的厚，Toray 的碳紙 GDL 相當硬與脆，可壓縮性非常小，這也是 GDL 可以作的很薄的關鍵因素，低的壓縮率對有利於嚴格公差電堆的設計與組裝，但於相當脆弱，處理時必須特別小心，邊邊角角處很容易破損。相較之下，SGL Sigracet®、Freudenberg 的碳紙 GDL 具有較高的彈性，且則較 Toray 碳紙有更多的壓縮性，因此，處理起來較爲容易，不像 Toray 紙那樣容易碎裂。

6-2-4　膜電極組

將觸媒層、氣體擴散層、質子交換膜結合成三明治結構的單一元件稱爲膜電極組 MEA(membrane-electrode assembly)。如圖 6-13 所示，膜電極組中間有一片質子交換膜，兩旁分別爲陰極與陽極觸媒層，再往外則是兩片氣體擴散層。

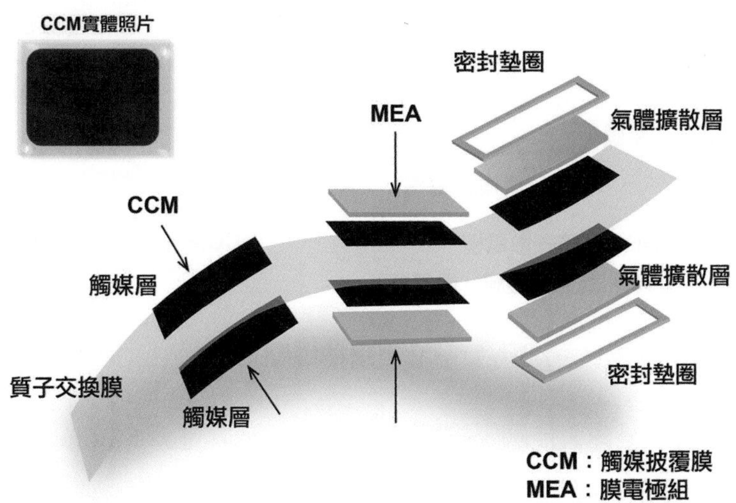

圖 6-13　膜電極組 MEA 結構示意圖

目前常見 MEA 製程大致可分爲氣體擴散電極 GDE(gas diffidion electrode) 法與觸媒披覆膜 CCL(catalyst coated membrane) 法兩種。GDE 法是將觸媒層塗佈在氣體擴散層 GDL 上，然後再將兩層 GDE 熱壓至膜上。CCM 法則是將膜觸媒層直接塗覆於電解質膜或轉印，然後再將 GDL 壓至 CCM。圖 6-14 爲兩種實驗室製程之比較，第一種 GDE 製程進行步驟如下：

1. 氣體擴散層疏水處理：將碳紙浸入疏水劑 (聚四氟乙烯溶液) 中，取出蔭乾後再置入烤箱內烘乾，去除界面活性劑，如此可將疏水劑均勻燒結在碳紙的纖維上。

2. 微多孔層 MPL 披覆：將碳黑與疏水劑混合物置入乙醇水溶液，用超音波振盪均勻，使其沉澱並清除上部清液，然後將沉澱物塗抹到碳紙上予以整平。
3. 觸媒漿料製作：將鉑 / 碳黑混合粉末置入電解質溶液 (如 Nafion® 溶液)，再加上適量疏水劑與分散劑 (如異丙醇)，以攪拌器混合均勻而成爲觸媒漿料。
4. 氣體擴散電極製作：將觸媒漿料均勻塗佈在碳上的微多孔層上，置於通風櫥內晾乾後再置入高溫爐內在常壓下烘乾，即成爲氣體擴散電極 GDE。
5. 膜電極組製作：將兩片氣體擴散電極 GDE 與一片質子交換膜 PEM 在玻璃化溫度 (150 ～ 160°C) 下進行熱壓而成爲膜電極組。

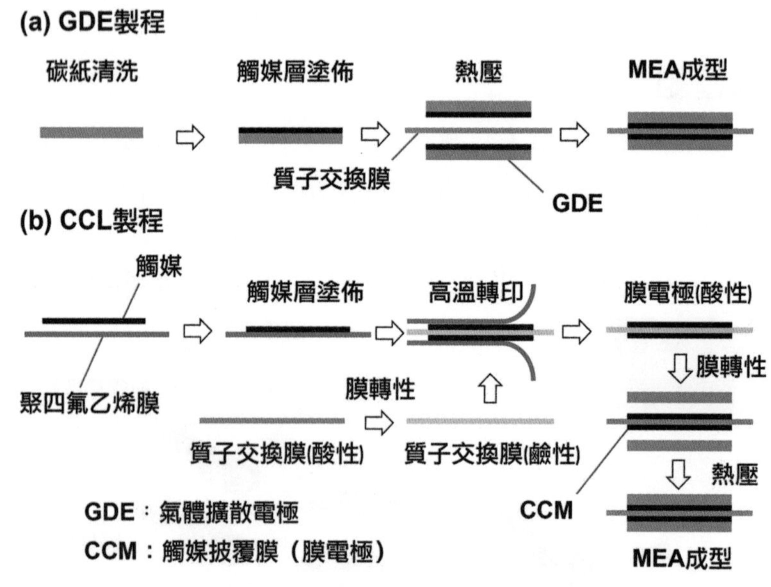

圖 6-14　MEA 實驗室製程技術 (a)GDE　(b)CCM

第二種 MEA 製程是先製作觸媒披覆膜 CCM，或稱膜電極 ME(membrane electrode)，然後再將一片 CCM 與兩片 GDL 熱壓接合，製程如下：

1. 質子交換膜轉性處理：將質子交換膜浸泡於高溫氫氧化鈉 (NaOH) 水溶液內以轉化爲 Na^+ 型態。將膜的導電離子型態由 H^+ 型 (酸性) 轉爲 Na^+ 型 (中性)，此一轉性程序之主要目的是要提高熱壓溫度。
2. 觸媒層漿料製作：將上述製備之觸媒漿料加入氫氧化鈉水溶液，置於超音波振盪器內混合均勻。
3. 觸媒披覆膜製作：將觸媒漿料分次塗佈至中繼背襯層 (如聚四氟乙烯膜) 上，並加以烘乾。然後將帶有觸媒層的中繼背襯膜與 Na^+ 型質子交換膜進行熱轉印，也就是將觸媒層移印到質子交換膜上而形成 CCM。直接塗佈方法較爲困難，特別是 Nafion® 膜，因此，在實驗室的製程一般會採取轉印法。

4. 觸媒披覆膜回性處理：將製作好的膜電極浸入稀硫酸溶液，取出後以去離子水清洗，即可將 CCM 轉回 H^+ 型態。
5. 膜電極組製作：將兩片 GDL 與一片 CCM 在玻璃化溫度 (150 ～ 160°C) 下進行熱壓而成爲膜電極組。

一般而言，GDE 製程相對容易，適合實驗室初期研究使用，MEA 配置和尺寸變化也較爲的靈活；CCM 製程爲目前主流技術，品質容易控制，適合大規模生產，除了上述轉印法之外，目前已經有許多採用直印法進行 CCM 製作之案例。圖 6-15 與圖 6-16 分別爲轉印法與直印法之 CCM 製程比較，其中，CCM 轉印製程 (Ballard) 有以下三個步驟：

1. 以輥對輥方式將陰極觸媒層塗佈至中繼背襯層 (intermediator)。
2. 以輥對輥方式將陽極觸媒層塗佈至中繼背襯層。
3. 以連續壓合方式將陽極與陰極轉印之至電解質薄膜而得 CCM。

直印法 CCM 製程 (GORE) 的三個步驟分別如下：

1. 將第一層觸媒漿料塗佈至非多孔背襯的中繼層而成 1-L MEA。
2. 將增強 PFSA 離子聚合物 (ePTFE-PFSA) 漿料塗佈至 1-L MEA 的觸媒層上而成爲 2-L MEA。
3. 將第二層觸媒漿料塗佈在 2-L MEA 而形成 3L-MEA，也就是 CCM。

爲了提高了性能並降低了 MEA 和燃料電池堆的成本的方法包括消除中間襯墊材料、減少塗佈次數、最小化溶劑使用、減少調節時間

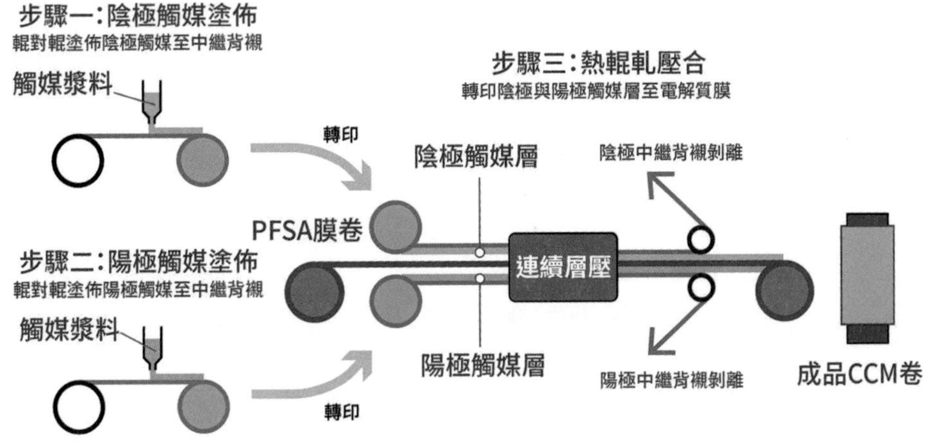

圖 6-15　轉印法之 CCM 量產製程 (Ballard)

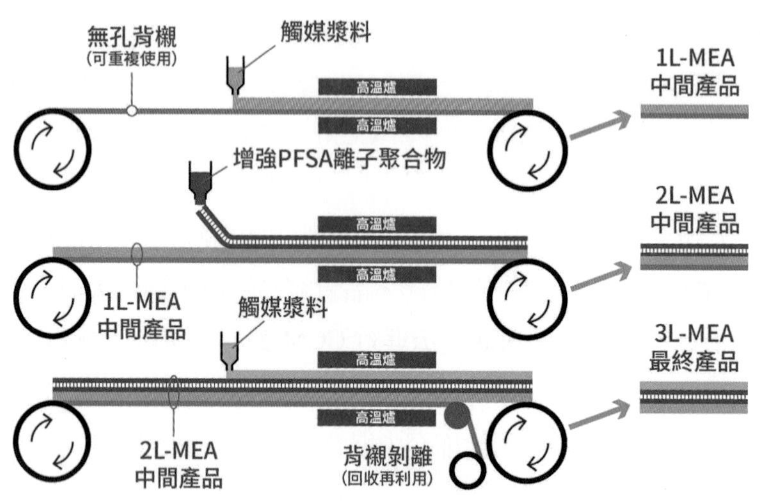

圖 6-16　直印法之 CCM 量產製程 (GORE)

圖 6-17 為 1960 年以來質子交換膜燃料電池 MEA 鉑載量與輸出功率之演進情形。1960 年代雙子星太空計畫所開發的 MEA，鉑載量超過 10 mg-cm^{-2}，1980 年代以鉑／碳代替鉑黑後，MEA 鉑載量急速下降 1 ～ 2 個數量級，二十世紀末 MEA 鉑載量已降低至 0.13 mg-cm^{-2}，目前，實驗室裡甚至可將鉑載量降低至 0.05 mg-cm^{-2}。鉑載量 0.15 mg-cm^{-2} 的觸媒層厚度大約在 10 mm 左右，比一張紙一半厚度還要薄，而整個 MEA 的厚度也只有幾百個 mm 左右，試想像這麼薄的 MEA 在 0.6 V 的電壓下，竟然能夠產生近 1 A/cm^2 的電流密度及數百 mW/cm^2 的功率，這是多麼令人驚訝，且難以置信的事實！

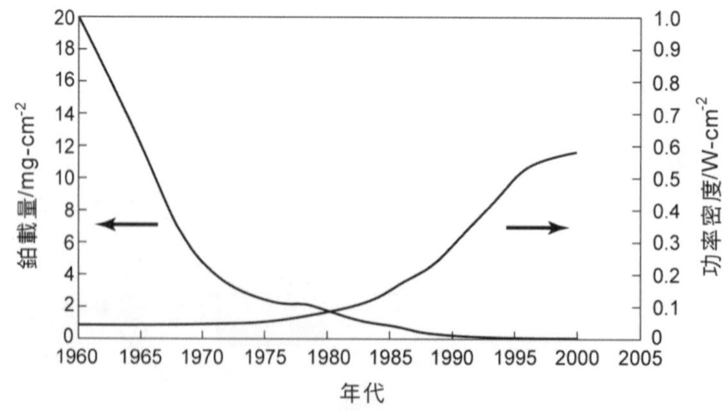

圖 6-17　MEA 鉑載量與輸出功率之演進情形

6-2-5　雙極板／分隔板

質子交換膜燃料電池的雙極板 (bipolar plate) 又稱為分隔板 (separator) 或流場板 (flow-field plate)。雙極板兩面分別貼附著陰極與陽極的氣體擴散層，它的主要功能為導氣、導電、分隔陰極與陽極氣體。

目前常見的雙極板材料有石墨板與金屬板，而石墨板又可分爲無孔石墨板、複合碳板。這些材料都具有導電、散熱、不透氣、耐腐蝕等特性。無孔石墨板是由石墨粉與可石墨化樹脂混合後，經由 2,500°C 高溫碳化處理而得，由於碳化過程中必需嚴格控制升溫程序，以避免薄板收縮和彎曲等變形，碳化所需時間很長，而且，成型後表面尚需以銑床刻劃流道，因此，製作成本相當昂貴，以巴拉德動力系統開發的 MK5 5 kW 質子交換膜燃料電池爲例，雙極板製作費用佔燃料電池堆成本的 60 ～ 70%。相對於無孔石墨板，複合碳板適合大量生產，例如射出成型 (injection molding) 或壓鑄成型 (compression molding) 技術，如圖 6-18 所示，以壓鑄成型技術 BMC(bulk molding compounds) 爲例，它是先將石墨粉加上熱固性或熱塑性樹脂，經過強力攪拌混合後而形成揉團模造複合材料 BMC，然後再進一步熱壓成型。此種製作方式可以將流場形狀直接製作在模具上，如此便可省去刻化流場的機械加工程序而大量降低雙極板的製作成本與時間，但由於壓鑄成型之塑膠碳板加入了不導電聚合物，因此內電阻相對較大，此外，複合碳板之機械強度仍然有待加強。圖 6-19 左上方照片爲直接壓鑄成型之塑膠雙極板，左上方則爲傳統銑工所得之無孔石墨雙極板，圖 6-19 下方爲雙極板之截面示意圖。

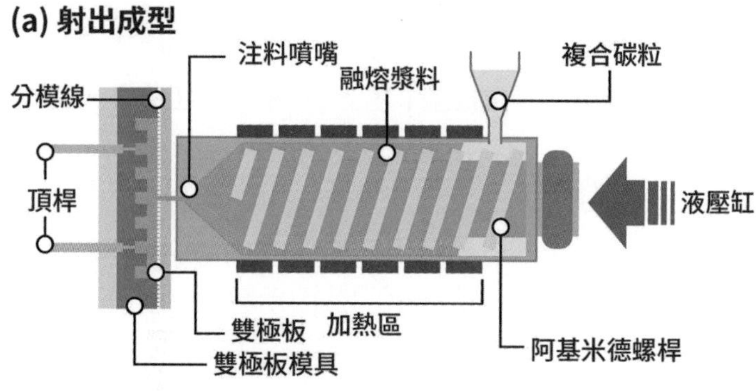

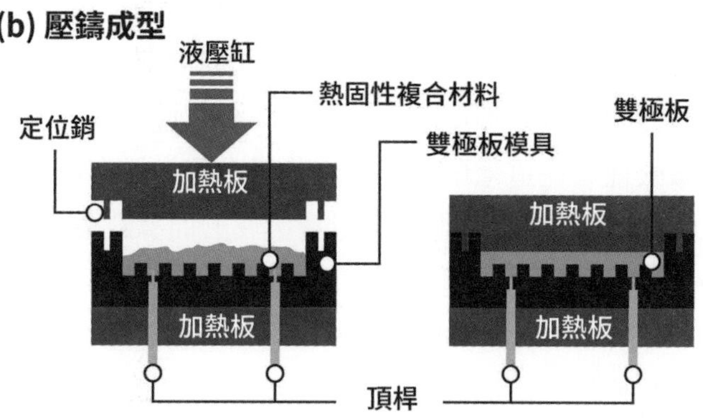

圖 6-18　複合石墨雙極板之製程技術 (a) 射出成型　(b) 壓鑄成型

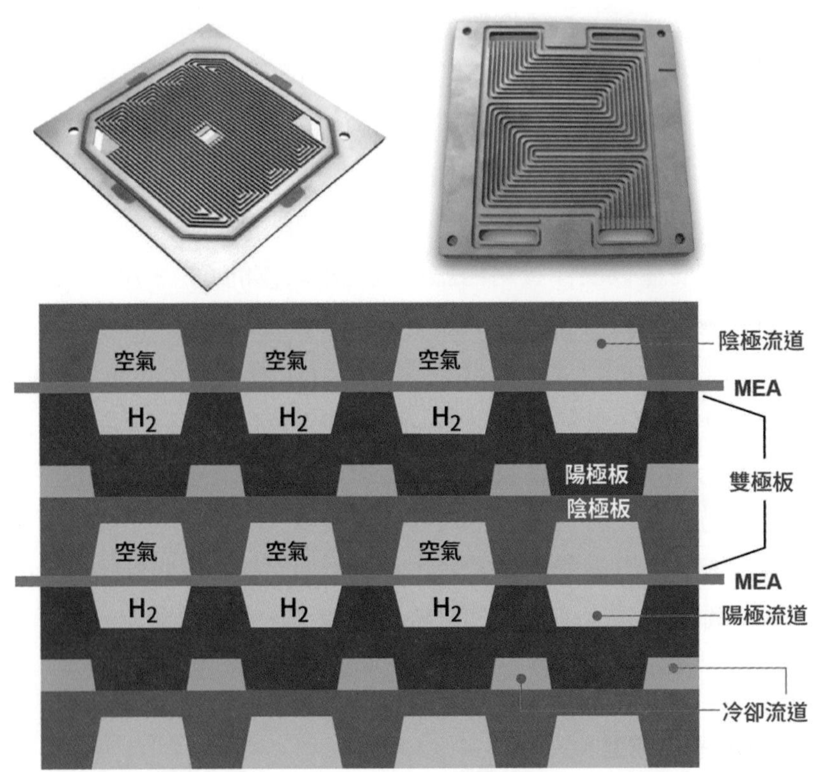

圖 6-19　石墨雙極板及其流道，壓鑄成型 (左上) 與機械加工 (右上) 之截面示意圖 (下)

目前金屬雙極板無論在降低成本、提升性能、可靠性與耐久性等均有長足的進步。圖 6-20 上爲金屬分隔板照片，中間流道是由沖壓成型 (stamping forming)。圖 6-20 下是將相鄰兩片金屬分隔板接合而成爲一組雙極板的截面示意圖，雙極板之接合一般可以採用雷射焊接或者膠合方式完成。此雙極板與 MEA 堆疊過程中可自然形陽極與陰極反應氣體流道以及冷卻流道，因此，不必進行流道加工，可大幅降低製作成本；同時，由於金屬板可以製作很薄 (70 ～ 100 μm)，因此，燃料電池堆重量與體積可以大幅降低。然而，質子交換膜燃料電池雙極板的兩側分別爲濕的氧化劑與濕的還原劑，由於離聚物會微量溶解，而使生成的水具微酸性，在這種環境下，以普通金屬材料作爲雙極板時，陰極側會因爲氧化膜增厚而增加表面接觸電阻，陽極側則會因腐蝕而導致觸媒的活性降低。因此，質子交換膜燃料電池金屬雙極板之關鍵在於表面處理，經由適當的表面改性處理，可以防止腐蝕的產生，同時可以使接觸電阻維持不變。已知金屬雙極板材料有 S310、S316 不銹鋼、鋁合金和鈦合金等。

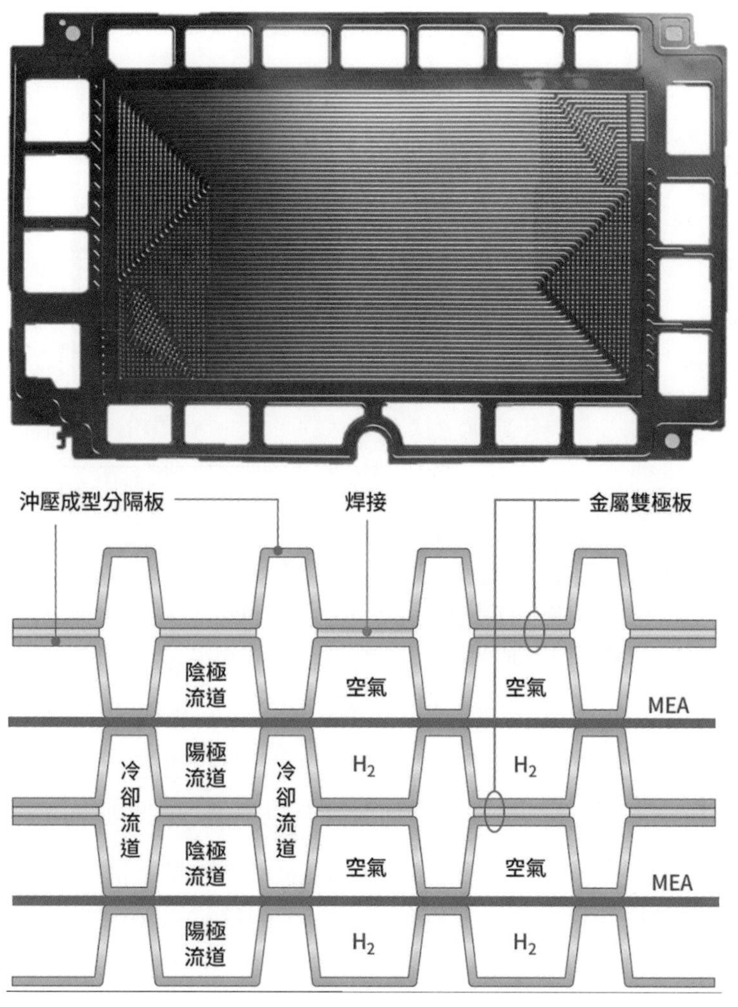

圖 6-20　金屬雙極板照片與截面示意圖

表 6-4 爲金屬雙極板與石墨雙極板特性之比較。傳統石墨板電堆功率密度低且製造成本高，無法滿足乘用車之需求。金屬分隔板與石墨板相比較，具有較高的導電性與導熱性，較低的透氣性，較佳的機械強度，且易於大規模生產。縱使金屬分隔板可能腐蝕也可以通過表面改性來保護它。

表 6-4　金屬雙極板與石墨雙極板之比較

項目	金屬分隔板	石墨分隔板
照片	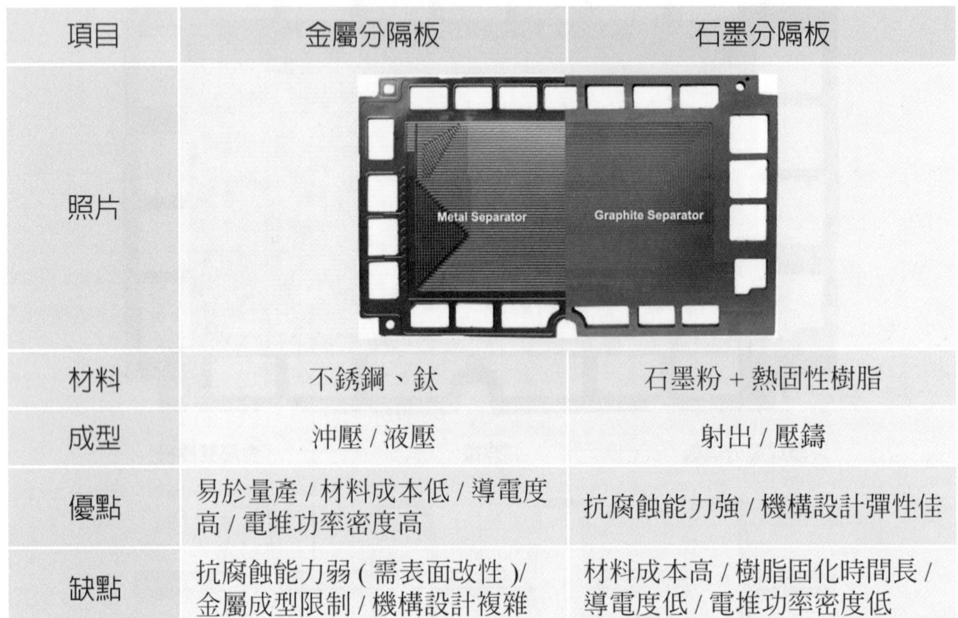	
材料	不銹鋼、鈦	石墨粉 + 熱固性樹脂
成型	沖壓 / 液壓	射出 / 壓鑄
優點	易於量產 / 材料成本低 / 導電度高 / 電堆功率密度高	抗腐蝕能力強 / 機構設計彈性佳
缺點	抗腐蝕能力弱 (需表面改性)/ 金屬成型限制 / 機構設計複雜	材料成本高 / 樹脂固化時間長 / 導電度低 / 電堆功率密度低

在雙極板上所加工的各種形狀的流道溝槽，無論是石墨板的壓鑄成型或金屬板的沖壓成形，主要目的是提供反應氣體及產物進出燃料電池的通道，因此，從流體力學的角度，質子交換膜燃料電池雙極板流道之幾何設計有以下幾項基本原則：

1. 增強氣體對流與擴散能力：在一定的反應氣體供應量之情況下，流道之設計必須確保電極各處均能獲得充分反應氣體，對大面積電極尤爲重要。當電極上某處反應氣體供應不足時，濃度極化會造成燃料電池性能下降。電極面積放大過程中流道設計不當往往是導致性能下降的主要原因之一。
2. 選擇最佳雙極板開孔率：根據電極結構與雙極板材料的導電特性，流道之溝槽與肋條的面積比應該有一個最佳值。流道溝槽面積和電極總面積之比稱爲雙極板的開孔率，一般在 45 ～ 75% 之間。開孔率過高時會造成電極與雙極板之間的接觸電阻過大而增加歐姆極化；而當開孔率太低時不僅會降低觸媒利用率，也會增加反應氣體之阻力而消耗較大的泵功。
3. 降低氣體阻力：在一定的流量下，反應氣體通過流道的壓力降要適中且平均。一般爲壓力降爲 kPa 數量級。壓力降太大會造成過高的頭損，壓力降太小則不利於反應氣體在並聯的多個單節電池間的分配。

石墨雙極板的流道設計較具彈性，圖 6-21 歸納了幾種常見的流道設計。圖 6-21(a) 的平行流道具有較低的流體阻力，然而它的排水性能並不理想；圖 6-21(b) 爲巴拉德於 1992 年所提出蜿蜒渠道流道設計，此種流道在反應氣體進出口的兩端必須具有較大壓差，因此，具有較佳的排水性能，圖 6-20(b) 是雙流道的蜿蜒流道，當進行大功率燃料電池堆設計時，由於大流量的空氣或氫氣，可以適度增加流道數目而形成多流道的蜿蜒流道；圖 6-21(c) 為 GM 的專利設計，此種流道類似單管式的平行流道與蜿蜒流道的結合，也稱為鏡射型蜿蜒流道，或對稱型蜿蜒流道，此種流道通常會配合燃料電池堆的冷卻系統一併設計；圖 6-21(d) 是一種不連續流道的流道，稱為指叉型流道，這種流道在反應氣體抵達流道盡頭後必須通過壓在肋條底下的氣體擴散層而進入出口流道，如此，有助於提高反應氣體與觸媒的接觸機率，而提升燃料電池性能，此種流道的另一項特色是陰極的排水功能極佳，然而最大的缺點是壓力降過大；圖 6-21(e) 與 (f) 為兩種沒有明顯流道的流道，其中，圖 6-21(e) 可視作由兩組平行流道 (圖 6-21(a)) 所構成的均勻網格型流道，此時原本沿著反應氣體流動方向的雙極板長型肋條，則變成了一根一根矩陣排列的方型支撐柱，流道部份可以是鏤空，也可以填入導電性多孔介質，如金屬網或者發泡金屬，以增加與電極接觸的面積，圖 6-21(f) 則是進一步省掉流道的設計與加工而直接將金屬網貼於平滑面的雙極板之上。

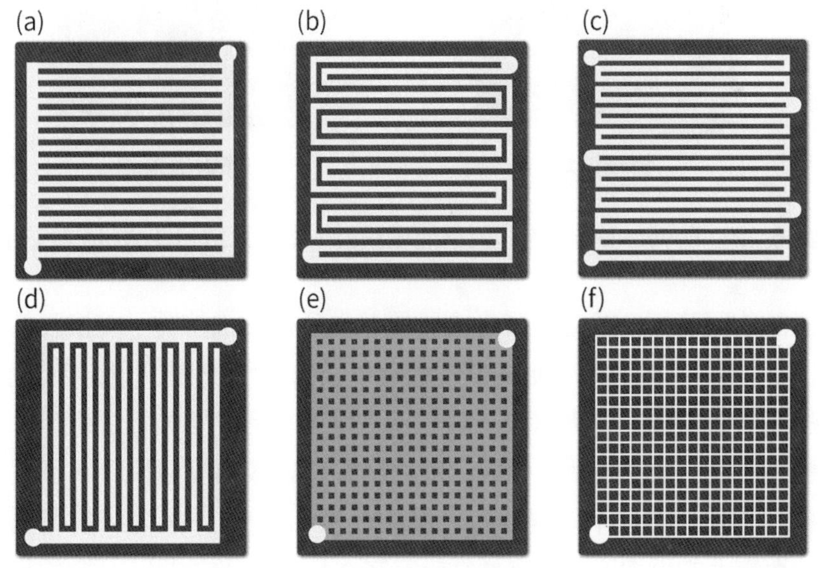

圖 6-21　質子交換膜燃料電池雙極板常見的流道設計 (a) 平行流道　(b) 蜿蜒流道　(c) 對稱蜿蜒流道　(d) 指叉型流道　(e) 網格型流道　(f) 金屬網流道

金屬雙極板的流道設計較為複雜，主要是由於兩片金屬薄板要隔成三組流道是一件困難的事。根據豐田最新的流場設計是採取非對稱型流場架構，也就是陰極與陽極流道根據其功能進行設計。例如，陰極必須著重排水功能，如圖 6-22 所示。Toyota 特別為陰極開發出 3D 細網狀流場，同時強化生成水的排除性與促進空氣的擴散，它將陰極分隔成親水流道與的排水生成水的疏水性流道，避免水氾濫而阻礙空氣的流動。

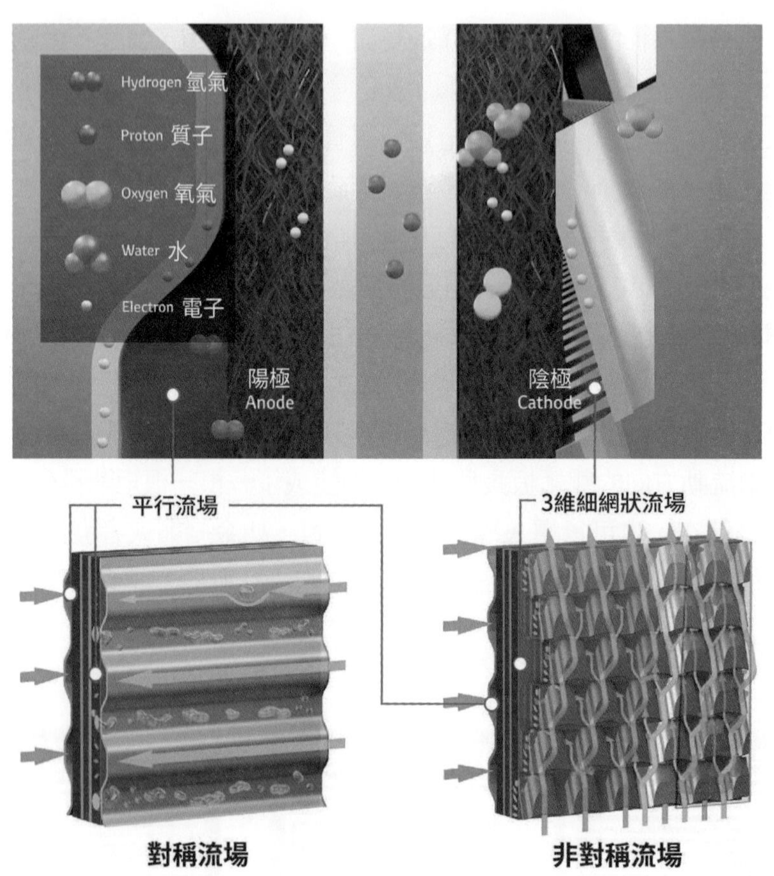

圖 6-22 Toyota Mirai 的非對稱流場設計 (本圖片取自 Toyota 網站)

雙極板設計的同時，一般會同時考慮設置散熱通道以維持質子交換膜的操作溫度，如圖 6-19 與 6-20 所示。燃料電池堆的雙極板可以全部採用散熱雙極板，然而，基於簡化燃料電池堆結構與降低成本的考量，一般會適度地減少散熱雙極板的數量，例如，在每 2 ～ 3 個單電池間設置一個散熱雙極板，這種設間隔式散熱雙極板計大都應用在燃料電池堆所選定的工作電流密度不是很高時，例如在 300 ～ 500 mA/cm^2 的範圍內。質子交換膜燃料電池單電池的平均工作電壓通常設定在 0.4 ～ 0.8 V 之間，燃料電池堆相對電能轉換效率約在 50% 左右，換言之，電化學反應中有一半左右的能量將以熱的方式呈現。爲了維持燃料電池堆在穩定的溫度下工作，並避免電池堆在高電流密度工作時而造成局部過熱現象，必須進行燃料電池堆之熱管理。

6-3 燃料電池堆

6-3-1　封裝技術

圖 6-23 爲典型質子交換膜燃料電池堆之爆炸圖。中間部分爲電芯 (包含分隔板、MEA、密封件)，完成燃料電池堆所需的元件尙包括前進氣端板 (manifold endplates)、低 / 高壓集電板 (current collectors)、絕緣墊片 (insutated gasket) 以及後承壓端板 (pressure endplates) 等。

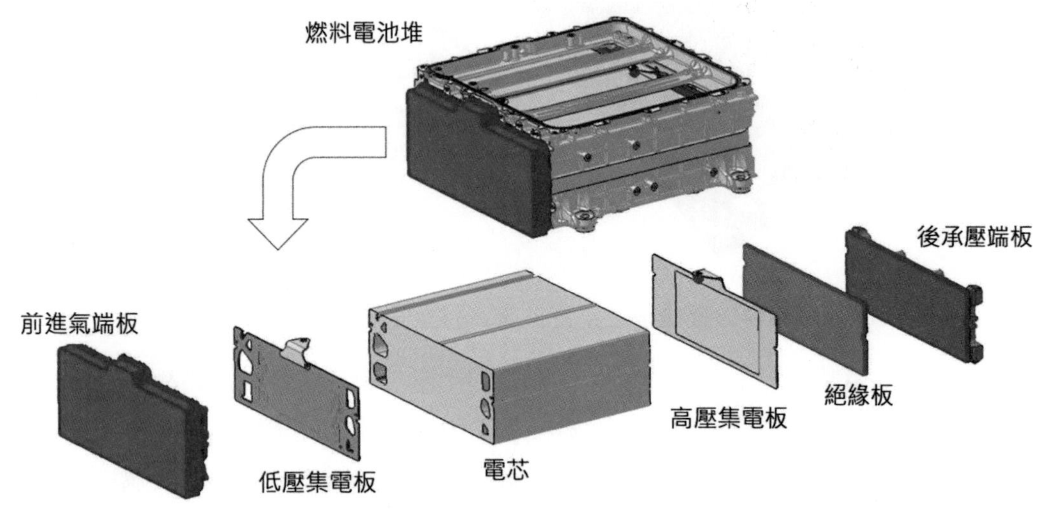

圖 6-23　質子交換膜燃料電池堆示意圖

集電板之主要功能是收集燃料電池內部所產生的電流，並同時連結外電路而行成迴路。兩片集電板位於燃料電池堆電位差最高的位置，設計時必須考慮通過之最大電流量，因此，它必須具備高導電率、耐腐蝕及耐高溫等特性，常用的材料爲鍍金銅或鋁板。

端板又稱作支撐板 (backup plate)，是燃料電池堆兩端最外側的元件，具有兩項功能，一是固定多層結構的燃料電池，二是作爲反應氣體與冷卻劑之進出燃料電池的門戶。氫氣、空氣、冷卻水可從兩方端板進出燃料電池堆，當加壓鎖住前後端板便可固定燃料電池內部之多層結構。端板必須具備結構強、質量輕、表面絕緣等特性，常用之材料包括鋁合金、不銹鋼、陶瓷、BMC 材質等，豐田第一代 Mirai 電堆的前進氣端板採用注塑一體化設計，也就是將塑膠絕緣板一體注塑成型在金屬壓鑄件上，並通過螺栓與封裝殼體連接，並在後承壓端板通過調節螺釘與封裝殼體連接，並可在組裝過程中實現壓縮位移調節。

密封件主要功能是防止反應物氣體和冷卻劑的洩漏，同時具有補償製造公差的功能。隨著燃料電池堆疊數目增加，公差也會愈來愈大，因此，密封件一般採用具有彈性的橡膠材質，以因應大的體積變化量，同時降低夾持力。質子交換膜燃料電池的密封材料可以使用具有彈性矽氧樹脂 (silicon rubber)，然而長時間運轉下，矽氧樹脂降解的產物對聚全氟磺酸 (PFSA) 膜會有負面影響，因此，目前也有用聚烯烴 polyolefin elastomer(FC-PO) 彈性體、氟碳橡膠 FKM(fluorocarbon rubber) 或者乙烯丙烯二烯膠 (EPDM) 作爲密封件的材料。設計上，密封件可以獨立使用，也可以與其它組件先行整合，例如 GDL 或雙極板，圖 6-24 爲與雙極板整合之密封件，左爲石墨雙極板，右爲金屬板。

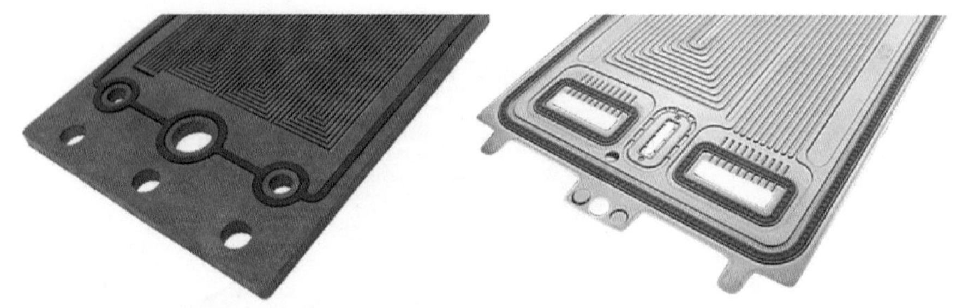

圖 6-24　密封件與雙極板之整合，左：石墨雙極板，右：金屬雙極板

燃料電池堆組裝過程中受到位移變化影響的受壓件有密封件和膜電極。其中，燃料電池膜電極的壓縮狀態由傳質極化、歐姆極化、耐久性能等因素共同決定。一般，壓縮率增加不利於傳質，但有助於降低表面接觸電阻。車用燃料電池堆在組裝過程的壓裝力通常在 4 ～ 6 噸左右。在壓機壓裝后，將壓緊力從壓機轉移至緊固裝置。

目前常見燃料電池堆的緊固裝置有螺桿、綁帶、連桿三種封裝形式。其中，綁帶與螺桿兩者緊固方法相近，主要通過綁帶或螺桿緊固方式將壓裝力施加在電堆兩側端板，再透過彈簧墊片均勻傳遞至電芯進行壓縮，緊固完成後再裝配殼體以增強防護功能，兩者均屬於恆壓封裝 (帶彈簧墊片)；拉桿式封裝則是先將前後端板與拉桿鎖定形成一個結構殼體，再通過多組調節螺絲頂壓承壓端板實現壓力與位移調節，屬於恆容封裝 (不帶彈簧墊片)。第一代與第二代 Mirai 電堆均採用恆容緊固。

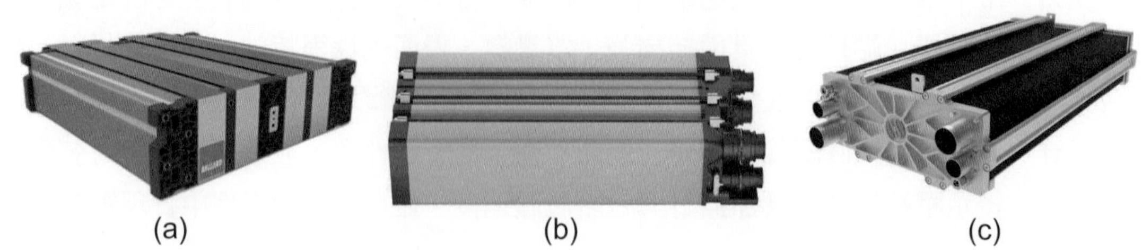

圖 6-25　(a) 綁帶封裝形式 (Ballard)，(b) 螺桿封裝形式 (EKPO)，(c) 拉桿式封裝 ([illegible])

6-4 水管理與增濕技術

6-4-1 增濕器

在低溫操作的質子交換膜燃料電池中，陰極的電化學反應會產生水，此外，質子在高分子膜內傳遞也需要借助水，因此，水管理對質子交換膜燃料電池的性能具有關鍵性的影響，缺乏適當的水管理，將使得燃料電池內水的生產與消耗呈現不平衡的狀態，而造成膜脫水 (dewatering)、電極水氾濫 (flooding)、或者反應氣體被水蒸氣稀釋 (dilution) 等負面效應。

就膜而言，其質子傳導能力與膜的含水量密切相關，含水率越高導電率越高，因此，爲了確保質子交換膜燃料電池具有高輸出功率，膜內必須保持高含水量；此外，濕潤狀態的膜有助於電極與電解質之緊密接觸而增加 TPB 反應區、促進電化學反應。就電極而言，內部結構上有許多空孔以提供作爲氣體通道，當反應氣體水分過多而凝結成液態水時，會堵塞空孔而造成積水，此時，電極便無法輸送反應氣體。因此，質子交換膜燃料電池陰極必須具有一定的疏水能力，及時排除多餘的生成水。

增濕是目前國際間對於燃料電池重要技術中尚未達成共識項目之一，一般而言，增濕會增加質子交換膜燃料電池的發電成本，因此，從降低成本、縮小體積、簡化系統考量下，目前仍有相當多研究進行增濕技術探討，例如外增濕、內增濕、自增濕或免增濕技術，然而，其相關規範與標準也尚未建立。以下就常見外增濕技術作一說明。

用於質子交換膜燃料電池堆的增濕技術非常多，目前普遍所採用的技術大致可分爲直接供水式增濕技術，例如噴霧法、水瓶氣泡法等，以及交換式增濕技術兩種。

水瓶氣泡法是實驗室進行燃料電池測試時最常用的增濕方法，它是將反應氣體直接通入可調溫的水瓶中產生飽和氣泡後通入待測之燃料電池，這種方法可以經由控制水瓶溫度來調整增濕氣體之露點 (dew point)，然而供氣量小且系統複雜，在應用於商業化產品並不可行。直接噴霧是參考從空調系統濕度控制技術所發展出來的增濕技術法，由於直接噴霧法同時具有加濕與冷卻氣體的功用，因此特別適合用於從改質器出來的高溫燃料氣體。使用水瓶氣泡法與噴霧增濕法時必須確認所使用的水沒有任何雜質，否則將會降低燃料電池性能，一般增濕用的水可以直接利用燃料電池陰極端出口空氣凝結所得的純水或者經過處理之去離子水。

交換式增濕器 (humid exchanger) 是從全熱式交換器 (total heat exchanger) 概念所發展出來的增濕技術，它是將陰極尾氣中所含的水分回收而傳遞給陰極入口的新鮮空氣，因此，不需要任何供水或儲水裝置。目前常見的交換式增濕器有平板型薄膜增濕器、膜管型薄膜增濕器、以及與焓輪增濕器，如圖 6-26 所示。

(a) 平板式薄膜增濕器　(b) 膜管式薄膜增濕器　(c) 焓輪增濕器

圖 6-26　交換式增濕器

圖 6-27 爲平板型交換式薄膜增濕技術示意圖，其中，圖 6-27(a) 爲增濕器之照片，圖 6-27(b) 則爲增濕薄膜水分子輸送示意圖，這種增濕膜具有透濕、防水、阻氣、耐水等特性，它是利用薄膜兩側水分子濃度差的擴散驅動力進行水分子交換。在材料結構上薄膜的兩面都會貼上一層不織布的吸附層，利用這層吸附層先將水分子捉住，然後再經由擴散到薄膜的另一面上；在幾何結構設計上，以含水薄膜將增濕器分隔成爲兩個流道，燃料電池陰極出口尾氣所排放的較高溫水氣混和物進入增濕器流道，低溫的新鮮空氣則從另一個方向進入增濕器。平板型交換式薄膜增濕器上方流道的水分子因爲冷卻而凝結在薄膜上，並且以擴散方式通過薄膜進而蒸發至新鮮空氣中，而同時提高了進入燃料電池的新鮮空氣的溫度與濕度。爲了減化燃料電池系統，平板型薄膜增濕技術可以與燃料電池堆一併設計，也就是直接在燃料電池堆前面串聯一段與結構一樣「增濕段假電池」，如圖 6-27(c) 所示，將擬增濕的新鮮空氣通入假電池增濕後再進入眞正的燃料電池，而燃料電池的陰極排放濕氣先通過假電池後再排出。假電池之「電極」上沒有觸媒，不發生電化學反應，也就是直接以增濕膜取代 MEA 並調整氣體迴路。基本上，增濕段的氣體流動與反應段並沒有什麼差異，增濕段的大小是根據增濕膜的增濕能力以及燃料電池的輸出功率而決定，一般而言，增濕段假電池通常約佔整個燃料電池堆體積的 10 ～ 20%。

圖 6-28 是另一種形式之薄膜增濕技術，膜管式增濕器 (tublar membrane humidifier)，又稱爲中空膜增濕器 (hollow-fiber humidifier)，它將膜製作成吸管狀並緊密排列，從增濕

器的截面來看，類似蜂巢結構，高溫高濕陰極尾氣進入膜管內，膜管內陰極尾氣所含的水份經由凝結、擴散、蒸發傳遞到膜管外的新鮮空氣而完成增濕之工作。

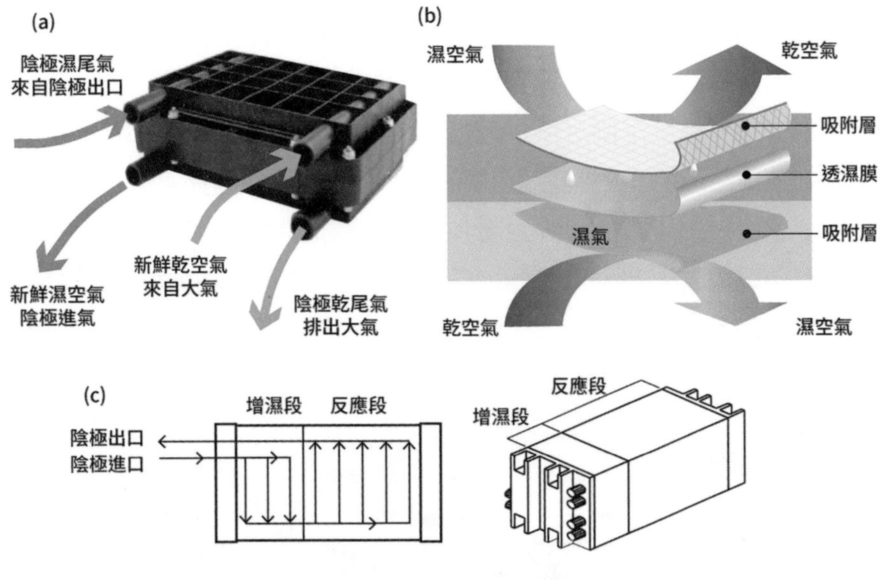

圖 6-27　平板型交換式薄膜增濕技術示意圖

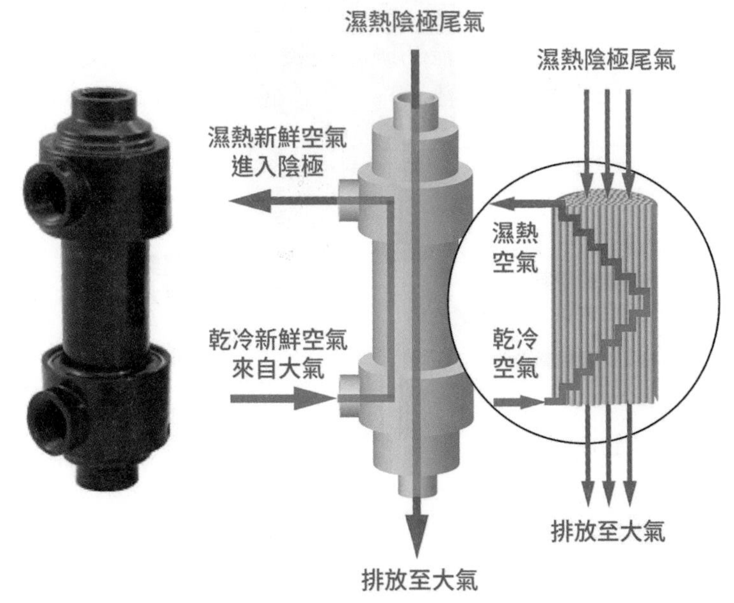

圖 6-28　中空膜增濕器

圖 6-29 的焓輪增濕器 (enthalpy-wheel humidifier) 是源自於焓輪除濕機概念。焓輪的基本結構是一個旋轉式逆向流的全熱式交換器 (total heat exchanger)，能夠同時轉移流體

間的顯熱 (sensible heat) 與潛熱 (latent heat)，除濕與增濕的差異只不過是將氣體除濕功能改變成氣體增濕功能而已，而焓輪結構不須做任何改變。從燃料電池陰極所排出之濕熱尾氣進入轉動中焓輪增濕器，焓輪內的陶瓷轉子吸附陰極尾氣中的水分子與熱量，然後藉由馬達將陶瓷轉子逐漸旋轉至轉進氣通道，轉子旋轉同時陶瓷內所含的水與熱逐漸釋放給進入焓輪內的新鮮乾冷空氣而達到增濕加熱的效果。蜂巢結構陶瓷輪鼓的表面塗佈矽膠吸附劑，也就是一種分子篩，可以吸附或排除空氣中的水分，即時達到與環境達成平衡的相對濕度，當環境的相對濕度過高時分子篩會吸收並儲存水分，當環境相對濕度較低時分子篩則會釋放出所含的水分以增加環境氣體之相對濕度，而且水分在交換過程中並不會發生凝結現象，因此，無需外加任何能量將水轉化成水蒸氣。焓輪增濕器的蜂巢結構內鼓主要爲陶瓷材料 $2MgO_2Al_2O_3 \cdot 5SiO_2$，它經常用在汽車內的觸媒轉化器上，成本低廉，目前已經可以大量生產。

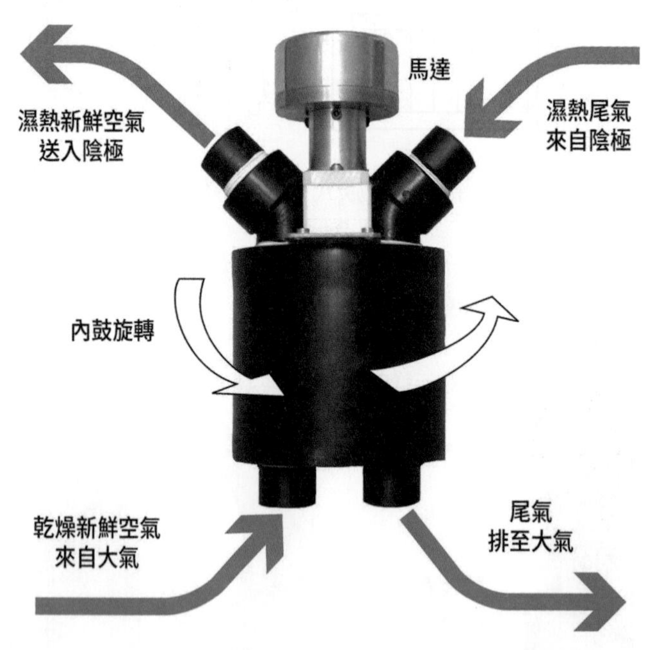

圖 6-29 焓輪增濕器示意與照片圖

6-4-2 自增濕機制

空氣的飽和蒸汽壓隨著溫度增加快速增加，因此，空氣會因爲溫度升高而變得乾燥。例如，空氣在室溫 20°C、相對濕度 90% 的狀態下，當溫度升高到 70°C 時相對濕度會驟降到 7% 以下，在如此乾燥的環境下操作，質子交換膜必定枯竭而死。所幸陰極產生的水會擴散到膜裡而減緩膜乾枯的窘境。

水是如何在燃料電池內傳遞的呢？

水在膜內存在有水拖曳 (water drag) 與陰極回擴散 (back diffusion) 兩種輸送機制。水拖曳是 1 個質子帶著 1 ～ 2.5 個水分子在電滲作用下將 $m(H_2O)\text{–}H^+$ 從陽極驅動至陰極的現象，也就是前面所提到的質子在膜中的傳導機制；回擴散則是因為膜在陰極側與陽極側的水分子濃度差所引起之水分子擴散現象。

如圖 6-30(a) 所示，將氫氣與空氣沿著電解質膜兩側逆向流動，從陽極隨著質子電滲到陰極的水通量與電流成正比，在膜面呈現固定量。而從陰極回擴散到陽極的水通量是隨著所在位置的濃度差而不同。在陰極下游處最大，而在陽極下游處最小，因此，陰極反應生成水依照以下順序傳遞：①陰極 (空氣) 下游 → ②電解質膜 → ③陽極 (氫氣) 上游 → ④陽極 (氫氣) 下游 → ⑤電解質膜 → ⑥陰極 (空氣) 上游。回擴散與水拖曳兩者控制得宜可使水分子在燃料電池內保持平衡。

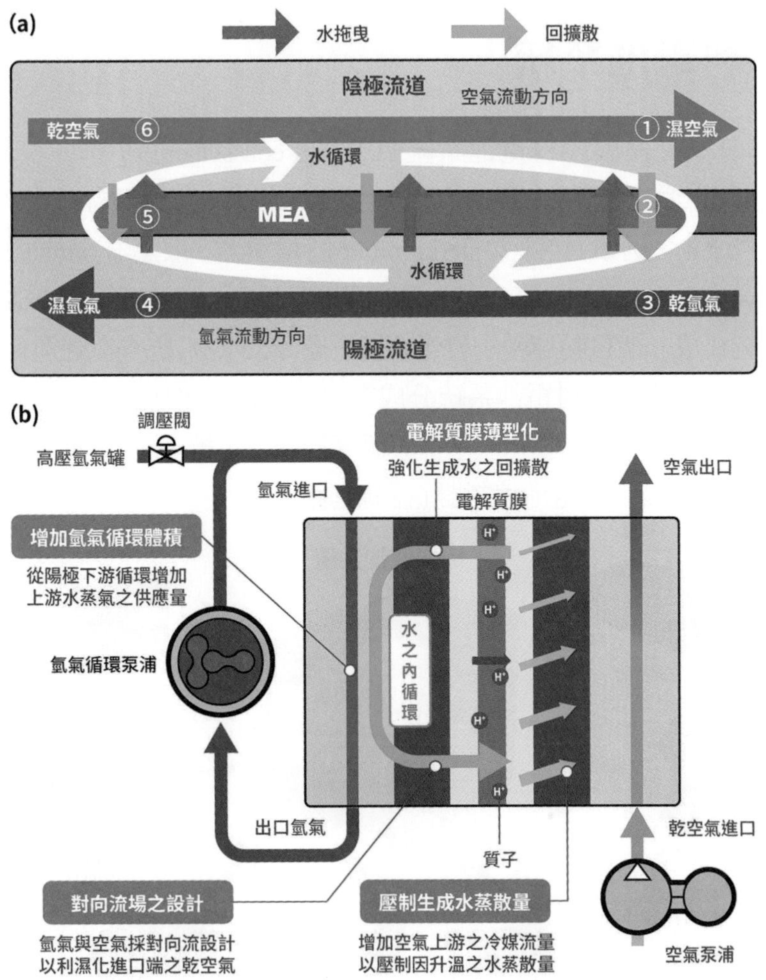

圖 6-30 (a) 質子交換膜內之水輸送機制，(b) 豐田 Mirai 之自增濕質子交換膜燃料電池堆之示意圖 (轉繪自豐田網站圖片)

基本上，在燃料電池內部漫長的流道中，要使回擴散與水拖曳兩者保持平衡是一項艱鉅的任務，例如，高電流密度將會使得電解質膜內有相當強的水拖曳現象，一旦水回擴散不足，陽極側的電解質膜，特別是入口處，將會失水變乾，對陰極而言，高電流密度將會產生大量的水，使得陰極下游容易氾濫淹水而阻礙氣體擴散；此外，由於來不及進行水生成反應，陰極上游入口處附近的電解質膜將會大量空氣吹乾，而造成內電阻大幅度上升，甚至難以工作，這種現象在較厚的質子交換膜 (例如 Nafion®117) 尤其明顯。豐田新上市的燃料電池車 Mirai 所採用的燃料電池堆已成功地採自增濕技術而將增濕器移除，如圖 6-29(b) 所示，Mirai 燃料電池電堆自增濕技術之重點包括：(1) 減少電解質膜的厚度，(2) 減少陰極生成水之熱蒸發 (evapotransportion)，(3) 空氣與氫氣採逆向流動，(4) 增加陽極氫氣循環量。

6-5 燃料電池系統

圖 6-31 爲質子交換膜燃料電池系統 FCS(fuel cell syatem) 拆解示意圖。構成一套完整的質子交換膜燃料電池系統，除了燃料電池堆之外，必須整合許多系統平衡元件 BOP(balance of plant)，例如，空氣泵浦 (air pump)、增濕器、散熱器 (radiator)、冷媒泵浦、氫氣循環泵 (hydrogen circulation pump)、電力調控器 (power regulator)、控制器 (controller) 等，如此才能夠構成一個自動運轉的發電系統。圖 6-32 的系統方塊圖則架構了各個元件之間的互動關係，圖中將燃料電池系統分成幾個次系統，包括氫氣供應次系統 (綠色迴路)、空氣供應次系統 (藍色迴路)、冷卻與溫度控制次系統 (橘色迴路)、以電力調控次系統 (黑色迴路)、以及燃料電池控制器 (虛線迴路) 等。

圖 6-31　質子交換膜燃料電池系統拆解示意

1. 氫氣供應次系統：氫氣供應次系統負責氫氣進出燃料電池的管控，採用的 BOP 元件包括調壓閥 (pressure regulator)、電磁閥 (solenoid)、壓力感測器 (pressure sensor)、氫氣循環泵等。進入陽極的氫氣壓力由調壓閥控制，進氣電磁閥之啓閉則由陽極氫氣壓力決定，例如陽極氫氣壓力低於設定值時，進氣電磁閥保持開啓以提供陽極足夠的反應氫氣，排氣電磁閥之控制則可採間斷式開啓，也就是每隔一段時間將含有雜質及水氣的陽極尾氣源排出，並導入陰極進口端。
2. 空氣供應次系統：空氣供應次系統主要負責陰極空氣空氣之供給與水的管控，所採用元件包括空氣供應泵浦與增濕器等。其中，增濕器的目的是將陰極出口空氣中的水氣轉移給陰極進口的新鮮空氣。陰極空氣之進氣量大小可藉由調整空氣泵浦的馬達轉速來加以控制。基本上，陰極空氣需求量與輸出電流成正比，當電流計偵測到低電流時，空氣泵浦會降低轉速，而當電流增加時，空氣泵浦馬達則加速以提高空氣的供給量。空氣泵浦轉速設定之考量參數爲陰極氧化劑的當量數，一般而言，質子交換膜燃料電陰極氧化劑之當量數大約設在 2.5 ～ 3.5 之間。
3. 冷卻與溫度控制次系統：又稱爲熱管理次系統。主要功能在於負責燃料電池之散熱與溫度管控，依照需求亦可採用熱回收設計。所採用的元件包括冷媒泵浦 (coolant pump)、去離子器 (de-ionizer)、散熱器、熱敏電阻等，如果考慮冷機啓動時則必須加裝加熱器。質子交換膜燃料電池之操作溫度不得超過 100°C，一般以 80°C 左右爲宜。如圖 6-26(b) 所示，一般可以用電堆出口冷媒的溫度 (熱敏電阻處) 來代表燃料電池之操作溫度，此溫度可藉由調整散熱器之風扇轉速及冷媒流量加以控制。進行熱管理次系統設計時必須考慮的因素有燃料電池堆之餘熱產生量、冷媒進出口之溫差及冷媒流量等。冷媒流量與冷媒在燃料電池堆進出口的溫差有密切關係，當冷媒流量愈大時則進出燃料電池堆的冷媒溫差愈小，這表示燃料電池堆內溫度分布較爲均勻，然而冷媒流量大需消耗較大的泵功；當冷媒流量變小時則進出燃料電池堆之冷媒循環溫差變大，這意味著燃料電池堆內溫度分布較不均勻、不利於燃料電池堆之操作。一般而言，燃料電池堆冷卻循環的溫差設計在 10°C 以內，如此可以確保燃料電池堆溫度均勻性，選定了冷媒進出口溫度後，並根據燃料電池堆的所產生的餘熱量，則冷媒流量便可決定。
4. 電力調控次系統：電力調控次系統的主要工作就是將調整燃料電池輸出電力以匹配負載之需求。主要元件包括電流計、電壓偵測迴路、直流增 / 降壓器 (boost/buck converter)、DC/DC 變壓器、DC/AC 逆變器等。另外，由於 BOP 元件所需電壓各有不同，12VDC 的冷媒泵浦、24VDC 的散熱風扇，因此，燃料電池之電力調控必須能夠多元電力輸出來滿足系統內所有 BOP 元件之所需。

5. 燃料電池控制器：控制器就是燃料電池系統的中樞。質子交換膜燃料電池堆之性能與操作條件 (如溫度、壓力、氫氣流量、空氣流量等) 皆息息相關，為了確保燃料電池系統在最佳操作條件下運轉，除了必須有良好的燃料電池堆與功能符合之次系統之外，更重要的是要搭配設計良好的燃料電池控制器，藉以提供最佳的運轉策略的控制模式，如此才能夠使燃料電池系統發揮其最佳之性能。燃料電池控制器主要由微控制器 (microcontroller)、感測器 (sensors) 與致動器 (actuators) 三部分所組成，感測器部分主要包括壓力感測器、熱敏電阻、電壓偵測迴路、電流偵測迴路等，致動器則包括電磁閥、比例閥等各類閥件與繼動器 (relay) 等。燃料電池控制器主要功能簡單歸納有以三項：
   - 啓動燃質子交換膜燃料電池系統。
   - 監控燃料電池系統，以確保燃料電池堆能夠在設定條件下運轉。
   - 當系統失效、偏離操作條件，或系統提出要求時，關閉燃料電池系統。

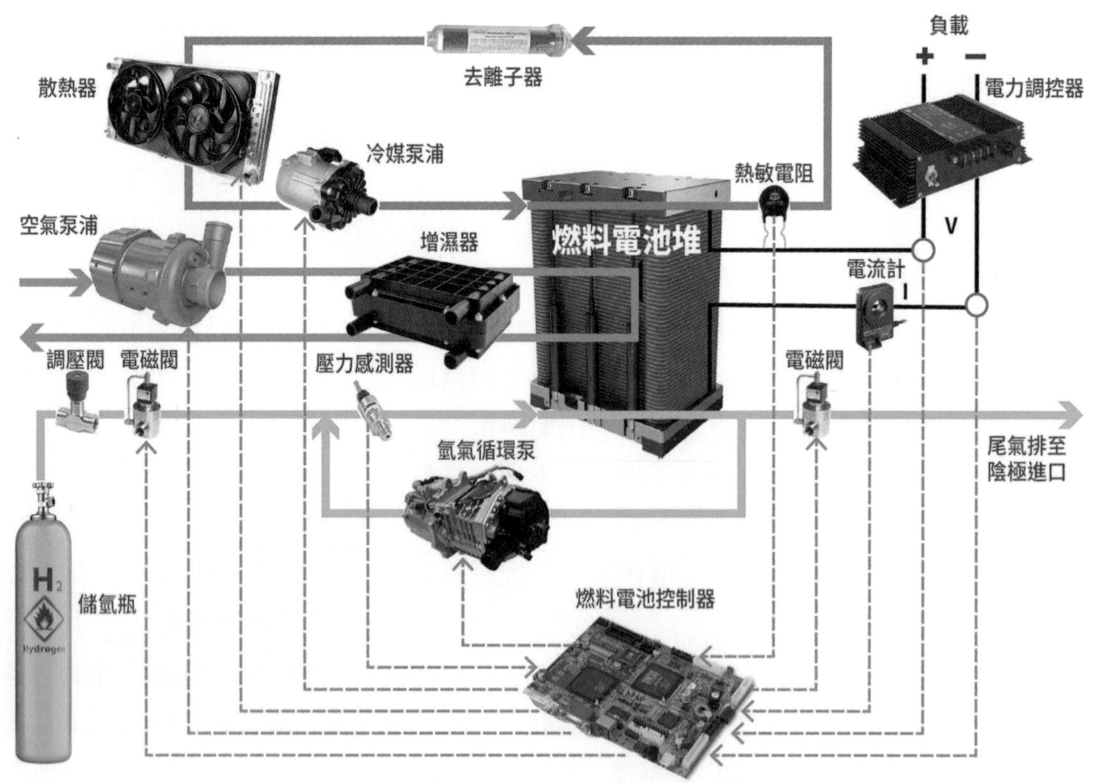

圖 6-32 質子交換膜燃料電池系統方塊

6-6 直接甲醇燃料電池

直接甲醇燃料電池 DMFC(Direct Methanol Fuel Cell) 屬於質子交換膜燃料電池的一種，與質子交換膜燃料電池的最大差別在於所使用的燃料是甲醇，而非氫氣。

甲醇的化學式為 CH_3OH，是常溫常壓下結構最簡單的液態有機化合物，儲存方便、來源豐富、價格便宜而且生產銷售網路完整。

直接甲醇燃料電池 DMFC 是將甲醇直接注入質子交換膜燃料電池發電，而無須經過燃料改質裝置，相較於以氫氣為燃料的質子交換膜燃料電池，DMFC 燃料補充方便，因此，特別適合於作為各種用途的移動式或可攜式動力源，然而由於甲醇的反應動力學較弱，發電效率偏低，近年來，由於觸媒材料開發與電池結構設計改進使得 DMFC 性能不斷提升，目前，DMFC 手持式電子產品的充電器與電源相關商品之市場已逐漸成熟。

6-6-1　工作原理

DMFC 的基本工作原理如圖 6-33 所示，與質子交換膜燃料電池一樣，以質子交換膜為電解質，將甲醇水溶液通入陽極進行電催化氧化反應，生成 CO_2 和 H^+，並釋放出電子，電子通過外電路傳導到陰極，質子通過質子交換膜擴散到陰極，與空氣中的氧氣及通過外電路傳導過來電子結合成水。DMFC 的工作溫度從室溫到 130°C 左右，陽極反應、陰極反應與總反應方程式分別為：

$$CH_3OH + H_2O \rightarrow CO_2 + 6H^+ + 6e^-，E_{n,a} = 0.046V \tag{6-7}$$

$$\frac{3}{2}O_2 + 6H^+ + 6e^- \rightarrow 3H_2O，E_{n,c}=1.229V \tag{6-8}$$

$$CH_3OH + \frac{3}{2}O_2 + H_2O \rightarrow CO_2 + 2H_2O，E_n = 1.183V \tag{6-9}$$

DMFC 總反應與甲醇燃燒反應相同。由於陽極甲醇氧化反應的可逆電極電位較氫標準電位高，因此，DMFC 的可逆電位較質子交換膜燃料電池低。當陽極電位 > 0.046 V 時，甲醇將自發進行氧化反應；相同地，當陰極電位低於 < 1.229 V 時，氧也可以自發性地發生還原反應，因此，當陽極電位遠高於 0.046 V 而陰極電位遠低於 1.123 V 時，電極反應速度就越快，而此一偏離熱力學電位的極化現象使 DMFC 的實際操作電壓比可逆電位低。圖 6-34 為質子交換膜燃料電池與 DMFC 歐姆阻抗、陰極過電位、陽極過電位及輸出電壓間關係之比較。

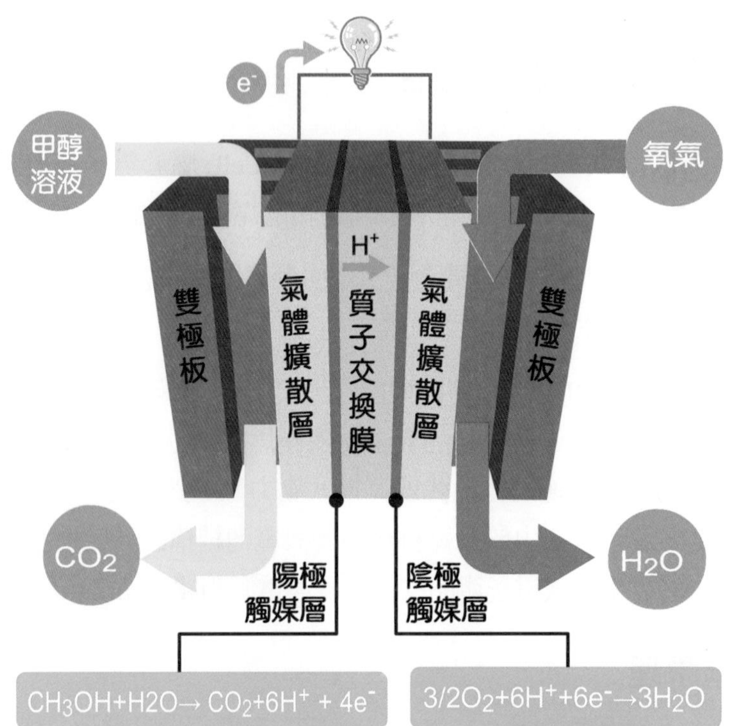

圖 6-33　直接甲醇燃料電池工作原理示意圖

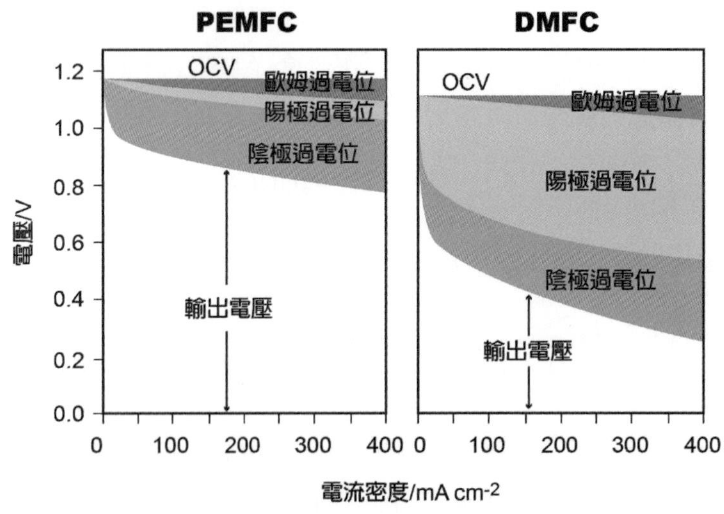

圖 6-34　質子交換膜燃料電池與 DMFC 電極過電位之比較

6-6-2　甲醇電化學反應機制

一個甲醇分子進行氧化反應生成二氧化碳時，必須移轉六電子，此一過程反應動力學弱，必須藉助電催化觸媒開闢新的反應途徑以加速反應。目前有能力進行甲醇電吸附反應的觸媒並不多，在酸性電解質中只有鉑觸媒可以達到反應所需的活性和化學穩定性。甲醇在鉑觸媒表面的吸附／脫離氫過程的反應機制是：

$$\mathrm{Pt + CH_3OH \rightarrow Pt - (CH_3OH)_{ads}} \tag{6-9}$$

$$\mathrm{Pt - (CH_3OH)_{ads} \rightarrow Pt - (CH_3OH)_{ads} + H^+ + } e^- \tag{6-10a}$$

$$\mathrm{Pt - (CH_3OH)_{ads} \rightarrow Pt - (CHOH)_{ads} + H^+ + } e^- \tag{6-10b}$$

$$\mathrm{Pt - (CHOH)_{ads} \rightarrow Pt - (COH)_{ads} + H^+ + } e^- \tag{6-10c}$$

$$\mathrm{Pt - (CHO)_{ads} \rightarrow Pt - (CO)_{ads} + H^+ + } e^- \tag{6-10d}$$

基本上，上述反應步驟隨著質子和電子的產生與遷徙而依序進行，然而，當最後一個質子離開鉑表面後，便形成鍵合一氧化碳的中間產物 $\mathrm{Pt - (CO)_{ads}}$，如 (6-10d) 式。此時，鉑已無法再進行電催化而呈現鉑中毒現象，解決之道是設法提供活性氧以促成 CO 的氧化，也就是設法將鉑表面上的 CO 氧化成爲 CO_2 後離開觸，如此下一個甲醇分子才能夠在鉑表面繼續進行電催化反應。與 CO 反應所需之活性氧原子可以來自於水，然而，當陽極電位過低 (< 0.4V) 時，水分子無法在鉑表面進行吸附與活化，因此，必須另行設計觸媒，目前常用的 DMFC 觸媒設計是直接在電極上添加第二觸媒 M 以協助水分子的活化與解離。水在第二觸媒表面上的活化過程是：

$$\begin{aligned} &\mathrm{M + H_2O \rightarrow M - (H_2O)_{ads}} \\ &\mathrm{M - (H_2O)_{ads} \rightarrow M - (OH)_{ads} + H^+ + } e^- \end{aligned} \tag{6-11}$$

然後，活性氧 M　$\mathrm{(OH)_{ads}}$ 與 Pt　$\mathrm{(CO)_{ads}}$ 進行氧化反應生成 CO_2：

$$\mathrm{M - (OH)_{ads} + Pt - (CO)_{ads} \rightarrow Pt + M + CO_2 + H^+ + } e \tag{6-12}$$

而這個過程也可能經過 COOH 中間產物完成：

$$\begin{aligned} &\mathrm{M - (OH)_{ads} + Pt - (CO)_{ads} \rightarrow Pt + M + COOH} \\ &\mathrm{COOH \rightarrow CO_2 + H^+ + } e^- \end{aligned} \tag{6-13}$$

目前作爲 DMFC 第二觸媒的金屬主要爲稀有金屬與貴重金屬，例如錫 (Sn)、釕 (Ru)、錸 (Re)、鉬 (Mo)、鎢 (W) 等。

6-6-3　DMFC 之性能

表 6-5 歸納影響 DMFC 性能之因素，包括甲醇觸媒設計、甲醇進料方式及甲醇竄透等。甲醇觸媒目的在於提高甲醇在陽極氧化速度並減少極化損失、同時避免鉑中毒；甲醇有液態與氣態兩種進料方式，液態甲醇的燃料迴路較簡單、操作簡化，蒸氣甲醇進料則能夠提供較佳之質傳效果；甲醇滲透質子交換膜到陰極會降低甲醇利用率而影響 DMFC 的性能，因此，阻隔甲醇竄透直子交換膜已成爲 DMFC 研究重點之一。

表 6-5　影響 DMFC 性能之因素

	電極熱力學	電極反應動力學		
		活化極化	濃度極化	歐姆極化
甲醇觸媒設計	✓	✓	–	–
甲醇進料方式	✓	✓	✓	–
甲醇竄透	–	✓	✓	✓

6-6-4　甲醇觸媒設計

從甲醇反應機制可知，鉑對甲醇氧化具有很高的活性，可以在低電位下輕易釋放質子與電子，然而在缺少活性氧的狀況下，鉑很容易被中間產物 CO 吸附而失去催化功能，目前解決 CO 毒化問題的主要方法是在鉑中添加氧化活性較高的第二金屬觸媒，添加第二金屬觸媒的方法可將兩種觸媒熔煉成鉑基合金形式。目前已知的 DMFC 雙元合金觸媒 BAC(binary alloy catalyst) 有 Pt-Sn、Pt-Re、Pt-Mo、Pt-Ru、Pt-Cr、Pt-Co、Pt-Ni 等，至於第二觸媒含量對 DMFC 性能之影響目前衆說紛紜，以鉑釕合金爲例，釕的最佳原子數含量從 10%-50% 都有報導。目前，市面上 DMFC 陽極專用鉑釕合金觸媒，原子數比仍以 1：1 爲主，例如 Johnson-Matthey 的 HiSPEC™ 6,000 與 E-Tek 的 C-13 等。圖 6-35 探討鉑釕合金觸媒中釕的原子數含量對 DMFC 性能之影響，從結果可以看出，釕原子數含量在 55% 左右 DMFC 有最大的輸出電流。

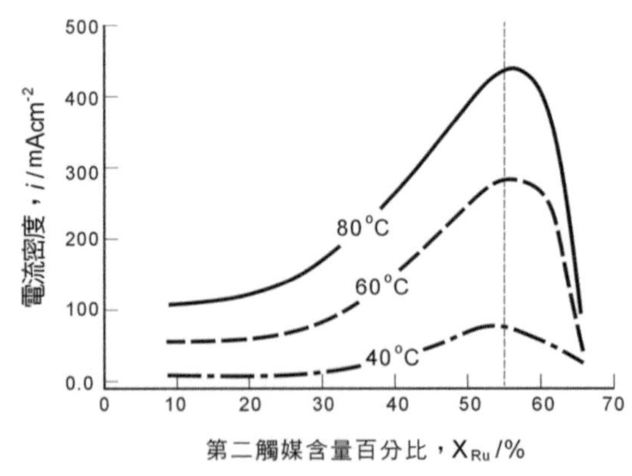

圖 6-35　雙合金觸媒含量 (原子數百分比) 對 DMFC 性能之影響

雙元合金觸媒在甲醇的氧化反應過程中是採用「雙功模式 (bifunctional model)」進行，其中，氧化活性較高的第二觸媒負責進行低電位下的水吸附活化反應，以產生活性氧 M − $(OH)_{ads}$，例如，釕在 250 mV 的電位下便能夠進行水的吸附與活化反應，而主觸媒鉑則活化 C − H 鍵，以利甲醇釋放質子與電子；此外，第二觸媒具有修飾鉑表面電子特性以加速電催化反應的功能，稱爲「電子效應 (Ligand effect)」。基本上，雙元合金觸媒中的第二觸媒不僅具有提供活性氧以促使鉑表面的 CO 氧化爲 CO_2 功能之外，同時也兼負著質子 (或電子) 供應者的角色，而強化 DMFC 的伏安特性。

除了雙元合金觸媒之外，DMFC 的陽極觸媒也可以在鉑中同時加入兩種以上氧化活性高的金屬而形成三元合金觸媒 TAC(ternary alloy catalyst)，如 Pt-Ru-Os，或者四元合金觸媒 QAC(quaternary alloy catalyst)，如 Pt-Ru-Os-Ir 與 Pt-Ru-Mo-W。

圖 6-36 比較三元合金觸媒 Pt-Ru-Os 與市售 Pt-Ru 觸媒 (Johnson-Matthey) 之電催化性能，由於 Os 的氧化活性比 Ru 還高，相對於 Pt 或 Pt-Ru 而言，三元合金觸媒 Pt-Ru-Os 可以減少 CO 吸附區域、增加觸媒抗毒能力、並提高 DMFC 性能。

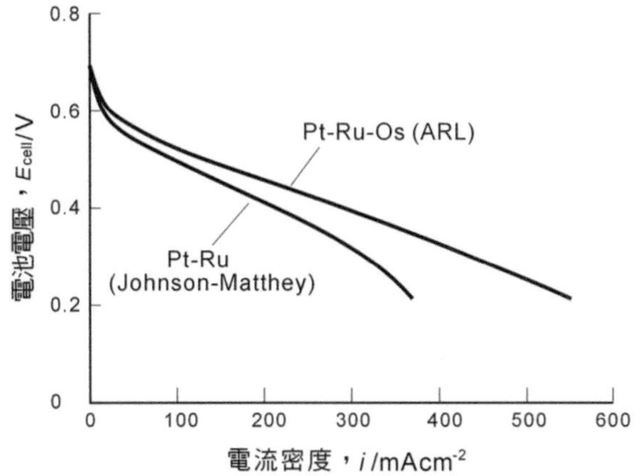

圖 6-36　三元合金觸媒，Pt-Ru-Os，與二元合金觸媒，Pt-Ru 性能之比較，陽極：2.0 mg Pt-Ru/cm^2，甲醇，1.0M、2.5 ml/min，0 Psig；陰極：2.0 mg Pt/cm^2(Johnson-Matthey)，空氣，600 sccm，0 Psig，T_{cell}：80°C

圖 6-37 則比較四元合金觸媒 Pt-Ru-Os-Ir 與市售 Pt-Ru 觸媒 (Johnson-Matthey) 之性能，此四元合金觸媒是以組合化學方法快速製備和篩選出的四元催化劑 Pt-Ru-Os-Ir[122]，觸媒下標數字代表最佳電催化性能之個別金屬原子數含量比，這個值等於該金屬在鉑中的極限溶解度，也就是在摻入這些金屬後，鉑基觸媒體系仍保持鉑原有的單相面心立方晶格 FCC 結構。

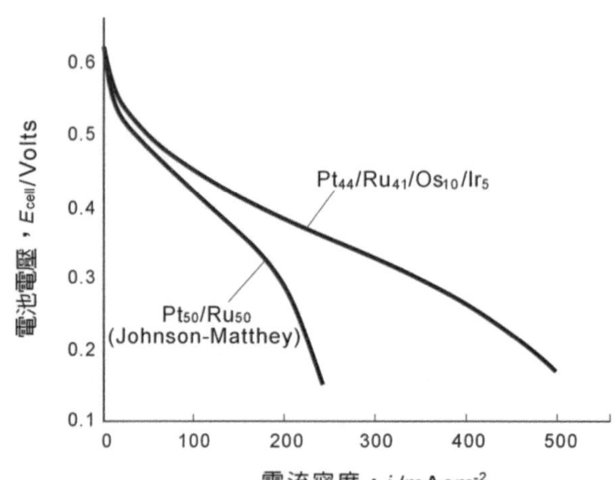

圖 6-37 四元合金觸媒 ($Pt_{44}/Ru_{41}/Os_{10}/Ir_5$) 與二元合金觸媒 ($Pt_{50}/Ru_{50}$) 之性能比較，陽極：4.0 mg/cm^2，甲醇，0.5M、12.5 ml/min, 1.0 kgf/cm^2，陰極：4.0 mg Pt/cm^2(Johnson-Matthey)，空氣，400 sccm，10 Psig，T_{cell}：60℃，Nafion® 117

6-5-5 甲醇進料方式

DMFC 陽極之甲醇可以是甲醇水溶液或者是甲醇蒸氣，表 6-6 比較此兩種進料方式之特點。蒸氣甲醇的優點是能夠提供較佳之質傳效果，然而系統必須加裝一個預熱器，以便將液態甲醇加熱成蒸氣，因此，不僅系統較爲複雜而且也會造成較大能量損失。液態甲醇進料方式具有尺寸較小、燃料迴路簡單、系統操作簡化等優點，而且系統能量損失較小，從工程觀點來看是較佳的進料方式，因此，目前大部分 DMFC 的設計皆採用液體進料爲主。

表 6-6 DMFC 不同甲醇進料方式之比較

進料方式	甲醇蒸氣 (液態)	甲醇溶液 (氣態)
系統	複雜	簡單
冷卻系統	需要	不需要
加濕系統	需要	不需要
電池堆	大	小
二氧化碳管理	需要	不需要
電極	氣體擴散電極	液體擴散電極
質傳能力	佳	差
燃料濃度	高	低 (已稀釋)
操作溫度	高 (130°C)	低 (≤ 100°C)

6-6-6　甲醇竄透

DMFC 電解質的基本要求與質子交換膜燃料電池相同，唯須考慮甲醇竄透因素。發生甲醇竄透等於電池部分短路，不僅效率下降且壽命縮短。科慕 Nafion® 膜作爲質子交換膜燃料電池的電解質在導電率、機械性及耐久度等特性，均符合要求，然而，以 Nafion® 膜作爲 DMFC 電解質時，過高的甲醇滲透會使得效率與壽命降低。甲醇滲透 Nafion® 膜主要來自於離子基團所形成的親水通道，基本上，Nafion® 側鏈所連接的磺酸基具有良好的離子移動性而形成磺酸基團簇，在吸水的情況下此磺酸基團簇會撐開鐵弗龍主鏈，而甲醇分子便會通過此通道到陰極而使發電效率降低。

降低質子交換膜甲醇滲透率常用的方法有兩種，第一種是就將 Nafion® 改質，第二種是採用非氟系材料。增加全氟磺酸樹脂中 C/H^+ 比值可降低甲醇滲透率，但導電率也隨之降低，爲了克服這個問題可以在 Nafion® 膜表面鍍上一層厚度 1 ～ 2 μm 高 C/H^+ 比的薄膜來阻擋甲醇滲透，如此也可確保質子導電率。在非氟系材料方面，美國凱斯西儲大學 (Case Western Reserve University) 所開發摻入酸的聚苯並咪唑 PBI(acid-doped polybenzimidazole) 膜，具有相當低的甲醇滲透率，它是將 PBI 浸泡在磷酸中製作而成，這種膜的甲醇滲透率比 Nafion® 膜低一個數量級，而輸出功率密度可達 100 ～ 300 mW/cm^2。此外，由於 PBI 膜能夠在 130 ～ 150°C 的高溫下傳導質子，因此，可以使用甲醇蒸汽作爲陽極燃料，不僅可加速陽極反應速率，同時解決 CO 毒化問題；由維吉尼亞理工學院 (Virginia Polytechnic Institute) 與 LANL 共同所研發出的酸型態聚雙苯基磺酸膜 PBPSH(poly biphenyl sulfone：H^+ form)，也具有低甲醇滲透率的特性，這種膜在結構上是以芳香烴爲主鏈，以取代作爲 Nafion® 膜的鐵氟龍主鏈，藉由芳香烴的熱運動來阻止甲醇竄透。

習題

1. 質子交換膜燃料電池發電時，反應物與產物有哪些輸送現象？
2. 質子交換膜燃料電池的電極是一個「三相區」，三相是指哪三相？
3. 質子交換膜燃料電池電極的主要成份有哪些？它們的功能分別爲何？
4. 驅使質子在高分子膜內移動的力量是什麼？它是單獨移動的呢？還是與其他分子結伴成行？
5. 白金在質子交換膜燃料電池的電極中扮演什麼角色？碳粒在觸媒層中之作用爲何？
6. 試問要如何加速質子交換膜燃料電池的電催化反應？
7. 爲什麼一氧化碳會使質子交換膜燃料電池的電極「中毒」？如何避免電極中毒？
8. 質子交換膜燃料電池所使用的氣體擴散層具有哪些主要的功能？
9. 試比較疏水電極與親水電極之差異。
10. 質子交換膜燃料電池雙極板流場設計之基本原則爲何？
11. 目前正在開發作爲質子交換膜燃料電池雙極板的材料有哪些？各有什麼特性？
12. 操作溫度、操作壓力及燃料 (氧氣與氫氣) 溼度對質子交換膜燃料電池性能有何影響？
13. 試描述水在質子交換膜燃料電池內所扮演的角色？
14. 爲什麼質子交換模燃料電池在操作時要增濕，而固態氧化物燃料電池卻不需要增濕？質子交換模燃料電池常用的增濕技術有哪些？
15. 爲什麼交換式增濕器 (如焓輪增濕器) 是接在質子交換膜燃料電池的陰極端 (空氣) 而不是接在陽極端 (氫氣) ？
16. 試比較以氫氣以及甲醇作爲質子交換膜燃料電池之燃料時之差異。
17. 直接甲醇燃料電池其反應機制爲何？其理論電位是多少？爲什麼比起相同操作條件下的質子交換膜燃料電池來的低？
18. 試比較直接甲醇燃料電池與質子交換膜燃料電池電極的過電位。
19. 有直接甲醇燃料電池，是不是也有直接乙醇燃料電池？如果是的話，以後家裡烹調用的米酒或金門高粱都可以直接倒入燃料電池內發電了。爲什麼目前沒有廠商或研究單位積極進行開發這些種類的燃料電池呢？困難點在哪裡？
20. 有直接甲醇燃料電池？是不是也有直接甲烷燃料電池呢？爲什麼？
21. 直接甲醇燃料電池陽極產生的二氧化碳跑到哪裡去了？陰極產生的水又到哪裡去了？直接甲醇燃料電池也有水管理的問題嗎？
22. 直接甲醇燃料電池的觸媒也是使用白金，觸媒毒化現象如何解決？
23. 目前常作爲直接甲醇燃料電池陽極第二觸媒的金屬元素有哪些？什麼又是直接甲醇燃料電池觸媒的「雙功模式 (bifunctional model)」？
24. 解決直接甲醇燃料電池甲醇竄透問題的方法有哪些？
25. 爲什麼一般直接甲醇燃料電池陽極所使用之甲醇其濃度不能過高 (通常爲 3% 至 10%) ？而磷酸燃料電池所使用的磷酸電解質其濃度卻高達 98% 以上？

7

固態氧化物燃料電池

固態氧化物燃料電池 SOFC(solid oxide fuel cell)是目前所有燃料電池操作溫度最高的，工作溫度可達 1,000°C。

SOFC 發電容量範圍大，幾乎可涵蓋所有電力市場，包括住宅、商業、工業用發電機及公共事業用電廠等，甚至也可應用於可攜式電力、移動電力、偏遠地區用電及高品質電力等；SOFC 的餘熱與燃料尾氣可與燃氣輪機或蒸汽輪機等構成複合循環發電系統，如此可以提高總發電效率。其中以靜置型的商業用電力、工業或家用熱電合併系統的市場前景較為看好。

7-1 發電原理

SOFC 採用在高溫下具有傳遞氧離子能力的固態氧化物爲電解質，通常以天然氣、頁岩氣、煤氣、沼氣等作爲陽極燃料氣體，而以空氣中的氧氣作爲陰極氧化劑。由於是高溫型燃料電池，因此，SOFC 的反應過程不僅有電能輸出，同時也可回收尾氣的餘熱來使用，如圖 7-1 所示。SOFC 與 MCFC 所使用的燃料氣體可以先經過燃料改質後再進入燃料電池，也可以直接在陽極進行燃料改質，兩者最大不同之處就是燃料氣體中所含的一氧化碳在 SOFC 的陽極可以直接進行電化學反應，因此，它與氫氣一樣都是 SOFC 的燃料。圖 7-2 爲以改質氣體作爲陽極進氣的 SOFC 其電化學反應示意圖，空氣中的氧在陰極進行電催化反應得到電子被還原爲氧離子：

$$\frac{1}{2}O_2+2e^- \rightarrow O^{2-} \tag{7-1}$$

氧離子在電解質兩側電位差與濃度差驅動力的作用下，通過電解質隔膜中的氧空位定向遷徙到陽極側與氫氣及一氧化碳進行氧化反應。

$$H_2 + O^{2-} \rightarrow H_2O + 2e^- \tag{7-2}$$

$$CO + O^{2-} \rightarrow CO_2 + 2e^- \tag{7-3}$$

總反應爲：

$$mH_2 + nCO+\frac{1}{2}(m+n)O_2 \rightarrow mH_2O + nCO_2 \tag{7-4}$$

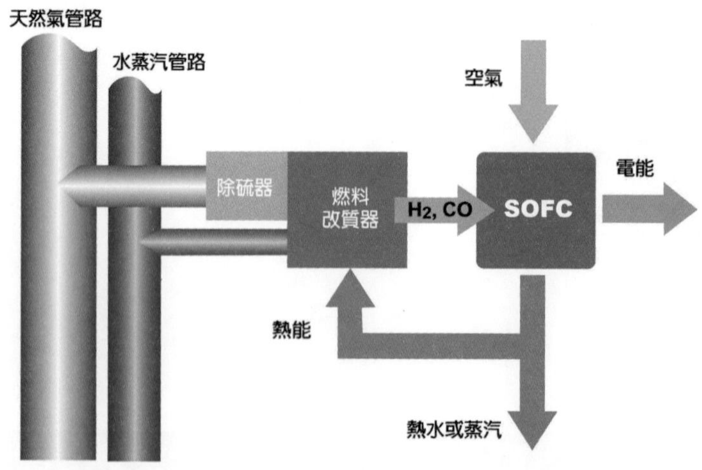

圖 7-1 固態氧化物燃料電池與燃料氣體改質技術

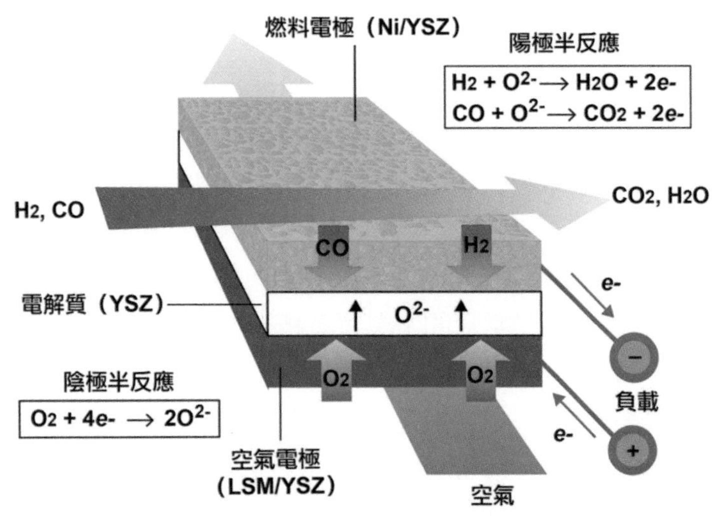

圖 7-2　SOFC 的發電原理

表 7-1　使用甲烷為燃料氣體時 SOFC 陽極之各種可能反應

種類	反應方程式	反應熱 (800°C)	機率	方程式
氫氣生成反應	$CH_4 + H_2O \rightarrow 3H_2 + CO$ (蒸氣甲烷改質反應)	242 kJ/mol	高	(7-5)
	$CO + H_2O \rightarrow H_2 + CO_2$ (水氣移轉反應)	− 38.6 kJ/mol	高	(7-6)
碳生成反應	$CH_4 \rightarrow C + 2H_2$ (甲烷裂解反應)	92 kJ/mol	低	(7-7)
	$2CO \rightarrow CO_2 + C$ (碳析出反應)	− 189 kJ/mol	低	(7-8)
電化學氧化反應	$H_2 + O^{2-} \rightarrow H_2O + 2e^-$ (氫氣氧化反應)	−	高	(7-9)
	$CO + O^{2-} \rightarrow CO_2 + 2e^-$ (一氧化碳氧化反應)	−	高	(7-10)
	$CH_4 + O^{2-} \rightarrow CO + 2H_2 + 2e^-$ (甲烷非完全氧化反應)	−	低	(7-11)
	$CH_4 + 4O^{2-} \rightarrow CO_2 + 2H_2O + 8e^-$ (甲烷全氧化反應)	−	低	(7-12)

當 SOFC 直接以甲烷爲燃料時，陽極的反應則變得相當複雜，表 7-1 則歸納出以甲烷在 SOFC 陽極上可能發生的化學反應。其中，氫氣生成反應有甲烷全氧化反應、甲烷非完全氧化反應、蒸氣甲烷改質反應及甲烷裂解反應等四種反應。其中，甲烷全氧化反應屬於電化學反應，它的發電效率非常高，每 1 莫耳的甲烷可以產生高達 8 莫耳的電子，然而，由於反應阻力太大且反應動力學微弱，因此，以目前所使用的陽極材料來看反應發生的機率很低；甲烷非完全反應在 800 ～ 1,000°C 的高溫下很難加以掌握，發生的可能性低；蒸氣甲烷改質反應則是常見的工業製氫技術，此外，蒸氣甲烷改質反應所產生的一氧化碳也可作爲 SOFC 的燃料；甲烷裂解反應除了產生氫氣以外也是碳的生成反應，反應後的碳原子會沉積在陽極上而逐漸降低電池性能，因此應與避免，從熱力學與電極反應動力學的觀點來看，可以在改質氣體中加入大量的水蒸氣 (通常 H_2O 的分壓爲 CH_4 的兩倍)，以加速蒸氣甲烷改質反應來避免碳生成反應之發生。

因此，內改質 SOFC 之陽極燃料的反應過程可以簡單描繪成圖 7-3。甲烷先與水蒸氣在陽極上進行蒸氣甲烷改質反應 SMR 產生氫氣與一氧化碳：

$$CH_4 + H_2O \rightarrow 3H_2 + CO \tag{7-5}$$

其中反應副產物一氧化碳可以直接與氧離子進行氧化反應而產生電子：

$$CO + O^{2-} \rightarrow CO_2 + 2e^- \tag{7-6}$$

或者與水進行水氣轉移反應產生氫氣：

$$CO + H_2O \rightarrow H_2 + CO_2 \tag{7-7}$$

上述兩種 CO 的反應都有助於提升 SOFC 性能。蒸氣甲烷改質反應與水氣轉移反應都會在陽極產生氫氣，而蒸氣甲烷改質反應是 SOFC 產生氫氣的控制反應式。基本上，水氣轉移反應與蒸氣甲烷改質反應都不是陽極氧化反應，然而他們所產生的氫氣仍然可納入涅斯特方程式 (Nernst equation) 中計算可逆電位。

由於蒸氣甲烷改質反應是吸熱反應，必須在高溫下才能夠發生反應，如果內改質反應集中在陽極的某一區域，將會造成局部溫度下降，而使得陽極材料脹縮不均而產生裂縫。此外，局部冷點也會引發碳生成反應而加速陽極積碳現象。因此，蒸氣改質反應必須確保能夠在陽極反應面上均勻的發生，而關鍵技術在於觸媒是否能夠均勻分佈在陽極材料上。

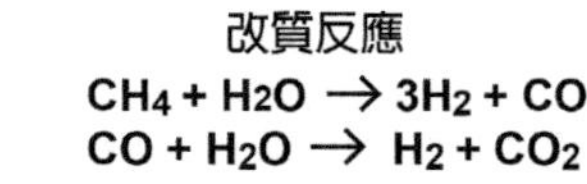

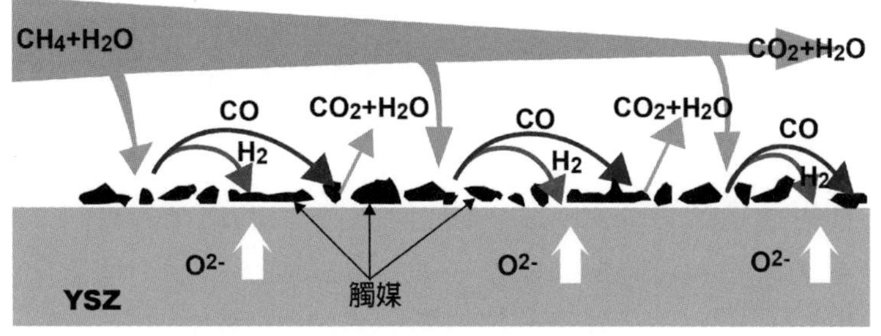

圖 7-3　固態氧化物燃料電池內改質反應示意圖

7-2 關鍵元件

SOFC 之關鍵元件有電解質、空氣電極 (陰極)、燃料電極 (陽極) 及雙極聯結板等，表 7-2 為 SOFC 元件使用材料與製程的演進情形。

表 7-2　SOFC 元件材料之演進

電池元件	1960 年代	1970 年代	現在
電解質	YSZ	YSZ	YSZ
陽極	多孔鉑	鎳 /YSZ	鎳 /YSZ
陰極	多孔鉑	摻入氧化鐠之氧化鋯	LSM/YSZ
雙極連結板	鉑	摻入錳之鉻酸鈷	LCC 或鎳鉻合金

YSZ：釔安定氧化鋯 (yttria stabilized zirconia)

LSM：摻鍶錳酸鑭 (Sr-doped $LaMnO_3$)

LCC：摻鈣鉻酸鑭 (Ca-doped $LaCrO_3$)

7-2-1　電解質

SOFC 的電解質主要作用是在兩個電極之間傳導氧離子，它的基本要求如下：

- 化學、晶型及外型尺寸之穩定性
- 氧離子導電率和電子絕緣性。

• 與鄰近元件化學相容、不發生反應，且熱膨脹係數相匹配，以避免開裂、變形和脫落。

• 不透氣，以避免燃料竄透 (crossover) 而造成燃燒。

摻雜稀土元素 (rare-earthmaterials) 的螢石結構氧化物，如立方氧化鋯 (cubic zirconia)，經常用於固態氧化物燃料電池之電解質材料。

氧化鋯是一種用途廣泛的氧化陶瓷，使它成爲重要的耐高溫材料、陶瓷絕緣材料和陶瓷遮光劑亦是人工鑽的主要原料。它是一種多晶結構化合物，純氧化鋯常溫常壓下爲單斜晶系 (monoclinic)，1,173°C 不可逆地轉變爲四方結構 (tetragonal)，到了 2,370°C 進一步轉變爲立方螢石結構 (cubic)，也就是

$$\text{單斜晶相} (1{,}173°\text{C}) \rightarrow \text{四方晶相} (2{,}370°\text{C}) \rightarrow \text{立方晶相} (2{,}690°\text{C}) \Leftrightarrow \text{融熔} \quad (7\text{-}8)$$

在純氧化鋯其中加入適量立方晶型氧化物，如氧化釔 Y_2O_3，也可以形成穩定的立方晶相固溶體，此摻雜氧化釔以穩定氧化鋯的陶瓷材料又稱爲 YSZ(yttria stabilized zirconia)。

純氧化鋯本身並不具氧離子導電性，當添加 Y_2O_3 後，部分氧化鋯晶格內四價離自 Zr^{4+} 被三價離子 Y^{3+} 取代，於是三個 O^{2-} 取代四個 O^{2-} 而產生氧離子空位，使得 YSZ 具有了傳導 O^{2-} 能力，就是這種 O^{2-} 傳遞能力，使 YSZ 成爲 SOFC 電解質的重要選擇，如圖 7-4 所示。

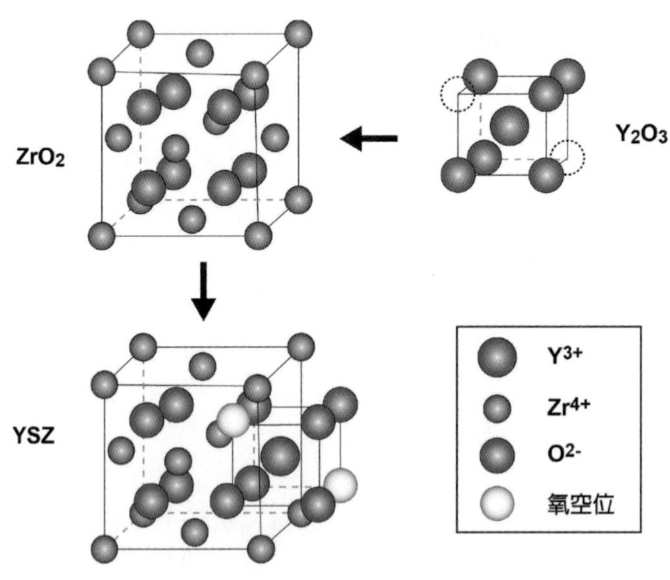

圖 7-4 YSZ 結構

YSZ 的 O^{2-} 傳導能力隨摻雜濃度增加，飽和後開始減少，Y_2O_3 莫耳濃度約 8%(1,000°C) 時可得到的最大的 O^{2-} 離子導電率。YSZ 除了具有氧離子傳導能力外，尚具

備 SOFC 電解質材料之基本特性，包括電子導電率幾乎為零、高溫下具有良好的長期化學和物理穩定性、良好的機械強度等。YSZ 性能見表 7-3[1]，

表 7-3　ZrO_2 與 YSZ 材料性能 (1,000°C)

參數	YSZ(8%Y_2O_3)
熔點 (°C)	2,680
密度 (g/cm^3)	5.90
導電率 (S/cm)	0.12
熱傳導係數 (W/cm K)	0.02
熱膨脹係數 cm/(cm K)	1.08×10^{-5}
抗彎強度 (MPa)	225
斷裂韌性 (MN/m$^{3/2}$)	3

7-2-2　空氣電極

SOFC 的陰極以空氣作為氧化劑，因此又稱為空氣電極。SOFC 陰極觸媒除了具有良好電催化性能與電子導電率外，同時必須具備化學穩定性，與連接的電解質及雙極連接板不發生反應，而且熱膨脹係數相近。

SOFC 的工作溫度高達 1,000°C，能夠滿足上述要求的陰極材料並不多，早期曾經使用鉑、鈀、銀等貴金屬作為 SOFC 陰極觸媒，這些貴金屬雖有很好的電催化性能，但在高溫下容易揮發，而且雜質、碳黑等顆粒會沈積在金屬電極表面，降低電極催化活性，此外，金屬電極的熱膨脹係數比陶瓷電解質高出許多，因此，溫度變化時界面容易發生剝離現象，再加上價格昂貴，使得這些貴金屬在 SOFC 電極上之應用受到相當大的限制。

1975 年以後普遍採用含稀土元素鈣鈦礦結構氧化物 (ABO_3) 製作 SOFC 陰極，這些立方鈣鈦礦氧化物是利用陽離子空位導電的 P 型半導體，當以低價離子置換 A 或 B 時可以形成更多陽離子空位，因而增加其導電率。最具代表性的材料就是摻鍶錳酸鑭 LSM(Sr-doped $LaMnO_3$)。錳酸鑭 $LaMnO_3$ 在室溫下呈現正交晶系結構，導電率相當低，材料性能見表 7-4，當溫度升高，原子摻雜、改變化學配比時，$LaMnO_3$ 晶相結構會發生變化，此晶相變化與四價錳離子 Mn^{4+} 含量有關。

1. 當溫度升高時，部分三價錳離子 Mn^{3+} 氧化成四價錳離子 Mn^{4+}，$LaMnO_3$ 晶相因而從正交轉變成菱形。

1　N Q Minh, T. Takahashi, Science and Technology of Ceramic Fuel Cells, Elsevier Science B.V., ISBN：0-444-8956, USA, 1995.

2. 當氧含量增加時，例如 $LaMnO_{3+\delta}$，$\delta > 0.1$，即使在室溫下，錳酸鑭也會呈現菱形晶相。
3. 當以低價金屬離子如 Sr^{2+} 取代鑭時，也會增加 Mn^{4+} 含量，而使得 $LaMnO_3$ 在室溫下也可以呈現菱形晶相。

表 7-4 $LaMnO_3$ 性能

性能指標	數值
熔點，°C	1,880
密度，g/cm^3	6.57
熱傳導係數，W/(cmK)	0.04
導電率，S/cm(700°C)	0.1
熱膨脹係數，10^{-6}cm/(cmK)(20-1,100°C)	11.2
強度，Mpa	25

SOFC 陰極的 LSM 就是以 Sr^{2+} 取代部分 La^{3+}，以增加 Mn^{4+} 含量來提高 $LaMnO_3$ 導電率。LSM 的導電率會隨著 Sr 摻雜量而變化，對於 Sr 摻雜量小於 20%(mol) 的 $LaMnO_3$，1,000°C 以下時，導電率會隨溫度和 Sr 摻雜量的提高而增加；1,000°C 以上時，LSM 的導電機制已由半導體轉向金屬型，也就是導電率不再隨著 Sr 摻雜量改變。Sr 摻雜量在 20% ～ 30%(mol) 時，在全溫度範圍內，呈現出金屬型電導。在 SOFC 工作溫度下 (600 ～ 1,000°C)，Sr 含量在 50 ～ 55%(mol) 時表現爲最大值。表 7-5 是摻雜 $LaMnO_3$ 的導電率[2]。圖 7-5 爲以 LSM 爲觸媒之空氣電極結構示意圖。

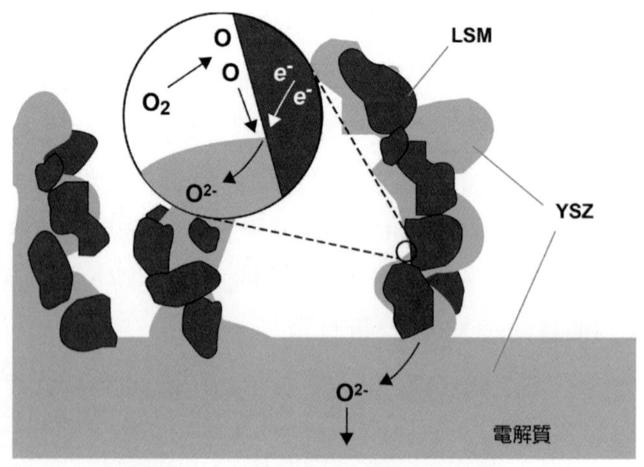

圖 7-5 空氣電極結構示意圖

2 N Q Minh, T Takahashi, Science and Technology of Ceramic Fuel Cells, Elsevier Science B.V., ISBN：0-444-8956, USA, 1995.

表 7-5　加入不同摻雜物之 $LaMnO_3$ 導電率

摻雜物	莫耳分數 (%)	導電率，1,000°C(S/cm)
SrO	10	130
	20	175
	30	290

上述摻雜物除了改善導電率外，同時也會改變其它材料性質，例如熱膨脹係數。未摻雜的 $LaMnO_3$ 在 25 ～ 1,100°C 時，其熱膨脹係數爲 $(11.2 \pm 0.3) \times 10^{-6}$cm/(cm · K)，Sr 摻雜後提高材料熱膨脹係數，並且隨著 Sr 的含量增加而提高。

SOFC 的陰極必須同時具備有良好電子導電率與氧離子導電率。陰極的氧導電率可用以下兩種方法來達成，第一種是直接將氧離子導電材料和電子導電材料混合而製成兩相電極，例如，把 YSZ 和 LSM 混合成爲 LSM-YSZ 陰極；第二種方式則是以 Co、Fe 和 Ni 取代鈣鈦礦類物質的 B 位金屬，$La_{1-x}Sr_xCoO_{3-\delta}$(LSC) 便是這種鈣鈦礦型複合氧化物之一，它在空氣中是典型的混合導體，在很寬的溫度範圍內具有非常高的離子導電率和高的電子導電率，而且這類陰極本身的過電位不高。

7-2-3　燃料電極

SOFC 的陽極又稱爲燃料電極，曾經作爲觸媒材料包括鎳、鈷、鉑、鈀、釕等過渡或貴金屬，由於鎳的價格低且電化學催化活性良好，已成爲 SOFC 陽極觸媒首選。

圖 7-6 爲以鎳爲觸媒之燃料電極結構示意圖。考慮到鎳與電解質 YSZ 之間有效結合以及熱膨脹係數匹配問題，通常將鎳與 YSZ 混合後製成金屬陶瓷。Ni-YSZ 金屬陶瓷陽極中的 YSZ 一方面可以使其與電解質層具有相近的熱膨脹係數，增加陽極在電解質上的附著性，另一方面可以防止 Ni 顆粒過度燒結而導致其活性降低；此外，YSZ 也是陽極中的氧離子導體。

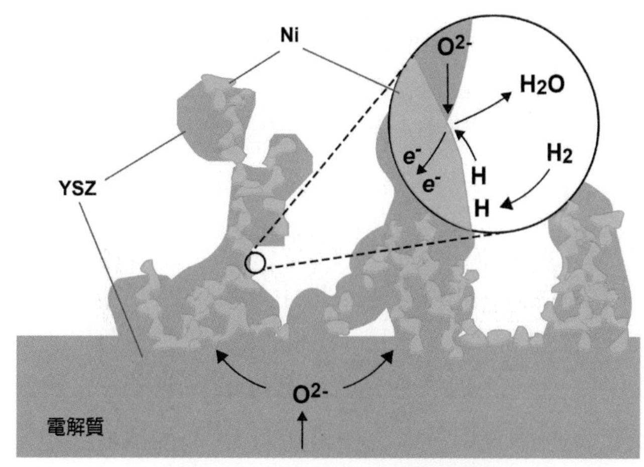

圖 7-6　燃料電極結構示意圖

Ni-YSZ 陽極的製作方式是先製作 NiO-YSZ 複合材料，然後在陽極還原氣氛中或直接 SOFC 工作環境中還原成 Ni/YSZ。NiO-YSZ 複合材料系統中，是以質量分率 50% 左右的 YSZ 爲骨架以作爲 NiO 粒子之支撐體，藉以形成高分散性的 NiO，如此不僅可以確保 NiO 還原後陽極材料結構穩定性，也可以阻止高溫環境下 Ni 粒子燒結。表 7-6 爲還原氣氛中 Ni-YSZ 的性能。基本上，以 Ni-YSZ 作爲 SOFC 陽極材料，在其工作條件下相當穩定，而且從室溫到工作溫度下，不發生相變，不與鄰近連接體發生反應。

表 7-6 Ni-YSZ 金屬陶瓷質性能

參數	數値	條件
熔點 (C)	1,453	Ni
密度 (g/cm^3)	6.87	30%Ni(體積分率)
導電率 (S/cm)	500	1,000°C，30%Ni + 30% 空孔 (體積分率)
熱膨脹係數 (10^{-6}cm/cmK)	12.5	30%Ni + 30% 空孔 (體積分率)
強度 (MPa)	100	25°C，30%Ni + 30% 空孔 (體積分率)

以烴類作爲 SOFC 燃料時，如果可以在陽極內部同時進行烴改質反應與氧化反應，則可以省去複雜的外部改質設備，降低 SOFC 系統的成本。然而，直接使用烴類作爲 SOFC 的燃料時，Ni 會促進陽極積碳反應的發生，導致陽極堵塞。因此，當考慮使用烴類燃料時，陽極材料的選擇上必須考慮同時具有催化氧化反應與烴改質反應的觸媒。解決之道是在原有的陽極材料內添加能催化烴類氧化的成份，例如銅、釩、鉬等金屬，部分代替 Ni 而製備出的 Cu/Ni/YSZ 陽極材料，如此可對多種烴類的氧化反應具有良好的電催化活性，同時可減少積碳反應的發生。

7-2-4 雙極連接板與密封材料

SOFC 相鄰兩單電池的陰極和陽極以雙極連接板連接導電，在平板式 SOFC 中，它同時具有導氣的作用。雙極連接材料在高溫狀態下必須具備良好的化學穩定性、足夠的機械強度、高的導電度及與電解質相近的熱膨脹係數等特性。目前 SOFC 連接材料主要有摻鈣鉻酸鑭 LCC(Ca-doped LaCrO3) 與鎳鉻合金。LCC 具有很好的抗高溫氧化性、良好的導電性及與 SOFC 其它元件相匹配的熱膨脹係數，然而 LCC 燒結性能較差，不易製作成型，而且材料價格比較昂貴，因此，目前平板式 SOFC 普遍採用鎳鉻合金作爲雙極連接板。基本上，鎳鉻合金能夠滿足固態氧化物燃料電池的物化特性要求，缺點是長期穩定性能較差。在製程方面，平板式 SOFC 通常以粉末冶金方式將鎳鉻合金粉末沖壓後燒結成型，管式 SOFC 採用電化學蒸氣沈積方法將 LCC 沈積在空氣電極後經過高溫燒結而成。

7-3 SOFC 結構

常見的 SOFC 幾何設計有板式與管式兩種，如圖 7-7 所示。

無論是管式或板式 SOFC，設計上都會將空氣電極、電解質及燃料電極結合成三合一結構，稱為 PEN 管 (positive electrode-electrolyte- negative electrode tube) 或 PEN 板，PEN 管或 PEN 板間以雙極連接板連接成為高功率的 SOFC 電池堆。

管式 SOFC 技術早在 1950 年代後期即開始發展，它的優點是不需要進行陽極與陰極密封，且操作溫度可達 1,000°C，然而製程相當複雜，製作成本高昂，平板式 SOFC 的結構相對簡單，製作成本相對低，此外，平板式 SOFC 操作溫度較低 (1,000°C 以下)，因此，可使用成本較低的雙極連結材料，例如鎳鉻合金。

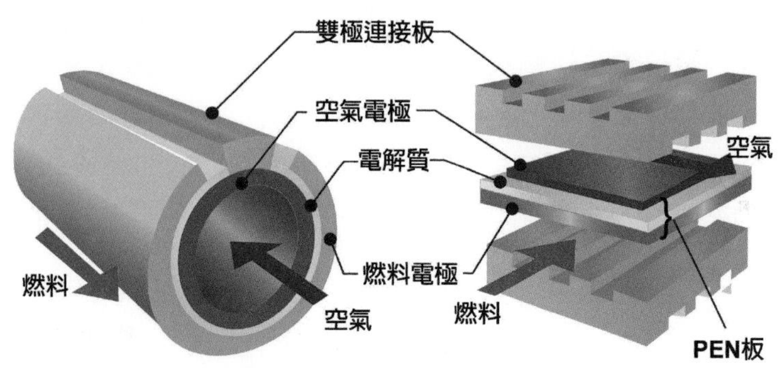

圖 7-7　管式 SOFC 與板式 SOFC 之示意圖

7-3-1　平板式 SOFC

如圖 7-8 所示，早期 PEN 板的設計是以電解質為基板，也就是所謂的電解質支撐 (electrolyte support)，先製作電解質基板後，上下各塗佈燃料電極與空氣電極材料。由於作為支撐層的 YSZ 的厚度較厚，因此，不僅需花費較高的材料成本，同時也會造成較高的歐姆損失。一般電解質支撐的 SOFC 操作溫度在 900 ～ 1,000°C 之間。

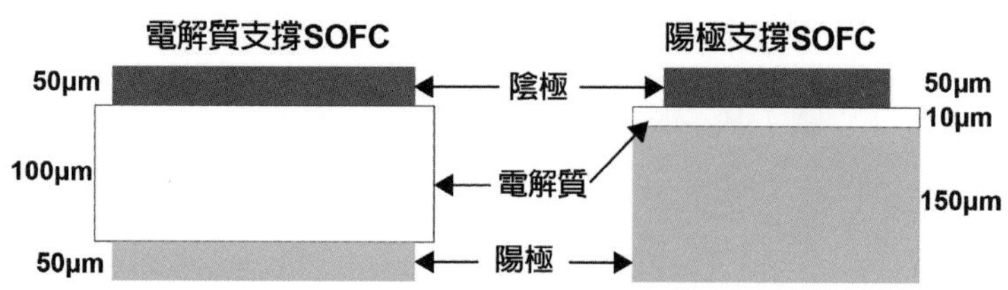

圖 7-8　電解質支撐 PEN 板與陽極支撐 PEN 板之比較

目前 SOFC 的 PEN 板大都以陽極支撐 (anode supported) 爲主，它以一層較厚的陽極作爲 PEN 板的支撐結構，相對的較薄電解質與陰極層則依序而上。由於電解質的功能在於傳導氧離子，所以製作得愈薄愈好，只要足以阻止燃料氣體和空氣體間相互竄透即可，以降低歐姆損失與減少材料成本。因此，SOFC 的製程技術中最重要的是其電解質陶瓷材料及電極陶瓷材料的薄型化技術。目前以陽極支撐 PEN 板所製得的 SOFC 操作溫度在 700 ～ 800°C 之間，此低溫操作環境可以直接使用金屬雙極連接材料，例如鎳鉻合金。金屬雙極板的耐久性遠高於陶瓷，此外使用金屬雙極板作爲燃料電池承受結構力的元件，可以使得電池堆的抗破壞與抗熱應力能力增加，採用金屬連結材料，不僅可以降低成本、降低電阻，同時可以解決熱膨脹問題。

目前用於製作陶瓷薄膜的方法大多可以應用於 SOFC 元件的製作，例如，帶鑄 (tape casting)、網印 (screen printing) 及它們的組合。圖 7-9 爲平板式 SOFC 之製程。首先以帶鑄法製作陽極支撐素板，如圖 7-10 所示，將 YSZ、溶劑、黏結劑、塑化劑在球磨機中混合均勻，然後將混合漿料澆注在輸送帶上，並利用刮刀將輸送中的漿料刮成薄膜，然後將薄膜烘乾後裁切成合適尺寸之素胚；緊接著以網印法塗上電解質層，兩者進行第一次燒結，然後再將陰極層網印在電解質層上後進行第二次燒結即完成 PEN 板。圖 7-11 爲完成 PEN 板之陰極面與陽極面之照片圖。最後，沖壓成型並焊接完成的雙極連接板，則與 PEN 板組裝成燃料電池堆，如圖 7-12 所示。

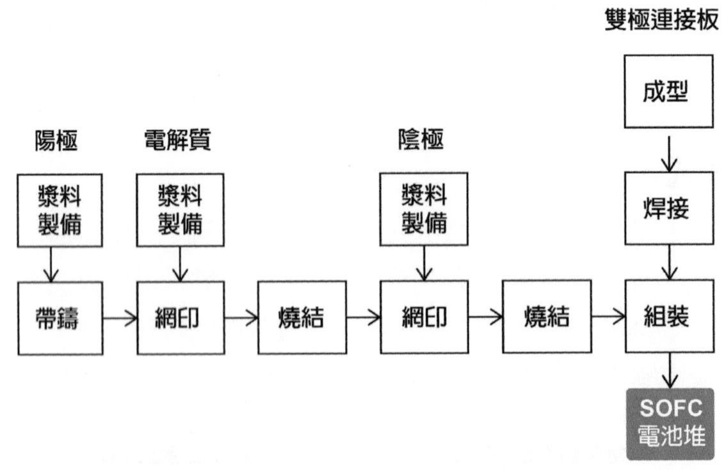

圖 7-9　板式 SOFC 之製程技術流程圖

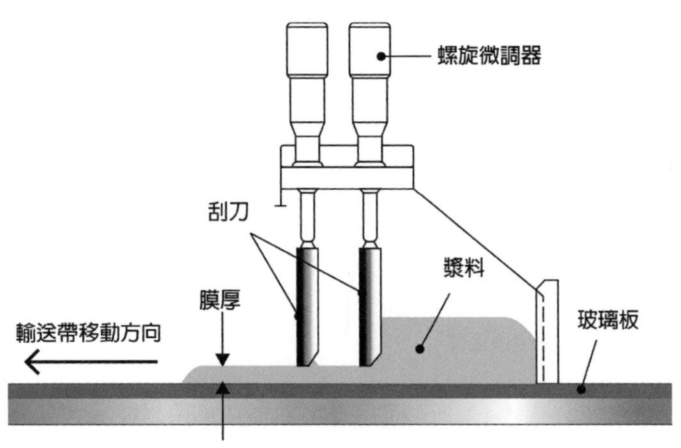

圖 7-10　帶鑄法示意圖

平板式 SOFC 的 PEN 板結構除了矩形或方形之外，尚有許多不同的變形設計，例如圓盤形、波浪狀設計等。圖 7-13 為平板式 SOFC 的一種變形設計，這種梯形 PEN 板固態氧化物燃料電池又稱為單塊石 (monolithic) 結構型 SOFC，它是在 1983 年由美國 Argonne 實驗室所提出，它的基本結構和平板式 SOFC 類似，主要差別在於它 PEN 板是波浪狀而不是平面的，因此只要在 PEN 板上下加上平面雙極連接板，即可形成燃料氣體通道與空氣通道。基本上，波浪狀 PEN 板的有效工作面積比平板大，因此，功率密度較高，然而波浪狀 PEN 板製作技術相對困難，必須共燒結成型，燒結條件要求十分嚴格。

圖 7-11　SOFC 單電池，左為陰極面，右為陽極面 (本圖片取自 Bloom Energy 網站)

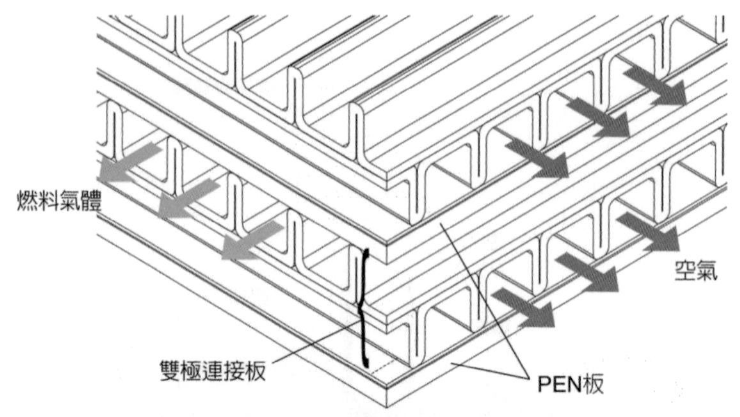

圖 7-12　平板式 SOFC 之幾何形狀

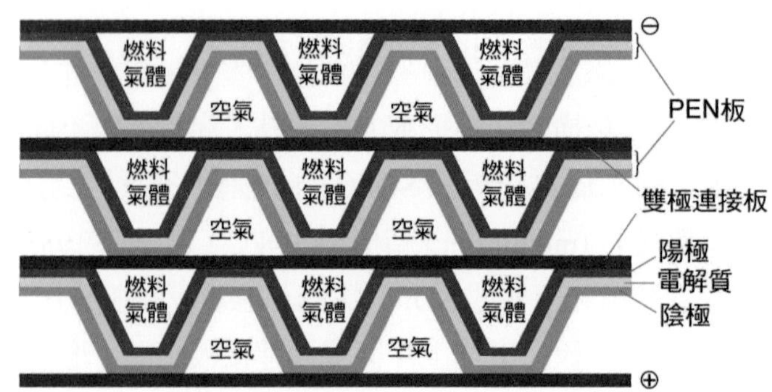

圖 7-13　MOLB 之 SOFC 結構

7-3-2　管式 SOFC

管式 SOFC 電池堆的結構如圖 7-14 所示，每根管子都是一支 PEN 管，從內到外分別由空氣電極、電解質、燃料電極及雙極連結材料等四層所組成。燃料電池堆則是由許多單電池管以串聯與並聯形式組裝而成。

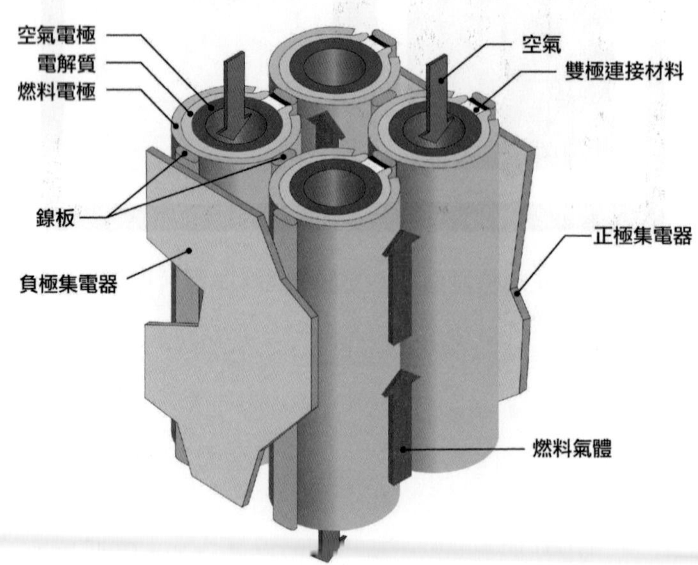

圖 7-14　管式 SOFC 電池堆結構示意圖

管式 SOFC 的製作過程是首先以擠壓成型與燒結方式製作空氣電極支撐 AES(air electrode support) 管，然後以電化學蒸氣沉積法 EVD 將電解質沉積到 ASE，接著以物理蒸氣沈積法 PVD 將雙極連結材料塗佈至空氣電極支撐管上，然後再將燃料電極漿料塗佈到電解質層上，最後經高溫燒結而成。EVD 是 CVD 的一種改良形式，利用電化學勢梯度作爲生長驅動力，在 AES 多孔基底上長緻密性的 YSZ 膜，然而，以 EVD 製作 YSZ 薄膜的系統設備複雜且操作條件嚴格，尤其必須在 1,000°C 高溫和高眞空度中操作，而且反應溫度、氣流溫度、水蒸汽和氯化物蒸氣的相對濃度、基底孔隙尺寸等因素均會對模的厚度與均勻性產生影響，生產率低，因此這種技術目前的生產成本還很高。

如圖 7-15 所示，加工好的 PEN 管一端封閉，另一端則沿著 PEN 管之中心軸插入氧化鋁空氣導流管，將空氣直接導入 PEN 管封閉端附近，再沿著空氣電極面流回到開口端。燃料氣體則是沿著 PEN 管外部，與管內空氣相同方向流過燃料電極，離開燃料電極而未反應之燃料氣體將重新導入陽極進行反應。圓管式 SOFC 主要特點是組裝容易且不需要進行單電池間密封程序，因此，比較容易藉由單管電池之間並聯和串聯方式組合成大型燃料電池系統。然而，免密封管式設計也有其缺點，電流沿者環型電極行進將會造成較長的路徑而增加歐姆阻抗，進而影響電池之效率；此外，單電池圓管之製作技術中，YSZ 電解質和雙極連接板所採用的電化學蒸氣沈積法，原料利用率低，相對製作成本偏高。

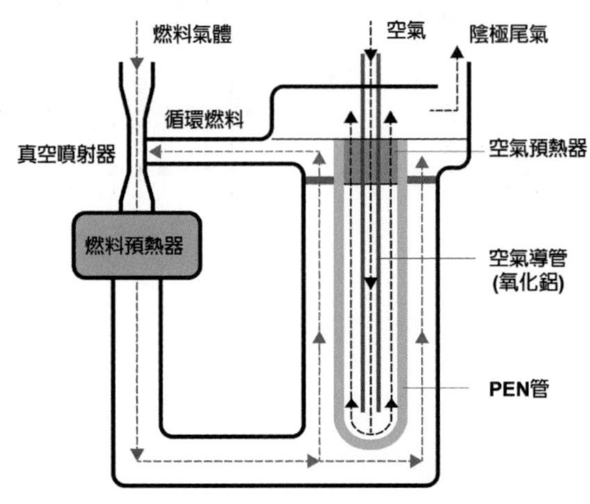

圖 7-15　管式 SOFC 進氣方式

高溫 SOFC 的電位損失主要來自於元件的歐姆阻抗，因此，選擇高導電度材料及降低各元件之厚度成爲 SOFC 結構設計的重點。以空氣電極支撐的圓管式 SOFC 爲例，當各元件尺度分別爲空氣電極厚度：2.2 mm、電解質厚度：40 μm、燃料電極厚度：100 μm 及雙極連接板厚度：85 μm，而這些材料在 1,000°C 時的電阻係數分別爲 0.013、10、3×10^{-6}、與 1.0 Ωcm 時，SOFC 的歐姆阻抗將有 45% 是來自空氣電極、12% 來自電解質、18% 來自燃料電極、而剩下 25% 則來自雙極連接材料。雖然電解質與雙極連接材料有較高的電阻係數，然而它們厚度薄、電流傳遞路徑短，所以歐姆阻抗並不大，相對地，電流在空氣電極的傳遞路徑長，因此，空氣電極的 iR_{Ω} 主導了整個 SOFC 的歐姆阻抗。爲了解決空氣電極高歐姆阻抗的問題，可以將 SOFC 圓管扁平化，並且在空氣電極中間加裝肋條隔板提供陰極電流捷徑並作為空氣流道之用，如圖 7-16 所示，扁平管 SOFC 的設計有以下幾項優點：

1. 可縮短電流路徑並同時增加電流路徑截面積，以降低電池歐姆阻抗。
2. 可採用較薄的空氣電極，以降低濃度極化。
3. 可減少了管與管間的閒置空間，節省電池堆所需空間。
4. 可藉由肋條隔出空氣流道，因此無須空氣導管。

表 7-7 為扁平管 SOFC 與傳統圓管 SOFC 之性能比較。從表中可以清楚地發現，在單位質量的輸出功率方面，扁平管 SOFC 較傳統圓管 SOFC 高出約 77%，而單位體積輸出功率的改進程度則可以達到 185%；此外，在固定的輸出功率之下，扁平管 SOFC 所需的單電池數量明顯較少，每 kW 的輸出功率需要 7.9 支的傳統單電池圓管，而改用扁平管只需要 4.9 支。長度方面，扁平管的設計管長僅有 50 cm，是傳統圓管的 1/3。

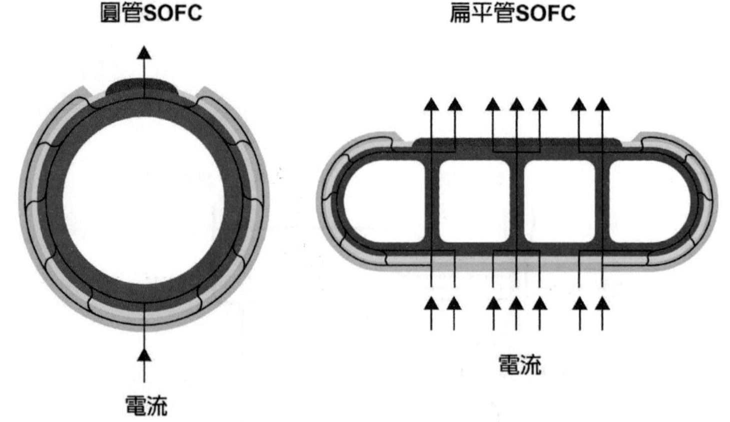

圖 7-16　圓管 SOFC 與扁平管 SOFC 電流路徑之比較

表 7-7　圓管 SOFC 與扁平管 SOFC 性能之比較 (操作溫度：9,520°C，操作電壓：0.65V)

種類 / 特徵	圓管 SOFC	扁平管 SOFC		
	EDB/Elsam[a]	HPD_4[b]	HPD_8	HPD_{12}
電池長度 (cm)	150	50	50	50
10kW 之電池數目	79	114	73	49
單電池輸出功率 (W)	126	88	136	205
比功率 (W/kg)	113	191	203	200
單位體積輸出功率 (W/L)	136	297	409	388

a：在荷蘭 EDB/Elsam 運轉之 110-kW 常壓型圓管 SOFC 系統。
b：High Power Density SOFC，下標表示所使用肋條數目。

7-4 SOFC 性能分析

7-4-1 壓力效應

SOFC 的性能隨著壓力增加而增加的主要原因是操作壓力的增加可提高可逆電位並同時降低活化過電位與濃度過電位。根據涅斯特方程式，SOFC 的可逆電位變化與反應氣體分壓的關係可寫成：

$$\Delta E_{\mathrm{n}} = \frac{RT}{2F} \ln \left[\frac{\left(P_{\mathrm{H_2}} P_{\mathrm{O_2}}^{1/2} / P_{\mathrm{H_2O}} \right)_2}{\left(P_{\mathrm{H_2}} P_{\mathrm{O_2}}^{1/2} / P_{\mathrm{H_2O}} \right)_1} \right] \tag{7-13}$$

假設 SOFC 的過電位主要受到陰極氣體 O_2 壓力之影響，則在 1,000°C 的典型操作溫度下，SOFC 可逆電位隨著操作壓力變化的關係可以寫成：

$$\Delta E_{\mathrm{n}} = \frac{RT}{4F} \ln \left(\frac{P_2}{P_1} \right) = 27 \ln \left(\frac{P_2}{P_1} \right) = 63 \log \left(\frac{P_2}{P_1} \right) \tag{7-14}$$

換言之，當操作壓力增為 10 倍時，SOFC 的可逆電位增加 63 mV。

圖 7-17 為操作壓力對空氣電極支撐 SOFC 性能之影響[3]。從圖中可以清楚看出，在固定電流密度下，提高 SOFC 的操作壓力可以有效提高 SOFC 的輸出電壓。在 1,000°C 的操作溫度下及 1 ～ 15 大氣壓的操作壓力範圍內，操作壓力與 SOFC 的輸出電壓增量的關係可以用下面經驗公式來描述：

$$\Delta V_{\mathrm{p}}(\mathrm{mV}) = 59 \log \frac{P_2}{P_1} \tag{7-15}$$

3　S. C. Singhal, "Recent Progress in Tubular Solid Oxide Fuel Cell Technology," Proceedings of the 5th International Symposium on Solid Oxide Fuel Cells (SOFC-V), The Electrochemical Society, Inc., Pennington, NJ (1997).

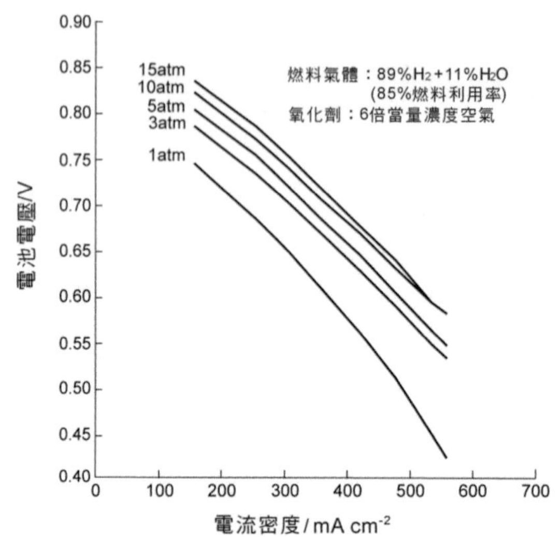

圖 7-17　壓力對空氣電極支撐 SOFC 性能之影響

7-4-2　溫度效應

由於水生成反應在高溫時的自由能較低，例如，在 27°C 時，Δg = 54.617kcal/mol，在 927°C 時，Δg = 43.3kcal/mol，因此，SOFC 的開路電壓低於 MCFC 及 PAFC 的開路電壓，然而較高的操作溫度有助於降低歐姆極化。

圖 7-18 說明溫度對 SOFC 雙電池組性能之影響。圖中顯示在 800°C 時，SOFC 電壓隨著電流增加而急遽下降，這是因爲固態電解質在 800°C 的低溫下有相當高的歐姆極化，而歐姆極化隨著操作溫度增加而減小。圖中也顯示，在固定電流密度下，溫度從 900°C 降低至 800°C 時燃料電池電壓的下降率大於溫度從 1,000°C 下降到 900°C 時的燃料電池電壓，這表示溫度變化量所造成 SOFC 輸出電壓的改變量與 SOFC 當時的溫度有關。

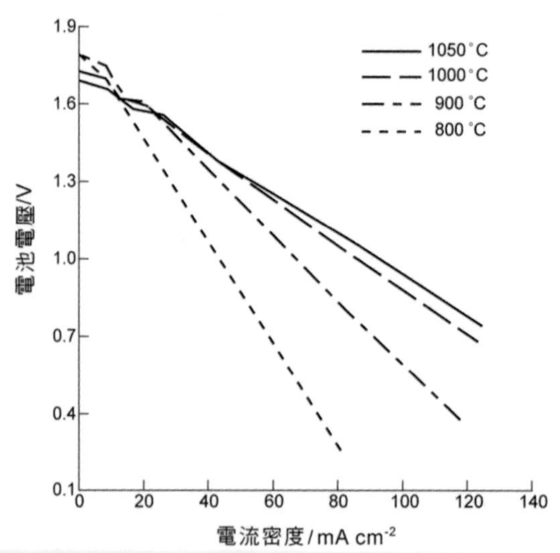

圖 7-18　操作溫度對 SOFC 雙電池組性能之影響（燃料氣體：67%H_2/22%CO/11%H_2O，氧化劑：為空氣）

7-4-3　反應氣體組成與利用率效應

由於 SOFC 具有內改質能力，因此 SOFC 與 MCFC 一樣不需要改質觸媒與裝置，然而，SOFC 無需像 MCFC 一樣需將陽極尾氣中的二氧化碳回收至陰極循環使用，這是因爲 SOFC 陰極的氧化劑僅需使用氧氣即可。

SOFC 使用純氧取代空氣作爲陰極進氣時，將可以改善燃料電池的效率。圖 7-19 比較在相同的操作條件下 SOFC 使用純氧與空氣的效率，圖中結果顯示使用純氧時輸出電壓明顯高於空氣，這表示空氣之濃度極化較爲明顯。圖中虛線部份是將實驗值外插結果，它與縱軸相交之處即爲燃料電池的開路電壓。

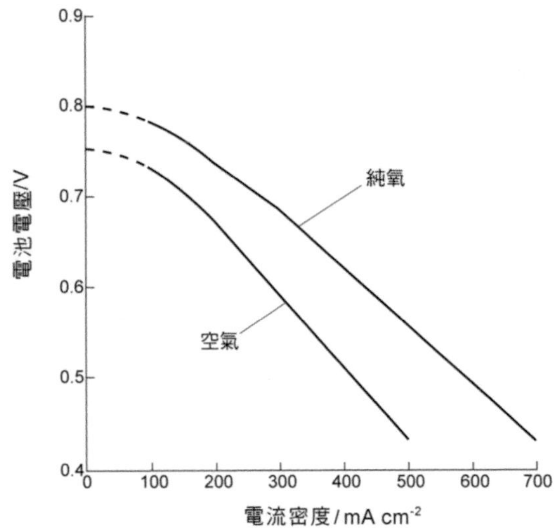

圖 7-19　純氧與空氣為氧化劑之 SOFC 性能比較 (溫度：1,000°C，燃料氣體：$67\%H_2/22\%CO/11\%H_2O$，燃料利用率：85%)

圖 7-20 說明在燃料氣體組成對 SOFC 開路電壓影響。圖中燃料氣體組成是以碳、氫、氧原子數目的比值來定義，也就是將探討燃料氣體中的 O/C、H/C 值與 OCV 的關係。當燃料氣體中沒有氫原子時，H/C = 0；純一氧化碳時，O/C = 1；純二氧化碳時，O/C = 2。圖中結果顯示，當 O/C 增加而使燃料氣體組成從 CO 變到 CO_2 時，SOFC 的開路電壓從 1.1 V 降到 0.6 V，此外，燃料氣體中之 H/C 增加時，OCV 隨之增加，主要原因是 H_2/O_2 反應的 OCV 高於 CO/O_2 反應的 OCV，因此，增加 SOFC 燃料氣體中氫氣含量將有助於獲得較高的 OCV。

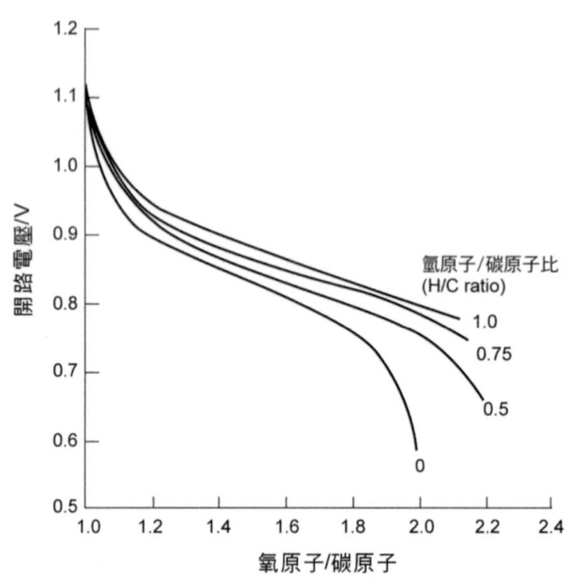

圖 7-20 燃料氣體組成對 SOFC 開路電壓影響 (T_{cell}：1,000°C 下)

圖 7-21 說明燃料氣體利用率效應對 SOFC 輸出電壓之影響。從圖中可以清楚地看出在無論是氧氣或空氣，在 25% 的氧化劑利用率下，SOFC 輸出電壓隨著燃料氣體利用率增加而減小，這是因爲燃料利用率增加會增加陽極的濃度極化；相同地，在陽極燃料氣體與陰極氧化劑利用率固定時，以純氧作爲陰極氧化劑的輸出電壓明顯高於以空氣爲陰極氧化劑的輸出電壓。

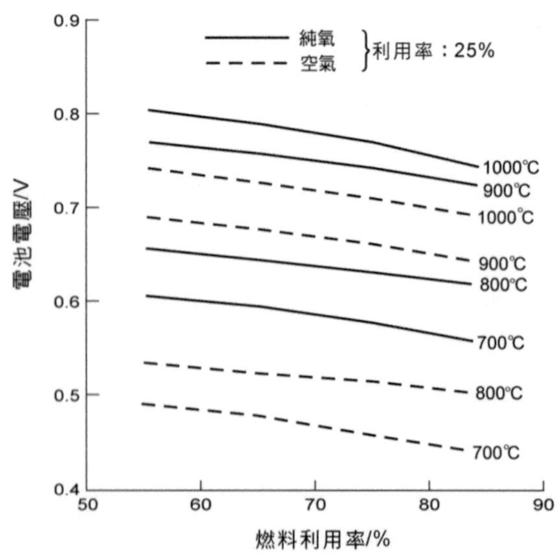

圖 7-21 不同操作溫度下燃料氣體利用率對 SOFC 性能之影響 (燃料氣體：67%H_2/22%CO/11%H_2O，氧化劑利用率：25%，SOFC 單電池管直徑 1.5cm、長度 30cm、反應面積 100cm^2)

7-4-4　雜質效應

煤氣中的雜質有硫化氫 (H_2S)、氯化氫 (HCl) 及硝酸 (NH_3) 等。這些雜質有些會影響 SOFC 的運轉、降低性能。圖 7-22 是陽極燃料氣體內所含不同雜質對長時間運行的 SOFC 性能之影響 [17]。陽極所使用的燃料氣體為模擬氧吹煤氣，它的成份是 37.2%CO；34.1%H_2；0.3%CH_4；14.4%CO_2；13.2% H_2O；0.8%N_2。圖中的實驗結果顯示當以氧吹煤氣取代氫氣作為陽極燃料氣體時，SOFC 性能有些微下降；當燃料氣體中加入 5,000 ppm 的 NH_3 時，並不會對 SOFC 性能造成影響；當加入 1 ppmHCl 時，SOFC 的性能也沒有任何下降的跡象，然而，加入濃度 1 ppm 的 H_2S 時 SOFC 性能急速下降，此一性能下降現象很快就會趨於穩定，然後再進入正常而緩慢線性下降的趨勢。另外一項實驗結果則顯示，當將燃料氣體中所含的硫化氫移除後，SOFC 將可回復到原來的性能。此外，煤氣中存在有少量的矽也可視為雜質，由於它會累積在燃料電極上而形成氧化矽 (SiO_2)，而當燃料氣體中的水氣含量高時 (50%)，將會加速矽的沉積物的生成，矽的輸送反應方程式：

$$SiO_{2_{(s)}} + 2H_2O_{(g)} \rightarrow Si(OH)_{4_{(g)}} \tag{7-16}$$

當燃料氣體中的 CH_4 經蒸氣改質反應而成為 CO 與 H_2 時，會大量消耗 H_2O，如此，將有助於上述化學反應之逆反應的發生，進而造成 SiO_2 在下游沉積，甚至附著在觸媒鎳的表面上。然而，氧吹煤氣中 H_2O 的含量大約只有 13%，因此，預期將不會有任何明顯的矽輸送現象。

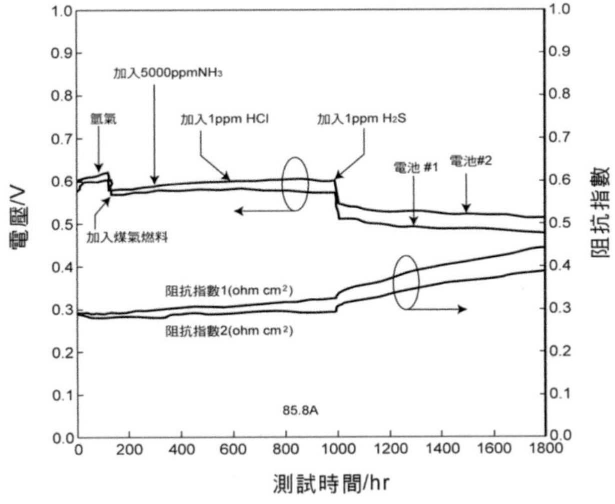

圖 7-22　雜質對 SOFC 之性能之影響

習題

1. 說明固態氧化物燃料電池其原理及結構？
2. 以甲烷爲固態氧化物燃料電池燃料時，在陽極必須加入大量的水蒸氣以進行重整改質反應，蒸氣重整改質反應方程式爲何？
3. 爲什麼一氧化碳和氫氣一樣，都可以作爲固態氧化物燃料電池的燃料？
4. 一氧化碳在固態氧化物燃料電池的可以直接作爲燃料而產生電化學反應，也可以內重整進行水氣轉移反應而產生氫氣，哪種反應的對提高燃料電池效率貢獻較大？爲什麼？
5. 固態氧化物燃料電池內的導電離子爲何？它在電解質隔膜內是如何移動的？
6. 作爲固態氧化物燃料電池之電解質材料有哪些基本要求？目前常用作爲 SOFC 電解質的材料有哪些？
7. 試說明平板式 SOFC 和管式 SOFC 的電解質膈膜在製作上有何不同。
8. 爲什麼固態氧化物燃料電池的觸媒不採用白金，而採用鎳？
9. 扁平管 SOFC 在設計上有哪些特點使其性能優於管式 SOFC ？
10. 單塊疊層結構 (MOLB)SOFC 與平板式 SOFC 比較，有何優缺點？
11. 什麼是 PEN 板？它和質子交換膜燃料電池的 MEA 有何不同？
12. 固態氧化物燃料電池的 PEN 板可區分成電解質支撐結構以及電極支撐結構，兩者有何不同？
13. 固態氧化物燃料電池陰極與陽極排放出的氣體可作爲哪些用途？
14. 固態氧化物燃料電池與熔融碳酸鹽燃料電池，何者適合發展高壓型燃料電池？爲什麼？
15. 固態氧化物燃料電池與熔融碳酸鹽燃料電池兩者均屬高溫燃料電池，兩者也都具有燃料內重整能力，就熱電合併電廠的發展何者較具有優勢？爲什麼？
16. 請上網查閱目前全世界發展固態氧化物燃料電池的廠商有哪些？哪些是發展管式 SOFC ？哪些是發展平板式 SOFC ？

熔融碳酸鹽燃料電池

熔融碳酸鹽燃料電池 MCFC(molten carbonate fuel cell) 是緊接著磷酸燃料電池後商品化的燃料電池，因此，又被稱為第二代燃料電池。1950 年代出現全世界第一部 MCFC，1980 代年高壓型 MCFC 開始運轉。

MCFC 在建立發電容量 50 kW ～ 10 MW 之間的分散型電站方面具有明顯的優勢，尤其負載率超過 45% 的中小規模分散型發電系統，MCFC 的經濟效益更為突出。50 kW 左右的小型 MCFC，可用於地面通訊、氣象台站等設施之供電；200 ～ 500 kW 的 MCFC，則可用於水面艦船、醫院、海島及偏遠或邊防地區的熱電共生系統；而 1 MW 以上的 MCFC，可與氣渦輪機構成複合發電系統，作為區域性供電站或者與電網並聯供電。

8-1 工作原理

MCFC 的結構與其工作原理如圖 8-1 所示。構成 MCFC 的關鍵材料與元件包括陽極、陰極、電解質與支撐膜及雙極板等。

碳酸根離子 CO_3^{2-} 爲電解質的導電離子。陰極半反應爲氧氣與二氧化碳電化學還原反應產生碳酸根離子：

$$\text{陰極半反應：} O_2 + 2CO_2 + 4e^- \rightarrow 2CO_3^{2-} \tag{8-1}$$

陽極半反應則是氫氣與碳酸根離子進行電化學氧化反應產生二氧化碳與水：

$$\text{陽極半反應：} 2H_2 + 2CO_3^{2-} \rightarrow 2CO_2 + 2H_2O + 4e^- \tag{8-2}$$

熔融碳酸鹽燃料電池的總電極反應爲：

$$\text{總反應：} \frac{1}{2}O_2 + H_2 + CO_2 \rightarrow H_2O + CO_2 \tag{8-3}$$

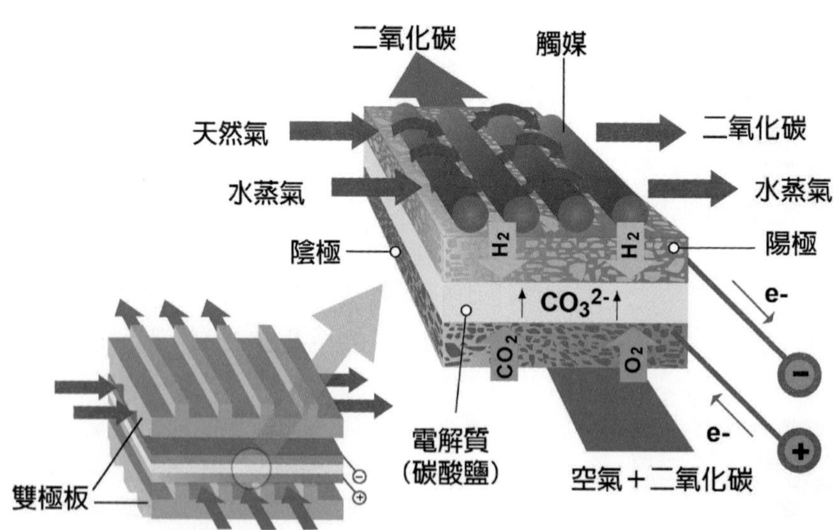

圖 8-1 MCFC 之結構與工作原理

由於二氧化碳同時爲陰極的反應物與陽極的產物，因此，MCFC 系統之設計爲將陽極產生的二氧化碳循環至陰極使用，以構成一個二氧化碳封閉迴路。如圖 8-2 所示，MCFC 運轉時，通常會將含有二氧化碳與未反應燃氣的陽極尾氣導入燃燒器中燃燒，將水分離後的二氧化碳與新鮮空氣混合後再回送到陰極循環使用。

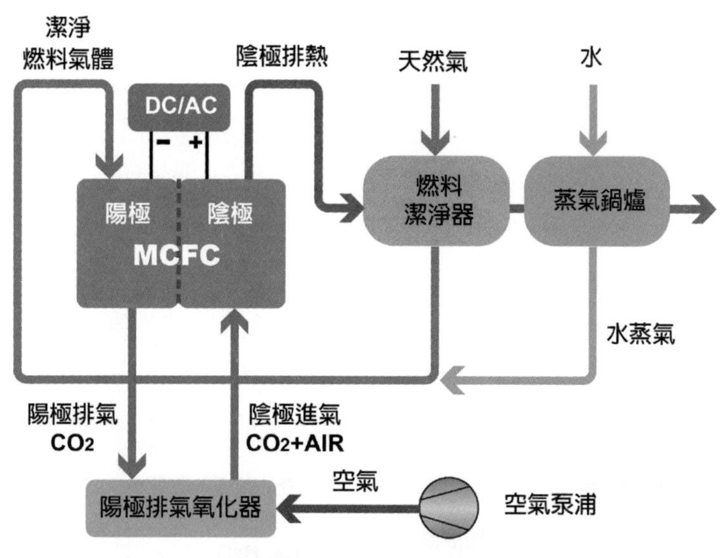

圖 8-2　MCFC 二氧化碳封閉循環示意圖

高溫 MCFC 具有內改質能力，也就是可以直接在 MCFC 內部進行燃料改質程序，以甲烷爲例，如圖 8-3 所示，MCFC 陽極上的內改質反應過程是先進行蒸氣甲烷改質 SMR(steam-methane reforming) 反應產生氫氣：

$$CH_4 + H_2O \rightarrow 3H_2 + CO \tag{8-4}$$

而所產生的一氧化碳與水蒸氣進行水氣移轉 WGS(water gas shift reaction) 反應也會產生氫氣

$$CO + H_2O \rightarrow H_2 + CO_2 \tag{8-5}$$

以上兩種反應所產生的氫氣，則進一步在陽極上進行 (8-2) 式之電化學反應，基本上，SMR 反應與 WGS 反應都是氫氣的生成反應，但都不是電化學反應，即便如此，它們所產生的氫氣仍然可納入 MCFC 可逆電位的計算中，因此加速兩者反應皆有助於 MCFC 熱力學效率提升。

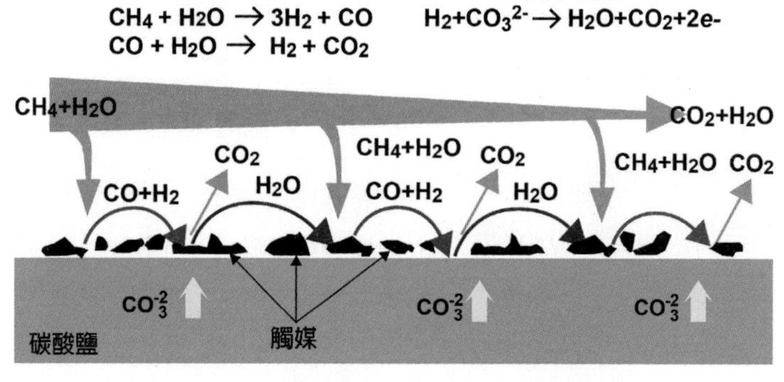

圖 8-3　內改質 MCFC 陽極反應示意圖

MCFC 內改質技術可分為直接內改質 DIR(direct internal reforming) 與間接內改質 IIR (indirect internal reforming) 兩種，如圖 8-4 所示，間接內改質是將 MCFC 電化學反應所釋放的熱能直接供給陽極燃料氣體改質反應所需的反應熱，而改質反應與電化學反應兩者互不影響，在設計上是將改質器緊鄰著燃料電池，如此便可以充分利用燃料電池的反應熱進行改質反應；直接內改質則是燃料氣體的改質反應與電化學反應在同一個空間下進行，因此，兩者除了熱交換之外，彼此還會相互影響反應之進行，例如氫氣由於電化學反應消耗時，直接內改質便可感應氫氣分壓降低而加速改質反應以補充氫氣，相對地，間接內改質的改質反應與電化學反應在不同空間中進行，因此，產氫反應無法像直接內改質那樣主動而迅速。

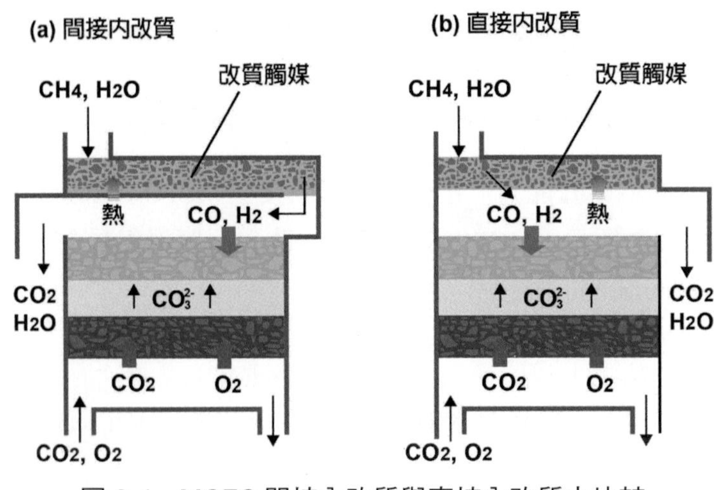

圖 8-4　MCFC 間接內改質與直接內改質之比較

8-2 關鍵元件

表 8-1 說明了 MCFC 關鍵元件所使用材料之演進情形。

表 8-1　MCFC 元件使用材料演進

元件	1965 年前後	1975 年前後	現在
電解質支撐膜	氧化鎂	α-、β-、γ- 鋁酸鋰混合物	α-、γ- 鋁酸鋰
電解質 (莫耳分率)	1. 碳酸鋰＋碳酸鈉 2. 碳酸鋰＋碳酸鈉 + 碳酸鉀	碳酸鋰 + 碳酸鉀	1. 碳酸鋰＋碳酸鉀 2. 碳酸鋰＋碳酸鈉
陰極	氧化銀、鋰化 - 氧化鎳	鋰化氧化鎳	鋰化氧化鎳
陽極	鉑、鈀、鎳	鎳鉻合金	鎳鉻合金／鎳鋁合金

MCFC 開發初期，電極材料以鉑、鈀、銀等貴重金屬爲主，隨著材料技術之進步與發展，目前 MCFC 之陽極與陰極觸媒則分別採用鎳基合金與鋰化氧化鎳。此外，早期作爲電解質支撐膜的氧化鎂 MgO 目前也被鋁酸鋰 $LiAlO_2$ 所取代。從 1980 年代以後 MCFC 電極與電解質所使用的材料基本上都沒有什麼改變，主要進展在於電解質與電極製程技術的改善。

8-2-1　電解質支撐膜

電解質支撐膜必須具備有結構強、耐高溫、耐腐蝕等特性。早期採用氧化鎂製作成熔融碳酸鹽的支撐膜時發現氧化鎂會溶解在熔融碳酸鹽中，而且所製作出的支撐膜容易破裂。目前普遍採用鋁酸鋰來製作 MCFC 的電解質支撐膜，它的結構強且具有抗腐蝕的能力，符合作爲熔融碳酸鹽電解質支撐膜的條件。

鋁酸鋰有六方 (α)、單斜 (β) 及四方 (γ) 等三種不同晶型，它們分別呈現球狀、針狀和片狀的外形，而密度分別爲 3.400 g/cm^3、2.610 g/cm^3 和 2.615 g/cm^3，其中，α- 鋁酸鋰與 γ- 鋁酸鋰常用作 MCFC 電解質支撐膜。

1980 年以前，支撐膜的製作方式是將鋁酸鋰與鹼性碳酸鹽的混合物在略低於鹼性碳酸鹽熔點溫度 (62% 碳酸鋰加上 38% 碳酸鉀熔點爲 490°C) 下熱壓而成。以熱壓法製作的電解質支撐膜相當厚，大約 1 ～ 2 mm，因此又稱爲電解質磚，而且，由於熱壓機的熱壓面積有限，無法製作大面積電解質支撐膜；此外，其它缺點尚包括空孔結構不足 (孔隙率 < 5%)、微結構均勻性差、機械強度差及歐姆阻抗高等。近年來，針對熱壓法的缺點所開發出幾種新的製程技術，例如，帶鑄法 (tap casting)、滑鑄法 (slip casting)、電解沈積法 (electrophoretic deposition) 等，這些技術都適合製作大面積且超薄的電解質支撐膜。其中，以帶鑄法製作鋁酸鋰隔膜，不僅性能與重複性佳，而且又適合大量生產。MCFC 電解質支撐膜製程中，首先將一定比例的 γ- 鋁酸鋰與 α- 鋁酸鋰的混合粉末置入正丁醇和乙醇的混合溶劑中，溶劑內添加一定比例之黏結劑、增塑劑及流變增強劑等，經長時間均勻混合後，製作出適於帶鑄用的漿料，然後，將漿料以帶鑄機鑄膜，在製膜過程中以刮刀控制膜厚並控制有機溶劑揮發速度以確保多孔結構的均勻性。當薄膜乾燥後，以燒結法移除有機溶劑，最後再將所製成的薄膜一張一張疊合，然後再以熱壓而成厚度爲 500 ～ 600 μm 的隔膜，如此製作出的電解質支撐膜的體積密度範圍在 1.75 ～ 1.85 g/cm^3 之間。MCFC 運轉前，需先將電解質支撐膜完全浸潤熔融碳酸鹽中，使電解質佔滿多孔結構內的空孔。

8-2-2 陽極

MCFC 陽極屬於單層燒結型電極。早期 MCFC 曾經採用鉑、鈀、銀等貴重金屬作爲陽極觸媒，爲了降低成本，目前改採導電性與電催化性均佳的鎳。

然而，多孔鎳陽極在高溫下容易發生燒結現象，而且組裝電池堆時，治具所施加的壓力非常容易使多孔鎳產生機械變形，進而影響電池堆的密封性，同時電解質也會由於外力之作用而重新分佈並造成 MCFC 性能下降。

爲了防止鎳在高溫與電池組裝力的作用下，而發生燒結與蠕變現象，目前 MCFC 陽極是採用鎳基合金製作而成，例如，鎳鉻合金或鎳鋁合金。鎳基合金具有低蠕變能力之主要原因是分散鎳裡鋁酸鋰的生成。

鎳鉻合金雖然可以有效的避免陽極燒結情形發生，然而所加入的鉻會被電解質鋰化而消耗碳酸鹽電解質。爲了降低電解質損失可以降低鎳鉻合金中鉻的含量，然而降低鉻的含量會增加陽極蠕變的機率。相形之下，鎳鋁合金陽極不僅抗蠕變能力強，而且沒有電解質損失的問題，基本上，鎳鋁合金大致已經符合 MCFC 陽極所需的穩定、無燒結、抗蠕變的需求。

8-2-3 陰極

MCFC 陰極之材料必須具有良好的導電度與結構強度，而且在碳酸鹽內的溶解率低以避免金屬沉澱在電解質矩陣結構內。從表 8-1 可以發現，MCFC 發展至今，陰極材質幾乎沒有改變，普遍以鋰化氧化鎳爲主，它是將多孔鎳升溫氧化製得氧化鎳，然後在氧化鎳中摻入了 5% 鋰製作而得。

氧化鎳電極在 MCFC 運轉過程中會慢慢地溶解，雖然溶解度不高，平均只有 10 ppm 左右，然而溶解所產生的鎳離子 Ni^{2+} 會擴散進入到電解質中，鎳離子會被經由電解質滲透過來的氫還原爲金屬鎳而沈積於電解質支撐膜中，金屬鎳不斷沉積會加速鎳離子產生與擴散，進而促進陰極的溶解。鎳的沉積會逐漸形成樹枝狀而橫跨於電解質的多孔矩陣中，進而影響 MCFC 性能，嚴重時甚至會導致短路。MCFC 陰極溶解造成短路的機制如下所示：

$$NiO + CO_2 \rightarrow Ni^{2+} + CO_3^{-2} \tag{8-6}$$

$$Ni^{2+} + CO_3^{2-} + H_2 \rightarrow Ni + CO_2 + H_2O \tag{8-7}$$

以氧化鎳作爲 MCFC 陰極，每工作 1,000 小時，陰極損失將達 3%。當工作壓力爲一大氣壓時，陰極壽命約爲 25,000 小時，而當工作壓力提高爲 7 大氣壓時，陰極壽命僅剩下 3,500 小時。陰極氧化鎳溶解已經成爲 MCFC 壽命無法提高的主要因素之一，而在高壓環境下陰極溶解現象尤其明顯。針對陰極鎳溶解問題，目前已有許多不同的解決方法正在研發中，例如開發陰極替代材料、使用電解質添加劑以增加其鹽基度 (basicity)、增加電解質厚度及增加電解質支撐層鋰含量比例等。

以鈷酸鋰取代氧化鎳作爲 MCFC 之陰極材料可以有效提高電池壽命。以鈷酸鋰作電池陰極，其陰極溶解機制爲：

$$LiCoO_2 + \frac{1}{2}CO_2 \rightarrow CoC + \frac{1}{4}O_2 + \frac{1}{2}Li_2CoO_3 \quad (8\text{-}8)$$

從 (8-6) 式得知，氧化鎳陰極溶解速率與二氧化碳的分壓 (P_{CO_2}) 成正比。以鈷酸鋰作爲 MCFC 的陰極時，其溶解速率除了與二氧化碳分壓有關之外，同時也與氧氣的分壓 (P_{O_2}) 有關，也就是鈷酸鋰溶解速率與 $P_{CO_2} / (P_{O_2})^{1/2}$ 成正比。由於陰極氧氣分壓高，因此 (8-8) 式中鈷酸鋰的溶解速度遠低於 (8-6) 式中氧化鎳的溶解速度。以鈷酸鋰作爲陰極的 MCFC 在氣體工作壓力爲 1 大氣壓和 7 大氣壓時，其壽命分別爲 150,000 小時和 90,000 小時，以鈷酸鋰作爲陰極材料確實可以有效提高熔融碳酸鹽燃料電池的壽命。此外，以鐵酸鋰 ($LiFeO_2$) 取代鎳作爲陰極材料具有化學穩定性，而且沒有陰極溶解的問題，然而，鐵酸鋰反應動力學較弱，使得電極性能較氧化鎳來的差。

增加電解質厚度也可以減緩陰極溶解的問題而延長電池壽命。這是因爲隔膜變厚增加鎳離子的擴散路徑，因而降低鎳離子的輸送率，而分散轉移鎳的沉積區域。電解質厚度從 0.5 mm 增加到 1.0 mm，MCFC 壽命可以從 1,000 小時延長到 10,000 小時。

另外一個解決陰極溶解問題的方法，就是在電解質內加入少量的鹼土類金屬鹽，以增加其鹽基度，藉以營造一個較爲緩和的操作環境，例如，加入碳酸鋇 ($BaCO_3$)、碳酸鍶 ($SrCO_3$)，碳酸鈣 ($CaCO_3$) 等都可以有效抑制氧化鎳的溶解。研究結果發現，在 MCFC 的電解質中添加碳酸鈣，同時將電解質支撐膜厚度增加 60%，則 MCFC 壽命可提升至兩倍之多。少量的鹼土金屬鹽添加物並不會對 MCFC 性能造成太大影響，然而，過量則會增加歐姆阻抗而造成性能下降，表 8-2 所列爲陰極鹼土金屬鹽添加物的建議使用量。另外一項緩和操作環境的方法是改變電解質的成份與比例，以減緩氧化鎳的溶解，其中增加電解質內鋰的比例，或者改變電解質成份由原來的 (62% 碳酸鋰＋ 38% 碳酸鉀) 變成爲 (50% 碳酸鋰＋ 50% 碳酸鈉) 時，都可以有效減緩氧化鎳的溶解。

表 8-2　MCFC 陰極材料填加物最佳填加莫耳分率

填加成份	62% 碳酸鋰＋ 38% 碳酸鉀	50% 碳酸鋰＋ 50% 碳酸鈉
碳酸鈣 ($CaCO_3$)	0 － 15	0 － 5
碳酸鍶 ($SrCO_3$)	0 － 5	0 － 5
碳酸鋇 ($BaCO_3$)	0 － 10	0 － 5

8-2-4 電解質管理

在 MCFC 運轉過程中，腐蝕反應的消耗、電位驅動的遷移效應、電解質支撐膜之蠕變及碳酸鹽之蒸發等現象，都是造成電解質流失或重新分佈的因素。

當電解質的補充速度低於流失的速度時，電解質支撐膜會出現空孔而造成燃料氣體與氧化劑互竄，效率因而降低，嚴重時還會導致 MCFC 失效。因此，控制電解質在支撐膜與兩電極間之最佳分佈已成為發展高性能耐久性 MCFC 的關鍵所在。

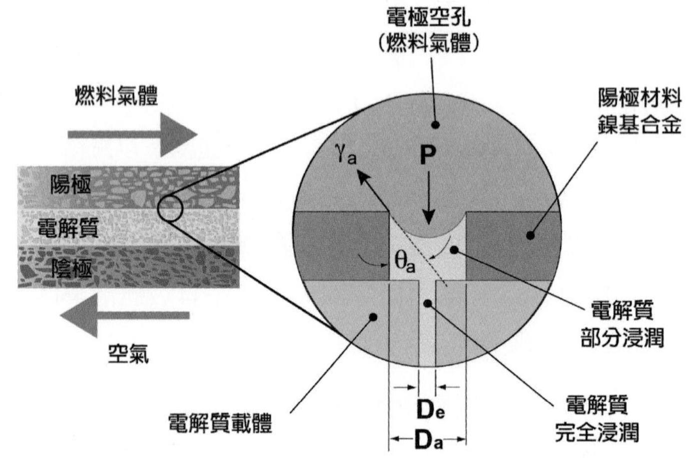

圖 8-5 熔融碳酸鹽燃料電池之電解質管理

建立穩定的電解質與氣體界面、減少運轉過程中熔融碳酸鹽的流失，並研究向電池內補充電解質的方法是 MCFC 電解質管理的重要工作。

MCFC 與 PAFC 同樣都是使用液態電解質，然而兩者對電解質管理方法不盡相同，這是由於電解質特性及操作溫度不同的緣故。PAFC 是以鐵氟龍溶液為黏合劑與疏水劑，以確保電解質支撐膜結構之完整，並且在多孔電極中建立穩定的液氣界面，而液態磷酸電解質則是吸附在鐵氟龍與碳化矽所形成的矩陣結構中，然而，並沒有任何材料能夠在高溫的 MCFC 中扮演類似鐵氟龍在 PAFC 中的角色，基本上，MCFC 是利用毛細力建立穩定的電解質與氣體界面，如圖 8-5 所示，根據毛細管原理，電解質表面張力與毛細管上電解質液面所受到的壓力的關係為：

$$P = \frac{4\gamma_a \cos\theta_a}{D_a} \tag{8-9}$$

其中，D_a 為多孔陽極之空孔直徑；θ_a 為接觸角；γ_a 為表面張力。當表面張力與外在壓力保持固定，$\theta_a = 90°$ 時，表示空孔完全被電解質所浸潤；$\theta_a = 0°$ 時，則表示空孔內完全沒有電解質；而 $0° < \theta_e < 90°$ 時，表示空孔部分浸潤，因此可以藉由調整多孔介質之孔徑，來避免電解質支撐膜呈現空孔狀態，例如，在 490°C 時，由莫耳分率 62% 碳酸鋰與 38%

碳酸鉀所構成的電解質，在鋁酸鋰之表面張力爲 $\gamma_e = 0.198$ N/m，當電解質完全浸潤 ($\theta_e = 0$) 時，且鋁酸鋰支撐膜承受 1.5 atm 的操作壓力下，臨界孔徑 $D_e = 5.21$ μm。電解質支撐膜的製程中，藉由控制鋁酸鋰粉體粒度便可確保多孔支撐膜的孔徑小於臨界孔徑。

在靜力平衡狀態下，電極與電解質支撐膜之多孔介質內，壁面電解質之表面張力與最大孔徑之間的關係：

$$\frac{\gamma_c \cos\theta_c}{D_c} = \frac{\gamma_e \cos\theta_e}{D_e} = \frac{\gamma_a \cos\theta_a}{D_a} \tag{8-10}$$

其中，下標 c 代表陰極、e 代表電解質、a 代表陽極。當電解質支撐膜的孔徑爲最小，並適當地配置電極孔徑時，則可以建立如圖 8-6 所示的電解質的分佈。這種孔徑的配置可以使得電解質支撐膜內充滿熔融碳酸鹽，而多孔電極則視孔徑大小之分佈情形而部份充滿熔融碳酸鹽。電極與電解質支撐膜多孔介質之平均孔徑大小爲

$$\overline{D} = \frac{\sum_{n_c} D_c + \sum_{n_e} D_e + \sum_{n_a} D_a}{n_c + n_e + n_a} \tag{8-11}$$

根據圖 8-5 的模式以及 (8-10) 式，孔徑小於 $\overline{D}$ 則會充滿電解質，孔徑大於 $\overline{D}$ 則會保持空孔狀態。

圖 8-6 所示爲熔融碳酸鹽燃料電池電極與電解質支撐膜孔徑匹配的關係圖。圖中清楚顯示陰極的孔徑最大，陽極次之，而電解質支撐膜的孔徑最小，而且，平均孔徑隨著運轉時間增加而變大，這造成電解質支撐膜的空孔量增加，同時有愈來愈多的電解質跑到陽極與陰極的孔隙中。

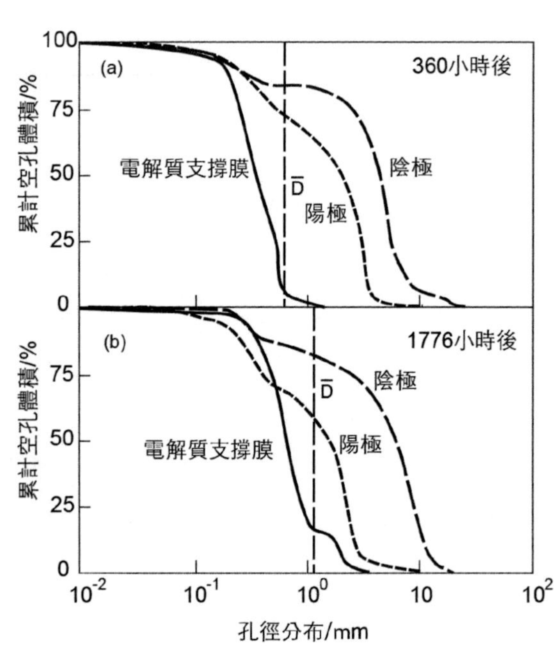

圖 8-6　MCFC 電極與膜孔匹配關係
(a) 運轉 360 小時後 (b) 運轉 1776 小時後

8-2-5 雙極板與電池堆結構

雙極板具有分隔氧化劑和還原劑、提供氣體的流動通道及導電的作用。MCFC 的雙極板通常以不銹鋼或鎳基合金製作而成，例如 310 S、316 L 或 Incoloy 825 等。在熔融碳酸鹽燃料電池的工作條件下，不銹鋼 310 S 或 316 L 腐蝕的主要產物爲鉻酸鋰和鐵酸鋰。研究發現 MCFC 開始運轉的前 2,000 小時，雙極板腐蝕速度高達 8 μm/kh，之後的腐蝕速度降至 2 μm/kh。腐蝕層厚度增加將導致接觸電阻增大，導致 MCFC 的歐姆極化加劇。爲了提高雙極板的抗腐蝕性能力，減緩腐蝕速度，通常會在導電面與密封面分別採用不同的表面改質處理。

由於陽極側的腐蝕速度遠高於陰極側，因此，MCFC 使用的合金雙極板通常僅在陽極接觸面鍍鎳措施，鍍鎳雙極板在陽極燃料氣體還原的環境下具有極佳的穩定性，而且接觸面導電性佳、熱阻小。而在密封面與共用管道的非導電部分，則以鍍鋁方式加以保護。MCFC 直接以浸入電解質的鋁酸鋰隔膜進行密封，這種方法稱爲濕密封，陽極濕密封的內側與燃料氣體接觸而外側則是與空氣接觸，化學反應電位相當高，大約比陰極濕密封高出兩個數量級，因此，非常容易腐蝕，爲了防止在濕密封處造成腐蝕，雙極板濕密封處通常鍍一層大約 50 μm 的鋁薄層來保護，在 MCFC 的工作條件下，該鋁薄層會和碳酸鋰作用後在濕密封處形成一層保護作用的緻密的鋁酸鋰絕緣層。由於碳酸鋰不具導電性，因此，上述措施不能應用在亟需導電能力的雙極板集電器表面。

空氣與燃料氣體在雙極板兩側的流動方向可採用同向流、逆向流和交錯流等三種不同的設計，目前大部分熔融碳酸鹽燃料電池採用交錯流方式，如圖 8-8 所示。

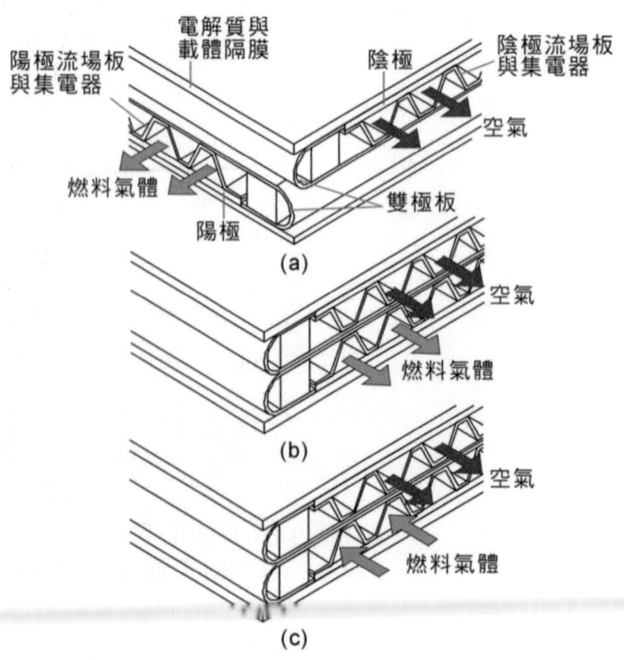

圖 8-7 MCFC 雙極板流場示意圖，(a) 交錯流 (b) 平行同向流 (c) 平行逆向流

熔融碳酸鹽燃料電池堆的組裝方式與壓濾機組裝方式相同，先在電解質支撐膜兩側分置陰極和陽極，再置雙極板，週而復始排列組裝而成。空氣與燃料氣體經由導氣歧管進入各節電池的流場，導氣歧管的設計有內導氣歧管與外導氣歧管之分，外導氣歧管的密封設計較爲困難，電池堆在工作時容易發生形變而導致漏氣，同時，電解質在這層密封墊內還會發生遷移現象，進而改變各節電池的電解質組成，造成電池性能下降，而內導氣歧管結構的設計，則會減少電極有效工作面積。

8-3 MCFC 性能分析

8-3-1 壓力效應

壓力對 MCFC 性能的影響可以分成直接效應與間接效應兩部份，直接效應是操作壓力直接影響電極熱力學或反應動力學，這部分可以從 Nernst 方程式進行分析，而間接效應則是影響電化學反應以外的反應，例如蒸氣甲烷改質反應，來間接影響 MCFC 的發電效率。

當 MCFC 的操作壓力從 P_1 變化到 P_2 時，從 Nernst 方程式中得知電池的可逆電位的改變量與壓力的關係：

$$\Delta E_{\mathrm{n}} = \frac{RT}{2F}\ln\left(\frac{P_{1,a}}{P_{2,a}}\right) + \frac{RT}{2F}\ln\left(\frac{P_{2,c}^{3/2}}{P_{1,c}^{3/2}}\right) \tag{8-12}$$

其中下標 a 和 c 分別代表陽極與陰極，MCFC 在 650°C 的操作溫度下，假設陽極和陰極的壓力相等，則上述方程式可以表示成

$$\Delta E_{\mathrm{n}}\left(\mathrm{mV}\right) = \frac{RT}{4F}\ \ln\left(\frac{P_2}{P_1}\right) = 23\log\left(\frac{P_2}{P_1}\right) \tag{8-13}$$

換言之，在 650°C 下，當操作壓力增加 10 倍時，MCFC 的可逆電位增加 46 mV。此外，提高操作壓力有助於增加反應氣體的的溶解度與質傳率，而提高電化學反應速率，然而，增加壓力亦會提高陽極發生碳析出反應與甲烷裂解反應的機率，如表 8-3 所示，根據 LeChatelier 定理，操作壓力的增加將不利於蒸氣甲烷改質反應之發生，相反地會促進甲烷生成反應而加速碳析出，碳析出將會沉積而阻塞陽極氣體通道，而甲烷的生成則會消耗氫氣 (生成 1 莫耳 CH_4 需要消耗 3 莫耳 H_2)，兩者均會降低 MCFC 之性能。避免 MCFC 在高壓下甲烷生成反應的方法是在陽極加入大量水蒸氣，以降低 SMR 逆反應發生機率；甲烷裂解反應在高壓下會被抑制，而碳析出反應雖然會隨著操作壓力增加而加速，

然而反應動力學弱不易發生，水氣移轉反應則由於產物與反應物的莫耳數相等，因此並不會受到操作壓力改變的影響。

表 8-3　壓力對 MCFC 陽極可能反應之影響

反應方程式	壓力效應
蒸氣甲烷改質反應：$CH_4 + H_2O \rightarrow 3H_2 + CO$	↓
水氣移轉反應：$CO + H_2O \rightarrow H_2 + CO_2$	－
甲烷裂解反應：$CH_4 \rightarrow C + 2H_2$	↓
碳析出反應：$2CO \rightarrow CO_2 + C$	↑

反應面積爲 100 cm^2 的 MCFC，在 650°C、10 大氣壓下，使用模擬煤氣 GF-1(38%H_2 ＋ 56%CO ＋ 3%CO_2) 爲陽極燃料氣體時，在開路狀態下僅有 1.4% 體積分率的 CH_4 生成，而在燃料使用率爲 50 ～ 85% 時，CH_4 的含量爲 0.5 ～ 1.2%；相同的以 GF-1 爲燃料氣體，而進入陽極前先在 163°C 下予以加濕，此時陽極上並沒有發現任何碳沉積跡象。這項實驗結果說明，即便使用高 CO 含量的煤氣作爲 MCFC 的燃料氣體，只要加入適當的水蒸氣就可以有效抑止碳析出反應及甲烷生成反應。

8-3-2　溫度效應

根據 ERC/GRI 的研究結果[1]，以經過 SMR 反應後之天然氣爲陽極燃料氣體及 (30%CO_2 ＋ 70%Air) 爲陰極氧化劑，在電流密度 200 mA/cm^2 下，將 MCFC 的溫度從 575°C 上升到 600°C 時，電壓增加率爲 2.2 mV/°C；而溫度從 600°C 提高到 650°C 時，電壓增加率爲 1.4 mV/°C，而超過 650°C 時，電壓的增加率則降爲 0.25 mV/°C。上述結果可以用以下經驗公式表示：

$$\Delta V_T(\text{mV}) = 2.16(T_2 - T_1) \qquad 575°\text{C} \le T \le 600°\text{C} \tag{8-14}$$

$$\Delta V_T(\text{mV}) = 1.40(T_2 - T_1) \qquad 600°\text{C} \le T \le 650°\text{C} \tag{8-15}$$

$$\Delta V_T(\text{mV}) = 0.25(T_2 - T_1) \qquad 650°\text{C} \le T \le 700°\text{C} \tag{8-16}$$

當溫度低於 520°C 時，大部份碳酸鹽尚未形成熔融狀態，此時歐姆阻抗相當高，而溫度範圍在 575 ～ 650°C 時，MCFC 效率隨著溫度增加而明顯增加，當溫度超過 650°C 時，電壓隨溫度的增加率明顯下降，而且如此高溫會造成電解質蒸發，同時材料腐蝕機率增加。因此，MCFC 在 650°C 的溫度下運轉可以達到最佳的發電效率。

1　B. Baker, E. Gionfriddo, A. Leonida, H. Maru, and P. Patel, "Internal Reforming Natural Gas Fueled Carbonate Fuel Cell Stack," Final Report by ERC/GRI, Chicago, IL, under Contract No. 5081-244-0545 (1984).

8-3-3 雜質效應

煤氣是 MCFC 的主要燃料之一。由於煤本身含有大量雜質，從煤提煉而來之煤氣也含有爲數不少的雜質。表 8-4 列出煤氣中所含之污染物對 MCFC 之影響，表 8-5 則是列出經過熱氣清潔處理後之煤氣中所含雜質成份及濃度，以及在 650°C 時 MCFC 對這些雜質的容忍度。從表 8-4 可以很明顯的看出，從煤提煉出來的燃料氣體污染物質頻譜相當寬，而去除這些雜質則可以有效改善 MCFC 的效率。

表 8-4 煤氣雜質對 MCFC 之影響

型態	雜質成份	產生效應
固體微粒	灰塵、煤灰	阻塞氣體擴散通道
硫化物	H_2S、COS、CS_2、C_4H_4S	電位損失、經由 SO_2 與電解質反應
鹵化物	HCl、HF、HBr、$SnCl_2$	腐蝕、與電解質反應
氮化物	NH_3、HCN、N_2	經由 NO_x 與電解質反應
微量金屬	As、Pb、Hg、Cd、Sn Zn、H_2Se、H_2Te、AsH_3	沉積在電極、與電解質反應
碳氫化合物	C_6H_6、$C_{10}H_8$、$C_{14}H_{10}$	碳粒沉積

表 8-5 氣吹煤氣經過熱氣清潔後之燃料氣體雜質成份

雜質種類	典型含量	容忍度	備註
固體微粒	< 0.5 mg/l	< 0.1 g/l	直徑 > 3 μm
NH_3	2,600 ppm	< 10,000 ppm	
AsH_3	< 5 ppm	< 1 ppm	
H_2S	< 10 ppm	< 0.5 ppm	可逆
HCl	500 ppm	< 10 ppm	包含其他鹵化物
Pb	< 2 ppm	< 1 ppm	微量金屬
Cd	< 2 ppm	30 ppm	微量金屬
Hg	< 2 ppm	35 ppm	微量金屬
Sn	< 2 ppm	NA	微量金屬
Zn	< 50 ppm	< 20 ppm	從脫硫器滲出
Tar	4,000 ppm	< 2,000 ppm	煤
燃料氣體成份：19.2%CO/13.3%H_2/2.6%CH_4/6.1%CO_2/12.9%H_2O/45.8%N_2			

一般而言，硫化物只要幾個 ppm 的濃度就會影響 MCFC 的性能。MCFC 對硫的容忍度與溫度、壓力、氣體組成、元件材料及系統操作條件 (例如循環利用、通氣、氣體清除) 等都有關係。對 MCFC 性能造成負面影響的硫化物中，主要是硫化氫 (H_2S) 與氧化硫 (SO_2)。在一大氣壓與 75% 高氣體利用率狀況下，MCFC 陽極的燃料氣體內所含 H_2S 的濃度必須低於 10 ppm，而陰極的氧化劑中 SO_2 的含量則不能超過 1 ppm。當溫度增加時，MCFC 對硫的容忍度也隨之增加，而壓力增加則有相反的效果。H_2S 影響 MCFC 性能的途徑有以下兩點：

1. 經由鎳表面化學吸收作用而阻止電化學反應。
2. 燃燒器中將硫氧化成爲 SO_2，進入陰極而與電解質上之碳酸根離子反應。

圖 8-8 說明 H_2S 對 MCFC 長時間運轉之影響。燃料氣體內加入 5 ppm 的 H_2S 時並不會影響 MCFC 的開路電壓，當 MCFC 短路時，電壓會突然下降，然後趨於一個定值，而電流密度愈高電壓突降現象愈爲明顯。基本上，H_2S 對 MCFC 所造成的輸出電壓下降現象並不是永久性的傷害而是可以恢復的，也就是以不含 H_2S 燃料氣體注入 MCFC 時，電壓會恢復成原有水準。此一現象可以從 H_2S 與 S^{2-} 所參與的化學與電化學反應來解釋。鎳在陽極與 H_2S 反應產生硫化鎳的反應式如下：

$$H_2S + CO_3^{2-} \rightarrow H_2O + CO_2 + S^{2-} \tag{8-17}$$

$$Ni + xS^{2-} \rightarrow NiS_x + 2xe^- \tag{8-18}$$

開路狀態下，經過硫化後的陽極 NiS_x 濃度會因爲氫氣存在而減少：

$$NiS_x + xH_2 \rightarrow Ni + xH_2S \tag{8-19}$$

相同的道理，當注入陽極燃料氣體內不含 H_2S 時，(8-18) 式的逆反應 (NiS_x 轉變爲 Ni) 將會發生，於是減少 H_2S 的含量而恢復到原來的水準。

MCFC 陰極所需之 CO_2 是將陽極尾氣中未反應的 CO 與 H_2 引入燃燒器中燃燒完畢後循環至陰極使用，因此，除非有脫硫程序，否則陽極燃料氣體內所含的硫將會隨著 CO_2 循環系統帶到陰極。硫進入陰極後將以 SO_2 型態存在，它會與碳酸根離子反應而產生鹼性硫酸鹽，當 MCFC 運轉時這些硫酸根離子將會通過電解質而抵達陽極，在陽極，SO_4^{2-} 會反應成爲 S^{2-} 而增加 S^{2-} 的濃度。滿足 MCFC 長時間運轉 (40,000 小時) 條件下，燃料氣體的含硫量必須低於 0.01 ppm，當 MCFC 系統設置有定時脫硫裝置或者經由陽極尾氣迴路中清除硫的話，則 MCFC 對硫的容忍度可以提高到 0.5 ppm(表 8-5)。

陽極燃料氣體中的鹵化物對會對 MCFC 陽極元件造成腐蝕現象，此外，鹵化氫 (如 HCl 和 HF) 與碳酸鹽反應而產生 CO_2、H_2O 及鹼性鹵化物 (如 LiCl 與 KCl)，因此鹵化物會消耗 MCFC 的電解質。MCFC 對燃料氣體中 HCl 的容忍度爲 0.5 ppm。

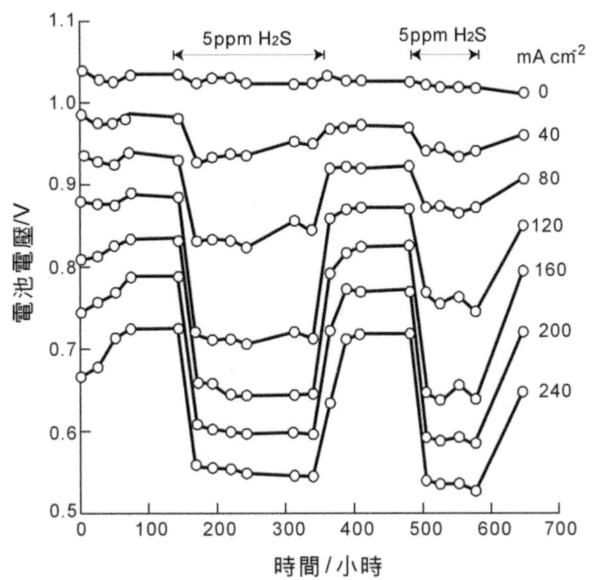

圖 8-8　5 ppm 含量的 H_2S 對 MCFC 效率影響（燃料氣體：10% H_2 ＋ 5% CO_2 ＋ 10% H_2O ＋ 75% He，25% 氫氣利用率）

至於燃料氣體中所含的氮化物，例如 NH_3 與 HCN，本身並不會對 MCFC 的性能造成影響，然而當陽極尾氣經由燃燒而產生 NO_x 時，它將會在陰極和電解質反應而形成硝酸鹽，這個反應是不可逆的。表 8-5 顯示，MCFC 對 NH_3 的容忍度是可以達到體積濃度 1%。

當燃料氣體中含有固體微粒時會阻塞流道與陽極的多孔介質。此外，當燃料氣體離開脫硫器時，少量用來除硫的氧化鋅 (ZnO) 固體微粒會隨著氣體被帶離脫硫器而進入陰極，而阻礙陰極多孔介質，進而影響 MCFC 性能。MCFC 對於直徑大於 3 μm 的固體微粒的容忍度為 0.1 g/L。

燃料氣體內之微量金屬例如 Pb、Cd、Hg 及 Sn 等，對 MCFC 的影響主要是因為他們會沉澱在電極表面或者和電解質反應，表 8-7 列出 MCFC 對這些金屬之容忍含量。

8-3-4　燃料利用率效應

甲烷是 MCFC 常見的燃料，在內改質反應中，甲烷的 SMR 反應將與氫氣的氧化反應同時在陽極發生：

$$CH_4 + H_2O \rightarrow CO + 3H_2 \qquad (8\text{-}20)$$

650°C 時，SMR 反應的反應熱為 Δh = 53.87 kcal/mol，而此反應熱剛好可以由燃料電池電化學反應所釋放出的熱提供，如此，可以省略燃料前處理所需之熱交換器。此外，陽極所產生的水蒸氣也有助於 SMR 反應進而增加氫氣濃度。一般而言，高溫低壓環境有利於 SMR 反應，因此，內改質 MCFC 最適合在接近大氣壓力環境下操作。在 650°C 下，MCFC 陽極鎳觸媒可維持 SMR 反應而產生足量的氫氣以滿足電化學反應所需。圖 8-9 說明內改質 MCFC 在 650°C 下，氫氣的利用率與甲烷轉換成氫氣速率的關係，在開路電壓下，大約有 83% 的甲烷轉變成爲氫氣，這個比例接近氫氣在 650°C 時的平衡濃度；當 MCFC 短路時，氫氣消耗並產生水可加速 SMR 反應，當燃料使用率大於 59% 時，甲烷的轉換率已接近 100%。因此，使用天然氣或其它含有 H_2 與 CO_2 合成燃料作爲燃料的內改質 MCFC，藉由適當的熱管理以及調整 H_2 的利用率，可以有效提高 CH_4 改質率，而獲得與純氫燃料相同的效率。

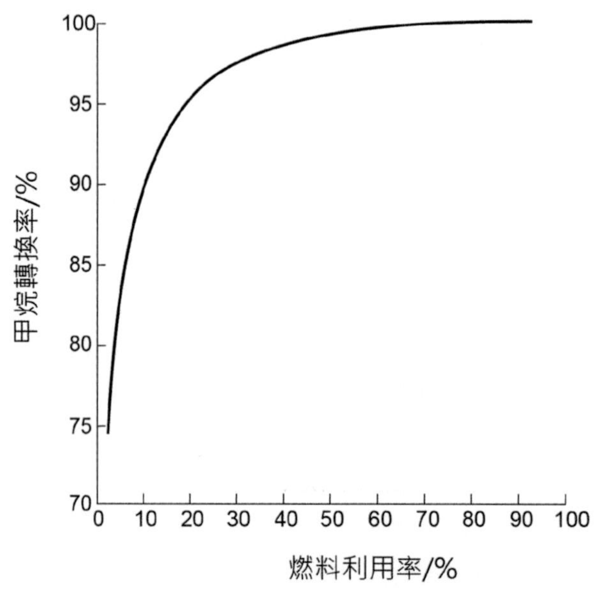

圖 8-9 MCFC 甲烷轉換率與燃料氣體利用率之關係 (1 atm、650°C，$H_2O/C = 2$)

習題

1. 寫出熔融碳酸鹽燃料電池之電極反應式爲何？
2. 熔融碳酸鹽燃料電池內的導電離子爲何？
3. 熔融碳酸鹽燃料電池之陽極半反應會產生二氧化碳，爲什麼說熔融碳酸鹽燃料電池可以降低溫室氣體的排放量呢？
4. 試說明二氧化碳在熔融碳酸鹽燃料電池內所扮演的角色。
5. 熔融碳酸鹽燃料電池之燃料內重整技術可分成哪兩種？
6. 水氣轉移反應爲放熱反應或者吸熱反應？
7. 熔融碳酸鹽燃料之與磷酸燃料電池的電解質均爲液態，兩者電解質管理方法有何不同？
8. 目前常作爲熔融碳酸鹽燃料電池陽極的材料爲何？所面臨的問題有哪些？
9. 爲什麼高壓的操作條件下會降低熔融碳酸鹽燃料的壽命？
10. 以氧化鎳 (NiO) 爲熔融碳酸鹽燃料之陰極時，氧化鎳會慢慢溶解到碳酸鹽電解質內，而影響電池性能，解決陰極溶解的方法有哪些？
11. 熔融碳酸鹽燃料電池的電解質隔膜、陽極、以及陰極均爲多孔性 (porous) 材質，它們空孔部份的平均孔徑 (pore size) 依大小排序爲何？爲什麼？
12. 煤氣內含有少量的硫化氫 (H_2S) 與二氧化硫 (SO_2)，這兩種成份分別會對熔融碳酸鹽燃料電池造成何種影響？如何解決？
13. 舉例說明熔融碳酸鹽燃料電池之規模及其適用對象。
14. 燃料電池以熔融的 K_2CO_3 爲電解質，以丁烷爲燃料，以空氣爲氧化劑，以具有催化作用和導電性能的稀土金屬材料爲電極。

    該燃料電池的電極反應式爲：

    陰極：$26CO_2 + 13O_2 + 52e^- \rightarrow 26CO_3^{2-}$

    陽極：$2C_4H_{10} + 26CO_3^{2-} - 52e^- \rightarrow 34CO_2 + 10H_2O$

    爲使該燃料電池長時間穩定進行，電池的電解質組成應保持穩定，爲此，必須在通入的空氣中加入的物質是什麼？它從哪來？

9

磷酸燃料電池

鹼性燃料電池雖然成功應用於載人太空船的動力，但移作地面上使用卻遇到二氧化碳與鹼性電解液反應的問題。

1970 年以後，世界各國開始致力於酸性電解質燃料電池的開發。其中，以磷酸燃料電池 PAFC(phosphoric acid fuel cell) 首先取得突破。由於磷酸是唯一同時具有良好熱、化學及電化學穩定性的無機酸，而且在超過 150°C 的高溫下揮發性低，更重要的是它可以容忍二氧化碳，因此 PAFC 適合作爲地面應用的燃料電池。

PAFC 是最早商業化的燃料電池技術，因此又稱爲第一代燃料電池，主要用以提供飯店、醫院、學校、商業中心等場所所需之熱與電力，也可以作爲不間斷電源 UPS 應用。啓動時間需要幾個小時，PAFC 無法作爲車輛動力源，而 200°C 左右的工作溫度，在熱電合併效率方面不如 MCFC 與 SOFC，因此近年來進展速度逐漸趨緩。

9-1 原理與簡介

如圖 9-1 所示，磷酸燃料電池以氫爲燃料氣體、氧爲氧化劑時，電極半反應與總反應分別爲：

陽極半反應：$2H_2 \rightarrow 4H^+ + 4e^-$ (9-1)

陰極半反應：$O_2 + 4H^+ + 4e^- \rightarrow 2H_2O$ (9-2)

全反應：$2H_2 + O_2 \rightarrow 2H_2O$ (9-3)

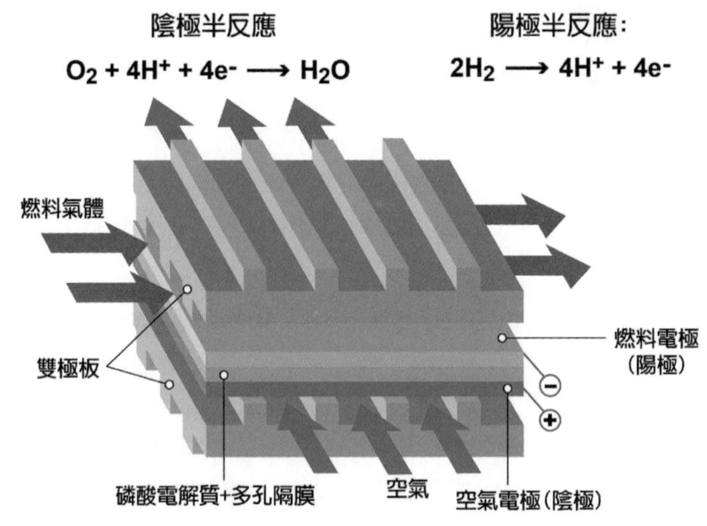

圖 9-1 磷酸型燃料電池結構

9-2 電池元件、結構與系統

9-2-1 電解質與支撐膜

表 9-1 爲 PAFC 主要元件所使用之材料的演進情形。

早期 PAFC 曾經採用經特殊處理的石棉膜和玻璃纖維紙作爲電解質支撐膜，然而，在長時間運轉過程中，石棉和玻璃纖維中的鹼性氧化物組成會慢慢與濃磷酸發生化學反應，而導致 PAFC 性能衰減。

目前 PAFC 的設計均採用同時具有化學穩定性與電化學穩定性的碳化矽 SiC 粉末與聚四氟乙烯 PTFE 來製作電解質支撐膜。PAFC 電解質支撐膜是具有微孔結構的支撐膜，設計上，電解質支撐膜的孔徑要小於氣體擴散電極的孔徑，以確保電解質支撐膜內的空孔能夠完全充滿磷酸溶液。當充滿濃磷酸的支撐膜與氫氧電極組合在一起的時候，在電池堆組裝力作用下，部分磷酸溶會滲入氫氧多孔擴散電極內，形成三度空間的三相界面 (觸媒、磷酸溶液、反應氣體)，有助於電化學反應。目前所使用的磷酸電解質濃度爲 100%，操作溫度則爲 200°C 左右。

表 9-1 磷酸燃料電池材料與進展

組件 ＼ 時間		1965 年前後	1975 年前後	現今
陽極	觸媒層	鐵氟龍粘合鉑黑 鉑載量：9 mg/cm^2	鐵氟龍粘合鉑 / 碳 鉑載量：0.25 mg/cm^2	鐵氟龍粘合鉑 / 碳 鉑載量：0.1 mg/cm^2
	氣體擴散層	鉭網	鐵氟龍處理的碳紙	鐵氟龍處理的碳紙
陰極	觸媒層	鐵氟龍粘合鉑黑 鉑載量：9 mg/cm^2	鐵氟龍粘合鉑 / 碳 鉑載量：0.5 mg/cm^2	鐵氟龍粘合鉑 / 碳 鉑載量：0.5 mg/cm^2
	氣體擴散層	鉭網	碳紙 (疏水處理)	碳紙 (疏水處理)
電解質支撐膜		玻璃纖維紙	鐵氟龍粘合碳化矽	鐵氟龍粘合碳化矽
電解質		85% 磷酸	95% 磷酸	100% 磷酸
雙極板		石墨 + 樹脂 900°C 碳化	石墨 + 樹脂 2,700°C 碳化	複合碳板

9-2-2 電極

目前磷酸燃料電池的電極採用疏水劑黏結型氣體擴散電極設計，在結構上可分成氣體擴散層、整平層與觸媒層等三層。

氣體擴散層通常爲疏水處理後的碳紙或碳布等多孔材料所製成，氣體擴散層有兩項主要功能，第一項功能是藉由氣體擴散層的多孔結構使得反應氣體能夠順利擴散進入電極，並均勻分佈在觸媒層上，以提供最大的電化學反應面積；第二項功能是將反應所產生的電子導離陽極以進入外電路，並同時將外電路來之電子導入陰極，因此，氣體擴散層必須是電的良導體。此兩項功能之設計目標在於使得電極能夠產生最大的電流密度。整平層則是在氣體擴散層表面所塗上的一層碳粉與疏水劑的混合物，目的是爲了使觸媒層能夠平整地被覆在氣體擴散層上。觸媒層則是發生電化學反應的場所，也是電極的核心，爲了使電催化反應能夠順利進行，在電極上的觸媒層必須具備以下幾項特性：

1. 觸媒層必須透氣，即高氣體滲透性 (permeability)。
2. 觸媒粒子必須均勻分佈在能接觸到氣體分子的表面。
3. 觸媒必須與電解質接觸，以確保反應產生離子的順利通過。
4. 觸媒載體導電性要高，以利於電子轉移。因爲觸媒粒子上反應所需或產生的電子必須通過導電性物質與電極溝通。

5. 觸媒的穩定性要好。高分散、細顆粒的鉑表面自由能大，很不穩定，需要摻入一些催化劑構劑以降低其表面自由能，或者摻入少量能夠與催化劑形成化學鍵或弱結合力元素的物質。

早期，PAFC 的觸媒層是以 PTFE 黏合鉑黑所構成，鉑載量高達 9 mg/cm^2 以上，目前則是將鉑分佈在高導電度、抗腐蝕、高比表面、低密度和廉價的碳黑，如 Vulcan XC-72，上而形成高分散度的鉑 - 碳黑觸媒，如此使鉑利用率大爲提升，進而促使鉑用量大幅度降低。以目前技術而言，陽極的鉑載量可以降低至 0.10 mg Pt/cm^2 左右，陰極約爲 0.50 mgPt/cm^2。PAFC 電極之製程與 PEMFC 氣體擴散電極一致，敘述如下：

1. 氣體擴散層之疏水處理：將裁好的碳紙稱重，多次浸入已稀釋好的聚四氟乙烯溶液中，取出蔭乾後再置入烤箱內烘乾，以去除使浸漬在碳紙中的聚四氟乙烯所含的介面活性劑，同時使 PTFE 熱熔繞結並均勻分散在碳紙的纖維上，進而達到良好的疏水效果。將烘乾冷卻後的碳紙稱重，可求得疏水處理的程度與孔隙率。一般而言，PAFC 氣體擴散層的厚度約在 200 ～ 400 μm 之間，內部多孔結構的大結構微孔孔徑約爲 2 ～ 50 μm，細孔孔徑則約爲 3 ～ 5 nm。
2. 氣體擴散層表面整平處理：由於烘乾後的碳紙或碳布表面凸凹不平，會影響觸媒層之品質，因此，有必要對碳紙表面進行整平處理，整平方法是用水或水與乙醇的混合物作爲溶劑，置入適量的碳黑與聚四氟乙烯乳液後以超音波震盪，混合均勻，再使其沉澱，清除上部清液後，將沉澱物塗抹到進行過疏水處理的碳紙或碳布上，並予以整平，整平層的厚度約爲 1 ～ 2 μm。
3. 觸媒漿料製作：將聚四氟乙烯、異丙醇 (作爲分散劑) 及水按一定比例混合成水溶液；然後將適量之鉑 / 碳混和粉末連同磁石一並放進混合溶液瓶內，置於磁石加熱攪拌器上混合均勻爲止。當漿料太稠時，可以加入適量異丙醇予以稀釋，倘若太稀則加長攪拌時間。
4. 氣體擴散電極製作：利用漿塗 (paste)、噴印 (spray)、網印 (screen printing) 等方法，將觸媒漿料均勻塗佈至疏水處理過後之碳紙上，而成爲氣體擴散電極。塗佈完畢後，置於通風櫥內晾乾；緊接著再置入高溫爐內在常壓下烘乾並壓實處理，冷卻後秤重，即可求得電極上單位面積鉑載量。一般而言，觸媒層的厚度約爲 50 μm。

9-2-3 雙極板

由於磷酸具有腐蝕性，雙極板不能採用一般的金屬材料製作，而目前常用的雙極板材料是無孔石墨。

無孔石墨板的製作方式是先將石墨粉與樹脂混合，在 900°C 左右的高溫下將樹脂部分碳化而成，然而，在實際應用中發現，這種方法製作而成的雙極板材料在磷酸電池的工作條件下會發生降解。爲了解決此一問題，我們可以將熱處理溫度提高到 2,700°C，而使石墨粉與樹脂的混合物接近完全石墨化，這種材料可以在典型的磷酸燃料電池工作條件下 (溫度 190°C，97% 濃度的磷酸電解質，氧氣工作壓力爲 0.48 MPa，電池操作電壓 0.8 V) 穩定工作達 40,000 小時以上，這個結果顯然已經達到燃料電池的長期運轉目標。然而，這種高溫處理的無孔石墨雙極板的生產成本太高，爲降低雙極板的製作成本，目前大都採用複合雙極板。所謂複合雙極板就是以兩側的多孔碳流場板夾住中間一層分隔氫氧氣的無孔薄板，以構成一套完整的雙極板。這種設計除了有效分隔氫氣與氧氣之外，在磷酸燃料電池中，多孔流場板的內部還可以貯存少許容量的磷酸電解質，當電池支撐膜中的磷酸因蒸發等原因損失時，貯存在多孔碳板中的磷酸就會依靠毛細力的作用遷移到電解質支撐膜內，以延長電池的工作壽命。圖 9-2 爲傳統無孔石墨雙極板與複合雙極板結構比較示意圖。

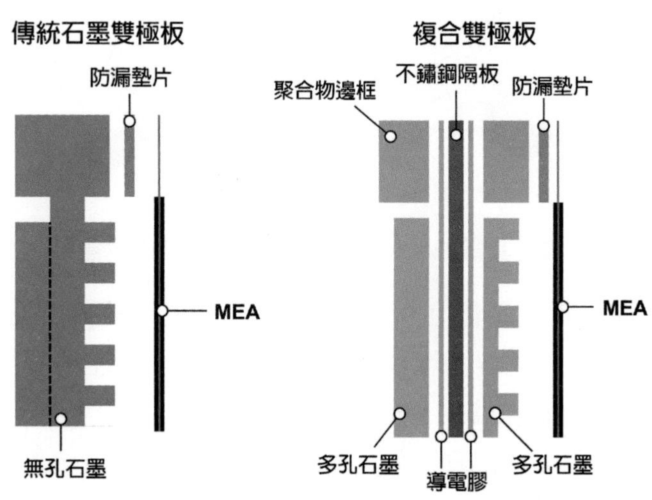

圖 9-2　複合型層狀雙極板結構示意

9-2-4　電池堆與系統

磷酸型燃料電池堆是由單電池逐一堆疊而成，堆疊方式與壓濾機之組裝大致一樣。

磷酸燃料電池的工作溫度在 200°C 左右，發電效率約爲 40%，因此，燃料的化學能有 60% 將以熱的方式呈現，爲了確保電池堆的工作穩定，必須將電池所產生的熱排出或回收利用。一般而言，磷酸燃料電池的散熱設計是在每 2 ～ 5 個單節電池間加入一片散熱板，如圖 9-3 所示。散熱循環冷卻劑一般可以採用水、空氣或絕緣油等，其中以水爲最常用的冷卻劑，可分沸騰冷卻技術與強制對流技術兩種。沸騰冷卻是利用水的蒸發潛熱將燃料電池產生的熱帶出，由於水的蒸發潛熱很大，因此冷卻水的用量較低，採用強制對流技術時所需水的流量相對較大。採用水冷散熱時，必須要求水質以避免腐蝕的發生，其中水中的重金屬含量需低於 1 ppm，而氧的含量要在 0.001 ppm 以下；採用空氣強制對流冷卻技術時，系統較爲簡單而且操作穩定可靠。然而空氣熱容低，因此所需流量大，通常僅適用於中小功率的電池堆；採用絕緣油作冷卻劑時，其散熱原理及結構和水冷卻循環相似，其優點是避免對水質的高要求，然而由於油的比熱比水低，相對所需冷卻劑的流量較大。

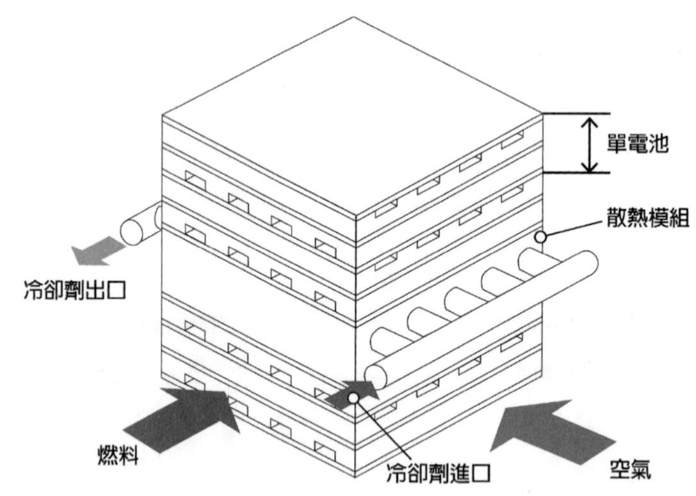

圖 9-3　具散熱板的磷酸燃料電池堆結構示意圖

圖 9-4 爲包括餘熱發電裝置在內的磷酸燃料電池系統的方塊圖。以天然氣爲 PAFC 的陽極進氣時，必須先經過燃料改質改質程序，目前主要以蒸氣甲烷改質反應 SMR(steam-methane reforming) 爲主，經過 SMR 反應後，可將天然氣主要成份甲烷轉化爲富氫氣體，再送入 PAFC 的陽極；陰極端進氣則直接將空氣壓縮並過濾淨化後送入 PAFC 陰極。

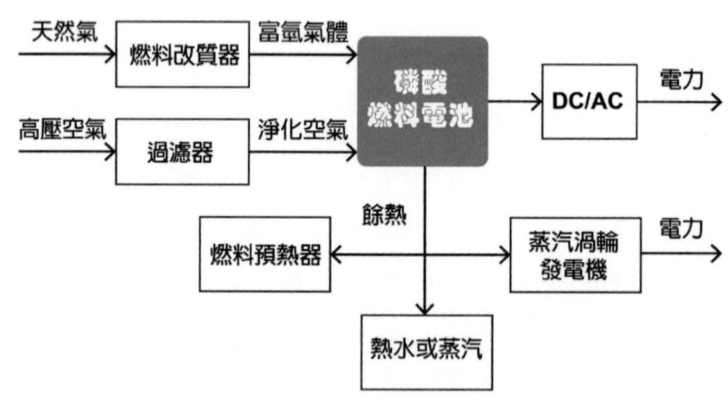

圖 9-4　磷酸燃料電池系統方塊圖

磷酸燃料電池的輸出爲直流電，而目前大部分終端用戶的電器均使用交流電，因此，必須將燃料電池輸出的直流電經由 DC/AC 逆變器轉換成交流電後再提供給用戶使用；至於磷酸燃料電池的餘熱除了可以作爲燃料氣體預熱，以提升燃料改質改質效率之外，也可以直接以熱水與蒸氣方式回收直接使用，兩者均可提升 PAFC 系統之熱電合併效率，此外，對於高功率的磷酸燃料電池而言，則可以考慮利用 PAFC 排出的餘熱經過蒸汽輪機來發電，以提高複合發電系統的總發電效率。基本上，要構成一個完整而自行運轉的 PAFC 發電廠，上述程序，包括燃料與氧化劑的供應、反應餘熱的回收或排除及電力輸出與逆變等，均需藉由電腦進行控制與管理。

9-3 PAFC 之性能分析

9-3-1 壓力效應

提升 PAFC 反應氣體的操作壓力可以有效改善電化學性能。操作壓力對燃料電池性能之影響可以從熱力學與電極反應動力學兩角度來探討。

從熱力學角度來看，提高反應氣體壓力可以提高燃料電池的可逆電位。在 T = 190°C 的典型操作溫度下，PAFC 系統操作壓力從 P_1 變化至 P_2 時，根據 Nernst 方程式所推導出可逆電位改變量與壓力的關係爲

$$\Delta E_{\mathrm{n}}(\mathrm{mV})=\frac{RT}{4F}\ \ln\left(\frac{P_2}{P_1}\right)=23\log\left(\frac{P_2}{P_1}\right) \tag{9-4}$$

換言之，在操作溫度 T = 190°C 時，壓力增加爲原來的 10 倍，則 PAFC 的可逆電位可增加 23 mV。

從電極反應動力學角度來看，首先，增加 PAFC 操作壓力可以減緩電極在高電流密度下的濃度極化；其次，操作壓力增加將可提高陰極反應氣體中水的分壓而可促使磷酸電解質濃度降低，如此，可以增加磷酸電解質的離子導電度、降低 PAFC 的歐姆極化，第三，操作壓力增加有助於提升交換電流密度而進一步降低活化極化。

9-3-2 溫度效應

從熱力學的角度來看，提高溫度會降低燃料電池的可逆電位。在標準狀態下氫氧燃料電池的可逆電位隨著溫度增加的下降率爲 0.27 mV/°C。然而，從電極動力學的角度來看，當燃料電池溫度升高時，有助於增加反應氣體質傳速率並加速電化學反應，而兩者均有助於降低電極極化。上述兩項因素的合併效應是，PAFC 的性能隨著操作溫度升高而提升。

圖 9-5 歸納燃料氣體內含有不同成份的雜質時溫度對 PAFC 性能之影響。圖中的四條曲線分別代表 H_2、H_2 + 5 ppm CO、H_2 + 200 ppm H_2S 及模擬煤氣 SCG(simulated coal gas) 等四種不同成份的陽極燃料氣體之結果，陰極則以空氣爲氧化劑，而輸出電流密度則固定在 200 mA/cm^2。結果顯示，當 PAFC 以純氫爲燃料氣體時，由於溫度對氫氣電極電位影響有限，因此，燃料電池電壓隨著溫度增加的幅度不大；當燃料氣體內含有 CO 時，增加 PAFC 操作溫度可以改善陽極性能進而提高燃料電池的輸出電壓，這是因爲高溫環境下有助於降低 CO 在鉑觸媒表面上的吸附能力，因此，可以提高鉑觸媒對 CO 的容忍度，而減輕 CO 對陽極毒化的影響；以模擬煤氣作爲 PAFC 陽極進氣時，操作溫度對燃料電池性能之影響也極爲明顯，當操作溫度低於 200°C 時，燃料電池輸出電位明顯下降。增加 PAFC 的操作溫度固然可以提升燃料電池的性能，然而也可能產生觸媒燒結、元件腐蝕及電解質降解與蒸發等負面效應。

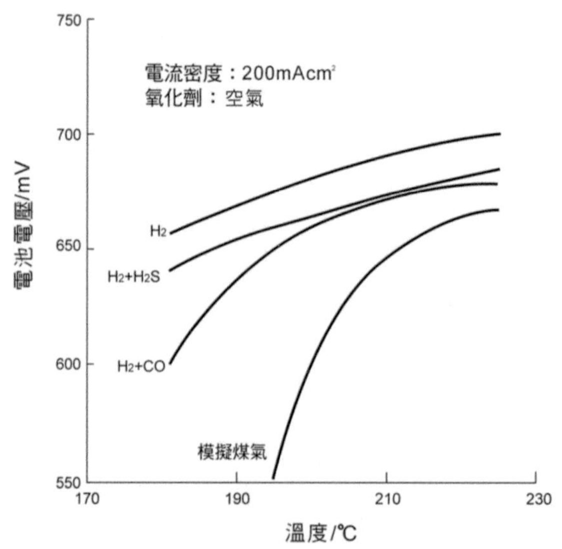

圖 9-5　溫度對不同燃料氣體之效應

9-3-3　反應氣體組成與利用率效應

增加反應氣體的利用率或者降低反應氣體進口濃度將會降低燃料電池性能。增加反應氣體的利用率會使得反應氣體出口分壓降低，而降低反應氣體進口濃度則意味著降低進口氣體的分壓，因此，以上兩項效應均會增加電極濃度極化而降低燃料電池性能。

燃料電池的氧化劑組成與利用率是影響陰極性能的重要參數。當電極輸出電位固定時，PAFC 陰極極化隨著氧化劑的利用率減少而降低，例如，以純氧取代空氣作爲 PAFC 的氧化劑時，限制電流密度可以提升達三倍之多。如圖 9-6 所示，經過疏水處理的電極及使用濃度 100% 磷酸爲電解質，在 191°C、1 大氣壓下，陰極過電位變化量爲氧氣利用率的函數，可以寫成：

$$\Delta\eta = \eta_c - \eta_{c,\infty} \tag{9-5}$$

其中，η_c 與 $\eta_{c,\infty}$ 分別爲有限氧氣流量與無限氧氣流量下的陰極過電位。無限氧氣流量表示陰極氧氣利用率爲 0，在實際的操作過程中，我們可以將陰極氧氣流量增加以獲得較低的氧氣利用率，當氧氣流量非常高時，則氧氣的利用率接近 0，此時所測得的陰極過電位即爲 $\eta_{c,\infty}$。圖 9-6 中顯示陰極極化隨著氧氣利用率增加而快速增加，當 PAFC 氧氣利用率爲 50% 時，陰極過電位增加了 19 mV。

PAFC 所使用的氫氣可以從各種不同的燃料轉化而來，例如，天然氣、石油、液化煤或煤氣等。這些燃料轉化過程中，例如，蒸氣甲烷改質反應 SMR 與水氣移轉反應 WGS，除了氫氣之外尚包括一氧化碳、二氧化碳及未反應的碳氫化合物。其中，改質後的燃料氣體內低含量的 CO 會造成 PAFC 陽極的毒化，而其他不具有電化學活性的物質在陽極電化學反應過程中僅充當稀釋劑之用，例如 CO_2、CH_4 等。由於陽極的活化極化很小幾乎是可逆的，燃料氣體組成以及氫氣利用率通常不會對燃料電池性能造成明顯的影響。

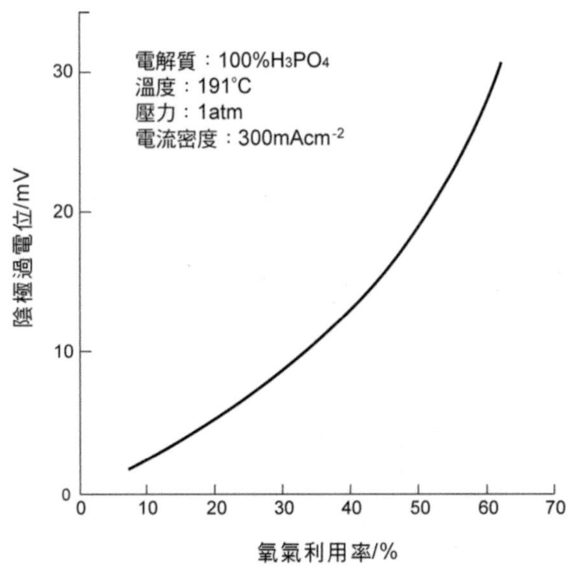

圖 9-6　陰極 (0.52 mg Pt/cm^2) 過電位變化量與氧氣利用率的關係

降低燃料利用率雖然可以獲得較高的性能，然而，低的燃料利用率意味著大量的燃料沒有使用就離開燃料電池。低的燃料氣體利用率會增加循環系統的負擔，低氧化劑利用率則必須消耗更大的泵功，兩者均會降低 PAFC 之系統效率，因此，最佳的燃料氣體與氧化劑的利用率必須在燃料電池性能與系統效率之間取得平衡。目前 PAFC 設計中，燃料氣體與氧化劑的最佳利用率分別爲 85% 與 50%。

9-3-4 雜質效應

一般而言，進入 PAFC 的改質氣體中雜質含量相對於稀釋劑與反應氣體而言相當低，儘管量少，有些雜質對 PAFC 所造成的影響卻是相當明顯。這些雜質有些存在於燃料本身，即使經過改質，雜質仍會隨著燃料氣體而進入燃料電池，例如硫化物，而有些雜質則是在燃料改質處理過程中所產生的，例如 CO。

一氧化碳在鉑觸媒表面上所形成的強烈吸附現象，會降低電極上鉑觸媒的電催化活性，而嚴重阻礙氫氣電化學反應的進行。所以，富氫氣體中微量的一氧化碳會造成氫電極迅速極化而降低電池的輸出電壓。鉑的一氧化碳中毒模式，簡言之，就是在鉑表面上的一個氫分子被兩個 CO 分子所取代。

圖 9-7 說明 PAFC 氫氣分壓與 CO 含量對陽極性能之影響，操作條件爲：溫度 180°C、磷酸電解質濃度 100% 及陽極鉑載量 0.5 mg/cm^2。圖中曲線 1 之燃料氣體爲純氫外，其餘曲線 H_2 的分壓比固定爲 0.7，也就是含有 30% 的稀釋劑，而 30% 的稀釋劑中 CO 的含量則從 0 增加到 5%，從曲線 1 與 2 的比較顯示對氫氣進行稀釋會增加陽極極化，而從曲線 2 至曲線 5 的趨勢可以清楚看出，陽極極化會隨著 CO 含量的增加而明顯增加。

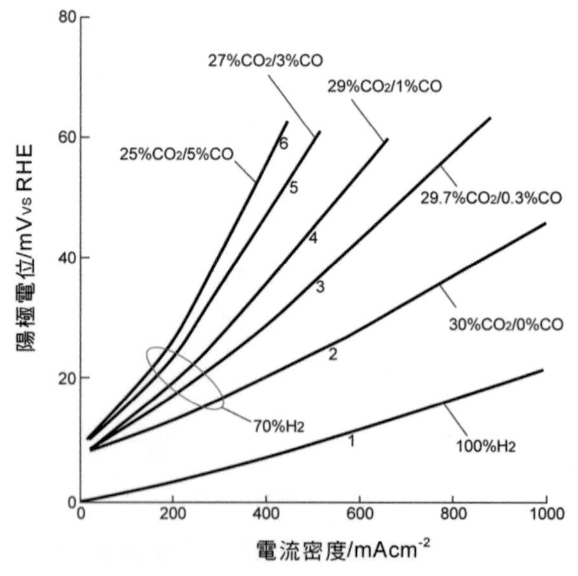

圖 9-7 一氧化碳與燃料氣體組成鉑陽極性能之影響

經由改質程序獲得的富氫氣體中所含的硫化物，例如硫化氫 (H_2S) 與碳醯硫 (COS) 等，均會毒化鉑觸媒而造成氫電極極化大幅度上升。基本上，這些硫化物毒化鉑觸媒的機制與一氧化碳大致相似，也就是這些硫化物都會優先吸附在鉑的表面上，而阻斷在觸媒上所進行氫的氧化反應。其中，PAFC 陽極觸媒對富氫燃料氣中硫化氫的最高容忍濃度爲 20 ppm，一旦燃料氣體 H_2S 含量超過 50 ppm 時，PAFC 會快速失效而毀損，H_2S 與 COS 混合雜質的容忍度則爲 $H_2S + COS < 50$ ppm。圖 9-8 則探討氫氣燃料中同時含有 H_2S 與 CO 時之合併效應，圖中縱座標爲純氫燃料氣體電極與含有 H_2S 或 CO 的燃料氣體電極的電位差，橫座標則爲 H_2S 的濃度。當富氫燃料中不含 CO 時，低濃度 H_2S 的環境下，濃度改變量對 PAFC 電位改變影響不大，只有在 H_2S 濃度超高 240 ppm 時電位差急劇增加；相對地，當陽極燃料氣體含有 10%CO 時，H_2S 濃度改變對陽極電位改變量影響較大，而當 H_2S 濃度高於 160 ppm 時，電位降迅速竄升，燃料電池性能急速下降。基本上，PAFC 陰極性能並不會受到硫之毒化，陽極的毒化現象藉由提高陰極電位重新恢復。

氮氣在 PAFC 的燃料氣體中充當稀釋劑，然而，其他氮化物，例如 NH_3、HCN、NO_x 等，對 PAFC 並非完全無害，例如，燃料氣體或氧化劑內所含的硝酸會與磷酸作用產生磷酸鹽 ($(NH_4)H_2PO_4$)，而降低氧氣的還原速率，爲了避免燃料電池性能損失，$(NH_4)H_2PO_4$ 的莫耳濃度必須低於 0.2%。有關 HCN 與 NO_X 濃度對 PAFC 性能之影響到目前則尚未有清楚的報導。

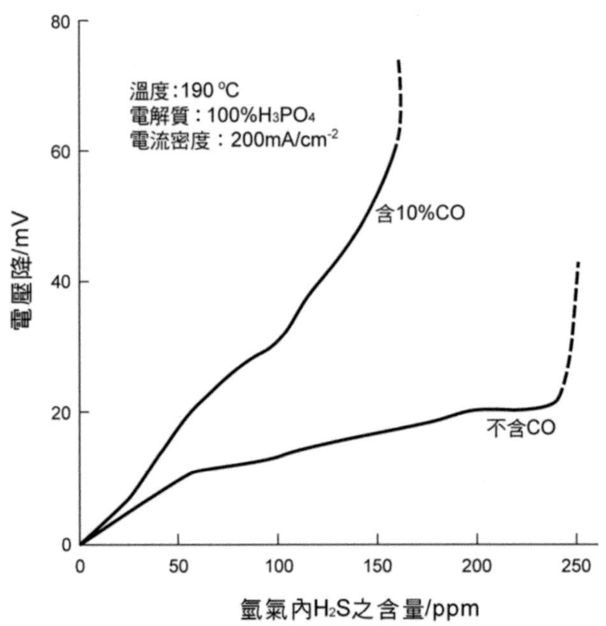

圖 9-8　一氧化碳與燃料氣體組成鉑陽極性能之影響

習題

1. 試比較酸性 (磷酸) 燃料電池與鹼性燃料電池相似與相異之處。
2. 磷酸燃料電池的導電離子爲何？
3. 磷酸燃料電池所使用的燃料爲何？天然氣可不可以直接作爲磷酸燃料電池的燃料？需作哪些處理？
4. 磷酸燃料電池電化學反應後所產生的水跑到哪裡去了？它需要回收或排除嗎？爲什麼？
5. 磷酸燃料電池的電解質是液體，它會跑來跑去，如何將它固定？
6. 爲什麼磷酸燃料電池的電極對一氧化碳的容忍度比質子交換膜燃料電池的電極來的高？
7. 磷酸燃料電池之擴散層及觸媒層必須具備哪些特性？
8. 提高燃料電池之操作壓力對磷酸燃料電池效率之影響爲何？
9. 磷酸燃料電池爲什麼不能作爲燃料電池電動車之動力源？
10. 天然氣的成分中，有哪些會影響 (降低) 磷酸燃料電池之性能？
11. 哪些因素使得磷酸燃料電池之發展逐漸趨緩？

10

鹼性燃料電池

鹼性燃料電池 AFC(alkaline fuel cell) 是最早發展的現代燃料電池之一，一直到 1950 年代才經由培根驗證完成，並於 1960 年開始應用於阿波羅太空船，當時曾掀起全世界第一波燃料電池研究的高潮。

以空氣作爲鹼性燃料電池的氧化劑時，必須清除空氣中所含的二氧化碳，這項缺點嚴重限制 AFC 在地表應用的可行性，1980 年代後期以來，鹼性燃料電池的相關開發與研究工作已大幅減少，目前大部分研究單位不是已經停止鹼性燃料電池的相關研究工作，就是轉而發展其他類型之燃料電池。

10-1 原理

圖 10-1 為 AFC 工作原理示意圖，陽極與陰極分別以氫氣與氧氣為反應氣體，並以氫氧化鉀溶液為電解質，氫氧根離子 OH^- 為導電離子。陽極半反應、陰極半反應及總反應方程式分別如下：

$$2H_2 + 4OH^- \rightarrow 4H_2O + 4e^- \tag{10-1}$$

$$O_2 + 2H_2O + 4e^- \rightarrow 4OH^- \tag{10-2}$$

$$2H_2 + O_2 \rightarrow 2H_2O \tag{10-3}$$

與其它類型氫氧燃料電池最大不同之處就是 AFC 是在陽極側產生水，而 PEMFC 與 PAFC 的水則是產生在陰極側。

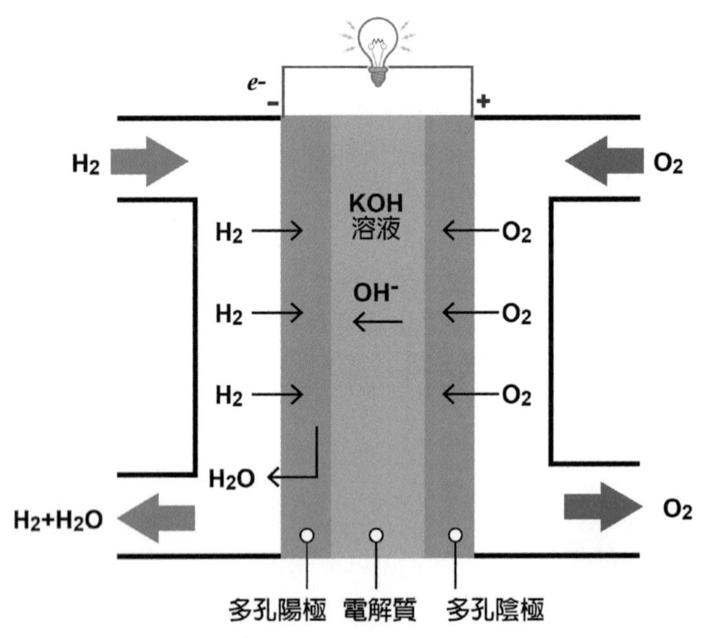

圖 10-1 鹼性氫氧燃料電池原理示意圖

AFC 有以下幾項特點：

1. 能量轉化效率高。一般鹼性燃料電池的操作電壓在 0.80 ～ 0.95 V 時，其電能轉換效率可高達 60 ～ 70%。這是由於在鹼性介質中氧的還原反應在相同觸媒 (如鉑、鉑／碳) 上的反應速度 (交換電流密度) 比在其他電池高的緣故。
2. 鹼性燃料電池可以使用非鉑觸媒，如雷尼金屬 (Raney metals)、硼化鎳等。如此不但可以降低電池成本，而且也不受鉑資源的限制。
3. 鹼性燃料電池之結構可以使用塑膠、石墨或非貴重與稀有金屬等較為便宜的材料。例如，鎳在鹼性燃料電池的工作溫度下，面對電池中的鹼性電解質具有化學穩定性，因此，可採用鎳板或鍍鎳金屬板作雙極板。
4. 瞬間起動快且操作溫度範圍廣，即便在結冰溫度下仍能正常運行。
5. 熱管理較為容易。

然而，鹼性燃料電池有幾項缺點：

1. 以空氣作為鹼性燃料電池的氧化劑時，必須清除空氣中所含的二氧化碳。
2. 當以碳氫化合物的改質氣體作燃料氣體時，必須去除氣體中的二氧化碳。儘管對小功率電池可以採用鈀 - 銀分離膜來處理，但卻也大幅增加發電系統的成本。
3. 鹼性燃料電池採用氫氧化鉀或氫氧化鈉為電解質，進行電化學反應所生成的水必需即時排出，以維持其濃度。因此，排水方法及控制均增加燃料電池的複雜度，而增加成本。

10-2 關鍵元件

10-2-1 觸媒與電極結構

AFC 的操作溫度範圍相當廣，低溫 AFC 所使用的觸媒可以是鉑、鈀、金、銀等貴金屬，而在高溫操作時也可以採用鎳、鈷、錳等過渡金屬作為觸媒。此外，貴金屬合金或貴金屬與過渡金屬組成的合金，例如鉑 - 鈀、鉑 - 金、鉑 - 鎳、鉑 - 鎳 - 鈷、鎳 - 錳等合金，也都可以作為 AFC 的觸媒。不同的觸媒有不同的電極結構，一般而言，以過度金屬為觸媒的電極普遍採用燒結型或雷尼金屬結構的雙孔結構電極；而以貴金屬為觸媒的鹼性燃料電池則採用黏結型電極，也就是將鉑類觸媒分散高比表面積與高導電性的載體 (如碳黑) 上，然後再將其塗佈黏結於多孔氣體擴散層上。無論是雙孔結構電極或者黏結型疏水電極，結構設計的重點是在一定的操作條件下能夠確保電極具有高度穩定的氣、液、固三相反應界面。

圖 10-2 爲雙孔結構電極的示意圖，顧名思義雙孔電極結構可分成粗孔層與細孔層兩層，粗孔層面向反應氣體，細孔層則與電解質接觸，粗孔層孔徑約爲細孔層孔徑的 2 ～ 3 倍，電極工作時藉由適當的控制反應氣體壓力，讓粗孔層內充滿反應氣體，細孔層內佈滿液態電解質，在毛細力的作用下，細孔層內的電解液會浸潤粗孔層並形成彎月面，這個彎月面形狀的電解質浸潤薄膜，愈靠擴散層愈薄，厚度僅爲幾個 μm，如此，便能夠使得反應氣體、液態電解質、與固態電極能夠在界面上保持穩定的三相結構，電化學反應時粗孔層中的反應氣體先溶解到液態電解質薄膜內，再擴散至反應點而發生電化學反應，電子則藉由構成粗孔層和細孔層的金屬骨架進行傳導，離子與水在液態電解質薄膜與細孔層內的電解質中進行傳遞。

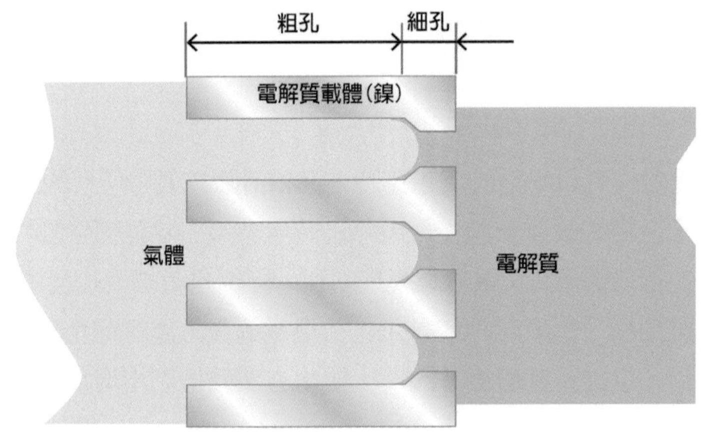

圖 10-2　雙孔電極結構示意

AFC 的雙孔結構電極有兩種製作方式，第一種是將不同粒度的鎳粉燒結成不同空孔大小的雙層多孔結構，這種製程的多孔氣體擴散電極曾經成功應用在阿波羅太空任務的鹼性燃料電池中；另外一種多孔結構的製作方式是採用雷尼金屬製程，也就是先將觸媒主金屬 - 鎳與非活性次金屬 (通常爲鋁) 加以混合，混合後的金屬仍存在有明顯的界面而並非合金形式，然後將此一混合金屬加入強鹼中而將次金屬融除掉，如此，將會留下高比面積的空孔，這種方法並不需要高溫燒結而且只要改變兩種金屬的比例就能夠改變孔隙率。雷尼金屬結構的氣體擴散電極從 1960 年代開發後一直沿用至今，例如，西門子在 1990 年代用在潛水艇的鹼性燃料電池的陽極就是採用雷尼鎳。

AFC 黏結型電極與 PEMFC、PAFC 氣體散電極的製作方式一致，也就是將鉑 - 碳黑觸媒與疏水劑，如聚四氟乙烯乳液，按一定比例混合，然後再塗佈到氣體擴散層上，製作成具有一定厚度的電極。在微觀上，用疏水劑黏結電極可以視爲是氣體微孔、觸媒及液態電解質等三相之交錯結構，由疏水劑構成的疏水網絡形成反應氣體的進入電極內部的擴散通道，由觸媒構成的能被液態電解質完全浸潤的親水網絡則成爲水與離子 OH^- 的通道。表 10-1 幾個特定之鹼性燃料電池電極結構之比較。

表 10-1　幾個特定之鹼性燃料電池之操作參數與電極結構之比較

任務	操作壓力 /bar	操作溫度 /°C	KOH 濃度 /%	電極材料		電極結構
				陽極	陰極	
Bacon	45	200	30	Ni	NiO	燒結型雙孔結構
Apollo	3.5	230	85	Ni	NiO	燒結型雙孔結構
Orbiter	4.2	93	35	Pt/Pd	Au/Pt	疏水劑黏結型電極
Siemens	2.2	80	—	Ni	Ag	Reney 金屬雙孔結構

10-2-2　電解質支撐膜

AFC 通常採用石棉膜作爲電解質支撐膜。

石棉支撐膜的製作方式與傳統造紙方式相類似，石棉纖維主要成分爲氧化鎂和氧化矽，它的分子式是 $3\ MgO \cdot 2\ SiO_2 \cdot 2\ H_2O$。由於長期處在氫氧化鉀的鹼性水溶液中，石棉中的酸性成分會與鹼液反應生成微溶性的矽酸鉀 (K_2SiO_3)。爲了減少電解質支撐膜在鹼液中的溶解而失重，一般會將石棉纖維在製膜前用強鹼進行處理，或者在鹼中加入少量的矽酸鉀。以造紙方法所製作出的石棉支撐膜的微孔結構相當均勻，也是電的絕緣體。飽浸氫氧化鉀水溶液的石棉膜具有良好的氫氧根離子導電能力，並且可以阻氣導水。

10-2-3　雙極板

石墨和鎳作爲雙極板材料具有化學穩定性在鹼性介質中不易腐蝕，而且價格並不昂貴，適合作爲鹼性燃料電池的雙極板材料。然而，兩者各有其缺點，無孔石墨板由於質地較脆，作爲鹼性燃料電池石墨雙極板所需厚度往往超過 3 mm，因此，AFC 電池堆的體積比功率無法提升；相對地，由於鎳的密度頗大，以鎳板作雙極板材料的 AFC 電池堆的比功率會降低。鹼性燃料電池開發之初，主要爲太空飛行之電力之應用，因此，當時採用了密度小的金屬，如鋁、鎂等，而爲了避免腐蝕現象的發生，則在雙極板的表面進行改性處理，例如鍍鎳或鍍金等。

10-2-4 電池堆結構

鹼性燃料電池堆大致上可分成以下三種結構：

1. 第一種是以石棉作爲電解質支撐膜，將其浸泡於氫氧化鉀水溶液中，而黏結型氫電極和氧電極置於支撐膜兩側而組成膜電極組，最後配合雙極板再按壓濾機模式組裝成電池堆，這種電解質結構和固態電解質一樣可以在任何方位下運行。
2. 第二種是採用雙孔結構的電極與框架，框架內置有氫氧化鉀溶液，再依據密封結構與雙極板按壓濾機模式成電池堆，此種電池堆結構電解質可以是動態循環的，也可以靜態密封於框架內，而在運轉時必須嚴格控制反應氣體與電解質之間的壓力差，以防止反應氣體竄透細孔層進入電解質支撐膜。
3. 第三種結構是以石棉膜作細孔層，而以黏結型電極作爲粗孔層，將細孔層石綿支撐膜與兩個多孔氣體擴散電極壓合，形成類似雙孔電極的結構，再按雙孔電極的方式組成電解質槽，最後組裝成自由介質型鹼性燃料電池。

10-2-5 電解質之管理

AFC 的電解質的管理方式可分成動態與靜態兩種方式。

圖 10-3 爲動態電解質的 AFC 系統示意圖，氫氧化鉀溶液以泵打進燃料電池中而形成電解質循環迴路，氫氣則來自於高壓鋼瓶，經過一個三通閥與一個調壓閥後，氫氣以一個噴流循環器來完成封閉循環系統，而陽極上電化學反應所產生的水，隨著氫氣帶出陽極後以冷卻器將水氣凝結回收；空氣進入 AFC 陰極時，必須先將空氣通入二氧化碳清除器與空氣濾清器，以過濾空氣中的二氧化碳與雜質，空氣中所含的二氧化碳會與氫氧化鉀發生反應：

$$2\,KOH + CO_2 \rightarrow K_2CO_3 + H_2O \tag{10-4}$$

氫氧化鉀會逐漸變成碳酸鉀，如此，氫氧根離子 OH^- 將會被碳酸根離子 CO_3^{2-} 取代而濃度減小，因而降低燃料電池之效率。

動態電解質的缺點在於必須要加裝許多裝置與設施，而增加系統的成本與複雜度，例如，必須增加推動腐蝕性液體的循環泵，其次，加裝電解質循環管路增加電解質溢漏的機率，而且氫氧化鉀溶液的表面張力容易使流體鑽入管路的縫隙中，而增加管路腐蝕機率，此外，動態電解質流動有其方向性，而限制 AFC 系統之擺置方式，例如，電解質流動方向必須與地面成垂直以避免電解質不均勻分佈而增加歐姆阻抗，此外，動態電解質的每一個單電池必須有獨立之電解質循環，否則會造成短路。然而，動態電解質也有它的優點：

1. 電解質循環可同時作為燃料電池系統之冷卻系統，因此可省卻額外的冷卻系統。
2. 電解質循環過程中可以充分攪拌與混合，可以避免陰極電解質濃度過高之現象。
3. 電解質循環表示陽極所產生的水可以直接由電解質所帶走，而不必靠氫氣蒸發方式進行，而帶有生成水之電解質可以通過蒸發器後保持原有之濃度。
4. 當電解質被稀釋時，可以直接將電解質打出而更換新鮮的電解質。

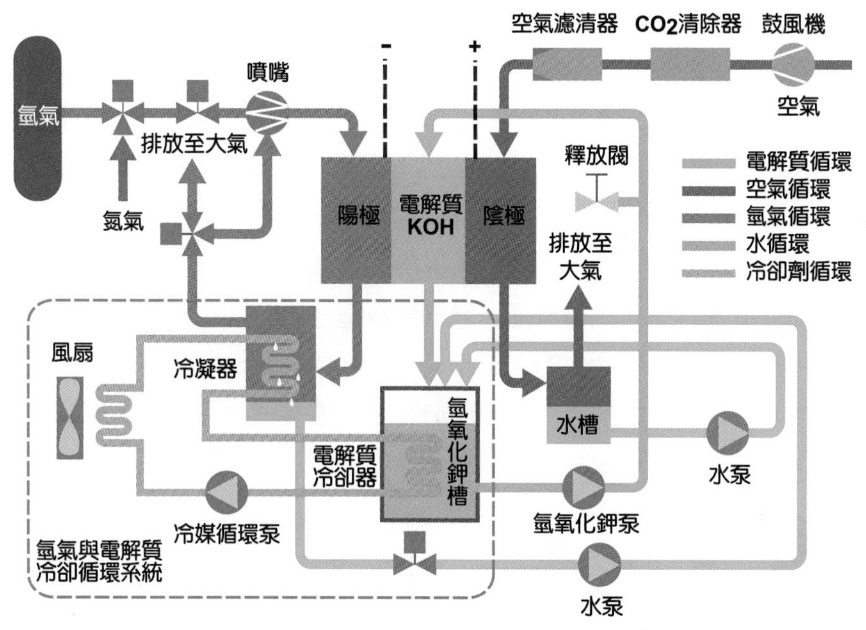

圖 10-3　動態電解質之 AFC 結構示意

動態電解質系統曾經用在 1960 年代培根鹼性電池，以及後來的阿波羅太空船，而後來的太空梭則是採用靜態電解質設計，如圖 10-4 所示。

靜態電解質管理方式是將氫氧化鉀溶液穩定在多孔、高強度且防腐能力強的電解質支撐膜的多孔矩陣結構內，例如石棉膜。由於靜態電解質並無法像動態電解質一樣，可以隨時更換或補充新鮮的電解質，為了避免電解質遭受空氣中所含二氧化碳的毒化，因此靜態電解質通常採用純氧作為陰極氧化劑，而陽極氫氣循環系統則與圖 10-4 相同，而陽極所產生的純水除了直接提供太空人飲用或空調之用外，並同時作為冷卻系統的冷卻劑，在阿波羅太空船的冷卻系統中，使用乙二醇水溶液，而 Orbiter 系統所使用的冷卻劑，則為非介電材料的氟碳化物。

靜態電解質 AFC 系統的主要優點是電解質無須藉由泵浦驅動，而且沒有由於泵浦所引發的短路問題，此外，靜態電解質的載體所構成之矩陣結構與固態電解質一樣可以在任何方位下運行；然而，靜態電解質 AFC 系統也必須面臨水管理的問題，也就是陰極水蒸發與陽極水生成的問題。AFC 水管理的問題與 PEMFC 本質上是一樣的，只不過是將 PEMFC 產生水的陰極轉移至 AFC 的陽極而已。PEMFC 中陰極的水除了以電化學方式產生之外，並且也會從陽極電滲而來，因此，在設計上必須將陰極的水以擴散方式移動至陽極使得陽極的水含量保持充足。一般而言，AFC 的水管理問題並不如 PEMFC 來的嚴重，這是由於氫氧化鉀溶液的飽和蒸氣壓，並不像純水一樣會隨著溫度上升快速上升，也就是蒸發的速率較爲緩和。石棉膜型的 AFC 水管理的關鍵在於必須能夠連續不斷將 AFC 陽極生成的水排除，而且要能夠保證排出的水量與電化學反應生成量一致，以確保鹼性電解質液的濃度與體積無大幅度的變動，否則，當排出的水量少於生成水時，鹼性電解質體積會膨脹，而導致部分電解質進入氣體流道，最終燃料電池將會因爲電解液氾濫而「淹死」；當排出的水量超過燃料電池所產生的水量時，石棉膜內的鹼性電解質的體積會縮小，嚴重時，少數多孔矩陣內會缺乏電解質而形成部份空孔狀態，進而造成氫氣與氧氣之間的竄透而降低燃料電池性能。上述現象的惡性循環，最終會導致電池的毀損。

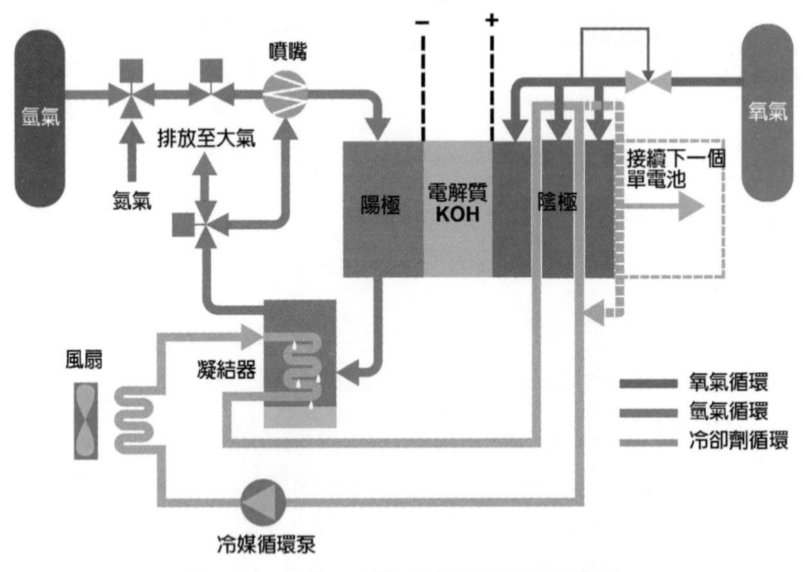

圖 10-4 AFC 靜態電解質循環示意圖

10-2-6 電極之水管理

鹼性燃料電池陽極採用了兩種不同的排水方式，一種是採用氫氣循環排水，也稱爲動態排水，如圖 10-3 與 10-4 所示，另外一種則是利用水在眞空或減壓下蒸發的原理的靜態排水方式。

動態排水的設計首先必須根據電解質濃度，以及燃料電池工作溫度所決定的飽和蒸氣壓來決定冷凝器的工作溫度，例如，當電解質 KOH 的濃度為 35%、燃料電池溫度為 90°C 時，氫氧化鉀溶液的飽和蒸氣壓為 20 kPa，據此決定冷凝器的工作溫度設定為 60°C，此時當氫氣的循環量明顯超過電化學消耗量時，則燃料電池生成水便能夠以相同的速度蒸發到氫氣流中，而被帶出陽極並進行冷凝回收，此外，當燃料電池的電流密度愈高時，設定的循環氫氣量應愈大。因此，影響動態排水的因素包括燃料電池工作溫度、冷凝器工作溫度及氫氣 (泵浦) 的循環量等，而實際操作時，只要控制燃料電池之工作溫度及冷凝器工作溫度兩項參數即可，兩者相互匹配則可以確保燃料電池內電解質濃度保持不變，而電解質體積也因此固定。

圖 10-5 為靜態排水的結構示意圖，靜態排水是在陽極氫氣側增加一個真空排水流道，而利用太空中的高真空環境的特性，以壓力差來進行排水。由於固定燃料電池工作溫度與電解質的濃度時便可對應一個固定的水蒸氣分壓，因此氫氣流道內水蒸氣的分壓是固定的，當水在燃料電池陽極側生成後便蒸發到氫氣流道中，氫氣流道內水蒸氣的分壓必定高於真空排水流道內的水蒸氣分壓，因此，水分子由於濃度差而通過氫板且擴散到導水膜上並凝結成水，水分子靠濃度差經導水膜擴散到真空排水流道側，再進一步真空蒸發到真空流道中；水在真空流道中靠壓力差推動至冷凝器予以冷凝收集，冷凝後的低壓純水再經過加壓裝置送至淨水容器內，淨化後的水即可供應太空人飲用；影響靜態排水方法因素有燃料電池的操作溫度及排水流道之真空度 (可藉由調整冷凝管的真空度來控制)；靜態排水的優點是控制參數少與排水不受負荷變化的影響，缺點則是在電池堆內要增加一個排水流道，增加電池結構複雜度。

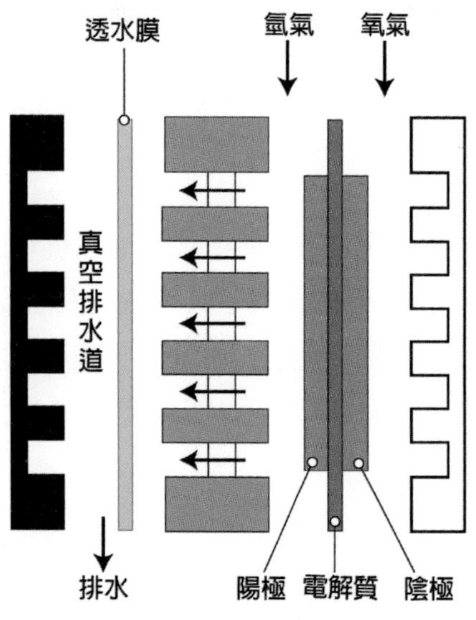

圖 10-5　靜態排水結構示意

10-3 鹼性燃料電池之應用

1959 年培根成功組裝出電極直徑約為 15.24 cm，由 40 個單電池組成輸出功率達 6 kW 的鹼性燃料電池堆，所產生的電力提供焊接之用，如圖 10-6 所示。培根鹼性燃料電池電池屬於中溫型燃料電池，操作溫度為 200 ～ 300°C，以氫氣為陽極燃料，氧氣為陰極氧化劑，電解質為濃度 45% 的氫氧化鉀，排水方式則採用氫氣循環排水，氫氣與氧氣操作壓力為 2.73 ～ 4.15 MPa，在此一操作條件下單電池在 0.80 V 工作電壓下的電流密度為 230 mA/cm^2。培根鹼性燃料電池有兩項特色，一是採用雙孔結構的鎳電極，擴大並穩定了電化學反應界面，二是採用鋰化的雙孔鎳電極作氧電極，由於具有半導體特性的黑色氧化鎳與氧化鋰在鹼性介質中，具有良好的抗腐蝕特性，解決電極的穩定性問題。

圖 10-6　培根 6kW 鹼性燃料電池堆

1960 年代美國普惠公司曾開發出以天然氣或汽油為燃料的 500 W 和 4 kW 鹼性燃料電池系統。該系統由兩部分構成，一個裝置是天然氣或汽油改質製氫，產生的粗氫經鈀 - 銀管分離出純氫作為燃料電池的燃料，另一個部分則是鹼性燃料電池堆，這部分則是根據培根鹼性中溫燃料電池技術為基礎所開發，它以改質所得到的粗氫為陽極燃料，以淨化空氣為陰極氧化劑。

1965 年普惠公司進一步開發出阿波羅登月飛行用的鹼性燃料電池 PC3A，如圖 10-7 所示。PC3A 採用氫氧雙孔結構的鎳電極，並以帶有氣體流道的鎳雙極板直接以電子束焊接在一起，PC3A 採用靜態電解質的設計，電解質爲濃度 85% 的氫氧化鉀，室溫下以固體形式保存於電池內，運轉時則呈現液態，PC3A 的雙孔電極中的粗孔層同時具有儲存部份電解質的功用，如此可以有效解決因排出與生成水的微小差異，導致電解質體積變化對電池性能產生的影響。PC3A 採用動態水管理技術，也就是以過量的氫氣攜帶陽極生成水先進入冷凝器將水蒸氣冷凝，水與氫氣分離並收集作爲太空人的飲用水，剩下的氫氣則回收並與氫源混合後重新進入燃料電池堆；PC3A 陰極氧化劑爲液態氧，由於氧氣的純度高，通常不直接排放，而是當雜質累積到一定程度後再一次清除。

圖 10-7　阿波羅登月飛行用鹼性燃料電池 PC3A 之組裝情形

目前，美國太空梭上的主電源則是採用低溫型鹼性燃料電池。以石棉膜作爲電解質隔膜，並以莫耳濃度 35% 的氫氧化鉀溶液爲電解質，此種電解質與載體之組合具有良好的離子導電性與阻氣能力；氣體擴散電極則是以厚度 0.7 mm 與孔隙率 80% 的多孔鎳板作支撐導電層，並在多孔鎳板上以化學沈積法沈積鉑 - 鈀作觸媒，以平行氣體流道的氧化鎂板作爲雙極板，並在表面鍍上 50 μm 厚的鎳抗腐蝕保護層，雙極板設計有散熱鰭片，電池堆置於充氦或氬等惰性氣體的鎂製圓筒內，並以水冷方式進行散熱。

習題

1. 鹼性燃料電池的優點有哪些？
2. 鹼性燃料電池的導電離子為何？
3. 為什麼鹼性燃料電池的陰極所使用的氧化劑不能夠含有二氧化碳？
4. 鹼性燃料電池發電所產生的水跑到哪裡去了，它的水管理的方式和質子交換膜燃料電池有何不同？
5. 鹼性燃料電池的雙孔結構電極，它的製程技術有哪幾種？
6. 什麼是雷尼金屬 (Raney metal) ？它和發泡金屬 (foam metal) 有何不同？
7. 試比較培根鹼性燃料電池、阿波羅太空船用鹼性燃料電池、Orbiter 太空梭用鹼性燃料電池之電極結構與操作條件。
8. 鹼性燃料電池通常採用何種材料作為雙極板材料？其優缺點為何？
9. 鹼性燃料電池的電解質管理可以分成哪兩種方式？
10. 當鹼性燃料電池採用動態電解質時，它具有哪些優點？
11. 哪些因素限制了鹼性燃料電池在地面上的應用？
12. 請上網站搜尋目前全世界還有哪些廠商或公司仍在進行鹼性燃料電池的商業化開發工作？

11

終極環保車

1885 年，德國人朋馳 (K. Benz) 開發出全世界上第一台汽油內燃機三輪車，自此之後，使用汽油作燃料的汽車主宰了道路至今。

兩次全球石油危機後，引發各國對能源安全關注，加上汽車排放所造成的空氣汙染、溫室效應問題更加深了人們對汽車造成環境衝擊的疑慮，於是，各式各樣替代能源車輛不斷地推出，但是，直到今天都無法取代汽車。太陽能車功率低、價格昂貴；瓦斯車充氣時間長，續航力差，加氣站缺乏；電動車充電時間長，續航力差；酒精車引發糧食慌的問題，油電混合動力車只不過是一種過渡性車種。燃料電池車以氫氣爲燃料，氫氣來源多元，不僅可以從化石燃料而來，也可來自再生能源，而燃料電池車具有高效率、零污染的特性，因此，燃料電池車將是人類的終極環保車 UEC(ultimate eco-car)。

11-1 終極環保車

自從亨利福特 (H. Ford) 大規模生產汽車後，汽車便主宰了道路超過百年。

汽車的尾氣排放造成都市的空氣汙染，加上溫室氣體排放所造成的全球暖化與極端氣候已經成爲日常生活的威脅，而兩次石油危機也引發各國對能源安全的關注，作爲汽車主要能源的石油儲量並不是取之不盡的，因此，人們對於以石油爲基礎燃料的汽油／柴油車疑慮愈來愈深。爲了解決這些問題，各國政府近年來積極地透過環保法令的制訂，強制車廠提升車輛燃效並降低廢氣排放量，而全球主要車廠也積極進行各種環保車的研究開發，希望藉由製造並推廣友善環境與生態的環保車 eco-car 來增強對環境的貢獻。

一部環保車必須具備三項基本特性：

1. 能源 (燃料) 多元化；
2. 減少溫室氣體排放；
3. 降低大氣污染排放。

在能源多元化方面，目前世界各國政府與主要車廠都在推廣取代汽油的替代燃料，如生物酒精、生物柴油、電、氫等，以及和適合使用這些替代燃料的車輛的開發，藉以減緩化石燃料的消耗速度。巴西的酒精汽車是一個成功的案例，巴西是全球甘蔗酒精生產成本最低的國家，巴西政府規定 2008 年後生產的汽車都必須是可以使用汽油醇 (gasohol) 的彈性燃料車 FFV(flexible fuel vehicles)，2012 年底，FFV 乘客車與卡車全國掛牌比例已經高達 87%。至於在溫室氣體減量與降低廢氣污染排放方面，各車廠主要是從提升現行常規引擎之燃效以及開發低或零排放的車輛動力技術爲主，燃效提升技術如稀薄燃燒技術、先進噴射引擎等，低或零排放技術有豐田的混合動力車、日產與特斯拉的鋰離子電池電動車，以及豐田的燃料電池車等。

11-1-1 車輛動力系統演進

圖 11-1 說明目前車輛動力系統與所使用燃料之演進。影響車輛動力系統性能的主要因素包括初始能源、燃料、引擎三部分。

在最底層的是車輛引擎，圖中歸納了目前常見的內燃機、油電混合動力、蓄電池、以及燃料電池四種動力系統。中間層則是引擎所使用的燃料，包括汽油、天然氣、甲醇、乙醇、電、氫等，最上層則是這些燃料的來源，也就是初級能源，例如，汽油是從石油提煉而來，甲醇可以從煤、天然氣而製得，氫氣則可以從煤、天然氣、石油等化石能源而來，也可以從甘蔗、玉米、薯類等生質能源而來，當然也可以利用太陽能或風力電解水而得。電、氫、生物柴油、酒精都是化石燃料的良好替代品，但每種替代燃料都有各自的缺點，例如，用蓄電池電力帶動馬達的電動車行駛時不僅零排放，而且燃效比起內燃機引擎高得多，然而，最先進的鋰離子電池技術其體積能量密度只有汽油的 1/50，因此，液體燃料的汽油其高體積能量密度在車輛續航能力方面仍具有明顯的優勢。

雖然目前大部分車輛仍是使用汽油或柴油的內燃機引擎車，而道路上行駛油電混合動力車與純電動車也逐漸增加中，加上燃料電池車已經開始在市場上販售，因此，就環保車發展的趨勢來看，圖 11-1 中，無論是引擎、燃料、以及初級能源三者都會隨著技術發展而逐漸往右移動。

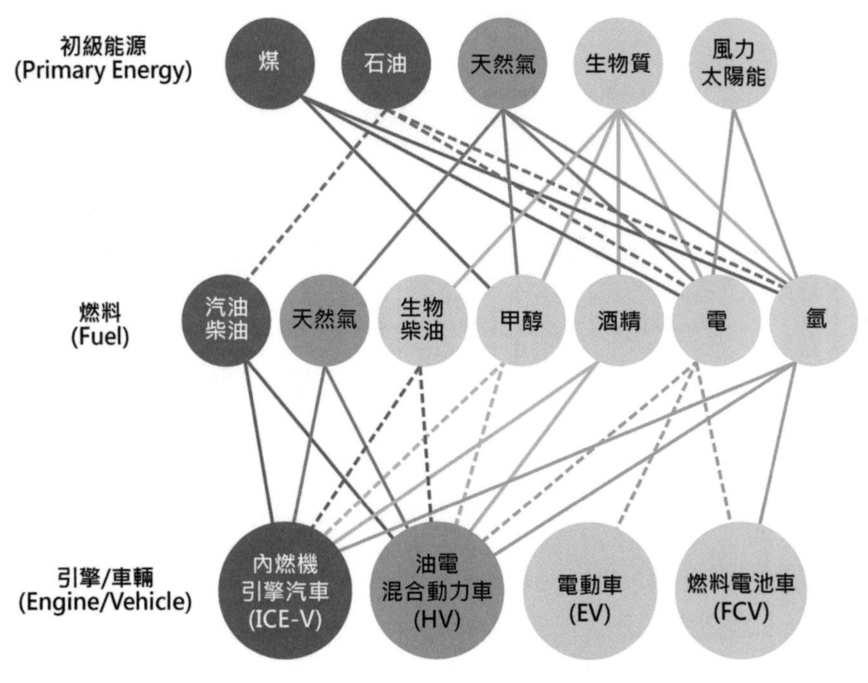

圖 11-1　車輛動力系統與燃料之演進

11-1-2　生命週期評估

一部車是否符合環保車之要求必須從車輛本身以及所使用的燃料兩方面進行生命週期評估 LCA(ife-cycle assessment)。如圖 11-2 所示，所謂生命週期評估在車輛循環部分，從設計階段開始，就必須考慮車輛所有的零組件是否可以分解與再加工，讓所有資源都可以回收再利用；在生產的階段，所有零組件的製造要能夠達到廢棄物最少量，而使用階段所有消耗品都有完整的回收管道，可以回收再利用，同時使用階段還必須達到最少溫室氣體排放量與最大的燃油效率與傳動效率；最後當車輛報廢後，可以快速地分解與重新轉換爲製造材料，作爲新車設計的零組件原料。因此，一部環保車在車輛循環方面必須是滿足原料 → 生產 → 製造 → 使用 → 回收等循環利用所製造出的汽車。

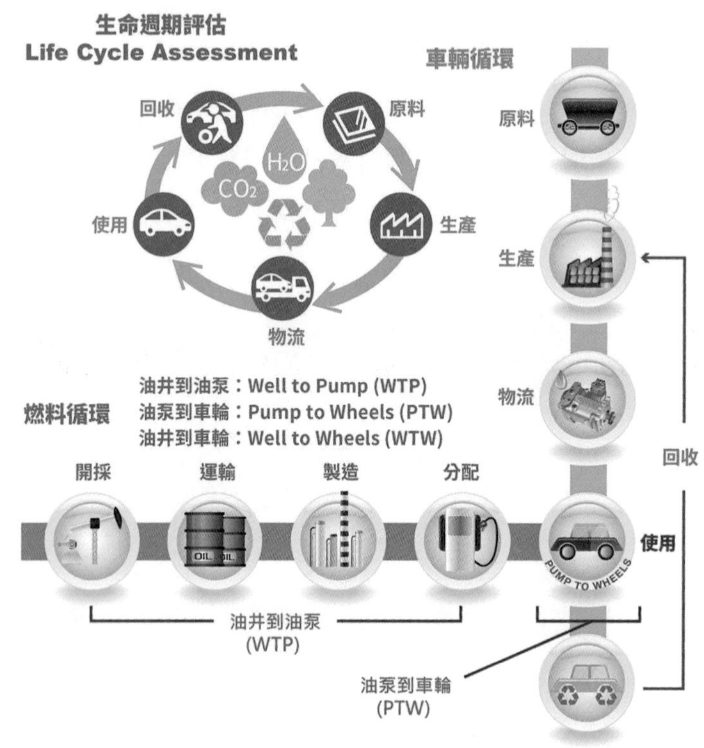

圖 11-2　車輛之生命週期分析

至於燃料循環之生命週期評估，如圖 11-2 所示，則必須從燃料開採就開始加以考慮，包括後續運輸、工廠製造、分送到加油站所消耗的能量都計算在內，這就是所謂的油井到車輪 WTW(well-to-wheels) 分析。WTW 分析可分成油井到油槍 WTP(well-to-pump) 和油槍到車輪 PTW(pump-to-wheels) 兩部分。油槍到車輪效率就是車輛效率，而油井到油槍效率則是燃料處理效率。

圖 11-3 爲燃料電池車 (FCV)、汽油車 (GV)、與純電動車 (BEV) 之油井到車輪效率 (WTW efficiency) 比較。燃料電池車的氫氣是來自天然氣，從礦場開採的天然氣液化後經由拖車運送至加氫站內改質成氫氣，然後經過壓縮分送至燃料電池車的儲氫罐，這一切過程都需要消耗能量，雖然燃料電池效率可高達 50 ～ 60%，經過上述燃料處理過程使得用氫的燃料電池車的 WTW 效率在 22 ～ 36% 之間；此外，爲了方便儲存與運輸，也

可以將天然氣壓縮、合成而成爲液態甲醇，甲醇再運到加氫站改質成氫氣，也就是走天然氣 → 甲醇 → 氫氣的路徑，這個能量轉化過程較爲複雜過使得它的 WTW 效率降低到 20 ～ 28% 之間。在汽油車 GV 方面，從油田開採原油、原油輸送、煉油廠精製、管線輸送至加油過程，最後再藉由內燃機引擎將汽油轉化爲機械能提供車輛動力，此一連串過程的 WTW 效率大約在 15 ～ 17% 之間。至於純電動車 BEV，當電力來自燃煤的火力電廠時，經由電力輸送、電池充電，最後在藉由電動馬達帶動車輛車輪，WTW 效率大約爲 20 ～ 34% 之間。

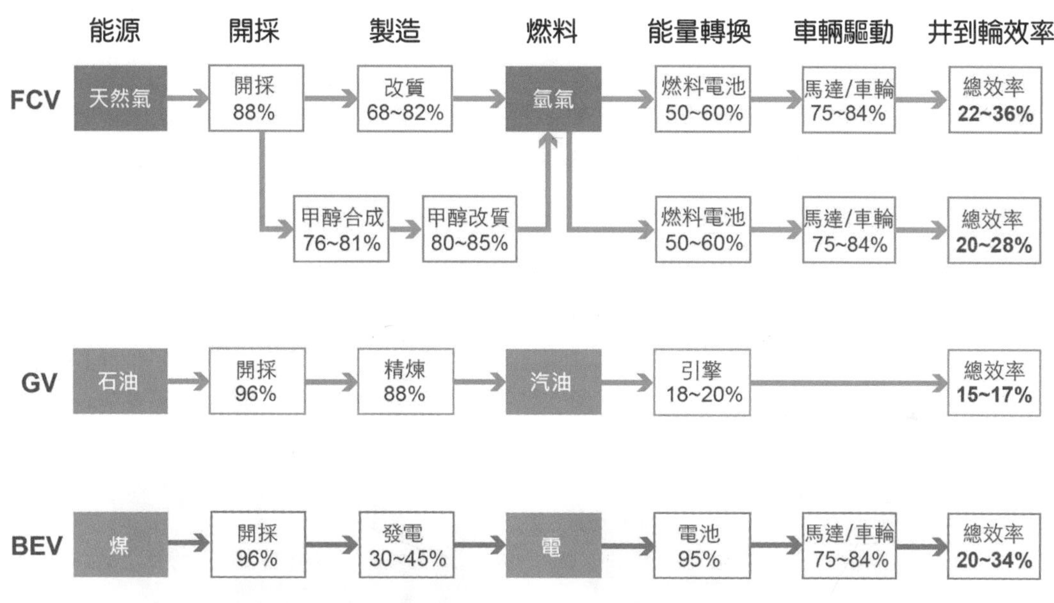

圖 11-3　燃料循環之油井到車輪 (WTW) 效率分析

11-1-3　豐田終極環保車倡議

豐田邁向終極環保車的節能倡議從兩種不同的方法進行，一是提高常規引擎 (汽油和柴油車) 的燃料效率，另一個則是先進動力系統之開發。

在常規引擎燃效改善方面，豐田進行了包括進行稀燃汽油引擎 (lean burn)、直噴式四衝程汽油引擎 (D-4)、共軌直噴式柴油引擎 (common rail)、智慧型可變時汽門控制 (VVT-i) 等技術之開發，豐田同時也將常規引擎改裝爲可使用替代燃料之引擎，如壓縮瓦斯車 (CNG)、合成氣以及生物氣等。

在先進動力系統之開發方面，如圖 11-4 所示，豐田以結合引擎與馬達動力的 Toyota Prius 油電混合動力車 (HV) 爲基礎，開發結合替代燃料與電力的混合動力技術，此時，各種替代燃料引擎都將與電力驅動系統做動力混合調配，達到最佳燃效、最低排放的目標；此外，插電式混合動力汽車 PHV(plug-in hybrid vehicle) 則可以使用家用電源插座充電，藉此增加純電動力下之行駛距離。無論 HV 或 PHV 都涉及使用電池電力帶動馬達行駛的純電動力模式，因此，純電動車 EV 也是豐田發展車輛燃料多元化策略的一環。純電動車不僅零排放且燃效比起內燃機引擎高得多，因此，被譽爲下一代新興車款。日產 Nissan 於 2010 年推出了 LEAF 純電動車後，許多車廠紛紛效仿，然而，受到電池性能不佳及充電站缺乏的限制，純電動車並無法長距離的行駛，銷售情況未盡人意；由於電池性能改善，包括提升電池容量與縮短充電時間，並非立即可解決之問題，使得大部份車廠推遲了電動車的量產計畫；此外，電池成本也是一個嚴峻的挑戰，目前特斯拉 Tesla 雖然已經量產行駛距離可比擬市面上汽油車之車款，但其售價仍偏高，導致目前產品仍只專屬於金字塔頂端客層，並無法融入一般消費大衆的日常生活中。基本上，純電動車在可預見的未來將無法取代目前以傳統汽油爲動力的汽車。油電混合動力車之市場競爭日趨激烈，市場佔有率也愈來愈高，然而，來自於石油的汽油或柴油終究有一天會用完，因此，它只不過是步入終極環保車的一種過渡車種。

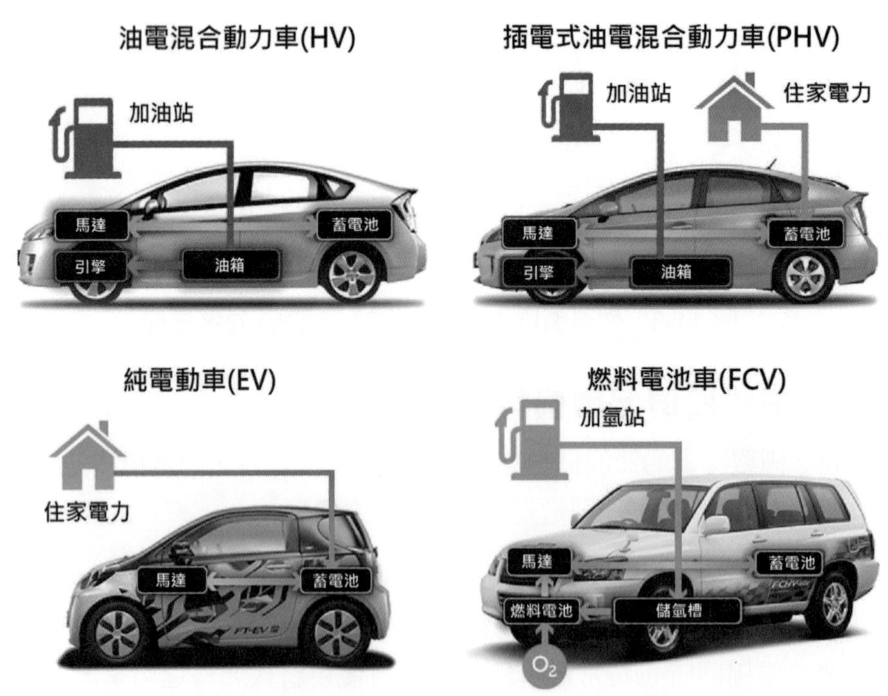

圖 11-4 豐田環保車 eco-car 之動力系統種類

燃料電池車可提供解決能源和排放問題的方法。FCV 由通過氫氣產生電力的燃料電池提供動力，行駛過程中只會排放水，具有零排放特性，不僅環境友善且能量效率高，而且所使用的燃料氫氣還可以用各種易取得的原料來生產，具有能源多樣性之特性，這些都符合環保車的特點，因此，在豐田邁向終極環保車之路徑規劃中，如圖 11-5 所示，燃料電池車是目前最接近終極環保車的車款，也是實現永續運輸的理想選擇。豐田的燃料電池車乃結合豐田混合動力技術與燃料電池技術而成，本質上就是一部氫電混合動力車。豐田藉由能源管理技術來產生高效率運行模式，例如，在穩定的巡航速度下，驅動馬達由燃料電池供電，當需要更高功率時，例如突然加速或爬坡時，用蓄電池輸出來補充燃料電池功率；相反地，當追速或低功率需求時，蓄電池獨力供給車輛運行功率；在車輛減速期間，馬達反轉作爲發電機以捕獲致動能量並儲存在蓄電池中。豐田燃料電池車除了具有 eco-car 本質外，更重要的是，一次加氫即可行駛超過五百公里的路程。燃料電池車上市初期，影響普及的因素除了車輛售價外，尙包括與汽油相當的氫氣價格以及完善的氫燃料供應網絡。因此，要讓燃料電池車進一步普及仍有許多問題待解決，但是一般普遍認爲這比提升電動車的電池蓄電量要容易許多。

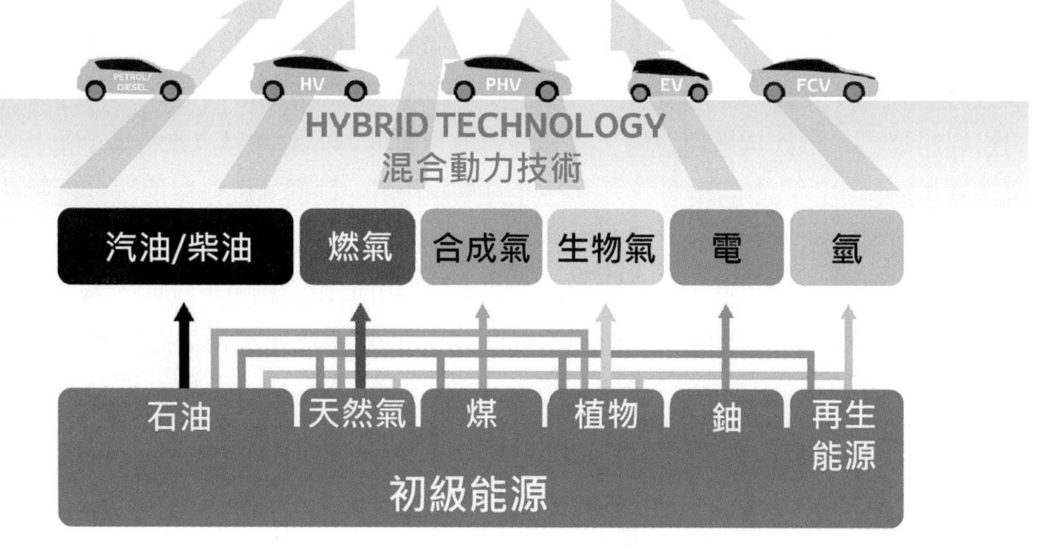

圖 11-5　豐田終極環保車之路徑規劃

11-2 燃料電池車現況

近年來，燃料電池在各種運輸應用中越來越受到關注，主要歸因於全球爲實現碳中和目標所做出的預期貢獻。

燃料電池汽車由綠氫氣提供動力是完全零排放的運輸解決方案。事實上，燃料電池汽車始終是局部零排放的，與氫源無關，因爲氫燃料電池車的唯一排放物是水。因此，燃料電池汽車還有助於減少當地排放，並支持交通運輸部門的電氣化工作，特別是在純電車由於續航里程有限、充電時間長及有效載荷減少而無法滿足用戶需求的地區。

但目前燃料電池車的部署情況如何？加氫站基礎設施現狀如何？本章節整理截至 2022 年的最新數據收集結果，並介紹和分析發展趨勢。

圖 11-6 爲 2017 年至 2022 年全球燃料電池汽車部署數量的發展情況。截至 2022 年底，全球有超過 7 萬輛燃料電池車在路上行駛[1]，韓國擁有最高保有量 41%，美國位居第二，佔 21%，其次是中國的 19% 和日本的 11%。

第一年，即 2017 年，僅估算燃料電池乘用車的數量，因爲商用車的數量可以忽略不計。2022 年，FCV 的單年增長率達到 37%，這一增速仍遠低於 2019 年增速最高的 69%；2021 年增幅也高達 63%；由於 Covid-19 大流行，2020 年的增長率相對較低。

從絕對數量增長來看，2022 年 FCV 保有量增加 15,459 輛。此外，這一數字低於 2021 年的增幅 (16,260 輛)。到目前爲止，2021 年是絕對增幅最高的一年，2022 年的絕對增幅居第二。2022 年增速緩慢、庫存絕對增量較低可以解釋爲汽車行業的晶片危機，導致當年燃料電池汽車的製造能力沒有得到充分利用。同樣，燃料電池汽車總數在 2022 年將小幅增長 40%。上一年的增幅較高，但具有可比性，爲 48%。2019 年增幅最高，達 95%。40% 的增長率與乘用車相似，因爲車隊以乘用車類別爲主。同時，增速略高也表明其他車型的增速遠高於乘用車，儘管佔比較低，僅爲 20%，但仍可提高年增速。

1 Deployment of Fuel Cell Vehicles in Road Transport and the Expansion of the Hydrogen Refueling Station Network: 2023 Update, Remzi Can Samsun, Michael Rex, Energie & Umwelt / Energy & Environment Band / Volume 611
ISBN 978-3-95806-704-2

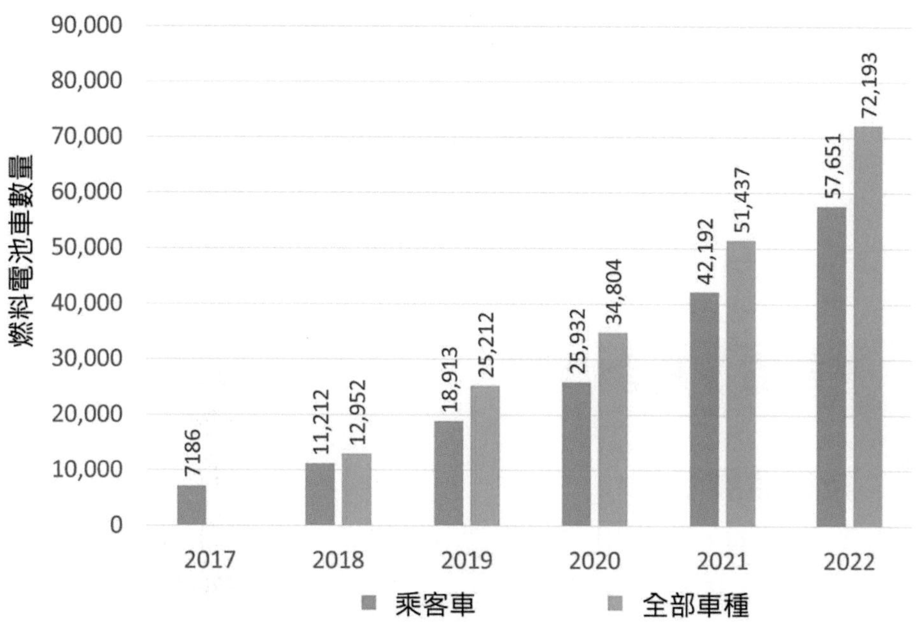

圖 11-6　2017 ～ 2022 年全球燃料電池車部署數量發展情況

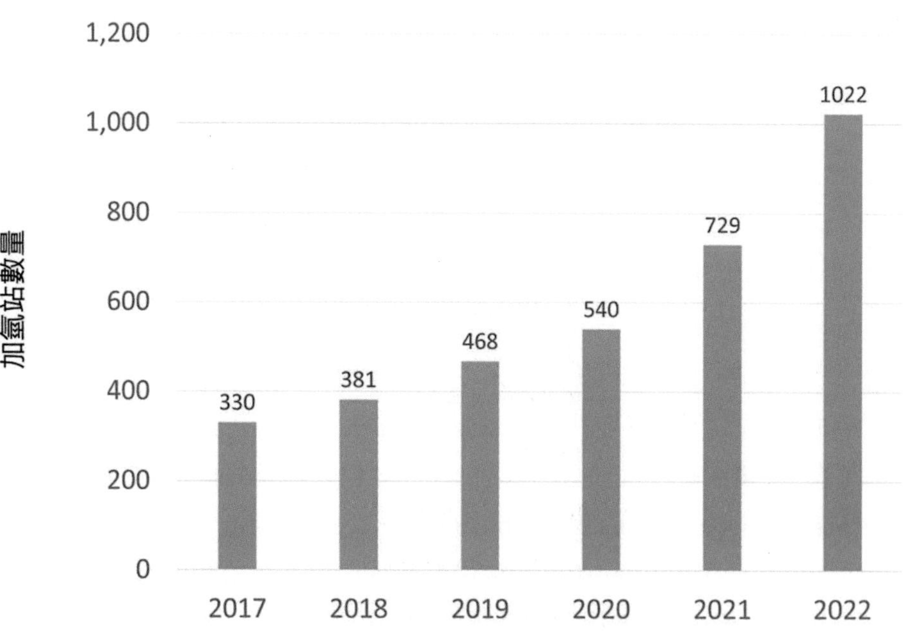

圖 11-7　2017 ～ 2022 年全球加氫站發展情況

圖 11-7 顯示了 2017 ～ 2022 年全球加氫站的發展情況。2022 年的增長率 40% 爲歷年之最，高出 2021 年的增長率 5 個百分點，從絕對數量來看，2022 年也是新建加氫站數量最多的一年，達到 293 個。由此可以得出結論，2021 年的強勁發展趨勢在 2022 年得到延續。圖 11-7 還顯示，前四年幾乎線性增長的趨勢被打破，近兩年呈現更爲動態的增長趨勢，讓加氫站數量在兩年內幾乎翻了一番，從 2020 年的 540 個增加到 2022 年的 1022 個。

11-3 燃料電池車發展史

11-3-1 技術發展階段

1960 年代通用汽車 GM 推出採用燃料電池原型車「GM Electrovan」之後，燃料電池車的研發沈寂了近三十年。新一輪燃料電池車的發展大概從 1990 年開始，豐田以 FCHV 爲名推出燃料電池混合動力原型車，而梅賽德斯 - 賓士則推出以 NECAR 爲名的燃料電池原型車，GM 也陸續推出燃料電池原型車。二十世紀末期一直到二十一世紀初期，燃料電池車的研究開始成爲衆家車廠的大熱門，這期間推出燃料電池原型車的車廠可以洋洋灑灑列出十幾家。另外，也有不少家車廠著眼於燃料電池在巴士與機車的應用。對於燃料電池動力車，各家車廠極度看好，一致肯定未來一定會有使用氫燃料的車子，只是時間早晚的問題罷了。

如圖 11-8 所示，1990 年代至今，全球燃料電池車之發展大致歷經三個階段：

1. 技術發展階段：各家車廠針對自家 FCV 車款進行設計開發與性能測試。這個階段的特色是可謂技術多元、百家爭鳴，也就是各家車廠紛紛提出各種不同的動力系統、供氫方式等解決方案。這個階段從 1990 年代開始一直到現在。
2. 技術實證階段：2000 年以後，許多政府主導的 FCV 實證計畫紛紛推出，如加州燃料電池夥伴計畫 CaFCP(California Fuel Cell Partnership)、日本氫與燃料電池實證計畫 JHFC(Japan Hydrogen &Fuel Cell Demonstration Project)、美國的 HFCIT(Hydrogen, Fuel Cell & Infrastructure Technologies Program)FCV 實證計畫，這個階段將一直持續到 2010 年左右。這個階段有兩項特色，一是政府參與，二是共同研發，並藉由技術與零組件的規格化與標準化，藉以加速燃料電池車的商業化。

3. 商業化普及階段：這個階段大約從2010年開始，主要車廠陸續規劃準商業化車款，包括豐田、本田、現代、梅賽德斯賓士等。其中豐田於 2014 年正式販售量產燃料電池車 MIRAI。

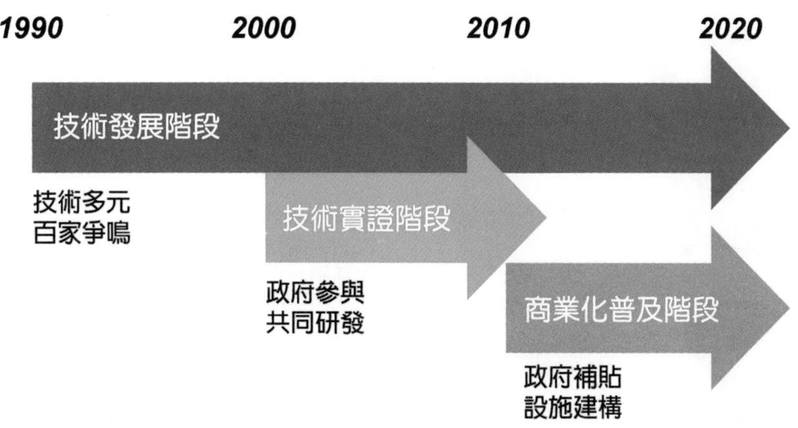

圖 11-8　燃料電池車 FCV 之發展階段

豐田的 FCHV

圖 11-9 爲豐田燃料電池車之發展史。豐田自 1992 年便投入燃料電池車的開發，除了第一代原型車以 FCEV(Fuel Cell Electrical Vehicle) 命名之外，以後的好幾代原型車都以 FCHV(Fuel Cell Hybrid Vehicle) 爲名，FCHV 代表燃料電池混合動力車之意，這些原型車都是基於 Toyota High-Lander SUV 車款進行改裝設計。

豐田所推出之前三款燃料電池車 FCHV-1(1997)、和 FCHV-2(1999)、FCHV-3(2001) 均初級原型車，2001 年的第四代 FCHV-4 則是全球第一款租賃銷售的燃料電池車，在日本與美國限量推出，第五代 FCHV-5 則是採用潔淨碳氫燃料 CHF(clean hydrocarbon fuel) 進行改質，CHF 可從石油、天然氣、煤炭中提煉製造，也可用在一般內燃機引擎車，而且可以用現有加油站補給 CHF，不過，由於啓動時間無法滿足需求，改質燃料無法滿足燃料電池車快速啓動之需求。2008 年，Toyota FCHV-adv 車款在不充氫下成功地從大阪開往東京，560 公里的行駛距離證明了 FCV 在續航力方面已經能夠與常規車輛競爭；2009 年，美國豐田，Toyota FCHV-adv 更以 6 公斤氫氣的儲量，在眞實條件下更進一步將續航里程擴大到 690 公里。事實上，在 Japanese 10-15 mode 條件下測試，Toyota FCHV-adv 的續航力可高達 830 公里，是當下續航力最遠的零排放車。

圖 11-9　豐田燃料電池車之發展史

圖 11-10 為 2001 年款 FCHV-4 的動力系統架構，動力系統係由一個 90 kW 的燃料電池搭配 35 MPa 的高壓氫氣罐以及鎳氫電池並聯而成，鎳氫電池和燃料電池可以單獨或同時驅動 90 kW 馬達，混合動力驅動策略與 Prius 類似，差別僅在於用燃料電池取代汽油內燃機引擎。在低速時，FCHV 靠鎳氫電池單獨運行可提供大約 50 公里的行駛距離，當車輛啓動或加速時，燃料電池和鎳氫電池同時供電，FCHV 煞車動力回收對鎳氫電池進行充電。

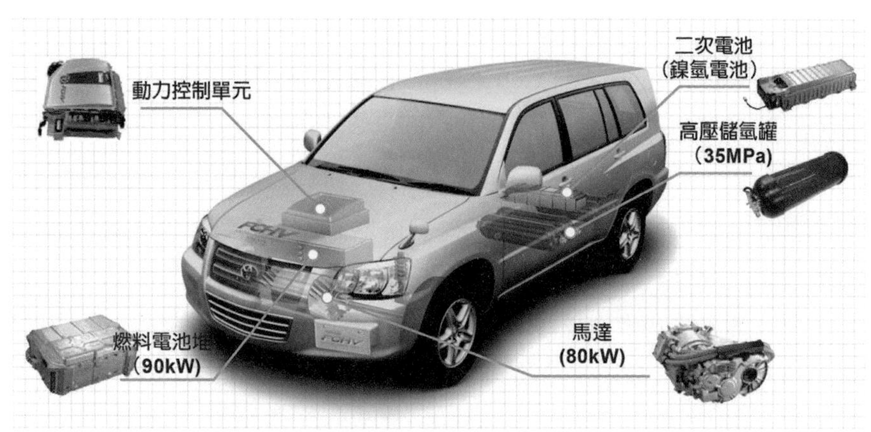

圖 11-10　豐田燃料電池混合動力車 FCHV 之技術

梅賽德斯賓士的 NECAR

梅賽德斯賓士 (Mercedes-Benz) 以零排放車 NECAR(Non-Emission Car) 爲名，從 1994 年開始開發出一系列的燃料電池車。如表 11-1 所示，第一代 FCV，NECAR1，是以 10 顆由巴拉德燃料電池 MK5(5 kW) 爲動力，車體則採用賓士 180 小貨車。NECAR1 黃色部分的燃料電池系統幾乎佔滿了後座空間，最高時速可達 100 公里，續航力 130 公里；NECAR2 則是以 Mercedes V-Class 爲車體，氫罐置於車頂，燃料電池系統在空間與重量比起 NECAR1 已有明顯改進；第三代 NECAR3 則是全世界第一部甲醇改質製氫 FCV，車體以 Mercedes A-Class 車改裝，甲醇改質器置於後座與行李箱間，續航力提高到 250 km；第四代 NECAR4 以液氫爲燃料，5 kg 儲量的液氫罐安裝在後車軸上端，佔用小部分行李箱空間，並將燃料電池系統安裝在底盤，因此車內空間可以容納 5 位乘客，NECAR4 續航力達 450 km，是當時續航力最遠的零污染車 ZEV；2000 年發表的 NECAR5 是將 NECAR3 的甲醇改質器體積縮小，如此，可將系統全部都移到底盤而不影響原本的乘坐與載物空間。比起 NECAR3，NECAR5 燃料電池系統不僅效率高出 50%，而且體積只有一半，重量也減少 300 kg。2002 年以後，梅賽德斯 - 賓士以 F-Cell 爲名開始推動商業化燃料電池車款。2010 年，B-Class F-CELL 已經小規模生產，並在行駛在德國的公路上，燃料電池系統額定功率相當於 2000c.c. 汽油引擎的馬力，70MPa 的儲氫罐裝載了 3.7kg 氫氣，可提供 385 公里續航里程，最高時速達 170 公里。梅賽德斯 - 賓士於 2010 年交付了首批共 200 部 F-CELL 交給德國和美國特定用戶使用，其中有 70 部 F-Cell 提供在加州運行。2015 年，梅賽德斯 - 賓士推出了終極模式新能源車，也是準商業化車款的 GLC 插電式燃料電池車原型車，GLC 增程式燃料電池車裝配一個容量 9kWh 的鋰離子電池，在家裡充滿電力後可提供約 50 公里的全電池行駛里程，大致可滿足多數用戶的在地需求，作為增加行駛里程的增程器的燃料電池是由戴姆勒（Damiler AG）與福特的合資企業 AFCC (Automotive Fuel Cell Cooperation Corp) 所開發，鋰離子電池則由戴姆勒子公司德意志 Accumotive 所提供應。GLC 配置了兩個由強化碳纖維打造的 70MPa 儲氫罐，所裝載的 4.3kg 氫氣約可提供約 450 公里的續航里程，加上 50 公里全電池模式里程，GLC 的總續航里程可以達到 500km。梅賽德斯 - 賓士的燃料電池技術源自於戴姆勒公司，並不是一蹴而就的，戴姆勒從事燃料電池技術開發工作超過二十年，首先自行研發，2013 年以後則與合作夥伴福特和日產共同開發，值得一提的是，戴姆勒的 B-Class 燃料電池車和 Citaro 燃料電池巴士合併行駛里程已經超過 1200 萬公里。

表 11-1　梅賽德斯賓士燃料電池原型車之發展

1994	Necar 1，高壓氫氣，FC 功率：50 kW
	以 Mercedes-Benz 180 小貨車改裝而成，以氫氣為燃料，燃料電池系統幾乎塞滿了後座空間。
1996	Necar 2，高壓氫氣，FC 功率：50 kW
	以 Mercedes V-Class 改裝，氫罐置於車頂，燃料電池系統在空間與重量比 Necar1 已有明顯的改進。
1997	Necar 3，車載甲醇改質器，FC 功率：50 kW
	全球第一部甲醇改質製氫 FCV，以 Mercedes A-Class 改裝而成，改質器置於後座與行李箱間，可坐乘客兩人。
1999	Necar 4，液氫，FC 功率：70 kW
	燃料電池系統安裝在 A-Class 的車底，車內空間可以容納 5 位乘客，燃料為液氫，續航力 450 km。
2000	Necar 4ADV，高壓氫氣，FC 功率：75 kW
	將 Necar 4 的液氫燃料改為氫氣，同時燃料電池輸出功率從 70 kW 提升至 75 kW。
2000	Necar 5，車載甲醇改質器，FC 功率：75 kW
	改良 Necar 3 的甲醇改質器，比起 Necar 3，燃料電池系統效率高出 50 %，而且體積只有一半，重量減少 300 kg

本田的 FCX

圖 11-11 為本田汽車 FCV 之技術發展階段時程圖。本田自 1980 年代起開始進行燃料電池車的研究。1998 年開始開發 FCX 系列原型車，第一代原型車 FCX-V1 採用巴拉德的燃料電池堆與儲氫合金罐；1999 年的 FCX-V2 則採用了自製燃料電池堆，並採用了甲醇改質供氫技術；2000 年第三代原型車 FCX-V3 開始在 CaFCP 計畫中測試，FCX-V3 採用自製燃料電池動力系統，100 L、25 MPa 氫罐提供 180 km 的續航力；FCX-V4 採用巴拉德的 Mark 900 燃料電池堆，在空間設計上 FCX-4 將 2 個氫罐移到汽車底盤，並將氫罐的壓力從 25 MPa 提高到 35 MPa，續航力因此從 180 km 提升到了 315 km；FCX-V4 從 2002 年底開始出租日本政府機構與公家單位使用，2005 年版的 FCX-V4 的 EPA 燃油經濟性達市區 / 高速公路 62/51 MPKG。2008 年所開發的 FCX Clarity 開始租售給非政府單位之特定客戶，啓動了 FCV 商業化模式。

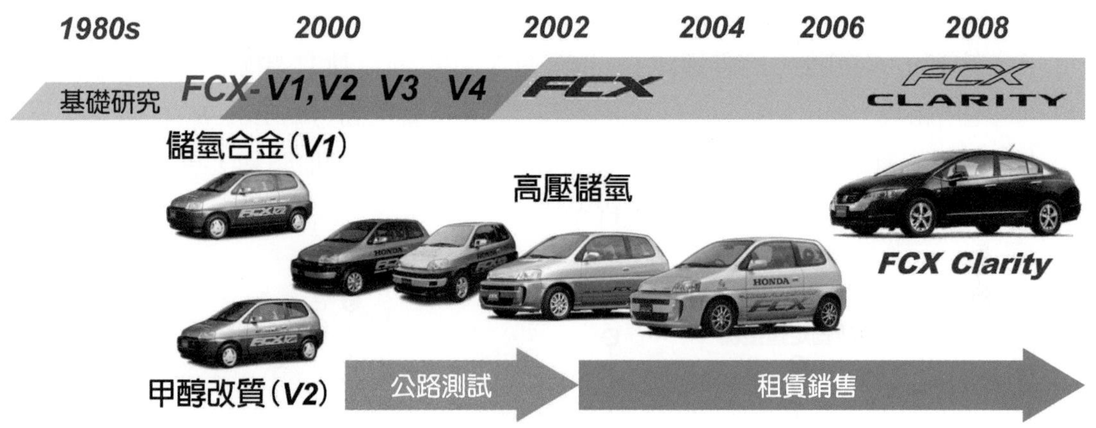

圖 11-11　本田 FCV 技術之發展

通用汽車的 AUTOnomy

GM 早在 1966 年就推出全世界第一部 FCV Electrovan，可惜並沒有獲得回響。2000 年以後則陸續推出多款的原行車與概念車，包括以歐寶 MPV 為架構的 HydroGen 系列原型車、AUTOnomy 概念車、Hi-wire 線控原型車、雪佛蘭 Sequel 原型車及商業化前期車款雪佛蘭 Equinox 等。

GM 於 2002 年推出了結合燃料電池與線控技術的概念車 AUTOnomy，如圖 11-12 所示，是一種依燃料電池特點之車輛製造新概念。在 Body on Frame 的概念下，車輛分為車體及底盤車二大部分，底盤又稱作滑板 (Skateboard)，包含燃料電池系統①、中央控制系統與能源控制單元 (ECU) ②、通用連接埠 UDC(Universal Docking Connection) ③、車體固定點④，撞擊緩衝區⑤，有散熱片⑥，以及四具輪轂馬達⑦。至於車艙內，駕駛透過 X-by-Wire 線控系統即可控制油門、煞車、操作任何配備功能，甚至也不須固定駕駛位置，只要手握 X-Drive 系統，即可掌控 Autonomy。在這樣的架構下，Skateboard 便可套上不同型式的車體，可以是房車、跑車、敞篷車、休旅車甚至皮卡等。根據 AUTOnomy 概念，GM 於 2003 年推出全世界第一款將燃料電池與線控技術結合的原型車 GM Hy-wire，它有幾項特點：

- 動力底盤：燃料電池系統不再配置在引擎室而是底盤，由於沒有引擎室，前輪可以儘量往前，讓室內乘坐空間加大。
- 輪轂馬達：當分散式馬達直接安裝在輪轂中時，而傳動方式可採用線控方式，車輪也可以大角度轉彎甚至橫行停車。
- 流線外型：由於沒有引擎室，車前緣至車頂可以形成一條曲線，進行符合流體力學的外型設計以降低空氣阻力。

GM 於 2007 年的推出的雪佛蘭 Equinox FCV 採取混合動力架構，主動力是一個由 440 單電池所組成，輸出功率為 93 kW 的燃料電池堆，輔助動力為 1.8 kWh 的鎳氫電池，700 大氣壓的氫氣罐裝有 4.2 公斤氫氣，可提供 320 公里的續航里程，馬達峰值功率為 94 kW。GM 此後並沒有推出任何新款 FCV。

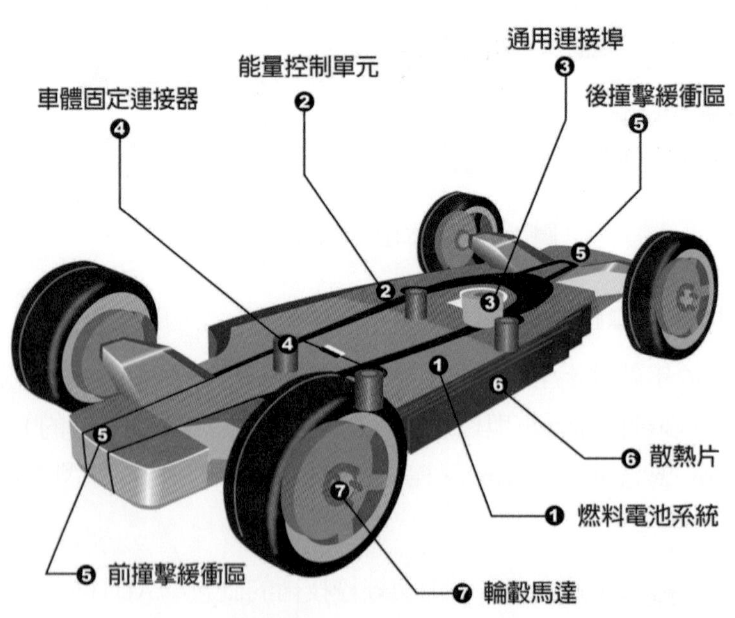

圖 11-12 GM AUTOnomy 滑板底盤示意圖

11-3-2　技術實證階段

從 1999 年開始實施的加州燃料電池夥伴計畫 CaFCP(California Fuel Cell Partnership) 是全球第一個 FCV 實證[2]計畫，它是 FCV 邁入商業化階段的重要里程碑，而後來日本的 JHFC 計畫、美國的 HFCIT 計畫、德國 CEP 計畫、以及歐盟的 HFP 平台都是國際間相當重要的 FCV 實證計畫，如表 11-2 所示。

這些 FCV 實證計畫都畫有一個共同特點，就是公部門 (public) 與私部門 (private) 密切結合成爲夥伴關係 (partnership) 共同參與，也就是以 PPP(public-private partnership) 模式進行推動。採用 PPP 模式的原因是，第一，氫能產業不可預測性高，全球並沒有現行產業模式可依循，因此，有必要公私部門匯集資源，共同合作克服障礙，同時避免市場失靈；第二，公部門必須提供足夠的產業誘因與市場條件，以吸引業者投入，如挹注研發經費、制定財稅激勵政策與法令等，以加速氫能產業發展。以下以分別針對幾項重要之氫能產業推動之實證計畫作一簡要說明。

表 11-2　國際間主要之燃料電池車實證計畫

國家	計畫名稱 / 平台	部門	內容	時程
美國	CaFCP	加州政府	燃料電池乘客車、氫基礎設施	1999 ～
	HFCIT	能源部	燃料電池乘客車、氫基礎設施	2004 ～ 2009
	H2USA	能源部	加氫站佈署、燃料電池車之引進	2013 ～
日本	JHFC	經產省	燃料電池乘客車、巴士、輪椅、代步車，氫基礎設施	2002 ～ 2010
德國	CEP	運輸與工業部	燃料電池車、氫內燃機車，氫基礎設施	2002 ～ 2016
歐盟	HFP	歐盟	燃料電池車、氫基礎設施	2003 ～ 2006

縮寫說明：

CaFCP：California Fuel Cell Partnership(加州燃料電池夥伴關係)。

HFCIT：Hydrogen, Fuel Cell & Infrastructure Technologies Program(氫燃料電池與基礎設施技術計畫)。

JHFC：Japan Hydrogen and Fuel Cell Demonstration Project(日本氫與燃料電池實證計畫)。

CEP：Clean Energy Partnership(清潔能源夥伴關係)。

HFP：Hydrogen Fuel Cell Platform(氫燃料電池平台)

2　實證一詞英文爲 demonstration，中文又稱作示範運行。

加州 CaFCP 計畫

加州燃料電池夥伴計畫始於 1999 年，成員涵蓋政府單位、主要車廠、石油公司、燃料電池廠商等，計畫內容是從 2000 年開始，在加州沙加緬度進行 FCV 實地行駛試驗，主要目的是收集各家車廠 FCV 實際路測數據，藉以測試 FCV 的性能以及燃料補給等基礎設施、大量生產的可能性等。加州燃料電池夥伴聯盟之成立有以下四項主要工作：

1. 在加州實際狀況下操作並進行 FCV 之實證。
2. 驗證內容包括氫氣、甲醇加注站等替代燃料之週邊設施技術。
3. 從發現問題尋求解答中探索 FCV 商業化路程圖。
4. 提升大眾對 FCV 的關心並強化印象，以為商業化作準備。

為了要達到上述工作目標，CaFCP 測試了 55 部燃料電池車，其中 30 部為乘客車而 25 部為巴士，並且會持續追蹤與探討並設法解決燃料電池車商業化最大障礙－燃料基礎設施議題。參與這個聯盟的成員包含了燃料電池廠、政府機構、車廠、和主要石油公司，其中車廠有梅賽德斯 - 賓士、福特、大眾、本田、日產、現代、通用、豐田等。

美國 HFCIT 計畫

2003 年，美國布希政府提出氫燃料倡議 HFI(Hydrogen Fuel Initiative)，宣示要以氫燃料取代石油等化石燃料，以降低對石油依賴度、降低二氧化碳排放、以及活絡經濟。2004 ～ 2009 年五年間共計編列 12 億美金預算進行氫燃料研究。HFI 有兩項核心計畫，第一項是整合自由車夥伴 (FreedomCAR Partnership) 與燃料解放計畫 (Freedom Fuel) 而成為自由車與燃料解放夥伴 (FreedomCAR and Fuel Partnership)，第二項則是 HFCIT 計畫。FreedomCAR and Fuel 聚焦於燃料電池車之商業化，目標單純且明確，而 HFCIT 計畫內容較為廣泛，包括了氫生產 (hydrogen production)、氫輸送 (hydrogen delivery)、氫存貯 (hydrogen storage)、氫轉換 - 燃料電池 (fuel cells)、技術驗證 (technology validation)、教育 (education)、安全法規與標準 (safety, codes & standards)、以及系統分析 (systems analysis) 等項目。兩項計畫均由能源效率與再生能源辦公室 EERE(Office of Energy Efficient and Renewable Energy) 所主導，將氫經濟時程分成四個階段推動，如圖 11-13 所示，第一階段為研發與示範階段 (RD & D)，第二階段為初期市場突破階段 (initial market penetration)，第三階段則是市場與基礎設施擴展階段 (expanse in market and infrastructure)，最後一個階段則是市場與基礎設施成熟階段 (mature in market and infrastructure)，而在上述氫發展的四個階段中，初期由政府扮演積極推動研發工作的角色，而後期則是換由產業扮演強化市場的角色。

如圖 11-14 所示，HFCIT 內容包含了氫生產、氫輸送、氫貯存、燃料電池、技術驗證、教育、安全法規與標準、以及系統分析等項目。HFCIT 共計有有梅賽德斯 - 賓士與 BP 石油、福特汽車與 BP 石油、通用汽車與殼牌石油、現代起亞與 Chevron 等四個團隊參與，如圖 11-15，每一個團隊原則上是由一家車廠搭配一家能源公司所組成，藉由上述四個團隊共計超過 130 部 FCV 以及各地大約 20 座加氫站共同進行實證，藉以獲取 FCV 和供氫基礎設施之經驗。由於 CaFCP 計畫均集中在加州特定地點，因此所得到的數據並無法完整反映地理與氣候變化對 FCV 所造成的影響，因此，HFCIT 將實證地區擴及到佛羅里達地區、密西根地區、以及華盛頓特區等，這些地區已涵蓋了濕熱、乾冷的大部分氣候型態，所得之實證結果將更具有參考價值。

2009 ～ 2013 年，奧巴馬政府優先推動純電動車和插電式混合動力車而大幅刪減燃料電池車預算，美國燃料電池車之研發幾乎停擺，一直到 2013 年 9 月美國能源部才再度啓動了一個 H2USA 公私合作夥伴關係計畫，排除建立氫燃料基礎設施之障礙，加速燃料電池車的大規模應用。H2USA 由燃料電池與氫能協會 FCHEA(Fuel Cell & Hydrogen Association) 主導規畫，包括通用汽車、戴姆勒、現代汽車以及日本車廠 (豐田、本田，日產) 都參與此計畫。H2USA 下設加氫站、加速市場支持、基礎設施融資、制定路線圖等四個工作小組，於 2015 年完成路線圖制定，2020 年前在美國各地廣設加氫站。

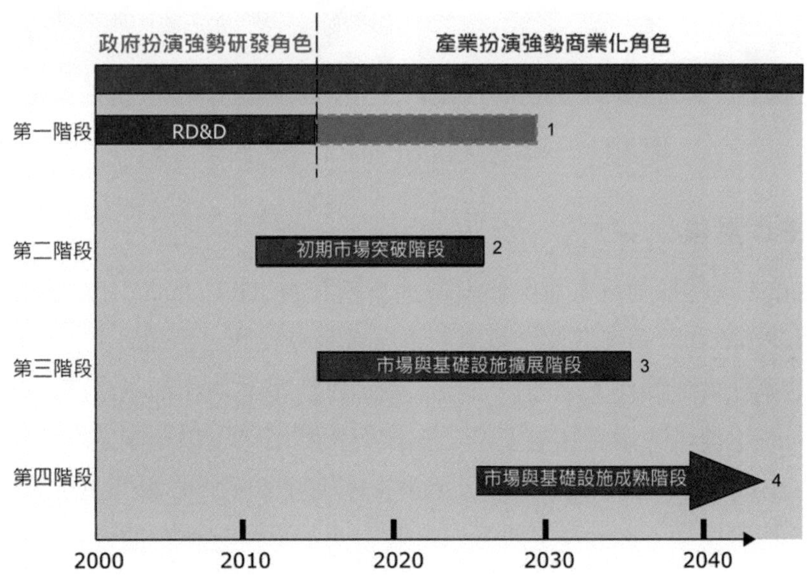

圖 11-13　美國規劃燃料電池商業化時程

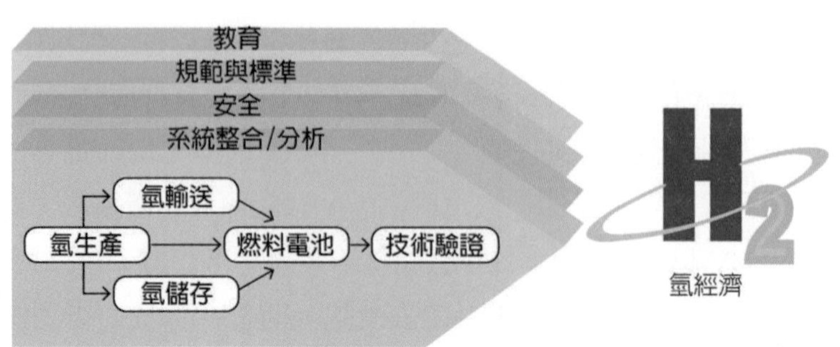

圖 11-14　美國 HFCIT 計畫內容與架構圖

(a) 梅賽德賓士與 BP 石油

(b) 福特與 BP 石油

(c) GM 與殼牌石油

(d) 現代起亞與雪芙蘭石油

圖 11-15　參與美國 HFCIT 計畫的四個團隊

日本 JHFC 計畫

日本自 2002 年起推動日本氫與燃料電池實證計畫 JHFC(Japan Hydrogen & Fuel Cell Demonstration Project) 計畫，進行燃料電池車與氫基礎設施之示範研究，目標是收集製氫以及燃料電池車在實際條件下之運行資料，展示燃料電池車和加氫設施之節能與環境友善的好處，同時也提供大眾有關氫安全之知識與相關培訓，以利制定燃料電池車普及化的政策措施。JHFC 屬於 PPP 架構計畫，公部門由經產省負責，私部門主要成員包括豐田、日產、本田、梅賽德斯 - 賓士等主要等汽車製造商，以及立邦石油、昭和殼牌石油、東京瓦斯、新日本制鐵、栗田工業、等能源與基礎設施公司。圖 11-16 為參與 JHFC 實證計畫之氫能車。

圖 11-16　參與日本 JHFC 實證計畫之氫能車

第一階段計畫 JHFC-1 自 2002 年至 2005 年止，四年間共投入 83 億日圓的預算。在氫基礎設施部分，先後在東京與橫濱地區、中部地區、以及關西地區設立了 12 處加氫站，以提供燃料電池車實證，這些加氫站分別採用不同的供氫模式，以便分析與了解不同供氫基礎設施的性能以及作爲提供燃料電池車加氫站的可行性，所採用的供氫模式有去硫汽油改質、石腦油改質、液化石油氣改質、甲醇改質、城市燃氣改質、以及鹼液水電解製氫等，氫的儲存則以液氫與高壓氫氣爲主。在燃料電池車示範驗證部分，主要以乘客車爲主，在行車線路規畫上，採取了自由行車路線、計畫行車路線、以及活動行車路線 (宣傳和試乘活動) 等三種形式。其中，自由行車路線是將通用 HydroGen3 燃料電池車加入聯邦快遞的車隊中，在東京地區進行實際送貨工作，計畫行車路線旨在收集車輛行車資料與驗證車輛性能，活動行車路線主要是以宣傳和試乘活動來提高民眾的認知與接受度。由於 JHFC-1 集中在特定地區實施，因此，面對不同車型、氣候、交通、以及地形狀況時，所獲致之結果將有不足之處。値得一提的是，JHFC-1 建造了一個綜合性的氫能園區 JHFC Park，園區內有展示廳、車庫、服務中心和加氫站，在這裡可舉行不同的燃料電池車示範活動，參觀者不僅可以試乘燃料電池車，也可以親身感受氫能的現在與未來，在宣傳方面獲得相當大的成效。

第二階段計畫 JHFC-2 實施期程爲 2006 ～ 2010 年。這個階段進行實證的車輛除了原有的乘客車與巴士之外，另外再增加了燃料電池輪椅 (FC wheelchair) 與燃料電池代步車 (FC cart)。JHFC-2 在東京首都地區進行燃料電池物流車實證，實證方式是一家車廠提供二輛以上取得營運車牌的燃料電池物流車進行輕型貨物的配送業務，三年後進一步運用在計程車上；在中部地區，原本在愛知縣萬國博覽會的加氫站將移至中部國際機場，以二部燃料電池巴士進行人員運輸；關西大阪地區則設立複合型氫氣站，除了供應燃料電池車用氫氣外，也供應定置型燃料電池發電系統所需。此外，JHFC-2 導入了使用儲氫合金系統在燃料電池代步車、輪椅及二輪車的實用化的系統驗證，這部分的實證計畫由粟本鐵工所執行，燃料電池系統與交換模式金屬氫化物儲氫系統則是台灣亞太燃料電池公司所提供。

德國 CEP 計畫

2002 年，德國政府結合 20 家企業夥伴啓動了一項潔淨能源夥伴關係 CEP(Clean Energy Partnership) 的氫動力車實證計畫。CEP 是由德國運輸與工業部領導的 PPP 聯合倡議，目的是藉由實證選擇出最具有潛能的供氫途徑，內容包括氫基礎設施、氫車隊、氫資訊中心、以及氫車服務站等項目；第一、二階段計畫期程從 2004 年到 2010 年，共計有六家車廠的 40 部燃料電池車，以及位於柏林與漢堡 10 部燃料電池巴士所組成的車隊進行實證；第三階段自 2011 年到 2016 年爲止，這是 CEP 的最後階段也是完成市場準備階段，以 200 輛規模的燃料電池車車隊，由客戶在一般道路上自行實證運行，並建立 50 座加氫站的供氫網路。如圖 11-17 所示，CEP 車隊由來自全球主要車廠的 100 輛燃料電池車所組成，包括梅賽德斯 - 賓士 F-Cell、福特 Focus Fuel Cell、本田 FCX Clarity、豐田 FCHV-adv，歐寶 HydroGen4、福斯 Tiguan HyMotions、奧迪 Q5HFC、以及現代 ix35 等。自 2005 年以來到 2013 年爲止，CHE 車隊行駛總里程數已經超過 200 萬公里。

圖 11-17　參與德國 CEP 計畫之燃料電池車隊

CHE 第一階段實證計畫共有燃料電池與氫內燃機兩種推進系統的 17 部車輛參與，在柏林建造二座加氫站分別所採用水電解與液化石油氣 LPG 蒸汽改質製氫技術，並同時採用液氫 LH2 與高壓氫氣 CGH2 兩種儲氫方法。CEP 的第一座加氫站建造於柏林的 Messedamm，於 2004 年 11 月開始運行。此加氫採水電解製氫技術，可同時提供液氫與 35 MPa 的高壓氫氣，每天可提供超過 100 部車運行之氫氣量。此加氫站乃由 Aral/BP 負責營運，提供在柏林的 CEP 證車隊所需氫氣。CEP 第二座加氫站位於史班島 Spandau，加氫站乃由 TOTAL 負責營運，2006 年 3 月正式運行，如圖 11-18 所示，史班島加氫站採用液化石油氣蒸汽改質製氫技術，加氫站可同時提供液氫及 35 MPa 的高壓氫氣。改質器每小時可生產 100 Nm^3 的氫氣量，1 天 24 小時可製造約 240 公斤的氫氣，可供 7 部大型公車之用。這座加氫站提供 CEP 車隊中，戴姆勒、通用、福特、福斯四家車廠的燃料電池車，以及 BMW 的氫內燃機車，其中通用的 HydroGen 使用液氫，另外三家燃料電池車則是使用高壓氫氣。此加氫站同時執行 HyFLEET：CUTE 計畫，提供柏林運輸局 BVG(Berliner Verkehrsbetriebe) 的氫內燃機巴士加氫之用，這座加氫站同時安裝了二部靜置型燃料電池發電機供應站內電力與熱水所需。

德國加氫站的開發可分爲成兩階段，第一階段是在 CEP 框架下實施的市場啓動階段，第二階段是 2016 以年後在 H2 Mobility 框架下的市場擴張階段。2009 年成立的 H2 Mobility 旨在進行 2015 年後德國之氫基礎設施之規劃與發展，包括進行氫站部署的區域分析，以及製定加氫站的業務計劃。除了戴姆勒和林德等德國公司外，日本車廠豐田、本田，日產也都參加 H2 Mobility。2012 年 6 月，戴姆勒；Air Liquide、林德等單位，共同宣布 2015 年前要建立 50 個加氫站。2013 年 9 月，德國政府與參與 H2 Mobility 的 6

家公司 (戴姆勒、Air Liquide、林德、OMV、殼牌、TOTAL) 共同宣布計劃在 2023 年前建置 400 個加氫站。

圖 11-18　德國 CEP 計畫位於柏林史班島 (Spandau) 加氫站照片與運行示意圖

歐盟 HFT 平台

歐盟在 2002 ～ 2006 年的第六期框架計畫 FP6(The 6th framework program) 下，成立歐洲氫與燃料電池技術平台 HFP(European Hydrogen and Fuel Cell Technology Platform)，以加速氫能與燃料電池技術發展，使其成本具市場競爭性，並促進交通上的運用，讓氫能與燃料電池成為穩定且可攜帶的能源技術。表 11-3 歸納幾項由歐盟 HFP 所推動的氫能與燃料電池實證計畫，簡要說明如下。

HyCHAIN MINI-TRANS 是 FP6 的一項 PPP 模式的整合型計畫，由歐盟運輸暨能源部門所負責，也是全球的第一個大規模、多樣性車輛載具的實證計畫。這個計畫由 Air Liquide 公司主導，24 個歐盟成員共同執行。HYCHAIN MINI-TRANS 在法國的 Rhone Alpes、西班牙的 Castillay Leon、德國北部萊茵河畔的 Westphalia、以及義大利 Modena 等四個地區，進行一個超過 150 輛小型燃料電池都市車車隊的實證，車輛類型包括有小型公物車、小巴士、小貨卡、輪椅、機車等，這個計畫同時推動創新的氫氣後勤補給技術，如交換式供氫系統。

HyFLEET：CUTE 是當時全球最大型的氫動力巴士實證計畫，共有來自產業、政府單位、學術機構的 31 合作夥伴參與。計畫在全球三大洲十個城市進行 47 部氫動力巴士之實證，其中，阿姆斯特丹、巴塞隆納、北京、漢堡、倫敦、盧森堡、馬德里、伯斯、雷克雅未克等九個城市進行 33 部燃料電池巴士實證，而柏林則同步進行 14 部氫內燃機巴士的示範運行。HyFLEET：CUTE 目的在於開發燃料電池與氫內燃機巴士、開發高效率和環境友好的產氫方式、研發建立充氫基礎設施技術、宣導氫大眾運輸系統的潛能等。圖 11-19(a) 爲在倫敦的 HyFLEET：CUTE 燃料電池巴士運行情形，圖 11-19(b) 則爲柏林 HyFLEET：CUTE 氫內燃機巴士運行情形。除了 HyFLEET：CUTE 的巴士以 HyCHAIN MINI-TRANS 小型都市車之示範驗證外，歐盟也藉由 ZERO REGIO(Zero Emission Region) 計畫，推動在德國的法蘭克福與義大利的曼都瓦兩地進行燃料電池乘客車的實證

表 11-3　歐盟 FP6 之燃料電池實證計畫

計畫名稱 (縮寫)	地點	車型	主導廠商	內容
HyCHAIN-MINI-TRAINS	法國 RhoneAlpes、德國 Westphalia、義大利 Modena、西班牙 Castillay Leon	小型都會車	Air Liquide	- 功率小於 10 kW 小型公務車、小巴士、機車、輪椅、三輪小貨車等 150 部車隊 - 計畫金額 1,700 萬歐元
HyFLEET：CUTE	阿姆斯特丹、巴塞隆納、北京、漢堡、倫敦、盧森堡、馬德里、雷克雅未克、北京、伯斯、柏林	巴士	Daimler	-33 部燃料電池巴士、-14 部氫內燃機巴士 - 氫基礎設施之實證 - 計畫金額 1,900 萬歐元
ZERO REGIO	德國法蘭克福、義大利曼都瓦	乘客車	Infraserv GmbH	- 燃料電池乘客車與氫基礎設施之實證。 - 計畫金額 750 萬歐元

基於 FP6 所架構的氫能共同的願景，歐洲委員會於 2008 年成立燃料電池和氫共同工作平台 FCH JU(Fuel Cells and Hydrogen Joint Undertaking)，以加速燃料電池和氫技術的開發和部署。FCH JU 爲歐盟結合產、研、官的公 PPP 計畫，共計 49 輛燃料電池巴士和 37 輛燃料電池車參與，計畫中共興建新增 13 座新氫站。第二階段 FCH 2 JU 的實施期程爲 2014 ～ 2020 年，目標在於加速燃料電池和氫技術的商業化。

(a)

(b)

圖 11-19 (a) 倫敦運行的 HyFLEET-CUTE 燃料電池巴士，(b) 柏林運行的 HyFLEET-CUTE 氫內燃機巴士

11-3-3 商業化階段

FCV 歷經了技術發展階段以及技術實證階段之後，各家車廠針對商業化 FCV 之動力架構，以及使用燃料與儲存模式已趨於一致。

FCV 之動力架構

燃料電池車究竟是採用燃料電池全動力輸出模式？還是結合二次電池的混合動力輸出模式？早期日本與歐美車廠對輸出動力模式仍有爭辯。

梅賽德斯賓士的 NECAR 系列採用了燃料電池全動力輸出模式，也就是不論怠速啓動或高速巡航，都是由燃料電池產生的電力直接驅動系統，而本田的 FCX-V4 與豐田的 FCHV-4 除了燃料電池之外還搭載大容量蓄電器，作爲加速時之輔助電力同時回收煞車能量。歐美車廠的設計理念是愈簡單愈最好，零件愈少愈能降低成本；而日本車廠則認爲現階段 FCV 性能尚未達到完美，因此將其性能提昇到現行汽車同樣水準爲第一要務。這種設計上的差異正好反映出歐美與日本的路況，歐美國家幅員大，一般路面車流速度比較快，車輛突然停止與瞬間加速的情形比較少，因此，以 70 ～ 80 公里的時速行駛和加速燃料電池全電力輸出模式表現得相當完美；相對地，日本道路塞車情況嚴重，經常需要停停開開，因此汽車必須要有較佳的瞬間加速性，而燃料電池車時加裝輔助電力才能夠滿足此一要求。

經過幾代 FCV 原型車的開發後發現，無論從能源效率的提昇、燃料電池的保護、以及行駛性能最佳化的角度來看，目前主要車廠 FCV 的動力輸出架構都採用了搭載二次電池的混合動力系統設計，如圖 11-20 所示。換個方式講，燃料電池車基本上就是以燃料電池取代汽油引擎的混合動力車。一般車輛在低功率下運轉之時機相當頻繁，平均負載率大約在 18% ～ 30% 之間，如圖 11-21 所示，此時燃料電池效率要比汽油或柴油引擎高出許多，因此，使用燃料電池取代汽油或柴油引擎可以使得低功率運轉區域的效率大幅提高。

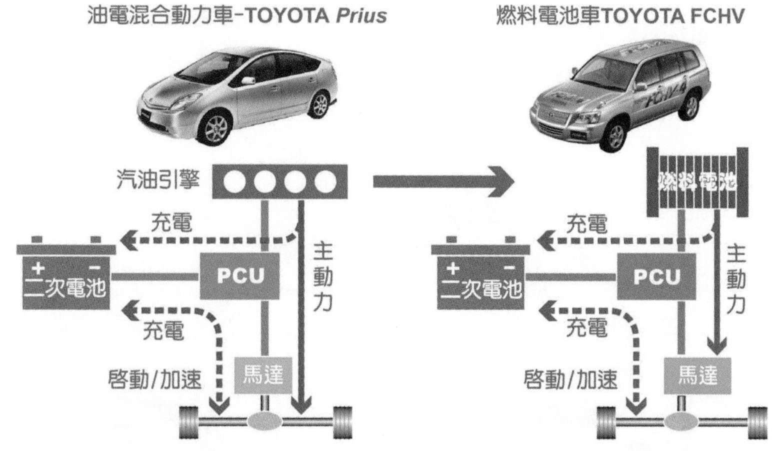

圖 11-20　燃料電池車與油電混合動力車動力架構示意圖

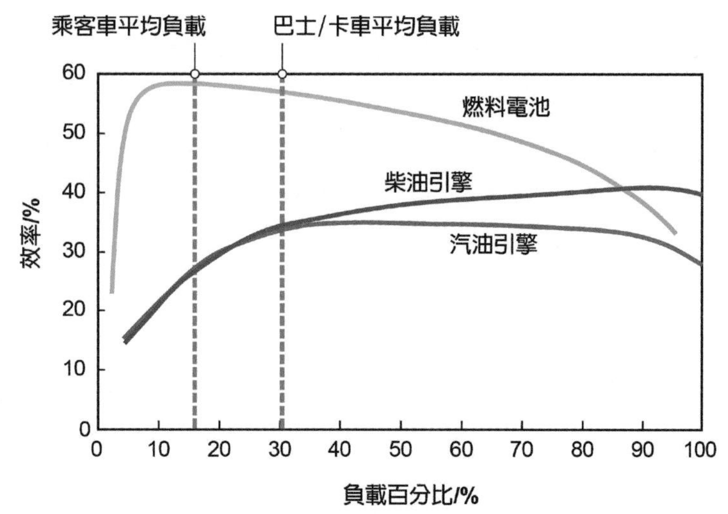

圖 11-21　燃料電池、汽油引擎、柴油引擎之負載與效率之關係

燃料電池車在啓動與加速時，勢必需在高功率下運轉，此時，採取適切地動力管理策略，如圖 11-22 所示，可以大幅提燃料電池車之高性能與效率：

1. 起動、加速或爬坡時，二次電池並聯提供電力，可以解決馬力不足現象。
2. 減速或下坡時，將煞車回收動能儲存於二次電池，可以提高能源效率。
3. 巡航時，燃料電池保持最佳效率運轉。

燃料電池與二次電池的電壓與電流關係的基本特性並不相同，而為了要使兩端的電壓相匹配，通常有一端必須使用變壓器。目前燃料電池車所使用的二次電池，主要有鎳氫電池與鋰離子電池兩種。

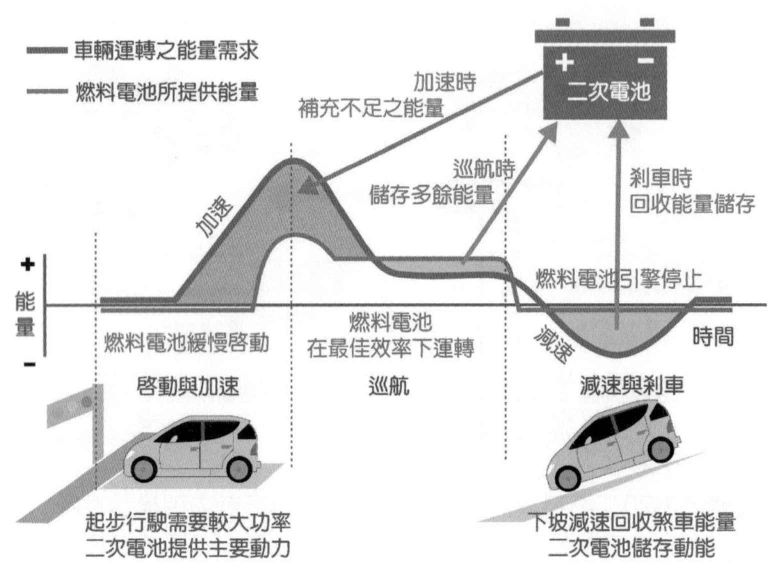

圖 11-22　燃料電池車之運轉策略

FCV 的燃料

究竟哪一種燃料最適合 FCV 呢？這個問題要先從哪一種燃料電池最適合作為車輛動力問起。

探討何種燃料電池最適合作為車輛動力時，必須考慮操作溫度、響應速度、以及比功率等三項重點，也就是必須能夠在常溫下快速啓動、能夠應付車輛快速變動負載，以及能夠提供高功率密度。下列三個排他性原則可以說明為什麼質子交換膜燃料電池 PEMFC 是進入車用市場之的唯一選擇。

1. MCFC 與 SOFC 操作溫度高、啓動時間長，無法滿足車輛快速啓動之需求。
2. AFC 無法容忍空氣中的二氧化碳，因此無法作為車輛動力。
3. PAFC 無法快速啓動且液態電解質在高度震動車輛中會有溢漏的問題。

而近年來，PEMFC 在車輛方面的發展已經證明它的性能完全能夠與現行汽車媲美。

PEMFC 以純氫為燃料，然而在氫氣基礎設施缺乏的情況下，過去十幾年，各家車廠曾就 FCV 不同的供氫技術進行實證，圖 11-23 所列為燃料電池發展歷程中曾經採用的燃料供應方式。主要有汽油改質、甲醇改質及純氫等三種方式，而究竟那一種燃料最適合 FCV 呢？

汽油改質技術的優點是不需新的供氫基礎設施，但改質技術困難度高，必須在 800 ～ 1,000°C 高溫下進行觸媒部分氧化改質 (catalystic POX)，且微量離子容易造成改質觸媒劣化，過去曾採用車載汽油改質器的有通用汽車雪弗蘭 S-10 小貨卡；甲醇和汽油一樣屬於液態燃料，易於儲存與輸送，且能源密度也比氫氣高出許多，雖然甲醇改質製氫仍須在 300°C 的高溫下進行，而且甲醇具有毒性，梅賽德斯賓士的 NECAR5 即爲搭載甲醇改質器的 FCV。

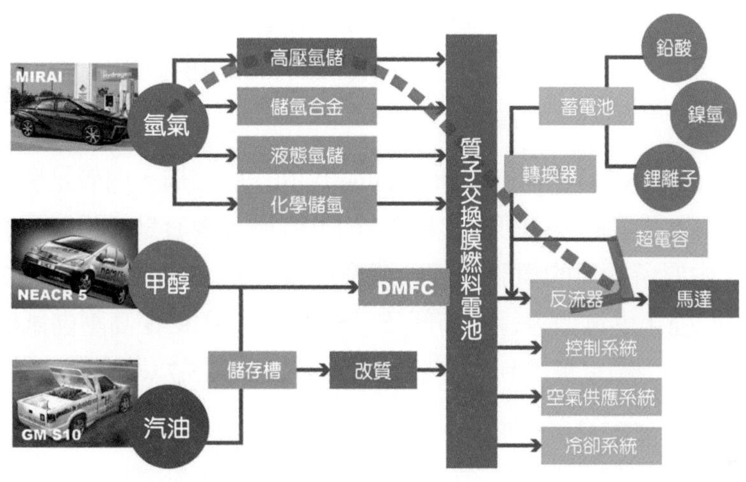

圖 11-23　FCV 之燃料供應模式之發展

圖 11-24 爲汽油、甲醇、氫氣等三種供氫方式作爲燃料電池車之優劣分析。以汽油作爲燃料時，FCV 可與現行汽車共用加油系統，如此可以省去興建加氫站之龐大費用，但改質技術困難，而且污染排放較高、燃料經濟性較差；相反地，FCV 以純氫爲燃料時，必須進行氫基礎設施建設，而且必須開發車載高壓儲氫技術，優點則是燃料經濟性較佳且零污染排放；至於甲醇改質技術則介於兩者之間。

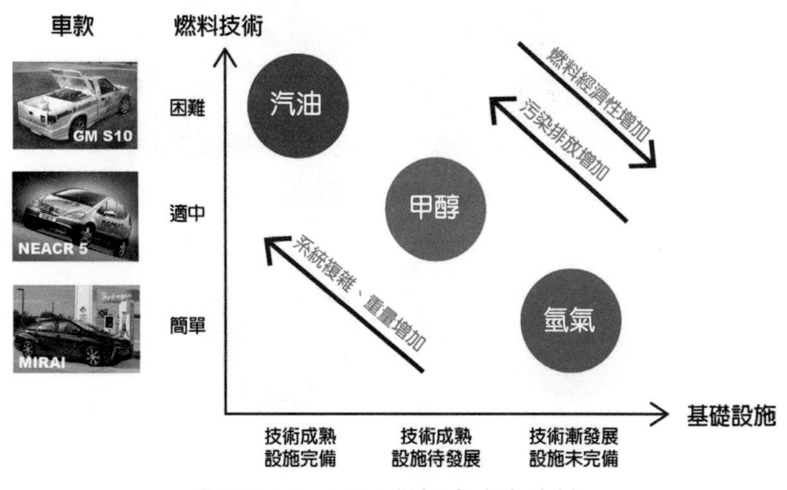

圖 11-24　FCV 供氫方式之比較

經過不同車廠原型車不斷地實證後，FCV 採用汽油或甲醇改質技術之可行性已證實不存在，尤其是啓動時間長是車載改質器一直無法克服難題，因此，唯有純氫才是 FCV 的最佳燃料。目前全球車廠已經確定以氫氣爲 FCV 燃料的唯一選擇，而且是以車載高壓儲氫槽的方式供應 FCV 所需之氫氣，如圖 11-21 紅色虛線箭頭所示。因此，車載高壓儲氫技術與高壓氫氣基礎設施之建置乃 FCV 普及化的重要課題。

目前主要車廠推出的商業化 FCV 大都搭載 700 大氣壓的高壓儲氫槽，以豐田燃料電池車 MIRAI 爲例，它所配備的兩個高壓儲氫槽可以裝載 5 公斤的氫氣。以燃料電池乘客車的平均負載而言，一公斤的氫氣大約可以行駛一百公里的距離，MIRAI 續航力已經超過五百公里，大致符合使用者的需求。

如圖 11-25 所示，MIRAI 儲氫罐採用 Type Ⅳ的三層結構，內層是密封氫氣的樹脂襯裡，中層是確保耐壓強度的碳纖維強化樹脂 (CFRP) 層，表層是保護表面的玻璃纖維強化樹脂層。其中，中層所採用的樹脂含浸碳纖施加張力使之捲起層疊的纖維纏繞 (filament winding) 技術同時強化儲氫槽邊緣、筒部及底部。目前 MIRAI 高壓儲氫槽的儲存性能，也就是儲氫重量除以槽體重量得到的重量效率，可以達到 5.7 wt%。

另外，在耐火性能部分，依照目前新的高壓儲氫罐的全球技術規則 (global technical regulation)，局部火燒試驗條件是必須以 600°C 以上的高溫對溶栓式安全閥背面連續用火燒 10 分鐘，而 MIRAI 採取用含有膨脹石墨的耐火聚氨酯板，確保了耐火性能，同時強化耐衝擊力。基本上，即使追加耐火性能，不需改變原來的罐體狀態，就可以兼顧耐摔性能和耐火性能。

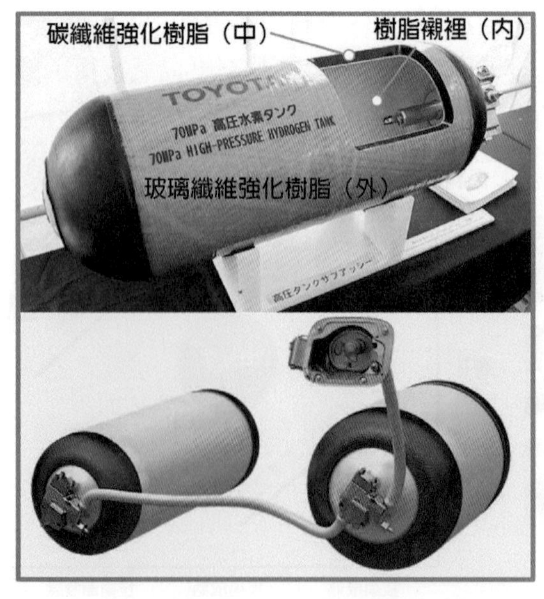

圖 11-25　豐田 MIRAI 之 70 MPa 儲氫罐

在改善充氫速度部分，MIRAI 上配備有高壓儲氫罐溫度感測器，透過此感測器檢測罐內溫度可以加速加氫作業，同時確保加氫過程之安全。由於氫泵向高壓儲氫罐快速充入高壓氫氣時，罐內氣體受到壓縮而溫度上升，但需要控制在允許溫度的 85°C 以下，由於豐田舊款 FCV 與氫泵間並沒有通信功能，因此，爲了安全起見，加氫速度較慢，充滿大約需時 10 分鐘，而 MIRAI 的儲氫罐配備有溫度感測器，同時車輛和氫泵之間具有紅外線通信功能，因此，氫泵可以根據車載儲氫罐的溫度調整加氫速度，同時由於氫泵溫度從 – 20°C 降至 – 40°C，因此，加氫時間從原本 10 分鐘縮短至 3 ～ 5 分鐘，目前氫氣價格爲 1 公斤 1,100 日元。

FCV 的車型與結構

FCV 發展初期，所有車廠都是直接將現有車款改裝而成，大部分設計乃將引擎騰空後置入燃料電池系統、散熱器等，並在後車箱置入氫罐等，因此，從外型並無法看出燃料電池車有什麼特別的地方。如此之外型與結構並無法發揮燃料電池之優點。

內燃機引擎車運轉時會有震動、噪音、與高溫的問題，因此，引擎必須與駕駛及乘客隔離，於是有所謂兩廂式或三廂式設計，也就是將引擎室、駕駛艙、與行李廂三廂分開，獨立設計。此架構從百年以來都沒有改變過，而引擎室與駕駛艙隔離限制了汽車外型的發展，基本上，階梯狀的外型並不符合空氣動力學，百年來雖不斷地嘗試改變外型，充其量就只不過是將駕駛艙頂與引擎室前緣連成一條較爲平滑的曲線而已。相對地，燃料電池車沒有震動、噪音與高熱的缺點，因此，在空間的分割上可以拋開上述束縛而進行新的架構設計，使車型設計更具彈性。圖 11-26 簡單描述內燃機引擎與燃料電池車空間分隔之比較。簡言之，燃料電池系統不再配置在引擎室而是底盤，由於沒有引擎室，前輪可以儘量往前，讓室內乘坐空間加大，外型也可以設計得更爲流線。

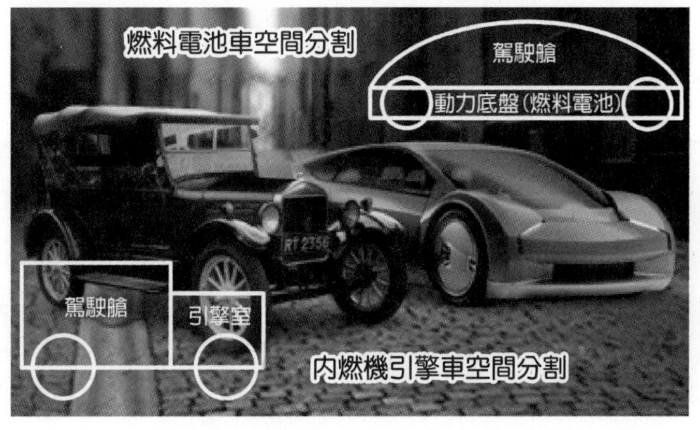

圖 11-26　傳統車輛與燃料電池車空間分隔之比較

圖 11-27 為 MIRAI 動力系統之配置。MIRAI 車長 × 寬 × 高為 4,890×1,815×1,535 mm，車重 1,850 kg。MIRAI 將 114 kW 燃料電池堆配置在底盤前方地板下，採用碳纖維框架確保生衝撞時能徹底加以保護，兩個高壓儲氫罐置於車後地板下方以平衡配重，113 kW 的雷克薩斯 SUV 用馬達置於前輪之間。MIRAI 在車尾配備了一組鎳氫電池，藉以儲存制動再生能量，同時負責提供車輛起步、燃料電池堆尚未工作的瞬間所需之電能。MIRAI 轉向柱的左下方有 H_2O 排水按鈕，如圖 11-28 所示，在行駛中按下，幾分鐘後，屏幕上顯示出了「排水處理完成」的訊息。這是燃料電池堆在使氫氣與氧氣化合時產生的水，累積到一定量後會自動排出，不足量時不排放。在寒冷地區等停放 MIRAI 的時候，水在電堆內結冰會對汽車造成損害，所以必須不時地手動排水。

圖 11-27 MIRAI 燃料電池車動力底盤配置 (本圖片取自 Toyota 網站)

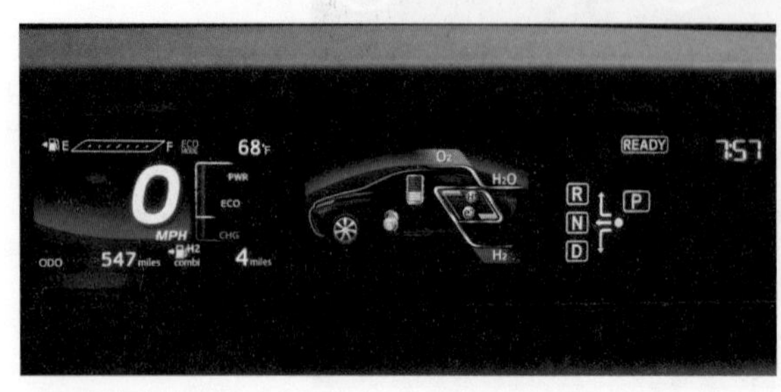

圖 11-28 MIRAI 儀表板上的排水按鈕

FCV 的競爭力比較

圖 11-29 爲全球主要車廠 FCV 商業化的競爭力分析。無論從策略面與執行面來看，目前豐田已取得領先，在競爭群中，現代與本田在伯仲之間，梅賽德斯 - 賓士與通用則稍微落後，在挑戰群中有福特、日產、BMW、上汽等車廠。値得一提的是，2000 年初，GM 的 FCV 技術在衆家車廠中屬於領先者，然而 2009 ～ 2013 年間，美國聯邦政府大幅削減 FCV 預算，受到影響最大的當然就是美國車廠，因此，這段期間 GM 並沒有推出任何新款 FCV，然而豐田、本田、現代、梅賽德斯 - 賓士等非美國本土公司並未受到這項政策影響，各家車廠 FCV 技術從 2009 年後有明顯消長。

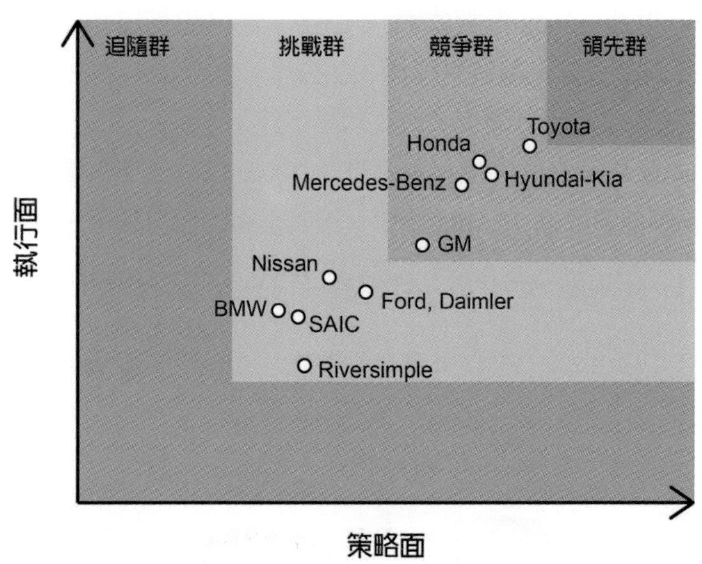

圖 11-29　主要車廠之 FCV 策略面與執行面之比較

表 11-4 比較了 2017 年三款商業化 FCV 之規格，圖 11-30 三款 FCV 之照片，左起分別爲現代 Tuscon Fuel Cell，豐田 Mirai，本田 FCX Clarity。

豐田於 2014 年 12 月正式銷售全球第一款量產燃料電池車 Toyota MIRAI，售價 724 萬日元，日本政府補貼 225 萬日元。銷售第一個月即接獲超過 1,500 輛的訂單，豐田隨即決定增產，初期銷售地點以已經設有加氫站的日本主要城市，如東京、名古屋、大阪、福岡等，以及美國加州爲主。豐田 Mirai 之特性規格如下：

- 配備 156 升、70 MPa 高壓氫罐，5.0 kg 的氫氣提供約 500 公里續航距離。
- 燃料電池堆輸出功率爲 114 kW，體積與重量功率密度分別爲 3.1 kW/L 與 2.0 kW/kg。
- 燃料電池系統毋需增濕模組。

- 燃料電池系統安裝在底盤，車內空間可搭乘四名乘客。
- 平均燃料經濟性達 106 km/kgH2(66 mpg-e)

現代 Tucson Fuel Cell 是以 ix35 車款搭載自家研發的 100 kW 燃料電池系統，同時搭載 60 Ah 鋰離子電池作爲 FCV 加速之用，70 MPa 的儲氫罐裝載 5.63 kg 的氫氣，所提供續航距離爲 426 公里，燃料經濟性爲 59 mpg-e(94 kg/kgH2)，整體表現和當前的柴油車款相當。現代 Tucson Fuel Cell 從 2013 年開始即在南加州推出租賃服務，並提供無限免費加氫以及代客維修服務。

本田準商業化車款 FCX Clarity 從 2008 年開始提供特定用戶租用，並於 2017 年開始正式販售給一般用戶。2008 年款的 FCX Clarity 採用的馬達功率達 100 kW，搭載了 171 公升、35 MPa 高壓氫罐，續航里程爲 372 公里，燃料電池堆則採氫氣和空氣垂直流 (V flow) 設計，並採用波浪狀分隔板，最高功率可達 100 kW，低溫啓動性能達 − 30°C。2017 年全新款 Clarity Fuel Cell 的燃料電池堆比 2008 年款的體積減小 33%，輸出功率密度則增加 60%，高壓氫氣改採 70 MPa 技術，續航里程因而增加至 589 km。

表 11-5 與圖 11-31 與進一步比較了豐田與現代 FCV 第二代燃料電池乘客車之規格。

表 11-4　2017 年商業化車款之規格與燃效比較

車款		豐田 Mirai	現代 Tucson Fuel Cell	本田 FCX-Clarity
年度		2017	2017	2017
照片				
燃料電池功率		114 kW	100 kW	103 kW
氫罐壓力		70 MPa	70 MPa	70 MPa
氫氣儲量		5.0 kg	5.63 kg	−
二次電池		245 V 鎳氫電池	180V 鋰離子電池	346 V 鋰離子電池
續航力		502 km	426 km	589 km
燃料經濟性 (註一)	市區	106 km/kgH_2	77 km/kgH_2	110 km/kgH_2
	高速公路	106 km/kgH_2	80 km//kgH_2	107 km/kgH_2
	合併	106 km/kgH_2	94 kg/kgH_2	109 km/kgH_2
銷售模式		販售	租賃特定人士 (加州)	販售

註一：1 公斤氫氣能量大約等於 1 加侖汽油能量

圖 11-30　三款 2017 年版燃料電池乘客車之照片
左起分別為現代 Tuscon Fuel Cell，豐田 Mirai-I，Honda FCX Clarity

表 11-5　豐田與現代兩代 FCV 之比較

		豐田		現代	
		MIRAI	MIRAI-II	Ix35 FCV	NEX
H2	儲氫罐數量	2	3	2	3
	容量 /L	122.4(60+62.4)	140(64+52+25)	-	156(52.2×3)
	Type	Type IV	Type IV	Type IV	Type IV
FC	電堆功率 /kWh	114	128	-	95
	電芯數量	370	330	-	432
二次電池	種類	鋰離子聚合物	鋰離子聚合物	鎳氫電池	鋰離子聚合物
	容量 /Ah	6.5	4		6.5
發動機	最高功率 /kW	113	134	100	120
	最大扭力 /N-m	335	300	-	395
車輛	車重 /kg	1850	1920	-	1820
	續航里程 /km	502	850	426	820
	驅動方式	FF	FR	FF	FF
	承載人數	4	5	5	5
	價格 / 日圓	723 萬	710 萬	-	650 萬
	發售年份	2014	2020	2012	2018

圖 11-31 第二代 FCV 照片，左為豐田 Mirai-II，右為現代 NEXO

11-4 燃料電池車普及化之挑戰

11-4-1 燃料電池成本

降低成本是燃料電池車普及化重要課題之一。

在 FCV 開發初期，每 kW 燃料電池堆的成本大約是一萬美元，而一部 FCV 需要 50 ～ 100 kW 的燃料電池堆，因此，光是燃料電池堆就得花上 50 ～ 100 萬美元。在質子交換膜燃料電池堆的成本結構中以電解質膜、白金觸媒、以及雙極板三者爲大宗。

車用燃料電池堆的電解質隔膜普遍採用全氟磺酸樹脂 PFSA，它的製程須經過多階段的複雜合成過程，因此價格非常高，降低成本策略主要是採用薄型化設計，電解質隔膜從最早的 200 μm 的厚度減少到目前約 20 μm 左右；另外，開發便宜的電解質材料，如碳化氫高分子膜，也是降低成本的方式之一。

車用燃料電池堆所使用的白金觸媒價格相當昂貴，而能夠替代白金且價格便宜的觸媒仍在找尋中，目前降低成本策略是設法將白金粒子微小化以增加其表面積而將使用量減低；另外，開發新的回收技術將白金回收再利用也是很重要的研究方向。

早期採用之石墨雙極板必須經過非常緻密的燒結程序才可兼顧導電性與強度，過程相當耗時，而且在堅硬的石墨板表面上作精密的溝槽加工更是所費不貲，而以厚度爲 5mm 的石墨雙極板堆疊一個 400 單電池的車用燃料電池堆長度高達 2 公尺，目前車用燃料電池堆均改採表面改質的金屬薄板，成本已經可以大幅低，而且燃料電池堆的體積大幅縮小。採用金屬雙極板不僅提升功率密度且強化結構，1990 年代，車用燃料電池堆的比功率只有 0.05 kW/kg，因此，一個 50 kW 的燃料電池堆的重量將高達 1,000 公斤，體積則佔滿了整個小貨車，而目前 Toyota Mirai 的燃料電池堆體積與質量功率密度已經分別達到 3.1 kW/L 與 2.0 kW/kg，114 kW 的燃料電池堆的體積與重量也只有 36.7 公升與 57 公斤。

至於 BOP 方面，目前從系統簡化角度進行降低成本工作，例如，省卻增濕器的系統設計，用真空噴射器取代氫氣泵等。

圖 11-32 爲美國能源部針對車用燃料電池系統的成本估算，這項成本趨勢乃以當年技術水準與 50 萬之產量爲基準所計算而得。從圖中可知，燃料電池系統成本已從 2002 年的 USD275/kW 下降到 2010 年的 USD51/kW，而最終目標值則是在 2015 年能夠降低到與內燃機引擎成本水準一致的 USD30/kW。

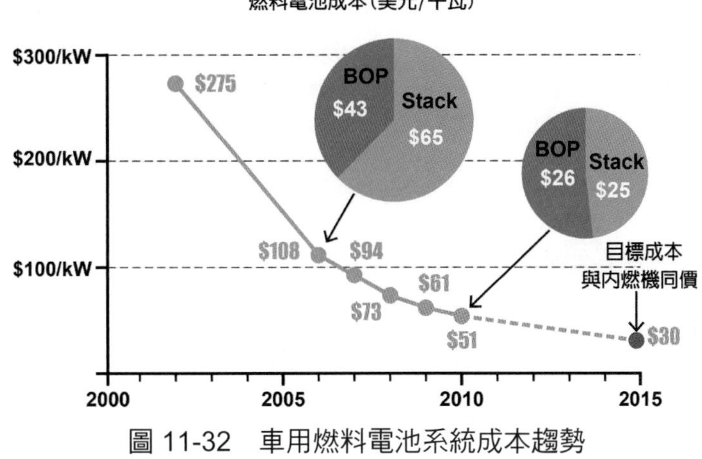

圖 11-32　車用燃料電池系統成本趨勢

11-4-2　氫基礎設施

FCV 開發過程中，令車廠頭疼的是加氫站的建設。

二十世紀末起，全球主要石油公司無不積極進行加氫站與產氫技術的研發，藉以降低氫氣成本並加速完成加氫網絡建構，例如，Shell 公司和 BP 公司分別於 1998 和 1999 年成立了氫能事業單位，積極參與全球性的氫能研究計畫，隨後，Chevron Texaco 和 Exxon Mobil 兩家公司也積極推動氫能研究計畫。除石油公司外，能源系統公司的 Stuart，以及氣體公司的 LindeAG 和 Air Porduct 等均已將其營業觸角延伸至氫的銷售。

氫基礎設施包括氫的生產、輸送、與儲存技術。

氫之生產與運輸方式有很多不同方式，第一種模式是將高密度氫氣載體，例如將天然氣、甲醇、乙醇、或其液態生物燃料，以管路輸送或卡車載送或到加氫站，在加氫站內製氫，這種在加氫站直接生產氫氣者稱之爲現場型 (on-site) 加氫站；第二種模式是氫氣在氫氣工廠製造後再運輸到加氫站，稱之爲離場型 (off-site) 加氫站，而兩者兼具者稱爲混合型加氫站。

圖 11-33 爲混合型加氫站示意圖。混合型加氫的氫氣一站部分來自現場天然氣改質，另一部分則來自氫氣工廠，這包括了具有副產氫的工廠，例如，煉鋼廠的焦爐氣COG(coke oven gas) 或氯鹼廠的副產氫，經過罐裝卡車運輸到加氫站；混合型加氫站藉由雙重來源，確保氫氣供應之可靠度，另外，由於使用輔助的離站氫氣，使製氫設備得以高效運轉；美國 CaFCP 則是利用液氫運輸車載運至各加氫站後將液氫氣化加壓至 25 MPa 或 35 MPa 的高壓氫氣再充填至燃料電池車中；德國慕尼黑機場的燃料電池巴士所採用的液氫是用電網電力電解鹼液製得，而漢堡則是利用化工廠的副產氫壓縮至高壓氫氣專用運輸拖車運送至加氫站作運用。圖 11-31 爲燃料電池車在加氫站之照片圖。

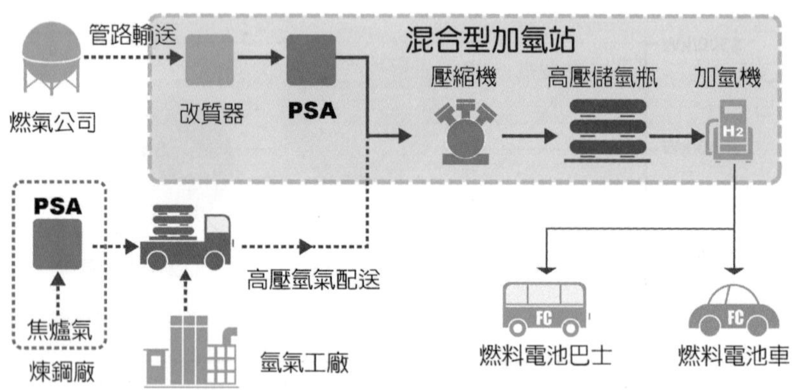

圖 11-33　混合型加氫站之示意圖

圖 11-34　燃料電池車在加氫站的照片圖

加氫站的設置成本是 FCV 普及化的關鍵因素之一。

在相當於汽車加油站的加氫站，將氫氣壓縮後填充至加氫站的儲氫槽，並藉由氫泵填充給 FCV。由於氫易燃，因此，加氫站之建置必須受到相關安全規定限制。日本的氫安全法規比歐美國家要嚴格，因此，加氫站的建置成本遠高於歐美國家。如果依照現行法規建設加氫站，日本每座加氫站需花費 5 ～ 6 億日元，是歐美國家的 2.5 ～ 5 倍。例如，氫氣管路之耐壓安全系數，歐美的規定為 2.4 ～ 3 倍，而日本的規定要達到 4 倍，為了增強管道強度，需要增加厚度，導致成本上升；其次，目前加氫站的氫氣儲量上限僅夠七輛 FCV 車使用，為了使加氫站能夠接納更多顧客，從而提高收益，法規上取消每處加氫站的儲氫量上限，並簡化氫氣壓縮器的安全檢查；再者，日本規定氫泵必須設置在距離公共道路 8 米以上，符合距離公共道路 8 米以上要求的建設用地很難取得，尤其是在城市地區，目前則是將這一距離調降至 4 米以上。另外還有許多限制，例如，氫泵不得與油泵並設、運輸車輛只能運輸約 60 輛 FCV 的氫氣、禁止用戶自己充氫等。日本政府的作法就是將相關規定合理化至與歐美相當，也就是藉由法令鬆綁，包括《高壓燃氣保安法》和《建築基準法》等 12 個相關法令，來降低加氫站之設置成本，藉以加速加氫站的建設。

2011 年，日本政府與包括豐田、日產、本田等 3 家車廠及 10 家氫氣供應商，共同發表了 2015 年開始銷售 FCV 量產車為目標，在車廠方面，2015 年將在四個都會區向一般民眾販售 FCV 量產車，能源公司方面則在加速建設加氫站，因應 FCV 量產車初期市場。截至 2014 年底，包括計畫設置的加氫站在內，東京首都圈有 26 處，而日本全國也僅有 45 處，目標是在 2015 年將每座加氫站的建置成本降至 2 億日元以下，而且本全國建設加氫站達到 100 處。以 JX 日礦日石能源公司為例，在 2020 年之前將在日本國內建立 10 個產氫基地，並以約兩千家加油站為銷售對象，逐步引進加氫站。此外，日本 7-11 將與岩谷產業合作，從 2015 年度起開設同時建有加氫站的便利商店，通過為 FCV 提供加氫服務來提高集客能力，預計 2017 年前舖店數量達 20 家。

在此同時，美國加州於 2012 年底所通過的 AB8 法案中，州議會將於 2013 ～ 2016 年間，每年撥款 2,000 萬美元用於建構至少 100 個加氫站。

至於氫氣價格部分，根據美國能源部的規劃，2020 年前氫的目標價格換算汽油爲 2.0 ～ 4.0 美元 / 加侖，如此大之目標價格範圍主要考慮相對於油價未來可能發生之波動幅度。事實上，美國天然氣改質製氫的成本早在 2006 年就已經落在目標價格裡面，如圖 11-35 所示，況且近年來由於美國頁岩氣的大量開採，天然氣製氫勢必愈來愈便宜，相對地，汽油價格將會愈來愈貴。在日本，精煉石油時產生的副產氫氣以及天然氣改質製氫將成爲 FCV 初期導入階段之主要氫氣來源，價格按汽油換算爲 2.5 ～ 3.1 美元 / 加侖，也符合了 FCV 商業化的目標價格。

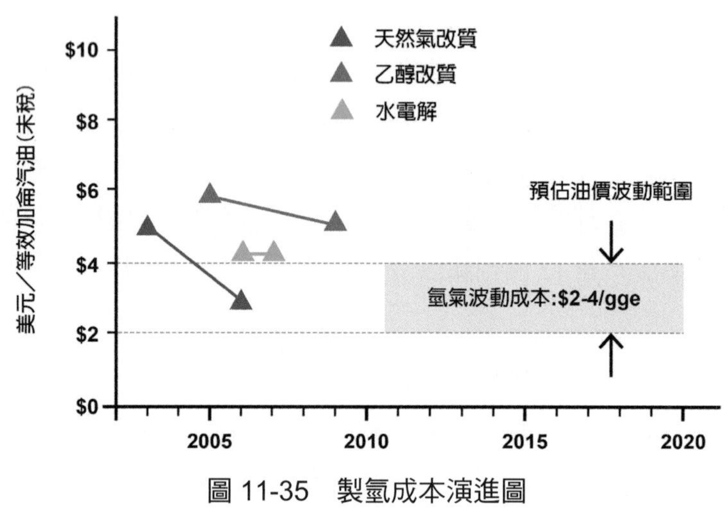

圖 11-35　製氫成本演進圖

第二階段製氫技術包括大規模水力發電和風力發電的剩餘電力電解水製氫，以及改質液態生物燃料製氫，目前成本仍然高於目標價格，不過依照技術進步程度，假以時日應該很快就能夠達成目標。

11-5 EV vs. FCV

純電動車 EV 與燃料電池車 FCV 是目前唯二的零污染排放車款。

表 11-6 爲近期各車廠對於零污染車之發展之布局。豐田主要藉由混合動力車 (HV) 培育的技術應用於燃料電池車，並將 FCV 定位爲終極環保車；深陷柴油車廢氣造假醜聞的德國福斯也提出將開發重心轉移到純電動汽車上；日產與特斯拉著重在純電動車方面開發，目前銷售地區主要集中於環保限制嚴格的美國加州等地區；本田已於 2016 年推出量產 FCV，並與通用合資共同開發 FCV 引擎，將於 2020 年推出新款 FCV。

表 11-6　近期主要車廠零污染車之布局

	在 2020 年左右將燃料電池車 (FCV) 的年銷售量提高到 3 萬量 在 2020 年之前將混合動力車 (HV) 的年銷售量提高到 150 萬量
	在 2015 年內發售單次充電行駛提高到 280 公里的純電動車 (EV)
	在 2016 年發售量產型燃料電池車 (FCV)
	在 2020 年之前發售配備有與本田共同研發的主要零組件的將燃料電池車 (FCV)
	研發單次充電行駛距離達 250 ～ 500 公里的小型純電動車 (EV) 專用底盤 將頂級豪華轎車輝騰 Phaeton 的新款車設計成爲純電動車 (EV)

EV 的優點很明顯，沒有廢氣排放、行駛安靜平順、操作維修成本低，不過 EV 的缺點也很嚴重，行駛航程短、充電時間長 (通常需花費數個小時)、電池重且壽命短等。電池始終是 EV 無法突破的技術瓶頸，各種二次電池原理其實沒什麼不同，不同的是電池中電極板所使用的金屬，像是鉛酸電池、鎳氫電池、以及最近的鋰離子電池，不同金屬電極板的電池供電的速率和容量有差異。FCV 與 EV 一樣，都是以電動馬達直接驅動車輪行走，然而，燃料電池不需要事先蓄電，而是經由氫氣供給源源不斷地產生電流，其實就是一具小發電機，因此，當電力用完時，它是「充氫」而不是「充電」，一次充氫時間大約只需花費 3 分鐘，而不必等上幾個小時來充電。其次，充填氫愈多 FCV 可以行走的距離愈長，以現今的技術而言，充填的氫氣量已經可以使 FCV 的續航力到與現今汽油車一樣。使用燃料電池作爲車輛動力源，不僅效率高，而且困擾傳統電動車的行駛航程短、充電時間長、性能不佳等，在燃料電池車上都不是問題。

EV 的發展並不是最近的事，其實全球電動車曾出現過三次熱潮，但卻沒有普及，主要因爲其作爲車輛動力所存在的問題始終未能充分解決。

早在 1930 年代便有電動車出現，當時電池性能不佳，加上 30 年代並沒有迫切的環保、能源需求，電動車的發展便沈寂下來，一幌就是六十年，直到 1990 年代後期爲了要滿足加州的零排放汽車 ZEV 的規定，多款電動車才一部一部上市。1996 年，通用汽車率先在加州和亞利桑那州推出了雙座的 EV1 電動車，本田接著推出了使用鎳氫電池的 EV-Plus，豐田的 RAV4 也使用鎳氫電池，日產也在加州推出使用鋰電池的 Altra EV。一時之間，加州汽車市場上充斥著副檔名是 EV 的車子。然而這些純電動車並沒有在市場上造成任何衝擊，像是通用汽車的 EV1 雖然在行銷策略上採用租賃方式，企圖彌補消費者對電動車不信任而不願購買的心態，但是一共也只銷了幾百輛。儘管如此，2008 年又出現了第三次電動車熱潮，此時改採了鋰離子電池，並且結合了 IT 技術爲用戶提供支援等使用便利性方面的改進，但平均每次充電的行駛距離以及充電時間等難題並沒有解決。

目前市售鋰離子電池電動車的額定續航距離爲大多在 100-200 公里左右，以日產 LEAF 電動車爲例，續航里程爲 160 公里，但眞正行駛距離只有七成左右，如果使用冷暖氣設備，續航距離便會更短縮短到 80 ～ 100 公里左右。而且充電時間需要好幾個小時，許多已經購買電池電動汽車的用戶目前主要是在家中充電，用於近距離行駛，但對於希望將汽油車換成電動車，特別是一家僅有一輛車的用戶來說，購買電池電動車還是有所擔心。

1993 年出現第一部質子交換膜燃料電池車至今已經超過二十年，現階段已正式進入商業化量產階段。FCV 利用電動馬達行駛，具有 EV 安靜、加速順暢等特徵，差別在於加入了燃料電池主動力，而原本二次電池則作爲輔助動力。豐田在 2014 年底所推出的燃料電池車 Mirai，續航距離約超過 500 公里，此續航力已達到目前汽車水準，而且加氫時間僅需 3 ～ 5 分鐘，然而，加氫站基礎設施建設落後仍爲燃料電池車普及的障礙，目前設置一座加氫站的費用是加油站的約數倍之多，而且數量少，此一問題有待解決。

圖 11-36 進行了目前市面上幾款 EV 與 FCV 原型車之續航力比較，表 11-7 則進行 FCV 與 EV 之綜合性能比較。

隨著進入規模化普及階段，目前 EV 在這場終極環保車競賽中似乎佔盡優勢，然而，EV 的歷程焦慮與廢電池回收處理等問題，尚待解決，作爲競爭對手的 FCV，也隨著綠氫的規模化生產，氣勢急起直追，這場終極環保車之爭，勝負尚在未定之天。

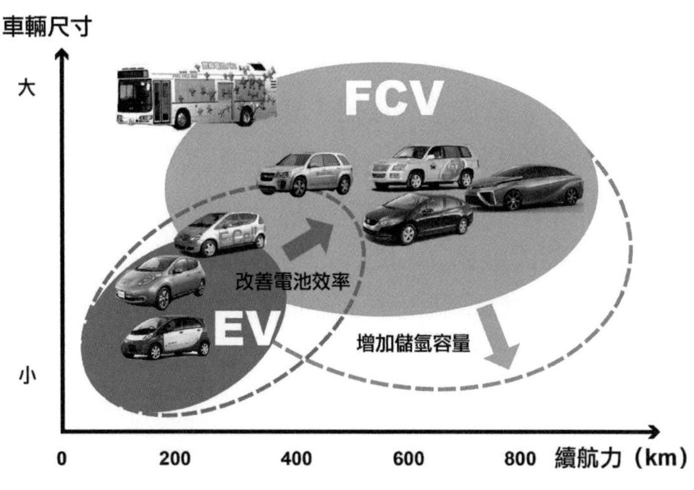

圖 11-36　FCV 與 BEV 之續航力比較

表 11-7　FCV 與 EV 之性能比較

項目	FCV	EV
二氧化碳排放	★★★★★	★★★★★
冷啓動	★★★★ (－30°C)	★★
續航力	★★★★★ (> 500 公里)	★★ (160 公里)
成本	★	★★
耐久性	★★★★ (燃料電池堆壽命 10 年)	★★ (鋰離子電池壽命 2 年)
充電／氫時間	★★★★ (3 ～ 5 分鐘)	★ (一般充電) ★★ (快速充電)
基礎設施	★	★★★
永續性	★★★★★	★★★★★
★ (差) → ★★★★★ (優)		

習題

1. 爲什麼質子交換膜燃料電池是燃料電池車的唯一選擇？
2. 試說明國際間主要車廠的燃料電池車之車型與規格。
3. 氫作爲一種清潔能源，正日益受到各國的重視，許多汽車廠商正努力研究用氫作爲燃料來取代汽油，生產二十一世紀「終極環保車」，假若有質量爲 M(含駕駛員的質量) 的汽車，以氫氣爲燃料 (氫氣重力與汽車重力相比，可忽略)，其發動機的效率爲 η，且在 $2H_{2(g)} + O_{2(g)} \rightarrow 2H_2O_{(g)} + E$ 的反應條件下，使汽車從某斜坡的底端勻速駛上動摩擦因數爲 μ、長爲 L、傾角爲 θ 的斜坡頂端，則汽車做的功和需要燃燒標準狀況下 (標準狀況下 1 mol 氫氣體積爲 V_o) 的氫氣體積，下列說法何者正確？

   (A) 汽車做功爲 $MgL(\sin\theta + \mu\cos\theta)$

   (B) 汽車做功爲 $\eta MgL(\sin\theta + \mu\cos\theta)$

   (C) 需燃燒氫氣的體積爲 $[2MgL(\sin\theta + \mu\cos\theta)V_o]/(\eta E)$

   (D) 需燃燒氫氣的體積爲 $\eta MgL(\sin\theta + \mu\cos\theta) \cdot EV_o$
4. 一般汽車之所以會跑動，是利用汽油或柴油在引擎內燃燒後的爆炸力來推動汽缸進行往復運動，再藉由曲桿連結輪軸來轉動車輪，整個過程中完全不涉及電能，就能量轉換效率而言，已經是不錯的能量轉換程序，爲什麼還要使用燃料電池先將燃料的化學能變爲電能，再利用電來驅動電動車的馬達而讓車子跑動呢？
5. 根據報導，Honda 汽車最新發表的燃料電池車，它開發的燃料電池系統可以在冰點以下 (− 25℃) 下啓動，克服了燃料電池車應用在高緯度國家的一大難題，就你的觀點，有哪些方案可以讓燃料電池在如此低溫之下啓動？
6. 目前開發中作爲質子交換膜燃料電池原型車，所使用的燃料有哪些？各有何特點？
7. 試比較以汽油、甲醇及氫氣作爲質子交換膜燃料電池車的優劣點？
8. 燃料電池電動車以儲氫合金技術進行儲氫與供氫時，具有哪些特點？
9. 儲氫槽內之高壓氫氣溢漏在大氣中，它的燃燒型態和油箱汽油漏油後的燃燒型態有何不同？何者的燃燒溫度較高？
10. 二十一世紀初，國際間由政府主導或實施的燃料電池車實證計畫有哪些？
11. 純電動車 EV 與燃料電池車 FCV 是目前唯二的零污染排放車款，試比較兩者的優缺點。
12. 爲什麼燃料電池車終將會成爲人類終極環保車？

12

綠色發電機

燃料電池又稱爲綠色發電機，全球正以驚人的快速步伐邁入商業規模應用的階段，各種發電容量的燃料電池發電站相繼新建與運轉，將有可能繼火力發電、水力發電、核能發電後，而成爲二十一世紀的第四代發電方式。

燃料電池技術的成功發展將有如二十世紀初以內燃機技術取代人力的工業革命、1960 年代以電腦取代人腦的資訊革命、以及二十世紀末改變人類溝通方式與生活習慣的網通革命一樣，將在二十一世紀初期引發新能源與環保的綠色革命。本章分別針對燃料電池應用於分散式電站、家用熱電系統、可攜式電力、太空電力及其它應用等扼要說明之。

12-1 分散式電站

圖 12-1 爲分散式燃料電池電站示意圖，分散式電站所用的燃料主要爲天然氣，也有少部分採用沼氣、厭氧氣等生物氣，這些碳氫燃料經過燃料處理器之後產生富氫氣體後進入燃料電池，燃料電池所發出之直流電經過電力調節器產生交流電力。

目前全世界進行燃料電池分散式電站開發的廠商相當多，而除了 AFC 之外，其餘種類的燃料電池都已開發作爲分散式電廠，例如，Bloom Energy 的 SOFC、FuelCell Energy 的 MCFC、Ballard 的 PEMFC、以及 Doosan Fuel Cell America 的 PAFC 等，發電容量從 100 kW ～ 10 MW 都有。

無論從能源效率或從空氣污染的角度來看，燃料電池發電技術遠優於目前傳統的火力發電技術，圖 12-2 爲不同發電容量之分散式燃料電池發電廠與傳統電廠發電效率之比較，表 12-1 則是比較燃料電池與火力發電的空氣污染情況。

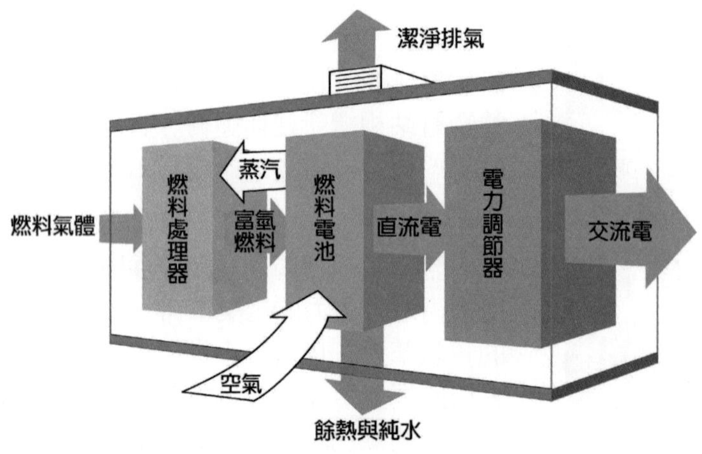

圖 12-1　分散式燃料電池發電站示意圖

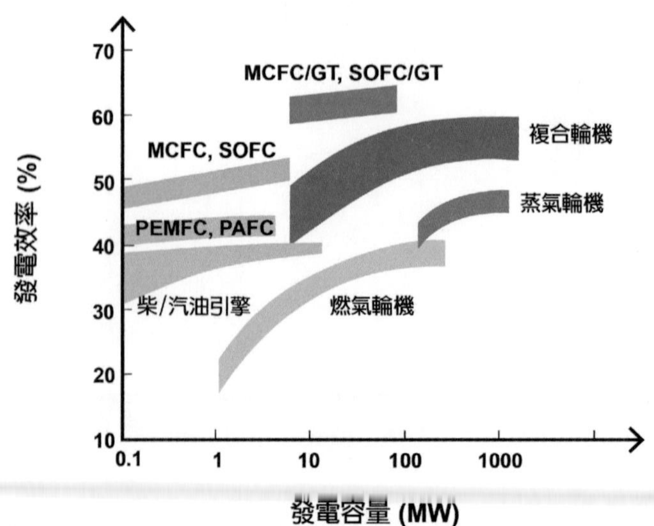

圖 12-2　分散式燃料電池電廠與傳統電廠效率之比較

表 12-1　燃料電池與火力發電的大氣污染比較 (單位：10^{-6}kg/kWh)

污染成分	煤火力電廠	重油火力電廠	天然氣火力電廠	燃料電池
SO_x	8,200	4,550	2.5 ～ 230	0 ～ 0.12
NO_x	3,200	3,200	1,800	63 ～ 107
烴類	30 ～ 10^4	135 ～ 5,000	20 ～ 1,270	14 ～ 102
粉塵	365 ～ 680	45 ～ 320	0 ～ 90	0 ～ 0.14

12-1-1　SOFC 分散式電站

SOFC 是分散式電站之最佳選擇之一。

Bloom Energy 是二十一世紀後所崛起之分散式 SOFC 電站的指標廠商，該公司的產品 Bloom Box 已經在許多著名國際大廠進行試驗，如 Google、FedEx、Wal-Mart 和 eBay 等。第一個 100 kW 的 Bloom Box 於 2008 年安裝於 Google 總部，這樣一個 Bloom Box 可為 100 戶人家提供電能，四個 Bloom Boxes 就能滿足一座 3,250 平方米的辦公樓的電力需求。

Bloom Energy 發展可以追溯到美國火星太空計畫，這個計畫主要目的之一是研製可以在火星上維持生命的技術，於是建立了可用電力產生空氣和燃料，或從空氣和燃料產生電力的裝置，這項火星電力技術在計畫結束後很快地應用在地球。2001 年，在火星計畫結束後，便開辦了 Bloom Energy，背後金主為風投業傳奇人物 Kleiner Perkins，以極早投資顛覆傳統行業的科技公司而著稱，如 Google，Amazon，Genie 等公司，但 Bloom Energy 是他的第一個清潔技術的投資。事實上，當時，清潔技術 Clean Tech 甚至還不是一個眞正的單詞。

2008 年，Google 正式啓用全球第一個 100 kW 的 Bloom Box，自此，Bloom Energy 以能源伺服器 (energy server) 的概念提供客戶高品質電力，尤其對電力品之要求極高的網通大廠，例如 Apple、eBay 等。

如圖 12-3 所示，Bloom Box 是由一片一片顏色鮮明的 PEN 板所構成，它的核心是杯托大小 (100 mm × 100 mm) 白色陶瓷電解質，每片陶瓷板的兩面分別是塗有綠色氧化鎳 (陽極) 與黑色錳酸鍶鑭 (陰極)，而電解質材料除了孰知的 YSZ(氧化釔穩定的氧化鋯) 外，尚包括 SCSZ(氧化鈧穩定的氧化鋯)，SCSZ 可以在較低溫度下提供高的效率和更高的可靠度，同時它的電導率比 YSZ 高。氧化鈧 (Sc3O2) 是一個過渡金屬氧化物，目前全球每年鈧的產量是不到 2,000 公斤，而用量大約是每年 5,000 公斤，大部分來自於蘇聯時代庫存。一片 Bloom Box 的 PEN 板可提供一盞電燈的電力，一個電池堆由 64 片 PEN 板構成，而數個電池堆所構成的 SOFC 模組則可提供一家星巴克咖啡店的電量。基本上 Bloom Box 的設計並沒有任何新物理現象或原理，都是熟知的材料科學和熱力學原理，唯一必需考慮的是否符合經濟原則。

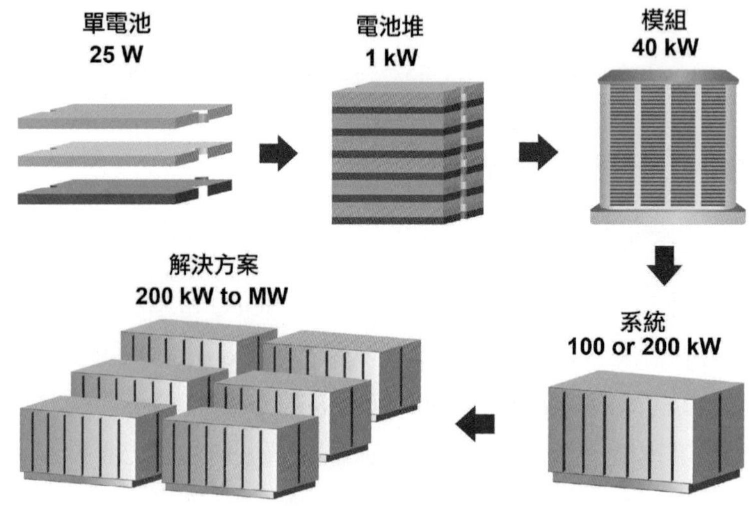

圖 12-3　Bloom Energy 從單電池到解決方案

Bloom Box 的主要燃料爲天然氣，也可以來自沼氣所製成的生物氣，eBay 在加州聖荷西園區設置的 Bloom Box 的燃料就是來自垃圾場的生物氣，5 個 Bloom Box 大約可提供近 15% 的電力需求，估計每年節省電費 10 萬美元，按照這個速度計算，Bloom Box 安裝三年內節省的電費就相當於它的成本費和安裝費。一個家用 Bloom Box 的成本大約是 3,000 美元，比目前大部分燃料電池系統便宜很多。圖 12-4 爲安裝在 AT & T 的 Bloom Boxes。

圖 12-4　安裝在 AT&T 的 Bloom Boxes(本圖片取自 Bloom Energy 網站)

Bloom Box 要能夠普及的關鍵因素就是它的運行壽命必須達到 8.5 萬小時，SOFC 是在高溫下運行，因此很容易發生破裂或洩露，要達到這個目標是一個挑戰。事實上，目前一些商業化燃料電池都已經可以達到這個目標，如 Doosan Fuel Cell America 的 PAFC。

Bloom Box 僅是一部發電機置，本身並沒有集熱裝置，它的發電效率雖然可達到 45%～55%，但也只比先進氣輪 ATS(advantage gas turbine system) 電站之效率高出約 5%～10%，如圖 12-5 所示，而目前作為分散式電站的此類燃料電池系統，CHP 能源效率通常可達 90% 以上，而適合高溫高壓運轉的 SOFC，將熱能來提供熱水有點可惜，事實上，SOFC 可以和氣輪機或蒸氣輪機結合而形成 SOFC/GT 複合發電技術，這種複合發電技術的系統發電效率可高達 70%，比起 ATS 或者其它高溫燃料電池都要來的高，如圖 12-6 所示。SOFC/GT 複合發電技術是將 SOFC 連接在燃氣輪機的前緣，以燃氣輪機帶動壓縮機將壓縮空氣送進 SOFC，然後再利用 SOFC 出口的高溫尾氣將新鮮空氣回熱升溫後再送進燃氣輪機，如此，可以提高燃氣輪機的發電效率。因此，SOFC/GT 複合發電系統可以同時從高效率的燃料電池與燃氣輪機獲得電能，也是目前已知的技術中可以提供最高的發電效率的系統。

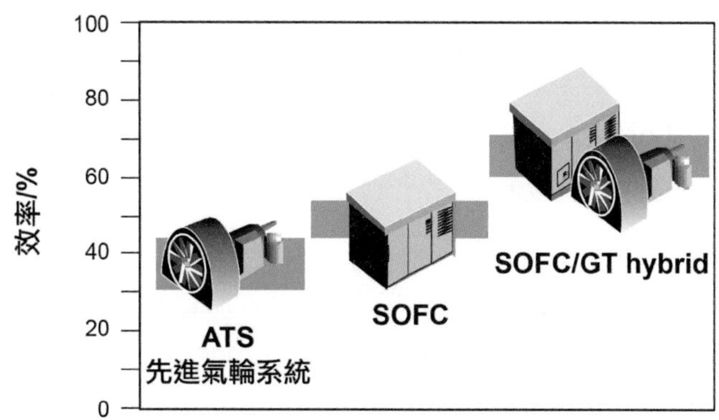

圖 12-5　SOFC/GT、SOFC、以及先進氣輪系統 ATS 效率比較

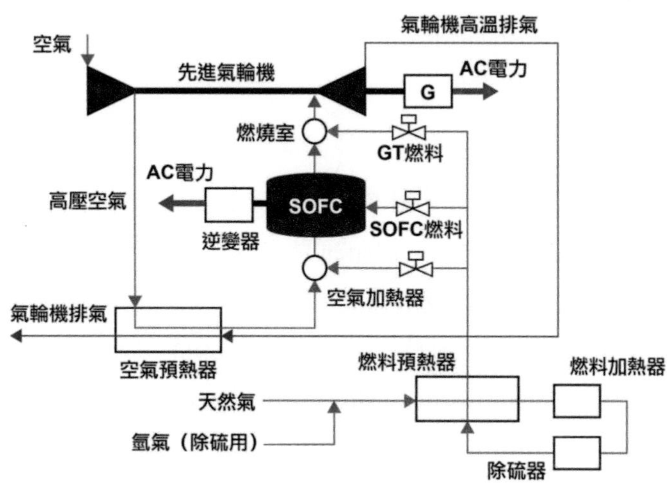

圖 12-6　SOFC/GT 複合發電系統圖

12-1-2 MCFC 分散式電站

MCFC 是分散式電站最佳選擇之一。

FuelCell Energy 是 MCFC 的指標廠商，它的前身 Energy Research Corporation(ERC) 於 1996 年建造了全世界第一座 2 MW 的 MCFC 示範發電站，FuelCell Energy 的 MCFC 使用的天燃氣可直接進行內改質。

FuelCell Energy 產品的註冊商標爲 Direct Fuel Cell，DFC®。表 12-2 爲 FuelCell Energy 3 MW 內改質 MCFC 的技術指標。

DRC® 規劃了發電容量 300 kW、1.5 MW、3 MW 三款 MCFC 發電廠，其性能特徵與技術指標如表 12-2 所列。此外，2000 年，FuelCell Energy 在美國能源部展望 21 世紀的計畫下，進行進行 MCFC/Turbine 複合發電系統之開發，計畫將以 250 kW 的 MCFC 機組搭配一部燃氣輪機進行並聯發電測試，燃氣輪機將完全以 MCFC 的餘熱來推動，藉以測試這種複合系統之發電效率。

表 12-2 DFC® 之性能特徵

特徵	DFC® 300	DFC® 1,500	DFC® 3,000
尺寸	11.5' × 10.5' × 33.0'	25' × 45' × 65'	25' × 54' × 83'
輸出電力	250 kW	1,000 kW	2,000 kW
效率 (LHV)	47%	49%	50%
熱值	7,260 Btu/kWh	7,000 Btu/kWh	6,790 Btu/kWh
CO_2(天然氣)	235 lbs/h	910 lbs/h	1,760 lbs/h
NO_x	< 0.1 ppm	< 0.1 ppm	< 0.1 ppm
SO_x	< 0.01 ppm	< 0.01 ppm	< 0.01 ppm
CO	< 10 ppm	< 10ppm	< 10 ppm
VOC	< 10 ppm	< 10 ppm	< 10 ppm
出口溫度	700 ～ 800°F	700 ～ 750°F	700 ～ 750°F

European Molten Carbonate Fuel Cell Development Consortium 是歐洲的 MCFC 商業化計畫，這項計畫是由德國 MTU Friedrichshafen 所主導，從 1990 開始分三階段執行 MCFC 技術商業化計畫。由於 MCFC 系統成本過高，燃料電池堆僅佔整個 MCFC 總成本三分之一，即便將燃料電池堆的成本降至 0 仍不具競爭力，因此在系統技術沒有突破下將難以與傳統電廠競爭，因此，聯盟朝向簡化 MCFC 系統而開發出「熱模組 (hot module)」的

MCFC 熱電合併系統，圖 12-8 爲熱模組之結構、外型與尺寸，圖 12-9 則是運轉中的熱模組其截面示意圖，圖 12-10 爲熱模組照片圖。如圖 12-9 所示，熱模組是將 MCFC 電池堆垂直置放於一個等溫等壓的絕熱槽中，並結合觸媒燃燒器、陰極再利用循環系統、開機電熱器等週邊設施；燃料電池堆橫置於燃料氣體岐管之上，如此燃料氣體可以藉由自然對流的驅動力順利通過陽極，而電池堆高溫密封問題便可迎刃而解，在燃料電池堆陽極出口，排氣先經過觸媒燃燒器將未反應的燃料氣體 CO 轉變爲 CO_2 後再導入陰極再循環系統中和從外界進入的新鮮空氣混合，以提供陰極所需之 O_2 與 CO_2。MTU 一部裝在 University of Bielefeld 的 250 kW 熱模採用 FuelCell Energy 的電池堆，從 1999 年 11 月開始運轉到了 2000 年 8 月共計運轉超過 4,200 小時，低熱值發電效率爲 45%。

圖 12-7　FuelCell Energy MCFC 電站 (本圖片取自 FuelCell Energy 網站)

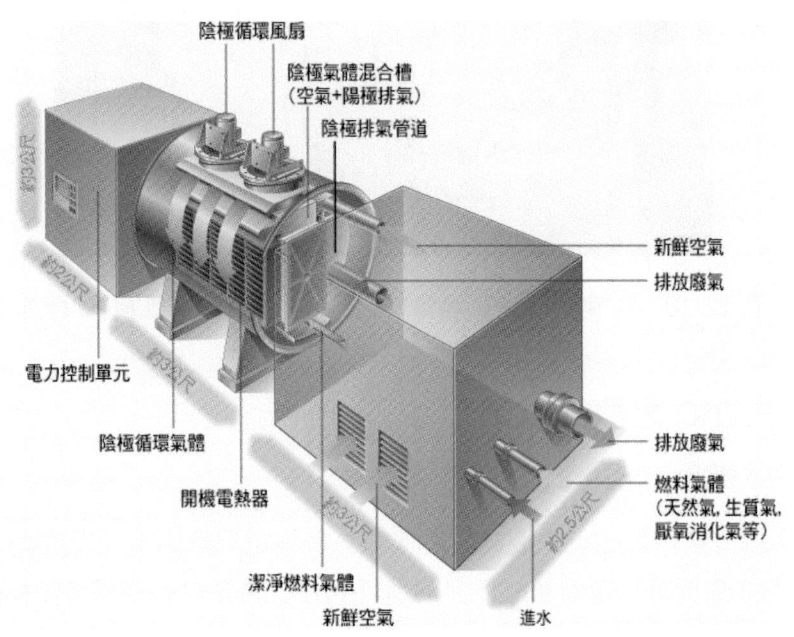

圖 12-8　MTU 之熱模組 MCFC 發電站熱模組外觀尺寸與運轉示意圖

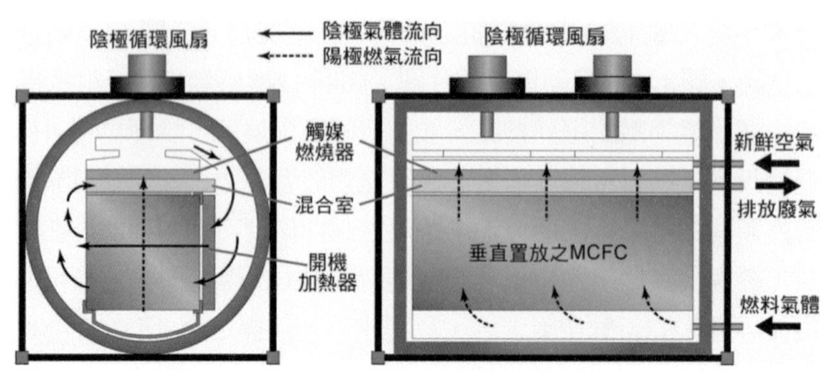

圖 12-9　熱模組之截面示意圖

目前，熔融碳酸鹽燃料電池已屬成熟技術，示範電站的運轉累積了豐富的經驗，並提供了熔融碳酸鹽燃料電池的商業化運轉的基本數據。然而實驗也已證明，必須使 MCFC 的壽命進一步延長與降低成本才能夠與現行的發電技術競爭。

MTU 之熱模組 (hot module)MCFC 發電站

圖 12-10　熱模組 MCFC 發電站之照片 (照片取材自 MTU 型錄)

12-1-3　PAFC 分散式電站

PAFC 的主要用途爲分散式電站與熱電共生系統。

PAFC 用於分散電站的可靠度高，可作爲高品質電源應用，其發電效率達 40%，熱電合併系統的效率更可以達到 90%。目前進行 PAFC 開發的主要廠商有 Doosan Fuel Cell America、Fuji Electric、Toshiba、Mitsubishi Electric 等。

PAFC 電廠之發展可以追溯到美國在 1960 年代所進行的 TARGET 計畫。從 1967 至 1976 年間，此計畫以普惠公司爲首，共計 28 家天然氣和電力公司參與，成功研製了 12.5 kW 的 PAFC 系統 PC11A。TARGET 計畫共計生產了 64 台 PC11A，分別安裝在美國、加拿大和日本的工廠、公寓和飯店等地進行示範運行。隨後在 1976 ～ 1986 年間，由美國能源部、燃氣研究所、電力研究所合作開發出 50 台 40 kW 的 PAFC 電站 PC18，分別在日本與美國等地進行了示範運行。

PAFC 的商業化則是從 1990 年代開始，ONSI 在美國能源部和燃氣研究所的資助下進行了 200 kW 商業化 PAFC 電站 PC25 ™的開發，系統架構如圖 12-11 所示。

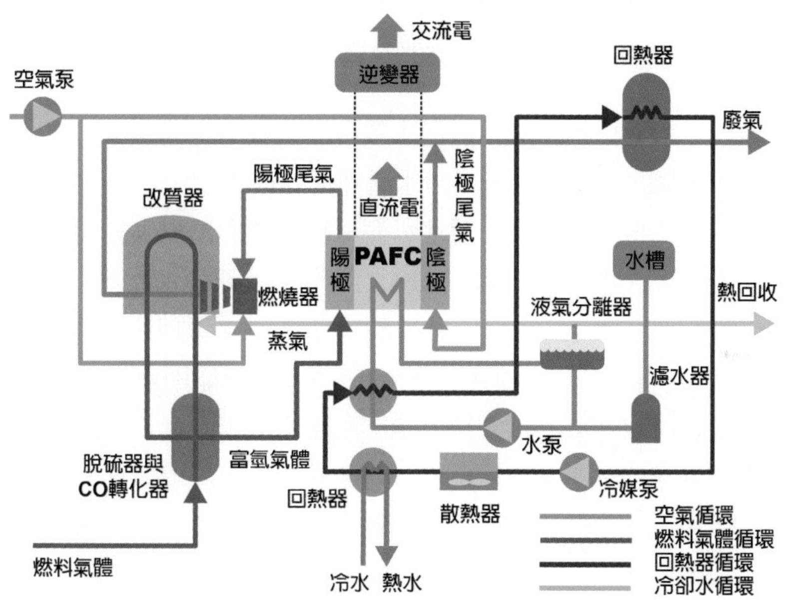

圖 12-11　PC25 ™ 200 kW PAFC 電站之系統架構圖

PC25 ™最初的設計是提供發電廠的尖峰用電之用，近年來則多用於公寓、商場、醫院、飯店、辦公大樓等場所之電力供應，同時也發展出一些特殊用途，包括高品質電力系統、與污水處理場或食品工廠的生物氣、氯鹼工廠的副產氫整合等，以下簡要說明。

1. 高品質電力：圖 12-12 爲設置在美國阿拉斯加安克拉治郵件處理中心的 5 部 PC25 ™電站，5 座電站並聯可提供 1 MW 的發電容量，除了提供郵件處理中心用電外，餘電可饋入電網。PAFC 電站之高品質電力克服了經常因暴風雪停電造成郵務停擺的問題。

圖 12-12　高品質電力的阿拉斯加郵局 PC25 ™電站

2. 生物氣應用：污水處理廠的生活污水或食品工廠的有機廢水，都可以作爲燃料電池的燃料，如圖所 12-13 所示，污水處理場處理生活污水過程中，曝氣與沈澱時會產生大量高濃度有機污泥，這些污泥以往直接燃燒提供熱能，現在則可經過厭氣發酵得後得到大約 60% 甲烷、40% 二氧化碳的厭氧消化氣 ADG，ADG 則可作爲 PAFC 的燃料，圖 12-14 爲安裝在波特蘭市污水處理廠的一部以 ADG 爲燃料的 PC25 ™，所產生的電力則提供廠內所需，而熱能則是作爲污泥乾化之用。另一項生物氣之應用爲酒廠爲有機廢水，酒廠中使用大量水清洗酒槽，由於清洗後之排水含有酒精成分必須適當處理，避免污染水源與環境。以往是以好氣性微生物進行處理，而沉澱後污泥作爲廢棄物處理，如果採用降低廢水排放與污泥量的厭氣性處理則可產生約 70% 的甲烷與大約 30% 的二氧化碳之生物氣，作爲 PAFC 之燃料，日本札幌啤酒千葉工廠與朝日啤酒四國工廠都安裝了 PC25 ™ C，並利用 ADG 作爲 PAFC 的燃料進行運轉。ADG 屬於一種再生能源，這項應用確實可以降低溫室氣體排放。

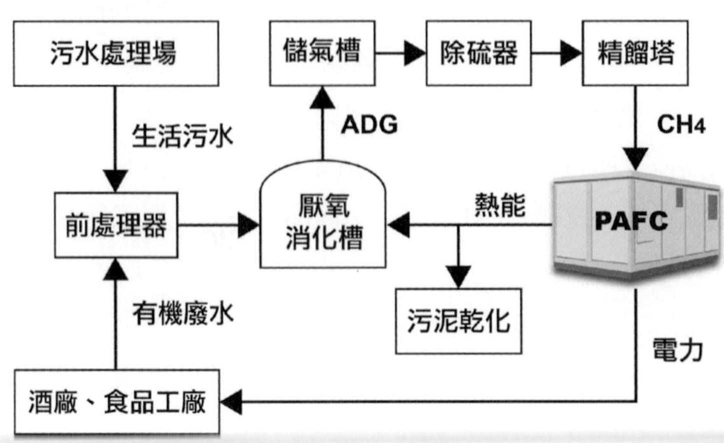

圖 12-13　以有機污水之厭氧消化氣之 PAFC

圖 12-14　使用 ADG 的波特蘭污水處理廠 PC25 ™電站

3. 氯鹼副產氫應用：當燃料電池電解的不是純水而是食鹽水時，這種作法相當有創意，氯鹼工業就是一個很好的例子。氯鹼製程是生產的氯氣與燒鹼的電解過程，如圖 12-15 所示，東京水道局三園淨水場將食鹽水電解製造出用來殺菌自來水的次氯酸鈉 (NaClO)，而電解反應產生副產氫可以回收作爲 PAFC 的燃料，如此，就可以完成高效率的殺菌劑製造系統，而且 PAFC 的餘熱也可以使用在淨水場的污泥乾化或反應槽的加熱之用，如此可以達到高整體能源效率。

PAFC 電廠已屬於成熟技術，比起一般傳統電廠具有低發電負荷時仍然可保持高的發電效率。PAFC 的啓動時間需要幾個小時，作爲緊急電源、備用電力、或者如電動車的動力源時，並無法與可隨時啓動的 PEMFC 電廠競爭；此外，由於 PAFC 的工作溫度僅爲 200°C 左右，分散式發電站之回熱效率偏低，因此，作爲熱電合併電廠則不如 MCFC 和 SOFC 等高溫型燃料電池來的經濟，所以近年來投入 PAFC 的研發逐漸減少，進展速度也已趨緩。

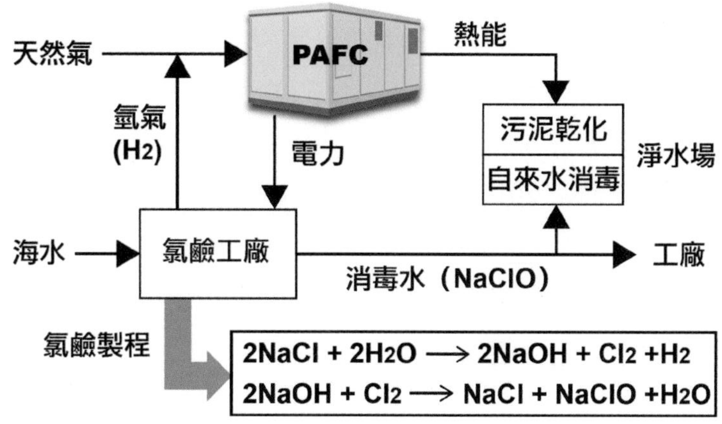

圖 12-15　與氯鹼製程整合的 PAFC

12-2 家用熱電聯產系統

日本自 2003 年起，由新能源基金會 NEF(New Energy Foundation) 推動定置用燃料電池大規模實證事業，推廣安裝家用定置型燃料電池熱電聯產 FC-CHP(combined heat and power) 系統。這項 PPP 計畫是 ENE-FARM(能源農場) 的先期計畫，由日本政府與國內 17 家能源及燃料電池業者合作推動，參與的私部門包括新日本石油 (ENEOS)、東京瓦斯、大阪瓦斯、西部瓦斯、東邦瓦斯、東芝、松下、豐田、荏原製作所等公司。

圖 12-16 為日本家用定置型燃料電池熱電聯產系統 FC-CHP 之架構，它主要由燃料電池單元與熱水槽所組成，其中燃料電池單元的輸出功率 0.7 ～ 1.2 kW，搭配不同的改質器，以便使用不同的燃料，包括城市瓦斯 (NG)、液化石油氣 (LPG)、煤油等。其中，城市瓦斯是家用 FC-CHP 系統的標準燃料，它的主要成分是甲烷，很容易將其改質成氫氣，氫氣提供給燃料電池發電，同時將產生的熱能回收得到溫度約 60°C 的熱水。採用液化石油氣和煤油的目的是當遇到災害而中斷瓦斯供應時，燃料電池系統仍然能夠獨立工作，因此，液化石油氣或煤油的家用 FC-CHP 系統具有救災之優勢。但是，液化石油氣以及煤油含炭數量較多，改質技術較為困難。如表 12-3 所示，於 2005 ～ 2009 年間，在日本全國累計已安裝設置了 3,307 台家用 FC-CHP 系統，其中有 1,616 台使用液化石油氣，有 1,377 台使用天然氣，有 314 台使用煤油。根據 ENONS 的實證數據顯示，這些家用 FC-CHP 系統的平均發電效率為 30.5%、平均熱回收效率為 45.5%，總能源效率達到 76%。經計算可得到其平均的燃料節約率為 19.2%、平均 CO_2 降低率則為 28.3%。另外，這些示範系統經多年的長時間運轉之後，證明並無任何意外事故的發生，因此在安全性與可靠度上可說已通過市場考驗。

自 2009 年起，日本政府正式將家用 FC-CHP 系統導入商業化階段，並特別為此產品命名為能源農場 ENE-FARM。ENE-FARM 補助計畫的第一年 (2009) 的補助裝置量達 5,030 台，第二年也裝置 5,127 台，截至 2016 年 1 月底，ENE-FARM 在日本的銷售量已經超過 15 萬台。特別是 2011 年東日本大地震發生以後，安裝數目大幅增加。此外，為因應颱風、地震等天然災害之需求，2014 年以後出廠的 ENE-FARM 均可在斷電時繼續發電，使得 ENE-FARM 成為名符其實的救災的備援能源系統。

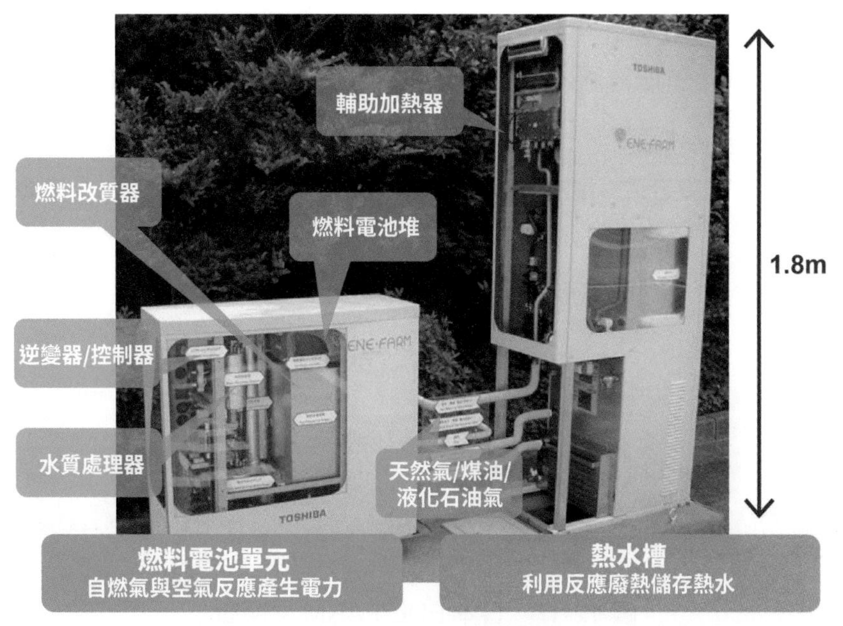

圖 12-16　日本家用燃料電池熱電聯產系統 FC-CHP 之架構

表 12-3　2005 ～ 2009 年日本家用 FC-CHP 之銷售情形

製造商 \ 數量 \ 燃料種類	液化石油氣 (LPG)	天然氣 (CH4)	煤油 (Kerosene)	合計
ENEOS Celltech	1062	191	0	1253
荏原製作所 (Ebara Ballard)	0	396	314	710
東芝 (Toshiba FCP)	552	196	0	748
松下 (Panasonic)	0	520	0	520
豐田 (Toyota)	0	76	0	76
合計	1614	1379	314	

截至 2013 年，已投入市場的 ENE-FARM 有 P 型和 S 型兩種產品 [1]。其中，松下與東芝燃料電池於 2009 年率先推出 P 型 ENE-FARM，JX 日礦日石能源與愛知精機 (大阪燃氣) 則分別於 2011 年與 2012 年推出了 S 型 ENE-FARM，產品照片如圖 12-17 所示，規格如表 12-4 所示。日本政府將 ENE-FARM 的普及目標設計爲 2020 年達到 140 萬台、2030 年達到 530 萬台。由於日本電價相當高，因此，家庭安裝購 ENE-FARM 後可大幅降低電

1　P- 型爲質子交換膜燃料電池 PEMFC，S- 型爲固態氧化物燃料電池。

費，未來，隨著普及化後 ENE-FARM 的價格繼續降低，預計到 2030 年，一個家庭安裝 ENER-FARM 使用 5 年就能夠回本。另外，日本也在探討 ENE-FARM 的剩餘電力依照固定價格進行交易的可行性。

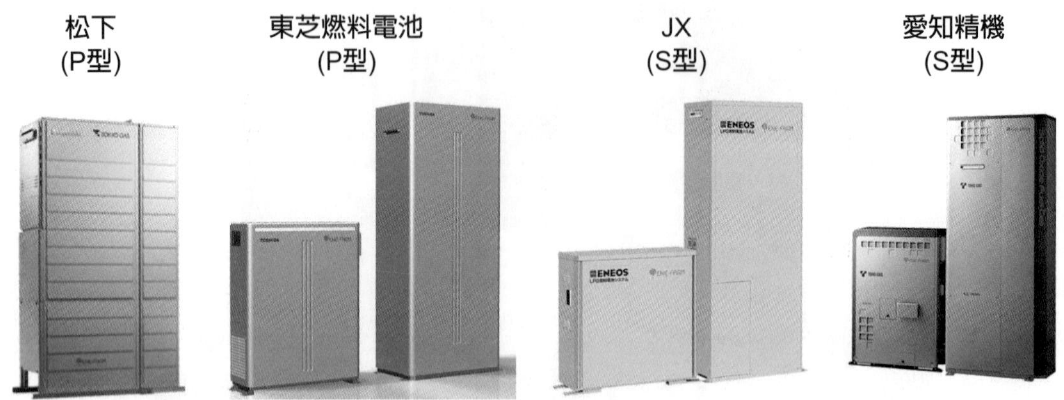

圖 12-17　日本 ENE-FARM 之廠商

表 12-4　各家 ENE-FARM 系統之比較

廠商	松下	東芝燃料電池	JX ENEOS	大阪燃氣等
FC 種類	PEMFC	PEMFC	SOFC	SOFC
輸出功率	250 ～ 750 W	250 ～ 750 W	700 W 額定	700 W 額定
額定發電效率 (LHV)	40%	天然氣：38.5% LPG：37.5%	45%	46.5%
額定熱電共生效率 (LHV)	90%	94%	87%	90%
運轉模式	自動學習運轉	自動學習運轉	24 小時運轉	24 小時運轉
上市時間	2011	2012	2111	2012
上市價格	276 萬日圓	260 萬日圓	270 萬日圓	275 萬日圓

PEMFC(p-type) 和 SOFC 的 ENE-FARM(s-type) 系統都是以天然氣或 LPG 爲燃料，但發電原理及構成則有所不同，工作溫度也大不相同，兩者差異，簡述如下。

1. PEMFC 電解質爲高分子膜，導電離子爲質子，而 SOFC 則採用陶瓷電解質，導電離子是氧離子。
2. PEMFC 工作溫度爲 70°C ～ 90°C，SOFC 則高達 700°C ～ 800°C。
3. PEMFC 型的 ENE-FARM 最大發電效率爲 40%，SOFC 則爲 45%。
4. PEMFC 燃料改質需要燃燒天然氣供熱，而 SOFC 燃料改質則可利用反應熱。

由於一般家庭的電力需求要比熱能要來得多一些，因此，發電效率較高成為 SOFC 系統的優勢。SOFC 系統發電效率較高的原因在於工作溫度高達 700°C ～ 800°C。無論是 PEMFC 或 SOFFC，都要將天然氣改質製造氫氣，改質所需要 650°C 左右的高溫可使用 SOFC 餘熱，而工作溫度僅為 70 ～ 90°C 的 PEMFC 需要燃燒部分天然氣用以改質，因而導致發電效率降低；與 PEMFC 系統相比，SOFC 零件個數較少，例如燃料改質系統裡無需水氣轉移器與 CO 去除器，也無須陰極進氣的增濕器，因此系統成本較低，如圖 12-18 所示；再者，SOFC 不需使用白金觸媒，因此，與 PEMFC 系統相比，較具降低成本潛力。

SOFC 的缺點在於高達 700°C ～ 800°C 的工作溫度較難確保耐久性。SOFC 是膨脹系數不同的積層陶瓷，如果溫度因啓動和停止等原因在常溫到 700°C 之間變化，由於熱膨脹係數不同，容易在界面等處出現裂縫而導致發電效率降低、縮短產品壽命。SOFC 系統為了避免產生這種溫度變化，採用了啓動後 24 小時連續運轉的工作方式；相對地，PEMFC 系統不易因啓動及停止而出現劣化，因此可根據電力及熱量需求進行運轉。圖 12-19 為京瓷公司的 SOFC 電池堆，係由 70 個單元　立設置構成的模塊排成兩列，扁平管橫截面形類似於田徑場的跑道。目前大阪燃氣與吉坤日礦日石能源的 SOFC 系統均採用京瓷的 SOFC 電池堆。

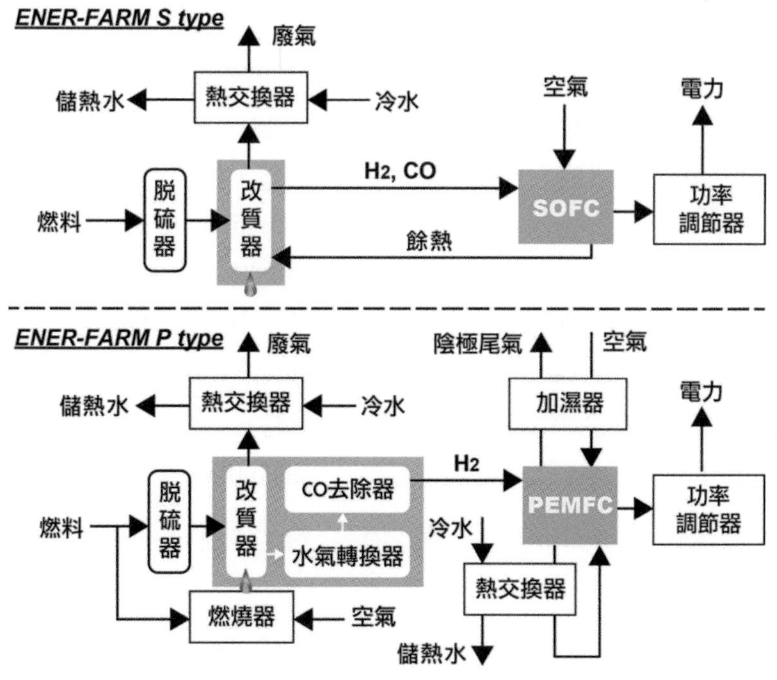

圖 12-18　SOFC 系統與 PEMFC 系統改質器的比較

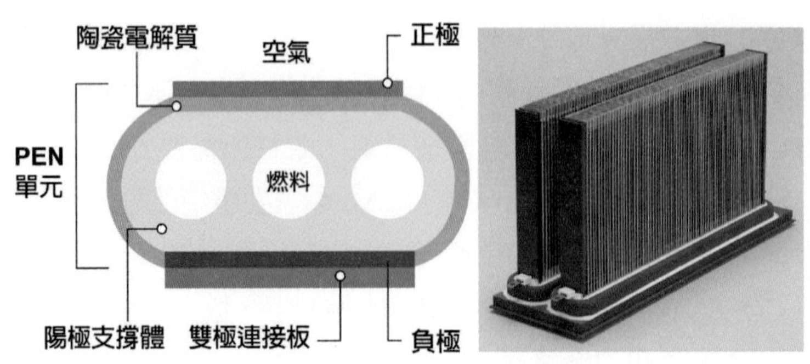

圖 12-19 京瓷的燃料電池組

圖 12-20 爲 ENE-FARM S-type 與 P-type 之運轉策略比較。ENE-FARM 平均可提供家庭消費的七成左右電力，以及約 45%～70% 的熱水。SOFC 系統採取 24 小時連續運轉，在耗電量較少的時段降低輸出運轉；至於 PEMFC 則可學習各個家庭的電力及熱水需求變化而進行運轉控制，基本上，每天啓動停止一次。事實上，24 小時連續運轉下，一般會在電力及熱量需求較少的深夜時段降低輸出功率，因此發電效率較低。再者如果沒有熱需求，那麼在儲熱槽裝滿熱水之後，其後的餘熱就會被丟棄，總效率也因而降低，然而，反覆進行啓動或停機容易導致元件損壞，而爲了避免出現這種情況 SOFC 乃採取連續運轉方式。JX ENEOS 的 SOFC 系統設計是在 10 年使用期內停轉 300 次。

ENE-FARM 系統初期設計是無法獨立運轉的，也就是啓動時需用電網提供電力，因此，一旦停電時燃料電池也無法供電，這項設計是爲了確保電網穩定運行。2011 年東日本大地震造成大規模停電時，ENE-FARM 無法供電，暴露了此一設計之缺失，ENE-FARM 因此更改設計，目前 ENE-FARM 已推出停電也可繼續運轉的系統，也就是停電時可以利用蓄電池代替電網供應電力，與供給系統電力時同樣保持 ENE-FARM 的運轉，因此，緊急情況時，還可供應照明、冰箱及電視等使用的電力約 24 小時。蓄電池容量爲 6.6 kWh，最大輸出功率爲 1.5 kW，與 ENE-FARM 組合使用時，最大可供應 2.25 kW 的電力。該系統通常在耗電量較少的深夜進行充電，然後在白天放電，因此還可抑制用電高峰。因此，ENE-FARM 已成爲災害發生時能獨立供電啓動的燃料電池。

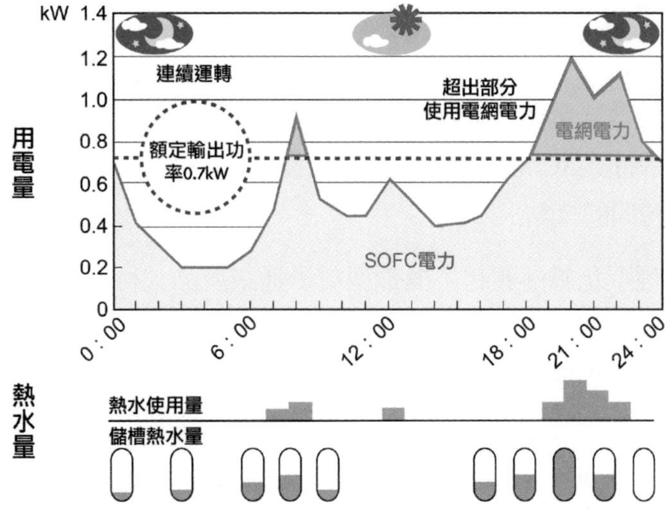

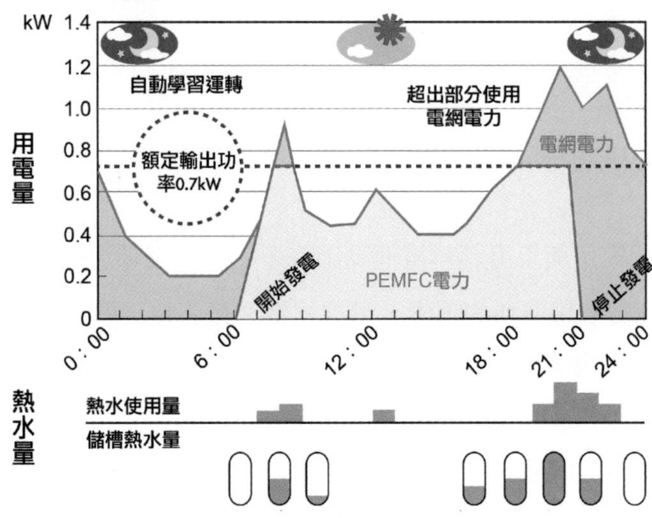

圖 12-20 SOFC 系統與 PEMFC 系統之運轉概念圖

12-3 可攜式與手持式電力

燃料電池在分散式電站與車輛動力上之應用主要訴求是環保、節能、以及能源多源化，在可攜式或手持式 3C 電子產品燃料電池發展，則是在於它具有高能量密度以及可以提供較長的使用時間的特點。

在小型化、輕型化風潮興起，攜帶型電子通訊產品大行其道的情況下，電池直接影響產品的使用時間及體積大小，甚至銷售量。以下幾項因素，加速了作為電子產品電力的微小或迷你燃料電池的開發工作。

1. 鋰離子電池能量密度提升空間有限：鋰離子電池是目前攜帶型電子產品電源之主流。然而，鋰離子電池在 1990 年代問世後，能量密度之提升速率，相對於 CPU 速度、DRAM 容量等之提升，可謂十分緩慢，且目前市面上產品之能量密度已經接近理論極限值的 500 ～ 600 Wh/L。
2. 燃料電池讓產品設計自由度提高：燃料電池與二次電池最大的不同是只需補充燃料而毋需充電，此外，能量密度可達鋰離子電池的 10 倍，因此，應用在電子產品設計上之限制將可大幅降低，可望引發許多新的產品設計理念。
3. 電子產品之可攜式燃料電池成長之動力：電子產品用可攜式燃料電池的發展之市場規模比起家用與車用燃料電池高出許多，加上需求迫切，廠商投入相當積極。

考慮能量密度與攜帶便利的因素，可攜式電力以直接甲醇燃料電池為主。表 12-5 列出過去曾經進行直接甲醇燃料電池發展之公司及其技術特色，目前除了 Smart Fuel cell 之外其餘廠商均已停止相關技術之開發或營運。

Toshiba 為早期投入 DMFC 可攜式電力研發最積極的廠商之一，雖然目前已暫停 DMFC 之開發，然而其過去之研發成果仍然值得回顧。

表 12-5　DMFC 的開發與製造廠商

廠家	技術特色
Toshiba	PDA、筆記型電腦用 DMFC
Smart Fuel Cell	多功能攜帶式 DMFC
MTI Micro	手機、筆記型電腦、以及多用途 DMFC
Medis Technologies, Inc.	手機、筆記型電腦用 DMFC，採用液態電解質
Motorola	手機用 DMFC
Energy Visions, Inc.	循環式液態電解質
PolyFuel	全世界第一只手機用原型 DMFC 電池
Neah Power Systems, Inc.	矽基電極、液態電解質、全密封系統

圖 12-21 爲東芝 2003 年在德國漢諾瓦電子展中展出之筆記本電腦用之可攜式 DMFC 電力，這款筆記型電腦用 DMFC 的最大輸出功率 20 W、連續輸出功率爲 12 W，輸出電壓 11 V，100 cc 的甲醇溶液約可以提供十小時的電力。此款 DMFC 是使用 3 ～ 6% 濃度的甲醇溶液，因此設計上乃利用發電所產生的水將高濃度甲醇稀釋到適於使用的濃度。此外，包括感測器、甲醇泵、變壓器等感測與控制元件，都以微型化技術進行開發以符合燃料電池小型化的重要目標。

圖 12-21　東芝開發 Notebook 用燃料電池，圖後側為 DMFC 系統 (照片取材自 Fuel Cell Today 網站)

德國 Smart Fuel Cell 所推出的 25 W 級的多功能電源供應系統 SFC A25 的規格如表 12-6 所示，SFC A25 已經獲得歐盟的 CE 認證標章，根據估算，SFC A25 的 2.2 kg 重的 M2,500 甲醇燃料匣所提供的電力相當於 100 kg 鉛酸電池提供的電力。表 12-7 則比較了 Smart Fuel Cell 的 C25 行動辦公室系統 (Mobile Office System) 攜帶型電力系統與前述 Toshiba 筆記型電腦電力之規格。

表 12-6　SFC A25 規格表

製造廠商		Smart Fuel Cell，SFC A25
用途		多功能電力
輸出功率	連續	25 W
	最大	80 W(含串聯 4 Ah 電池)
輸出電壓		11 ～ 14.4 V
尺寸 (長 × 寬 × 高)		465 mm × 290 mm × 162 mm
重量		9.7 kg(含 2.2 kg 燃料匣)
充電		自動對一組 12 V 電池充電
燃料消耗率		1,500 cc 甲醇 /kWh
燃料匣容量		2,500 cc
噪音 (1 公尺外)		< 40 dB
操作溫度		－ 20°C ～ 40°C
儲存溫度		1°C ～ 45°C
相對溼度		0% ～ 100%

表 12-7 Smart Fuel Cell C25 行動辦公室電力與 Toshiba 筆記型電腦電力規格比較

製造廠商		Smart Fuel Cell, C25	Toshiba
燃料電池種類		DMFC	DMFC
用途		無線、行動電力	筆記型電腦電力
輸出功率	連續	20 W	12 W
	最大	25 W	20 W
輸出電壓		12 V	11 V
燃料消耗率		892 cc 甲醇 /kWh	833 cc 甲醇 /kWh
電池尺寸 (長 × 寬 × 高)		150 mm × 112 mm × 65 mm	275 mm × 75 mm × 40 mm
電池重量		1,100 公克	900 公克
燃料匣容量 (重量)		125 cc(150 g)	100 cc (120 g)、50 cc (72 g)
燃料匣尺寸 (長 × 寬 × 高)		93 mm × 63 mm × 27 mm	100 cc：50 mm × 65 mm × 35 mm 50 cc：33 mm × 65mm × 35 mm
照片			

美國的 MTI Micro 與日本的 Toshiba 於 2004 年不約而同地公佈應用於手持式電子產品的微型化設計直接甲醇燃料電池，如圖 12-21 所示，兩者之技術規格與功能相當類似，均採用濃度 100% 的甲醇及用被動式燃料供應方式等。

MTI Micro 的 DMFC 微型化技術稱為 MOBION ™，主要應用於手機等手持式電子產品之電力，根據 MOBION ™技術之設計，採用濃度 100% 的甲醇，40 cc 便可產生高達 40 Wh 的能量，如圖 12-22(a) 所示，MOBION ™直接甲醇燃料電池使用四個單電池，每個單電池可輸出電壓大約為 0.4 V，串聯後可獲得共計約 1.6 V 的電壓，而經由轉換效率約 95% 的 DC-DC 轉換器可提升輸出電壓至 4 V 左右，符合了大部分手持式電子產品之電力規格，根據 MTI Micro 的實機測試結果顯示，採用 MOBION ™技術的 DMFC 與使用鋰離子電池比較，智慧手機及可攜式遊戲機等驅動時間可延長至原來的 2-10 倍。

東芝所開發出微型 DMFC 外形尺寸為 22 mm × 56 mm × 9.1 mm(最薄處為 4.5 mm)，重量僅 8.5 g，最大輸出功率為 100 mW，如圖 12-22(b) 所示，在一片高分子電解質膜上配置 3 組電極，串聯後可得到 1.2 V 的輸出電壓。容量 2 cc 的 100% 濃度甲醇可以驅動手持式音樂播放機 (MP3 player) 達 20 個小時。東芝之所以能實現此款微型化設計的 DMFC，主要是因為成功地完成 3 項關鍵技術的開發，首先是採用被動方式供應燃料，利用類似毛細管原理驅動燃料及內部產生的水進行循環，因此，省卻稀釋用與循環用的燃料泵等結構部分；第二項技術是高分散鉑觸媒的應用，藉此提高甲醇與氧的電化學反應特性，並使甲醇竄透現象減輕到原產品的 1/7 左右；第三項則是能夠使用濃度 100% 的甲醇。

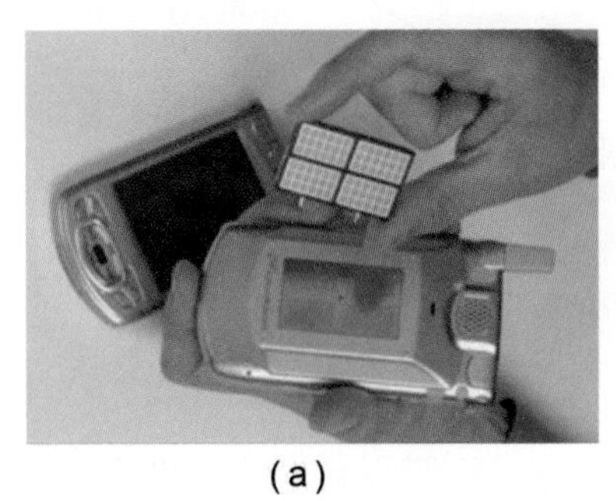

(a)

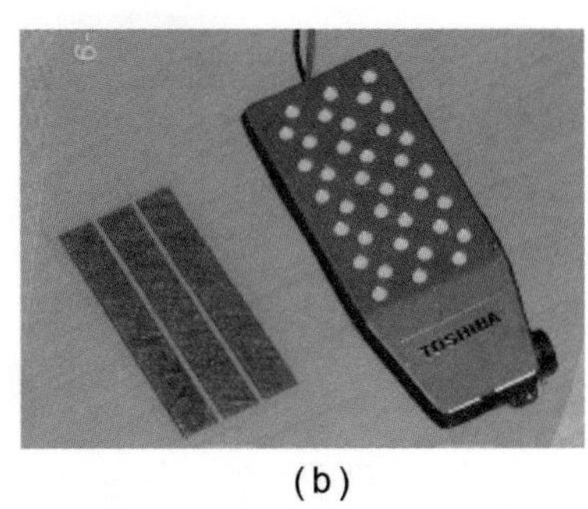

(b)

圖 12-22　(a)MTI Micro MOBION ™技術所開發的 DMFC，
(b)Toshiba 的微型化 DMFC，左邊是 MEA 右邊是燃料電池的外觀

12-4 太空用發電機

在 1960 至 1970 年代，高分子燃料電池與鹼性燃料電池便已成功地應用在航太飛行，而目前用在太空船上所使用的燃料電池的結構愈來愈簡單，效率則愈來愈高。

12-4-1　雙子星號太空船用 PEFC

雙子星計畫的太空船搭載了美國奇異 (GE) 公司所製作的固態高分子燃料電池 PEFC，如圖 12-23 所示。由於泰坦 (Titan) 火箭發射器的推力有限，若採用鹼性電池則有可能重量過重，因此，採用較輕的固態高分子燃料電池。當時高分子燃料電池所使用的電解質膜是聚苯乙烯離子交換樹脂，它的耐熱性差，而且即便使用了大量的鉑觸媒，壽命與輸出電力並不理想，更嚴重的是由於電解質膜的劣化污染了生成水，太空人無法飲用。1966 年杜邦 (Dupont) 公司開發出以 Nafion® 爲名的固態高分子質子交換膜，電解質膜劣化問題才獲得解決，而在生成水方面也被證明可以安全無虞地飲用。

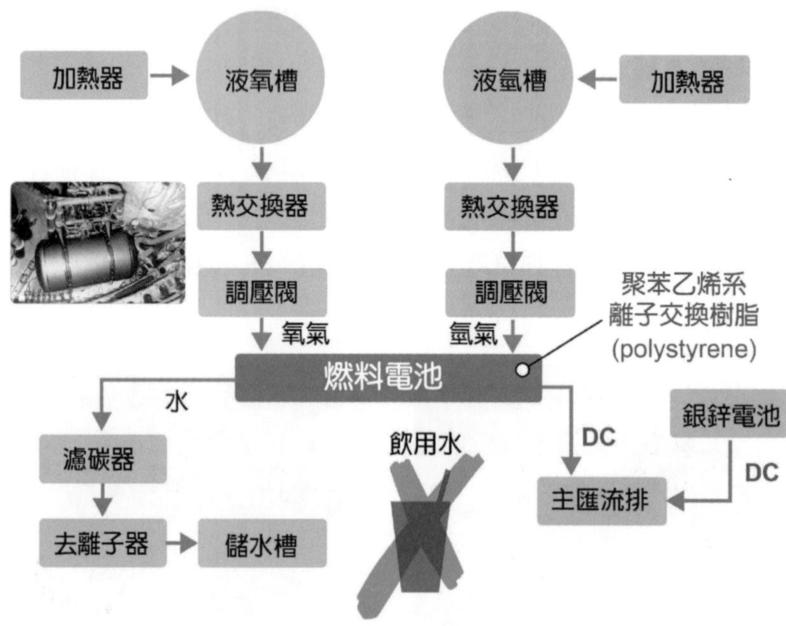

圖 12-23 雙子星號太空船所搭載的高分子膜燃料電池系統示意圖

12-4-2 阿波羅太空船用 AFC

1960 年代初美國普惠公司以培根鹼性燃料電池技術爲基礎，開發出阿波羅登月飛行用的鹼性燃料電池 PC3A，如圖 12-24 所示。

圖 12-24 用於阿波羅飛行之 PC3A 鹼性燃料電池系統

PC3A 是由 31 節單電池按壓濾機方式所堆疊而成，以聚四氟乙烯墊片以及 12 根螺桿緊壓密封，組裝好的電池堆則置於充滿氮氣的薄鋼筒內。PC3A 採用外共用管道設計，岐管部分採用與雙極板相同的材質的鎳管以便於與雙極板進行焊接，岐管與總管之間則以絕緣的聚四氟乙烯管或氧化鋁管相連，以避免使各單電池間短路；電池堆內安裝有啓動用電熱絲，當燃料電池在低負載下運轉時也可以用它加熱燃料電池以確保燃料電池恆溫運轉。

PC3A 採用液氫作燃料，由液氫罐蒸發出來的氫氣經熱交換器進入燃料電池堆，過量的氫攜帶陽極生成水先進入熱交換器與進口氫氣進行熱交換，然後再進入由乙二醇與水組成的混合溶液冷凝器將水蒸氣冷凝，水與氫氣一起進入離心泵分離器，將水在失重的條件下與氫分離並收集作爲太空人的飲用水，剩下的氫氣則回收並與氫源混合後重新進入燃料電池堆。

PC3A 陰極氧化劑爲液態氧，由於氧氣的純度高，通常不直接排放，而是當雜質累積到一定程度後，以脈衝方式排放少量氧氣到太空。

PC3A 額定輸出功率爲 1.42 kW，最大輸出功率爲 2.3 kW，包括燃料與氧化劑重約 112 kg。每次飛行共搭載三部 PC3A，足以提供整個阿波羅飛船 14 天飛行所需之電力，而且只要其中一部 PC3A 正常運轉則所輸出之電力足以確保太空船安全返回地球，PC3A 動力系統前後提供了阿波羅太空船的 18 次飛行電力，累計飛行時數超過 1,000 小時。表 12-8 爲 PC3A 電池系統的特性與性能。

表 12-8　用於阿波羅的 PC3A 鹼性燃料電池系統特徵

單電池數目	31
電池壓力	3.5 bar
工作溫度	204°C
反應氣壓力	4.2 bar
排水與排熱方式	氫氣循環
電壓	27 ～ 31 V
功率	563 ～ 1,420 W
工作時間	400 h
最大功率	2,295 W/20.5 V
KOH 濃度	80%
體積	直徑：57 cm/ 高：112 cm
質量	約 100 kg

12-4-3 太空梭用 AFC

Allis-Chalmers[2] 的石棉膜型鹼性燃料電池在美國太空梭的主電源競爭中擊敗了用於阿波羅的培根型 AFC 和用於雙子星的 PEMFC，表 12-9 爲三種太空飛行用燃料電池的主要技術規格比較。

Allis-Chalmers 之 AFC 採用石棉膜作爲電解質支撐膜，並以莫耳濃度 35% 的氫氧化鉀溶液爲電解質，此一電解質與載體之組合具有良好的離子導電性與阻氣能力；氣體擴散電極則是以厚度 0.7 mm 與孔隙率 80% 的多孔鎳板作支撐導電層，並在多孔鎳板上以化學沈積法沈積鉑 - 鈀作觸媒，以表面加工有平行的氣體流道的氧化鎂板作爲雙極板，並在表面鍍上 50 μm 厚的鎳抗腐蝕保護層，雙極板設計有散熱鰭片，電池堆置於充氦或氬等惰性氣體的鎂製圓筒內，並以水冷方式進行散熱。

目前太空梭用之第三代石棉膜型鹼性燃料電池是由 UTC Fuel Cells 所提供，圖 12-25 爲 Orbiter 太空梭使用之 AFC 系統，單部 AFC 系統的正常輸出功率已經提高到 12 kW，最大輸出功率爲 16 kW，電池輸出電壓爲 28 V，而效率可高達 70%，每一部 AFC 系統重約 117 kg；截至目前爲止，太空梭用之石棉膜型鹼性燃料電池飛行次數已經超過 113 次，而工作時間則超過 9,000 小時，這已充分證明了鹼性燃料電池系統應用於航太飛行上的可靠性。

表 12-9 幾種航太飛行用燃料電池的主要技術規格比較

太空計畫	Gemini	Apollo	Orbiter
燃料電池類型	質子交換膜型	鹼性培根型	鹼性石棉膜型
輸出功率 /kW/ 部	0.25	0.60	7.0
最大輸出功率 /kW/ 部	1.05	1.42	12.0
工作電壓 /V	23.3 ～ 26.5	27 ～ 31	27.5 ～ 32.5
電流密度 /mAcm^{-2}	50 ～ 100	—	66.7 ～ 450
工作溫度 /°C	38 ～ 82	230	85 ～ 105
質量 /kg	30	110	91
體積 /cm^3	直徑 30.48/ 高度 60.96	直徑 57/ 高度 112	101 × 35 × 38
壽命 /h	400	1,000	2,000

2 Allis-Chalmers 曾經是美國最大農用機器製造商，1840 年代發跡於密爾瓦基，目前已銷聲匿跡。

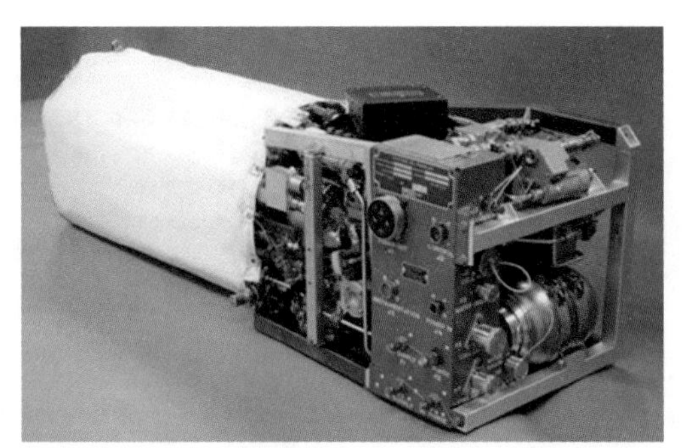

圖 12-25　Orbiter 太空梭使用之 AFC

12-5 其他應用

12-5-1　燃料電池機車

機車屬於機動性強的個人用交通工具，非常適合在地窄人稠的地區使用，例如，東南亞地區與中國大陸。

目前全世界進行燃料電池電動機車開發的廠商並不多，其中以臺灣的亞太燃料電池公司 APFCT(Asia Pacific Fuel Cell Technologies) 與英國 Intelligent energy 的進展較受矚目。

亞太燃料電池公司自 1998 年開發出第一代燃料電池概念機車 ZES I 至今已開發到第五代。圖 12-26 爲 APFCT 機車用水冷式燃料電池系統示意圖。APFCT 燃料電池機車又兩項特點，一是採用水冷式燃料電池，二是採用金屬氫化物供給氫氣。在設計上，將燃料電池堆出口的高溫冷卻水注入包覆儲氫罐的水套中，以水浴法對儲氫罐加熱以利其釋放氫氣，而降溫後的冷卻水再導入燃料電池堆內進行散熱，也就是將燃料電池反應的餘熱作爲加速金屬氫化物釋氫的熱源如此便可提昇系統效率，如圖 12-27 所示，置於座位底下的兩組儲氫罐採用快速結合與抽換設計，氫氣補充時間約爲 2 分鐘。相較與 APFCT 設計，Intelligent Energy 採用氣冷式燃料電池與高壓供氫方式，氣冷式燃料電池堆可以簡化燃料電池系統，然而供氫方式的限制，商業化時程端視於燃料電池車商業化的推動情況而定。

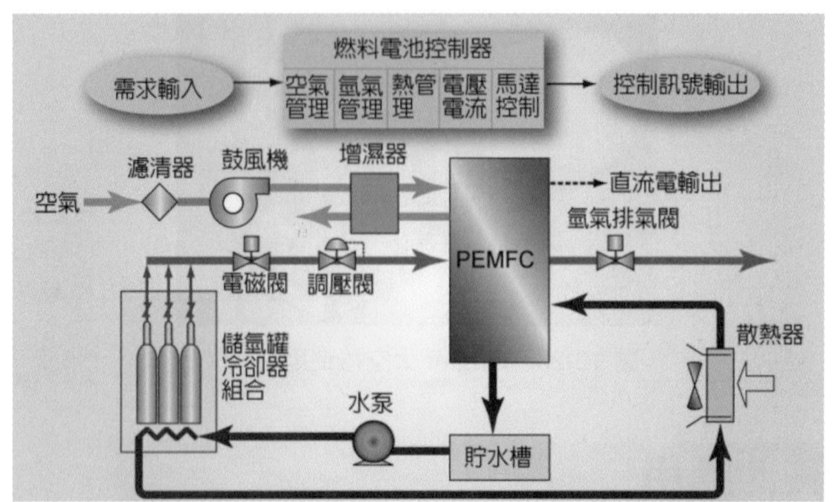

圖 12-26 水冷式燃料電池電動機車動力系統示意圖

圖 12-27 APFCT ZESV 燃料電池機車儲氫罐置於座位下方

12-5-2 燃料電池潛艦

傳統柴電潛艦擁有潛航安靜的優點，然而蓄電池容量不足，造成潛航時間短，因此，必須經常上浮充電而在通氣狀態下航行，使其隱蔽性與安全等受到威脅。因此，在反潛技術高度發展的今天，如果能延長潛艦在水下作業的時間，不僅存活率大爲增加，潛艦的戰力也由於潛航距離增加而增加。

目前，主要潛艦國家均積極發展不依賴空氣而可在水下長時間航行的「絕氣推進系統 AIP(air-independent propulsion system)」，例如，荷蘭的閉式循環柴油主機 CCD(closed-cycle diesel engines)、瑞典的史特靈主機 (Stirling cycle engines)、法國閉式循環蒸汽渦輪 CCST(closed-cycle steam turbines) 的 MESMA 主機、以及德國的燃料電池絕氣推進系統 FC-AIP。除了 FC-AIP 之外，其它均屬於熱機 HE-AIP(heat engine AIP)。由於質子交換膜燃料電池具有效率高、工作溫度低、噪音低的特點，是極佳的潛艦 AIP

動力源，在攜帶相同燃料和氧化劑的情悅下，FC-AIP 潛艦的續航力是柴油引擎的兩倍，而工作溫度與噪音也與鉛蓄電池差不多。

德國哈德威造艦廠 HDW(Howaldtswerke-Deutsche Werft AG) 所建造的 212A 型潛艦是全世界第一款 FC-AIP 潛艦，如圖 12-28 所示，其中第一艘編號 U31 的 212A 型潛艦於 2002 年 3 月下水試航，並於 2005 年正式服役。U31 的 FC-AIP 的燃料電池系統是由 9 個輸出功率 34 kW 的 Siemens BZM SINAVYCIS 質子交換膜燃料電池模組所組成，總輸出功率 306 kW，氫以固態形式儲存於儲氫合金槽，氧則以液態形式儲存在液氧槽，如圖 12-29 所示，U31 搭載了 1.7 噸氫氣與 14 噸液態氧，在 5 節速度下可連續潛航兩週。第二艘 212A 型潛艦 U32 在 2013 年參加美國海軍演習時，創下非核潛艦 18 天潛航的記錄。

目前新型的 212A 型潛艦 U35，潛航時間可以達到三週，比起傳統柴電潛艦僅有四到五天的潛航時間要高出許多；此外，FC-AIP 僅排出常溫水，且可做其它用途使用，而其它熱機型 AIP 都會產生高溫廢氣，通常必須藉由幫浦加壓後從深海中排出潛艦，過多熱訊號增加被偵測的機會；熱機型 AIP 都是以燃燒將流體加熱使其膨脹作功，然後再以發電機產生電力，過程中牽涉到許多機械設備之運轉，因此，噪音高，而 FC-AIP 屬於固態發電技術，噪音是所有系統中最低的，匿蹤性最佳；再者，FC-AIP 效率高達 50%，其它 AIP 只有 30% 左右；相較於鉛酸電池，燃料電池在電運轉過程電壓始終保持不變，鉛酸酸電池的電壓則會隨著電能耗盡而逐漸降低。FC-AIP 其它優點包括快速啓動／關閉和使用壽命長。

除了德國 212A 型潛艦之外，俄羅斯海軍的 677 Lada class 拉達級潛艦也裝置了 FC-AIP；西班牙國營公司 Navantia 目前爲西班牙海軍所建造的四艘 S-80 潛艦則是使用 UTC Aerospace 開發以生物乙醇爲燃料的燃料電池推進系統，第一艘 S-80 潛艦預計於 2016-2017 年間下水試航；2014 年，法國 DCNS 宣布了名爲 SMX® Ocean 的 AIP 潛艦新概念，此 AIP 搭載了兩組燃料電池系統以及柴油改質器，並不是法國潛艦傳統所使用的 MESMA AIP 系統。

圖 12-28　全球最先進的燃料電池動力潛艦 212A U31(左)，U31 的 FC-AIP 模組 (右)

圖 12-29　U31 之金屬氫化物儲氫槽 (右) 與液氫槽 (左)

在燃料電池動力潛艦發展之初期，大多採用混合動力系統之設計，也就是在原有通氣動力系統外再加裝 FC-AIP，當需要隱蔽作戰時，潛艦以 FC-AIP 爲動力以提高隱蔽性與安全度，並增加潛航力以提高作戰能力。當遠離戰區時，潛艦可轉由柴油主機驅動，而達到混合動力的目標。從長遠的目標來看，燃料電池全動力潛艦會是最佳選擇。

12-5-3　燃料電池魚塭

高溫燃料電池 SOFC 運轉時仍會產生溫室氣體 CO_2，有鑑於此，殼牌氫氣公司與西門子西屋公司曾經共同開發一項固態氧化物燃料電池發電廠之二氧化碳回收與循環使用技術，以減少溫室氣體的排放。

這項計畫中西門子西屋公司提供了 SOFC 發電技術，而殼牌氫氣公司則是開發了一項以自然界食物鏈原理爲基礎的二氧化碳的循環使用技術，以回收 SOFC 所排放的二氧化碳，如圖 12-30 所示。

這項計畫是在挪威沿海養殖漁場所進行，整座漁場之電氣設備，包括海水泵、循環泵、熱泵、以及漁場裡其它電氣設備等，所需的總電力大約爲 570 kW，其中近半電力由一部 250 kW 常壓型 SOFC 提供，SOFC 所排出餘熱則作爲控制漁場水溫之用，以提供魚群成長過程之最佳之生長環境，例如，孵卵場的水溫必須控制在 14°C 左右、魚苗培育場的水溫則在 12°C 最爲適當、而幼魚成長場的水溫在 5 ～ 6°C 之間。SOFC 發電後所排放之二氧化碳收集後經過濃縮程序儲存於地下儲存槽，陸續投入海中作爲海藻的養分，成長後的海藻將作爲魚的食物。這種結合高溫燃料電池與生物食物鏈原理的能源使用技術，可以有效地將燃料中的碳一直鎖在能源使用循環中，而不會對生態環境造成影響。

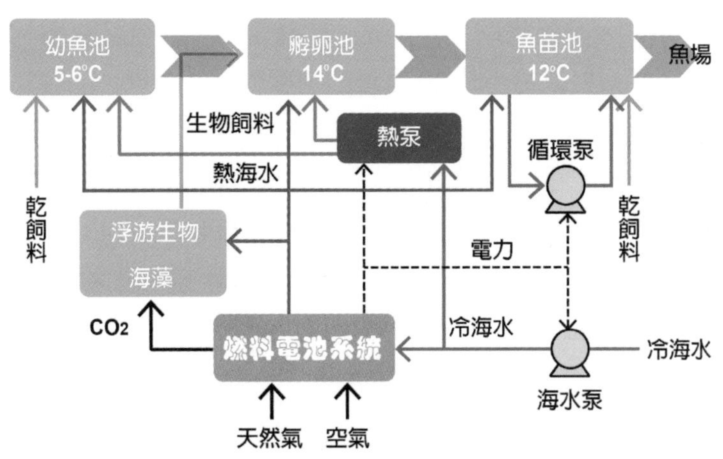

圖 12-30　燃料電池電廠二氧化碳回收與循環使用技術

12-5-4　燃料電池空中基地台

2003 年，美國 AeroVironment 公司曾經在 NASA 資助下提出了一項結合太陽能與燃料電池的無人駕駛飛行系統之開發計畫，如圖 12-31 所示。

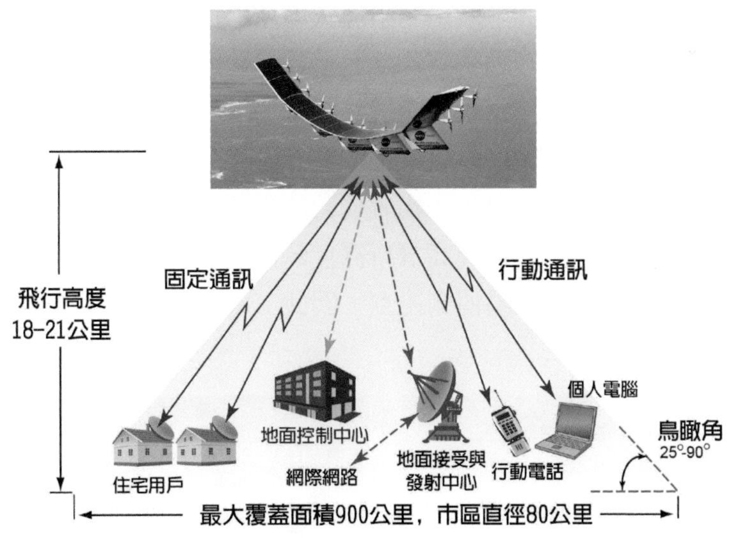

圖 12-31　「太陽神 (Helios)」無人駕駛飛行器與 Sky Tower 無線通訊計畫

這架稱為「太陽神 (Helios)」的無人駕駛飛行器主要是作為空中無線基地台以提供寬頻網路之通訊服務，先期研究完成了以純太陽能為動力的試飛，後來也提出了結合燃料電池的複合動力系統，如此，太陽神便可以儲備多餘太陽能電力提供夜間飛行，以便長期停留在地表上空。

太陽神的外型有如一個巨大的翅膀，機翼總長為約 75 公尺，比波音 747 的機翼還要長，因此，目前沒有任何風洞可以裝得下它來進行風洞實驗，機身前後 2.4 公尺，高 1.8

公尺，結構是以碳纖維、保麗龍以及塑膠板等輕材質爲主，重量約爲 730 公斤，比一部迷你型汽車還輕，因此只要以每小時 30 公里的速度就能夠起飛。開發完成後的太陽神飛行器理想飛行高度約爲 3 萬公尺，這個高度相當於現今國際線民航機飛行高度的三倍，也是目前無人飛機的航高紀錄。太陽神搭載有 62,000 個太陽能光電板、14 個發動機、以及一部燃料電池。其中太陽能光電板最高輸出功率爲 40 kW，在白天，除了提供 14 個發動機所需的 10 kW 飛行動力外，其餘的電力用來電解純水變成氫氣與氧氣儲存；在夜間，則將所儲存的氫氣與氧氣經由燃料電池發電以提供發動機之動力，而燃料電池的產物－純水則收集後作爲電解用水，如圖 12-32 所示。

根據 AeroVironment 的估算，一架太陽神造價大約爲 100 萬美元，而遠低於發射一顆通訊衛星所需約 1,000 ～ 3,000 萬美元的費用，此外，太陽神 6 個月期的寬頻服務成本約爲 1,000 萬美元，而以衛星傳遞則高達 2 億美元，因此，太陽神具有與衛星相同的通訊功能而比衛星傳送更爲經濟，未來可以扮演「窮人的衛星」，爲偏遠地區提供通訊及數位電視轉播等寬頻服務。此外，由於太陽神飛行器機身可移動部分有限，維修需求低，而且不像人造衛星必須繞地球軌道運行，因此，可以輕易召返地面作例行維修及載貨。

目前全球可提供寬頻服務的地區仍局限於人口密集的都會區，此一相對廉價的空中基地台開發無疑地將使全球寬頻通訊更加蓬勃發展。除了空中基地台的商業用途之外，未來太陽神也可以扮演科學觀測衛星的角色作一系列地球科學之研究，內容包括水文、漁業、林業、農業資源之監測與調查，例如颶風、龍捲風及火山爆發等天然災害之追蹤，氣候變化及臭氧層破洞之研究，以及作物收成時間之決定等。此外，太陽神也具有發展爲軍事用途之潛能，由於太陽神在最高飛行高度時的飛行時速可以高達 320 公里，而且飛行過程安靜無聲，一般雷達不易偵測得到，因此，太陽神具有軍事衛星的軍事偵察功能。

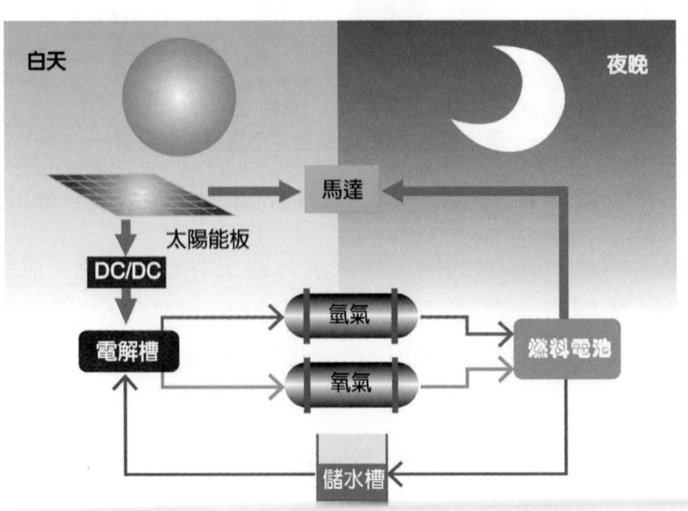

圖 12-32　太陽神之燃料電池系統示意圖

習題

1. 試說明目前全球進行燃料電池分散式電站開發之廠商與所採用燃料電池之種類。
2. 試列出參與日本 ENE-FARM 計畫之廠商及其燃料電池系統規格。
3. 請列出曾經參與太空飛行用之燃料電池發電機。
4. 請說明燃料電池發電機作爲潛艇動力之特點。
5. 太空船上的燃料電池發電機，其電池反應爲：$2H_2 + O_2 \rightarrow 2H_2O$，試寫出電解質溶液爲鹽酸時的電極反應式，並指出各電極和介質溶液的 pH 的變化，若電解質溶液爲 KOH 時又如何？
6. 熔融鹽燃料電池具有高的發電效率，因而受到重視。可用 Li_2CO_3 和 Na_2CO_3 的熔融鹽混合物作電解質，CO 爲陽極燃氣，空氣與 CO_2 的混合氣爲陰極助燃氣，製得在 6,500°C 下工作的燃料電池，完成有關的電池反應式，陰極反應式爲 $O_2 + 2CO_2 + 4e \rightarrow 2CO_3^{2-}$，請寫出陽極反應式以及電池總反應式。
7. 阿波羅太空船使用氫氧燃料電池，在兩極分別通入氫氣和氧氣，以 KOH 溶液爲電解質溶液，電池工作時的化學反應可以表示爲：$\underline{2H_2 + O_2 \rightarrow H_2O}$，反應保持在高溫下，以使生成的水不斷蒸發。下列對阿波羅氫氧燃料電池的論述何者正確？

   (A) 在正極通入氫氣，負極通入氧氣。

   (B) 正極發生的電極反應爲：$\underline{2H_2O + O_2 + 4e^- \rightarrow 4OH^-}$

   (C) 負極發生的電極反應爲：$\underline{2H_2 + 4OH^- - 4e^- \rightarrow 4H_2O}$

   (D) 電池的負極發生氧化反應，正極發生還原反應。

   (E) 電池工作過程中溶液 pH 不斷增大。

附錄

Appendix

附錄 A：燃料電池常用單位轉換因子

轉換前	轉換後	轉換係數	轉換前	轉換後	轉換係數
A(amperes)	Faradays/sec	1.0363E-05	J(Joule)	V-C	1
A/ft^2	mA/cm^2	1.0764	kA	kg H_2/hr	0.037605
atm	kg/cm^2	1.0332	kA	lb H_2/hr	0.082906
atm	lb/in^2	14.696	kA	lb mol H_2/hr	0.041128
atm	bar	1.01325	kg	lb	2.2046
atm	Pa	101,325	kg/cm^2	lb/in^2	14.223
Avagadro's number	particles/g mol	6.0220E+23	kg H_2/hr	kA	24.314
bar	atm	0.98692	Kcal	Btu	3.9686
bar	lb/in^2	14.504	kPa	lb/in^2	0.14504
bar	kg/cm^2	1.0197	kW	Btu/hr	3412.1
bar	$N\text{-}m^2$	100,000	kW	kcal/s	0.23885
bar	Pa	100,000	kW	hp	1.3410
Btu	cal	251.98	lb	g	453.59
Btu	ft-lb	778.17	lb	kg	0.45359
Btu	J(Joules)	1055.1	lb H_2/hr	kA	12.062
Btu	kWh	2.9307E-04	lb mol H_2/hr	kA	24.314
Btu/hr	W	0.29307	lb/in^2	kg/cm^2	0.070307
Btu/lb-°F	cal/g-°C	1.0000	lb/in^2	Pa	6894.7
°C	°F	°C×(9/5)+32	l(liter)	M^3	1.0000E-03
°C	K	°C+273.16	m(meter)	ft	3.2808
cal	J	4.1868	m	in	39.370
cm	ft	0.032808	m^2	ft^2	10.764
cm	in	0.39370	m^3	ft^3	35.315
°F	°C	°F-32×(5/9)	m^3	gal	264.17
Faradays	C(coulombs)	96,487	mA/cm^2	A/ft^2	0.92903
Faradays/sec	A	96,487	MBtu/hr	MW	0.29307
ft	m	0.30480	MW	Mbtu/hr	3.4121
ft	cm	30.480	Pa	lb/in^2	1.4504E-04
ft^2	cm^2	929.03	R(gas)	atm-ft^3/lb mol-R	0.73024
ft^2	m^2	0.092903	R(gas)	Btu/lb mol-R	1.9859
ft^3	liters	28.317	R(gas)	cal/g mol K	1.9857
ft^3	m^3	0.028317	R(gas)	ft-lbf/lb mol-R	1545.3

轉換前	轉換後	轉換係數	轉換前	轉換後	轉換係數
ft^3	gal	7.4805	*R*(gas)	J/g mol-K	8.3144126
gal	liters	3.7854	*R*(gas)	l-atm/g mol-K	0.082057
g(grams)	lb	2.25E-03	Tone	kg	1000.0
hp	ft-lb/s	550.00	Tone	lb	2204.6
hp	kW	0.74570	Watts	Btu/hr	3.4121
hp	W	745.70	Watts	hp	1.3410E-03

附錄 B：燃料電池常用物理常數

物理參數	數值與單位
基本電量 Q_e	1.60277×10^{-19} C
Avogadro's constant.N_A	6.02214×10^{23} mol^{-1}
波茲曼常數 k_B	1.38066×10^{-23} J · K^{-1}
法拉第常數 F	96485.3 Cmol^{-1}
氣體常數 R	8.41452 J K^{-1} · mol^{-1}
標準重力加速度 g^o	9.80665 m · s^{-2}
標準壓力 p^o	10^5 Pa
標準濃度 c^o	10^3 mol · m^{-3}
標準溫度 T^o	298.150 K
RT^o	2.47897 kJ · mol^{-1}
RT^o/F	25.6927 mV
$RT^o\ln(10)/F$	59.1597 mV
$1/F$	10.3643 mV · kJ^{-1} · mol
F/RT^o	38.9215 V^{-1}
氧氣消耗量	8.291×10^{-5} g · s^{-1} · A^{-1}
氫氣消耗量	1.045×10^{-5} g · s^{-1} · A^{-1}
水產生量	9.336×10^{-5} g · s^{-1} · A^{-1}

附錄 C：縮寫說明

縮寫	意義
ADG	anaerobic digester gas，厭氧消化氣 (一種沼氣)。
AES	air electrode support，空氣電極 (陰極) 支撐。
AFC	alkaline fuel cell，鹼性 (電解質) 燃料電池。使用強鹼溶液 (KOH、NaOH) 作爲電解質的燃料電池，常用作航太用燃料電池。
AIP	air independent propulsion，(潛艦) 閉氣推進動力系統。
ATR	autothermal reforming，自熱性改質。碳氫燃料改質技術之一，反應過程中呈現熱平衡。
ATS	advanced gas turbine system，先進氣輪機系統。
AWE	alkaline water electrolyzer，鹼性水溶液 (KOH) 電解質電解池。
BMC	bulk molding compounds，揉團模造複合材料。塑膠碳板 (雙極板) 成形的技術。
BOP	balance of plant，電廠平衡元件。
BOS	balance of stack，電堆平衡元件。
CaFCP	California Fuel Cell Partnership，加州燃料電池夥伴關係。1999 年，由戴姆勒 - 克萊斯勒 (當時)、福特、加州空氣保護局 (CARB) 發起的燃料電池車示範平台。後來通用與日本汽車廠也參與計畫，CaFCP 是世界上第一個燃料電池車示範平台。2003 年完成燃料電池車示範工作以後展開教育、社會認可、以及氫產業標準之建構計畫。2012 年，CaFCP 公佈加州加氫站的路線圖，爲燃料電池車普及作準備。目前的合作夥伴有 37 家企業 / 組織，包括美國能源部，加州能源委員會 (CEC)，以及全球主要車廠。
CCD	closed-cycle diesel engines，(潛艦) 閉式循環柴油主機。
CCM	catalyst coated membrane，膜電極。在結構上配備有膜組合的電極叫作膜電極。
CCS	carbon capture and storage，碳捕捉與儲存。將各種過程中所產生的二氧化碳壓到枯竭的油井或天然氣井並儲存之。
CCST	closed-cycle steam tarbines，(潛艦) 閉式循環蒸汽渦輪機。
CEP	Clean Energy Partnership，清潔能源夥伴關係。2002 年在德國展開的燃料電池車與加氫站的示範計畫。主要成員爲德國的車廠和能源供應商，實施地點主要在柏林，CEP 之後被納入德國 NIP 國家計畫。2015 年日本三大車廠與美國、韓國車廠均參與此計畫。CEP 規劃在德國各地建置 50 座加氫站，作爲燃料電池車市場起步階段之用。
CGH2	compressed gas hydrogen，壓縮氫氣。
CHF	clean hydrocarbon fuel，潔淨碳氫化合物燃料。豐田汽車開發專門提供車載改質器使用的碳氫燃料。
CHP	combined heat and power，熱電聯產，同時產生電力和熱量的系統，也被稱爲熱電共生發電 Cogeneration。
COG	coke oven gas，焦爐煤氣。在煉焦過程中，爐中經高溫乾餾後，在產出焦炭和焦油產品的同時所得到的可燃氣體，是煉焦的副產品。一噸煤在煉焦過程中可產出 730 ～ 780 kg 焦炭和 300 ～ 340 m^3 焦爐氣以及 35 ～ 42 kg 焦油。焦爐氣熱值高，主要成分爲氫 (約 55%)，甲烷 (約 30%)、和一氧化碳等，可用作燃料和化工原料。

縮寫	意義
CVD	chemical vapor deposition，化學蒸汽沈積法。一種長膜技術，典型的 CVD 製程是將晶圓 (基底) 暴露在一種或多種不同的前趨物下，在基底表面發生化學反應或 / 及化學分解來產生欲沉積的薄膜。
DFC®	direct fuel cell，FuelCell Energy MCFC 產品之註冊商標
DIR	direct internal reforming，直接內重整。
DMFC	direct methanol fuel cell，直接甲醇燃料電池。屬於質子交換膜燃料電池的一類，直接使用甲醇水溶液或蒸汽甲醇爲燃料而不需通過改質製氫即可發電。DMFC 具備低溫快速啓動與結構簡單的特性，一般作爲便攜式電子產品之應用。
DOE	Department of Energy(USA)，美國能源部。
EIS	electrochemical impedance spectroscopy，電化學阻抗頻譜儀。給電化學系統施加一個頻率不同的小振幅的交流電勢波，通常是在 5 ～ 10 mV 峰值對峰值範圍內，測量交流電勢與電流信號的比值 (此比值即爲系統的阻抗) 隨正弦波頻率 ω 的變化，或者是阻抗的相位角 ϕ 隨 ω 的變化。進而分析電極過程動力學、雙電層和擴散等，研究電極材料、固體電解質、導電高分子以及腐蝕防護等機理。
EMF	electromotive force，電動勢。
ENE-FARM	日本家用熱電聯產燃料電池的品牌。有有 P 型 (PEFC) 與 S 型 (SOFC) 兩種。
EV	electric vehicle，純電動車。又稱電瓶車、電池電動車 BEV(battery electric vehicle)，是指以事先充滿電的蓄電池供電給馬達，由馬達推動的車輛，而電池的電量由外部電源補充。
EVD	electrochemical vapor deposition，電化學蒸汽沈積法。一種成膜的技術
EW	equivalent weight，當量。
FCH JU	Fuel Cells and Hydrogen Joint Undertaking，燃料電池與氫共同執行計畫。歐盟框架計畫 (Framework Program) 下所開展與氫燃料電池公私夥伴關係 (也稱爲聯合技術倡議) 計畫，進行有關氫燃料電池的補貼政策管理和研發政策。
FC	fuel cell，燃料電池。通過電化學反應從氫等提取電力的裝置，例如 AFC，PAFC，PEFC，MCFC，SOFC 等。
FCV	fuel cell vehicle，燃料電池車。車輛與氫氣作爲燃料和與燃料電池堆發電。因爲它利用電動馬達運行，所以也被認爲是電動車，在歐洲和美國通常被稱爲燃料電池電動車 (FCEV)。
GDE	gas diffusion electrode，氣體擴散電極。是一種特製的多孔膜電極，由於大量氣體可以到達電極內部，而與電極外表的整體電解質相連通，可以組成一種三相膜電極。它既有足夠的氣孔，使反應氣體容易傳遞到電極上，又有大量覆蓋在催化劑表面的薄液層。
GDL	gas diffusion layer，氣體擴散層。爲燃料電池膜電極組 (MEA) 中一項不可或缺的材料，它扮演著 MEA 與雙極板之間的溝通橋樑角色，氣體擴散層可以是碳纖維布、碳纖維紙或碳纖維板。
GWP	global worming potential，全球暖化勢。基於充分混合的溫室氣體輻射特性的一個指數，用於衡量相對於二氧化碳的暖化能力。
H2 Mobility	德國於 2009 年所成立的公私伙伴關係組織，主要工作在於推動加氫站佈署。英國與法國也先後成立了類似的公私伙伴關係 H2 Mobility 與 H2 Mobility France。

縮寫	意義
HDS	hydrogen on demand，氫氣即付系統。一種化學儲供氫技術。
HDS	hydro-desulfurization，氫脫硫法。是以 MoS2 或 RuS2 作爲催化劑，使硫醇與硫醚分子被外加的氫氣還原成烷類與硫化氫，反應產生出的氣體再通過有機胺光纖，以中和的方式除去硫化氫。
HHV	higher heating value，高熱值。
HRU	hydrogen recovery unit，氫回收裝置。粗氫經由 HUR 回收淨化後，可生產高純度氫氣。
HOR	hydrogen oxidization reaction，氫氣氧化反應。
HySUT	The Research Association of Hydrogen Supply/Utilization Technology。成立於 2009 年的公私夥伴關係，旨在以實證研究與以驗證和解決氫供應基礎設施的社會可接受性和業務可行性問題，目標在 2015 年開始向一般用戶推廣燃料電池車。
HyTrsut	德國 NIP 計畫的一部分，於 2009-2013 年間進行的關於氫能的意見和社會接受度的全國性調查。
IPHE	International Partnership for Hydrogen and Fuel Cells in the Economy，國際氫燃料電池夥伴關係。成立於 2003 年，是一個以政策爲基礎的國際合作組織，旨在促進氫和燃料電池領域國際合作，以便在有效地進行研究、開發、示範和利用。目前共計 16 國家和 1 個地區 17 個會員。
IIR	indirect internal reforming，間接內重整。一種燃料改質技術。
JHFC	Japan Hydrogen and Fuel Cell Demonstration Project，日本氫 / 燃料電池示範計畫。2002-2010 年由經產省實施 FCV 和氫站的示範測試計畫，2009-2010 年，由 NEDO 執行燃料電池系統等實證研究。第三階段計畫 JHFC-3，2011-2013 年，則由 NEDO 主導的區域供氫基礎設施技術和社會實證。
LHV	lower heating value，低熱值。不計水的蒸發熱。
LH2	liquid hydrogen，液氫。一種無色無味，透明的低溫液體，沸點爲 20.35 K (−252.6°C)，冰點爲 13.55 K，沸點時的密度爲 0.0708 g/cm^3。
LCC	Sr-doped LaMnO3，摻鍶錳酸鑭。SOFC 的陰極材料。
LPG	liquid petroleum gas，液化石油氣。液化石油氣亦稱液化氣或壓縮汽油，是煉油精製過程中產生並回收的氣體在常溫下經加壓而成的液態產品。主要成分是丙烷、丁烷、丙烯、丁烯。主要用途是作石油化工原料，脫硫後可直接做燃料。
LSM	Ca-doped LaCrO3，摻鈣鉻酸鑭。SOFC 分隔板主要材料之一。
MEA	membrane-electrode-assembly，膜電極組。在膜電極 CCM 兩面貼上氣體擴散層後的五合一元件。
MCFC	molten carbonate fuel cell，溶融炭酸塩形燃料電池。使用在電解質中熔融的碳酸鹽 (碳酸鋰，碳酸鉀等)，操作溫度爲約 600 ～ 700°C。除了氫氣之外，天然氣等可以用於燃料。
μCT	micro–computed tomography，微電腦斷層掃描。一種利用數位幾何處理後重建的三維放射線影像的技術。
MOLB	monoblock layer built(SOFC)，單塊疊層結構電池堆。一種板行 SOFC 的結構。
NECAR	NECAR 代表新電動車，由戴姆勒 - 賓士 (Daimler-Benz) 使用，後來戴姆勒 - 克萊斯勒 (Daimler-Chrysler) 沿用，代表用燃料電池電力驅動的示範車輛。這個名字也被用作無排放車 No-Emission Car 字首的縮寫。這個名字也指斯圖加特所在的內卡河 (Neckar)。

縮寫	意義
NEDO	New Energy and Industrial Technology Development Organization，新能源和工業技術開發組織。日本獨立法人。
NIP	National Innovation Programme Hydrogen and Fuel Cell Technology，德國氫燃料電池技術創新國家計畫。2007-2016 年中共投資 14 億歐元 (公私各投資一半) 用於氫和燃料電池技術開發，目前正進行後續計畫 NIP 2.0(2016-2023)。
OCV	open-circuit voltage，開路電壓。
OHEC	Organization of Hydrogen Exported Counties，氫能輸出國組織。
OPEC	Organization of Petroleum Exported Counties，石油輸出國組織。成立於 1960 年 9 月 14 日，1962 年 11 月 6 日在聯合國秘書處備案，成爲正式的國際組織。現有 14 個成員國：沙烏地阿拉伯、伊拉克、伊朗、科威特、阿拉伯聯合大公國、卡達、利比亞、奈及利亞、阿爾及利亞、安哥拉、厄瓜多爾、委內瑞拉、加彭和印尼。
ORR	oxygen reduction reaction，氧氣還原反應。
P2G	power-to-gas，用再生能源衍生的電力進行水電解製氫，產生氫氣與甲烷混合成氫烷而進一步利用的技術。目前在德國、美國，加拿大，法國等國均有相關研究進行中。
PAFC	phosphoric acid fuel cell，磷酸型燃料電池。磷酸水溶液爲電解質，操作溫度爲約 200°C，適合作爲熱電聯產系統。
PBI	acid-doped polybenzimidazole，摻酸之聚苯並咪唑。一種質子交換膜。
PEC	photo-electrochemical cell，光電化學電池。利用半導體一液體結製成的電池。光電化學電池一般分爲電化學光伏電池、光電解電池和光催化電池三類。
PEFC	polymer electrolyte fuel cell，高分子電解質膜燃料電池。也稱作 Polymer electrolyte membrane fuel cell(PEMFC)，就是質子交換膜燃料電池的另一種名稱，在歐洲和美國，通常稱爲 PEMFC。PEMFC 以質子交換膜爲電解質，操作溫度爲約室溫至 80°C。由於使用鉑作爲催化劑，因此需要在氫氣中除去 CO。質子交換膜包括可熔膜和烴膜。目前上市的燃料電池車安裝的燃料電池就是使用 PEMFC。
PEMFC	proton exchange membrane fuel cell，質子交換膜燃料電池。
PEMEC	polymer electrolyte membrane electrolysis cell，高分子電解質膜電解池。水電解通過 PEMFC 的逆反應進行。
PEN	positive electrode-electrolyte-negative electrode，SOFC 結合電解質與正負極之三合一結構，也就是 SOFC 的 MEA。
PFSA	perfluorosulfonic acid，全氟磺酸樹脂，Nafion®。一般是將帶有磺酸基的全氟乙烯基醚單體與四氟乙烯進行共聚，得到全氟磺酸樹脂。由於 Nafion 分子中引入電負性最大的氟原子，產生強大的場效應和誘導效應，從而使其酸性劇增，是已知的最強固體超強酸，具有耐熱性能好、化學穩定性和機械強度高等特點。
PPP	private-public partnership，公共私營合作制。是指政府與私人組織之間，爲了合作建設城市基礎設施項目。或是爲了提供某種公共物品和服務，以特許權協議爲基礎，彼此之間形成一種伙伴式的合作關係，並通過簽署合同來明確雙方的權利和義務，以確保合作的順利完成，最終使合作各方達到比預期單獨行動更爲有利的結果。
PSA	pressure swing adsorption，壓力變動吸附法。利用每種物質對吸附劑吸附力不同的特性，通過在高壓下吸附一切物質來分離通過減壓解吸的物質的技術。
PSI	photosystem 1，光系統 I。PS Ⅰ核心複合體由反應中心色素 P700(最大吸收波長爲 700 nm)、電子受體和 PS Ⅰ捕光復合體 LHC Ⅰ (light harvesting complex Ⅰ)。顆粒直徑 11 nm，主要分佈在類囊體膜的非垛疊部分。

縮寫	意義
PSII	photosystem II，光系統II。PSII 是類囊體膜中的一種光合作用單位，它含有兩個捕光復合物和一個光反應中心。構成 PS II的捕光復合物稱爲 LHC II，而將 PS II的光反應中心色素稱爲 P680，這是由於 PS II反應中心色素吸收波長爲 680 nm 的光。
PTFE	polytetrafluoroethylene，聚四氟乙烯。俗稱鐵氟龍，一種疏水劑，一般用作不沾塗層，具有抗酸抗鹼、抗各種有機溶劑的特點，幾乎不溶於所有的溶劑。同時，PTFE 具有耐高溫的特點，它的摩擦係數極低，所以可作潤滑作用之餘，亦成爲了易清潔水管內層的理想塗料。
SEM	scanning electronic microscope，掃描式電子顯微鏡。一種電子顯微鏡，其通過用聚焦電子束掃描樣品來產生樣品的圖像。它可產生樣品表面的高解析度圖像，且圖像呈三維，鑑定樣品的表 Haber–Bosch process 面結構。
SHHP	Scandinavian Hydrogen Highway Partnership，斯堪地納維亞氫公路夥伴關係。斯堪地納維亞三國合作的氫公路計畫，包括挪威 HyNor 計畫、瑞典 Hydrogen Sweden 計畫和丹麥 Hydrogen Link 計畫，目的是在聯繫德國的高速公路上建置加氫站。
SM	styrene monomer，苯乙烯單體。C8H8，苯乙烯也被稱爲乙烯基苯，是用苯取代乙烯的一個氫原子形成的有機化合物。
SMR	steam methane reforming，蒸汽甲烷改質。使水蒸汽與甲烷氣體反應產生氫的技術。
SOEC	solid oxide electrolysis cell，固體氧化物電解池。水電解通過 SOFC 的逆反應進行，隨著溫度的升高，理論能效降低。
SOFC	solid oxide fuel cell，固體氧化物型燃料電池。使用離子導電陶瓷作爲電解質，操作溫度爲 700 至 800°C，除了氫氣之外，天然氣等可用作燃料。
SR	steam reforming，使蒸汽與烴和煤反應產生氫的方法。工業上大規模製氫技術，當使用甲烷時稱爲蒸汽甲烷改質 (SMR)。
TARGET	team to advance research for gas energy transformation，普惠公司 (P & W) 爲首的 PAFC 發展計畫
TPB	triple-phase boundary，三相邊界。指三個不同相之間的接觸區域，三相是電解質、電極和氣體燃料。燃料電池用於產生電的電化學反應在這三個相的存在下發生，因此三相邊界就是活性區域。
TTW	tank-to-wheels，從油箱到車輪。汽車所裝載的燃料被轉換爲汽車動力 (輪子動能) 的過程。又稱燃料過程。
UPS	uninterrupted power supply，不斷電電力供應系統。
V2H	vehicle to home。從車輛 (FCV，PHEV，BEV) 向房子供電的技術。可用於緊急措施與平衡家用電力的負載。使用 FCV 的情況下，稱爲 FCV2H。
WTT	well-to-tank，從油井到油箱。將一次能源轉換爲汽車燃料的過程，又稱行駛過程。
WTW	well-to-wheels，計算車輛的能源效率，從燃料採礦 (井源) 和生產的階段到行駛階段的車輪 (車輪) 作整體考量的效率。可以在相同規模上比較各種燃料 / 車輛系統的能量效率。它可分成油井到油箱 (燃料效率) 和油箱到車輪 (行駛效率) 兩個階段計算。
YSZ	yttria stabilized zirconia，釔安定氧化鋯。YSZ 是一種陶瓷材料，藉由添加氧化釔改變二氧化鋯的相變態溫度範圍，產生室溫下穩定的立方晶體及四方晶體
WGS	water gas shift reaction，也稱爲水煤氣反應。在化石燃料改質中，通過與 CO 反應產生的水的反應產生以獲得氫氣和二氧化碳。$CO + H_2O \rightarrow CO_2 + H_2$

附錄 D：燃料電池計算實例

D-1　電池可逆電位之計算

試以鋅銅電池爲例，從 Gibbs 自由能變化決定電化學反應之可逆電位。

解：

銅和鋅電極插入硫酸銅溶液所組成電池的反應式爲

$$Zn + Cu^{2+} \rightarrow Cu + Zu^{2+} \tag{13-1}$$

在標準狀態 (25°C、一大氣壓) 下，Cu^{2+} 和 Zn^{2+} 的標準生成自由能分別爲 64.98 kJ · mol^{-1} 和 − 147.21 kJ · mol^{-1}，而金屬 Zn 和 Cu 在標準狀態下爲固體，因此標準生成自由能都等於零，因此：

$$\Delta g^{o} = (147.21 - 64.98)\ \text{kJ} \cdot \text{mol}^{-1} = -212.19\ \text{kJ} \cdot \text{mol}^{-1}$$

當此電池所形成將 Gibbs 自由能變化完全轉化爲電功時，標準可逆電位 E_{n}^{o} 爲：

$$E_{\text{n}}^{\text{o}} = \frac{-\Delta g^{o}}{nF} = \frac{(-212.19\times10^{3})\ \text{J/mol}}{2\times96487\ \text{C/mol}} = 1.10\ \text{J/C} = 1.10\ \text{V}$$

D-2　溫度效應對氫氧燃料電池理想電位之影響

試計算氫氧燃料電池在理想狀態下之最大輸出電壓 (開路電壓或理想電壓)。

解：

氫氧燃料電池開路電壓之預測必須根據電化學反應之起始狀態 ($H_2 + 1/2O_2$) 與最終狀態 (H_2O) 之能量改變，也就是計算燃料與氧化劑發生化學反應時之熱力學狀態方程式 (Gibbs 自由能)。在已知的溫度與壓力下氫氧燃料電池反應的最大電位差可以以下列方程式表示之：

$$E_{\text{n}} = \frac{-\Delta g}{nF}$$

其中，Δg 爲反應前後 Gibbs 自由能的改變量，n 爲每莫耳氫氣反應時所參與反應的電子莫耳數，F 則爲法拉第常數 (96,487 庫侖)。在一大氣壓、25°C 下，燃料電池在一莫耳氫氣反應下，Gibbs 自由能改變可以從反應過程中焓與熵的改變計算而得：

$$\Delta g = \Delta h - T\Delta s = -285.8\ \text{kJ} \cdot \text{mol}^{-1} - (298\ \text{K})(-0.163\ \text{kJ/K-mol}) = -273.2\ \text{kJ} \cdot \text{mol}^{-1}$$

於是氫氧燃料電池的理想電壓爲：

$$E_{\text{n}} = -\Delta g/nF = -(-237.2\ \text{kJ/mol})/(2\times 96{,}487\ \text{J/V-mol}) = 1.23\ \text{V}$$

當燃料電池操作溫度升高至 80°C 時，雖然焓與熵的改變量均不明顯，然而溫度改變量達 55 K，因此，Gibbs 自由能會降低：

$$\Delta g = \Delta h - T\Delta s = -285.8\ \text{kJ}\cdot\text{mol}^{-1} - (353\ \text{K})(-0.163\ \text{J/K-mol}) = -228.2\ \text{kJ}\cdot\text{mol}^{-1}$$

而最大電池電壓也將會從 25°C 的 1.23 V 降低至 80°C 的 1.18 V，

$$E_n = -\Delta g/nF = -(-228.2\ \text{kJ})/(2\times 96{,}487\ \text{J/V-mol}) = 1.18\ \text{V}$$

此外，當以空氣取代純氧或者將空氣與氫氣加濕時，均會再進一步降低燃料電池最大輸出電壓。

D-3 氫氧燃料電池操作電壓與效率之關係

試決定氫氧燃料電池效率與輸出電壓之關係。

解：

在標準準狀況下 (25°C、一大氣壓下)，氫氧反應的焓變爲 Dh^o = 285.83 kJ · mol^{-1}，可用能爲 Dg^o = 237.18 kJ · mol^{-1}。因此，利用 (2-84) 式可以求出理想燃料電池在標準狀態下以純氫與純氧爲反應物操作時其理想效率爲：

$$\varepsilon = \frac{\Delta g^o}{\Delta h^o} = \frac{237.18\ \text{kJ/mol}}{285.83\ \text{kJ/mol}} = 0.83$$

在實際狀況下，燃料電池的效率可以以燃料電池之操作電壓與理想電壓之比表示之。由於電池之極化損失，所以燃料電池在運轉時的實際電壓將低於理想電壓，燃料電池之效率可以以實際燃料電池電壓表示之：

$$\varepsilon = \frac{\text{可用能}}{\Delta h} = \frac{\text{可用能}}{\Delta g/0.83} = \frac{E_{\text{cell}}\times i}{\left(E_{\text{n}}\times i/0.83\right)} = 0.83\frac{E_{\text{cell}}}{E_{\text{n}}}$$

氫氧燃料電池的理想電位可以從 (2-4) 式算出

$$E_n = -\Delta g/nF = -(-237{,}200\ \text{J})/(2\times 96{,}487\ \text{J/V}) = 1.23\ \text{V}$$

因此，燃料電池在高熱值 (HHV) 下之效率爲

$$\varepsilon = 0.83\frac{E_{\text{cell}}}{E_{\text{n}}} = 0.83\times\frac{E_{\text{cell}}}{1.23} = 0.675E_{\text{cell}}$$

此時，當燃料電池的操作電壓爲已知，將其帶入上式中即可決定燃料電池的效率。由於燃料電池之電池電壓隨著電流密度減小而增加，因此，低電流密度下之燃料電池具有較高的效率。爲了提高燃料電池之效率可以進行低電流密度之設計，然而，當燃料電池所要求的輸出功率一定時，則必須增加燃料電池的反應面積，而增加燃料電池的反應面積會增加製造與建廠成本，相對地，高效率則可以降低燃料需求而有助於降低燃料電池的運轉成本。

D-4 可逆電位與焓、熵與比容的關係

試以鉛銀電池爲例，從可逆電位決定反應過程焓變、熵變、以及比容變化。

解：

鉛與氯化銀反應之反應方程式爲：

$$Pb(s) + 2\,AgCl(s) = 2\,Ag(s) + PbCl_2(s) \tag{13-2}$$

在 300 K 和 101.325 kPa 的壓力下所測得的可逆電位、溫度係數、與壓力係數分別爲：

$E_n = 0.49004$ V

$(\partial E/\partial T)_P = -1.80\times10^{-4}\ \mathrm{V\cdot K^{-1}}$

$(\partial E/\partial P)_T = 8.8\times10^{-12}\ \mathrm{V\cdot Pa^{-1}}$

則 300 K 時電池反應的可逆電位與熵變 (Δs) 及焓變 (Δh) 的關係計算如下。由於純固體的活度爲 1，因此 $E_n = E = 0.49004$V：

$$\Delta s = nF\left(\frac{\partial E_n}{\partial T}\right)_P = 2\times(96500\ \mathrm{C/mol})(-1.80\times10^{-4})\mathrm{V/K} = -34.7\ \mathrm{J\cdot K^{-1}\cdot mol^{-1}}$$

$$\begin{aligned}\Delta h &= -nFE_n + nFT\left(\frac{\partial E_n}{\partial T}\right)_p \\ &= -2\times(96500\ \mathrm{C/mol})(0.49004\ \mathrm{V}) + 2\times(96500\ \mathrm{C/mol})(300\ \mathrm{K})(-1.80\times10^{-4}\ \mathrm{V/K}) \\ &= -105.0\ \mathrm{kJ\cdot mol^{-1}}\end{aligned}$$

從 $dg = -sdT + vdP$ 可以推得 $\left(\frac{\partial \Delta g}{\partial P}\right)_T = \Delta v$，並將 $\Delta g = -nFE_n$ 代入得到

$$\Delta v = -nF\left(\frac{\partial E_n}{\partial P}\right)_T = -2\times(96{,}500\ \mathrm{C/mol})(8.8\times10^{-12}\ \mathrm{V/Pa}) = -1.70\times10^{-3}\ \mathrm{m^3\cdot mol^{-1}}$$

D-5 氫氧燃料電池電流產生量與氫氣流量的關係

試推導燃料電池產生 1 安培電流量所需消耗氫氣量 (體積與質量消耗率)。

解：

氫氧燃料電池典型之陽極反應方程式爲 (以 PAFC 與 PEMFC 爲例)

$$H_2 \rightarrow 2H^+ + 2e^- \tag{13-3}$$

亦即燃料電池陽極上每一氫分子反應後可以釋放出兩個電子。基本上，此題的重點即在了解安培 (Ampere) 的定義。一安培電流的定義爲在電路中每秒通過 1 庫倫 (Coulomb) 的電量。一個電子帶有 1.602×10^{-19} 庫倫的電量，而 1 克莫耳電子

相當於 6.022×10^{23} 個電子，因此，一克莫耳的電子則帶有 96,487 庫倫電量，此即爲法拉第常數 F，因此，燃料電池中產生一安培的電流量所需消耗氫氣的莫耳流率與質量流率分別計算如下。

一安培電流量相對應之氫氣體積消耗率爲

$$\dot{v}_{H_2=1A}=\left(\frac{1C}{1\text{ s}}\right)\left(\frac{1\text{ mol }e^-}{96{,}487\text{ C}}\right)\left(\frac{1\text{ g mol }H_2}{2\text{ mol }e^-}\right)\left(\frac{60\text{ s}}{1\text{ min}}\right)=3.109\times10^{-4}\frac{\text{g mol }H_2}{\text{min}}$$

$$=3.109\times10^{-4}\left(\frac{\text{g mol }H_2}{\text{min}}\right)\left(\frac{22.4\text{ L}}{1\text{g mol }H_2}\right)$$

$$=0.006965\text{ LPM}=6.965\text{ CCPM}$$

而一安培電流量相對應之氫氣質量消耗率爲

$$\dot{m}_{H_2=1A}=\left(3.109\times10^{-4}\frac{\text{g mol }H_2}{\text{min}}\right)\left(\frac{2.0158\text{ g}}{1\text{ g mol }H_2}\right)=6.267\times10^{-4}\frac{\text{g }H_2}{\text{min}}$$

也就是燃料電池產生一安培的電流量時每分鐘必須消耗 6.965 cc 的氫氣，質量流率大約爲 0.6267 mg H_2/min 的。以上數字爲氫氧燃料電池之燃料消耗量與輸出功率的轉換因子，作爲在已知燃料電池輸出功率下計算所需之燃料氣體的消耗量。

D-6 燃料電池發電容量與燃料流量之關係

發電容量爲 1.0 kW 的燃料電池堆，在 650 mV 的操作條件下，以純氫氣作爲燃料，而燃料的使用率爲 80% 下，試問 (a) 氫氣的消耗率 (g/min)，(b) 燃料的質量與體積流率，(c) 在 25% 的氧化劑使用率下，氧氣或空氣的質流與體積流率？

解：

(a) 假設燃料電池單元是以並聯方式組成燃料電池堆，則每個燃料電池單元的電位差均相同，因此，通過燃料電池的電流量

$$I=\frac{P}{V}=\left(\frac{1000\text{W}}{0.65\text{V}}\right)\left(\frac{1\text{VA}}{1\text{W}}\right)=1{,}538\text{A}$$

所消耗的氫氣質流量

$$\dot{m}_{H_2,\text{consumed}}=(1{,}538\text{A})\left(6.267\times10^{-4}\frac{\text{g }H_2}{\text{A}\cdot\text{min}}\right)=0.965\frac{\text{g }H_2}{\text{min}}$$

一般而言，在實際應用上燃料電池是以串聯方式堆疊而成，假設此 1.0 kW 的燃料電池堆是以 50 個燃料電池串聯而成則總電位差則爲 32.5 V(50×0.65 V)，通過燃料電池堆的電流量則爲 30.8 安培 (1,538 A/50)，如此氫氣之消耗率爲

$$\dot{m}_{H_2,\text{consumed}}=(30.8\text{ A})\left(6.267\times10^{-4}\frac{\text{g }H_2}{\text{A}\cdot\text{min}}\right)(50)=0.965\frac{\text{g }H_2}{\text{min}}$$

因此，氫氣的消耗率與燃料電池的總輸出功率有關，而與電池的排列方式無關。

(b) 燃料電池燃料氣體之利用率 U_f 的定義為氫氣消耗率與質流率之比，因此，所需之氫氣之質流率為

$$\dot{m}_{H_2,in} = \frac{\dot{m}_{H_2,consumed}}{U_f} = \frac{0.965\dfrac{g\ H_2}{min}}{80\%} = 1.207\frac{g\ H_2}{min}$$

體積流率為

$$\dot{v}_{H_2,in} = \left(1.207\frac{g\ H_2}{min}\right)\left(\frac{1\ g\ mol\ H_2}{2.0158\ g\ H_2}\right)\left(\frac{22.4\ L}{1\ g\ mol\ H_2}\right) = 13.18\ LPM$$

(c) 燃料電池的全反應式中得知，氫氣與氧氣之消耗當量比為 2：1，因此，燃料電池所需之氧氣之莫耳流率為

$$\dot{n}_{O_2,consumed} = \left(0.965\frac{g\ H_2}{min}\right)\left(\frac{1\ g\ mol\ H_2}{2.0158\ g\ H_2}\right)\left(\frac{1\ g\ mol\ O_2}{2\ g\ mol\ H_2}\right) = 0.239\frac{g\ mol\ O_2}{min}$$

體積流率

$$\dot{v}_{O_2,consumed} = \left(0.239\frac{g\ mol\ O_2}{min}\right)\left(\frac{22.4\ L}{1\ g\ mol\ O_2}\right) = 5.354\ LPM$$

由於氧化劑的利用率只有 25%，因此，所供給之氧化劑量必須為 4 倍氧氣消耗量，也就是氧氣供給量之莫耳流率為

$$\dot{n}_{O_2,supplied} = \left(0.239\frac{g\ mol\ O_{2,\ consumed}}{min}\right)\left(\frac{1.0\ g\ mol\ O_{2,\ supplied}}{0.25\ g\ mol\ O_{2,\ consumed}}\right) = 0.958\frac{g\ mol\ O_{2,supplied}}{min}$$

體積流率則為

$$\dot{v}_{O_2,supplied} = \left(0.958\frac{g\ mol\ O_{2,\ supplied}}{min}\right)\left(\frac{22.4L}{1\ g\ mol\ O_{2,\ supplied}}\right) = 21.559\ LPM$$

此外，當以乾燥空氣作為燃料電池陰極進口氣體時，由於乾燥空氣中僅含有 21% 體積 (或莫耳) 的氧氣，因此，所需之空氣之質量流率為

$$\dot{m}_{air,supplied} = \left(0.958\frac{g\ mol\ O_{2,\ consumed}}{min}\right)\left(\frac{1.0\ g\ mol\ air_{supplied}}{0.21\ g\ mol\ O_{2,consumed}}\right)\left(\frac{28.9\ g\ air}{1\ g\ mol\ air}\right)$$

$$= 131.84\frac{g\ air_{supplied}}{min}$$

空氣的體積流率爲

$$\dot{v}_{\text{air,supplied}} = \left(131.84\frac{\text{g air}_{\text{supplied}}}{\text{min}}\right)\left(\frac{22.4\ \text{L}}{1\ \text{g mol air}_{\text{supplied}}}\right)\left(\frac{1\ \text{g mol air}}{28.9\ \text{g air}}\right) = 102.5\ \text{LPM (air)}$$

D-7 燃料電池反應生成物組成之計算

磷酸燃料電池以 900 kg/hr 流率之重整天然氣爲燃料時，其中天然氣與氧化劑的組成如表所示，操作過程中燃料消耗率以及氧化劑的消耗率分別爲 86% 與 70%，試問 (a) 氫氣的消耗率爲何，(b) 氧氣之消耗率爲何，(c) 所需之空氣莫耳流率與質量流率爲何，(d) 水的產生率爲何，(e) 反應過程中燃料與空氣組成之變化爲何？

解：

燃料組成	莫耳分率 /mol %		空氣組成	莫耳分率 /mol %	
				乾燥空氣	加濕空氣
CH_4	4.0		H_2O	0	1.00
CO	0.4		N_2	79.00	78.21
CO_2	17.6		O_2	21.00	20.79
H_2	75.0				
H_2O	3.0				
Total	100.0		Total	100.00	100.00
Molecular weight	10.55		Molecular weight	28.85	28.74

(a) 燃料的莫耳 (體積) 流率，以及氫氣的消耗率分別爲

$$\dot{n}_{\text{fuel, supplied}} = \left(900\frac{\text{kg}}{\text{hr}}\right)\left(\frac{1\ \text{kg mol fuel}}{10.55\ \text{kg fuel}}\right) = 85.29\frac{\text{kg mol fuel}}{\text{hr}}$$

$$\dot{n}_{H_2,\text{comsumed}} = \left(85.29\frac{\text{kg mol fuel}}{\text{hr}}\right)\left(\frac{75\ \text{kg mol H}_2}{100\ \text{kg mol fuel}}\right)\left(\frac{86\ \text{kg mol H}_{2,\ \text{consumed}}}{100\ \text{kg mol H}_{2,\ \text{supplied}}}\right)$$
$$= 55.01\frac{\text{kg mol H}_2}{\text{hr}}$$

(b) 根據燃料電池的全反應式得知，氧氣的消耗量爲氫氣的一半，亦即

$$\dot{n}_{O_2,\text{comsumed}} = \left(55.01\frac{\text{kg mol H}_2}{\text{hr}}\right)\left(\frac{0.5\ \text{kg mol O}_{2,\ \text{consumed}}}{1.0\ \text{kg mol H}_{2,\ \text{consumed}}}\right) = 27.51\frac{\text{kg mol O}_2}{\text{hr}}$$

(c) 以加濕空氣作爲氧化劑，所需之空氣流率爲

$$\dot{n}_{\text{air,required}} = \left(27.51\frac{\text{kg mol O}_2}{\text{hr}}\right)\left(\frac{100\text{ kg mol O}_{2,\text{ supplied}}}{70\text{ kg mol O}_{2,\text{ consumed}}}\right)\left(\frac{100\text{ kg mol air}_{\text{wet}}}{20.79\text{ kg mol O}_2}\right)$$

$$=189.01\frac{\text{kg mol air}_{\text{wet}}}{\text{hr}}$$

(d) 根據燃料電池的全反應式，水的產生量 (莫耳數) 等與氫氣消耗量莫耳數，因此

$$\dot{n}_{\text{H}_2\text{O, generated}} = \dot{n}_{\text{H}_2\text{,consumed}} = 55.01\frac{\text{kg mol H}_2}{\text{hr}}$$

(e) 燃料以及氧化劑在反應過程中組成變化如下表所示

燃氣組成	莫耳分率 /%	質量流率 /kg mol hr^{-1}			莫耳分率 /%
	進口	進口	反應過程	出口	出口
CH_4	4.0	3.41	0	3.41	11.27
CO	0.4	0.34	0	0.34	1.13
CO_2	17.6	15.01	0	15.01	49.58
H_2	75.0	63.97	− 55.01	8.96	29.58
H_2O	3.0	2.65	0	2.56	8.45
Total	100.0	85.29	− 55.01	30.28	100.00

氧化劑組成	莫耳分率 (%)	質量流率 (kg mol/hr)			莫耳分率 (%)
	進口	進口	反應過程	出口	出口
H_2O	1.00	1.89	55.01	56.90	26.28
N_2	78.21	147.82	0	147.82	58.27
O_2	20.79	39.30	− 27.51	11.79	5.44
Total	100.00	189.01	27.51	216.51	100.00

在 PAFC 的燃料 (陽極) 端只有氫氣的莫耳數在改變，其他燃料成份不參與化學反應而僅僅通過電池陽極而已，這些惰性氣體在電極反應中所扮演的角色在於稀釋氫氣作用，降低氫氣莫耳濃度會降低可逆電壓而影響燃料電池效率，因此，燃料電池操作過程中應盡可能降低這些稀釋氣體的含量，例如，天然氣在重整改質過程中會加入大量的水蒸氣以加強重整改質反應，這些經過加濕的重整氣體中通常含水的比例高達 30 ～ 50%，因此，在進入燃料電池之前，一般均會將其冷卻除濕使其含水量降低到 3% 以下。至於陰極電化學反應，除了消耗氧氣以外，也會產生水，因此水管理對陰極的效率非常重要。

D-8 MCFC 反應物與生成物成分之計算

MCFC 之操作條件爲燃料質量流率 1,000 lb/hr，氧化劑成分爲 70% 空氣 /30% 二氧化碳，燃料氣體與氧化劑之使用率分別爲 75% 與 50%，燃料與氧化劑的成分別如下表所示，試問 (a) 氫氣的消耗率爲何？ (b) 氧氣的消耗率爲何？ (c) 所需之空氣與氧化劑的莫耳流率爲何？ (d) 二氧化碳從陰極轉移至陽極之量爲何？ (e) 反應前後燃料氣體與氧化劑變化情形。

燃料組成	莫耳分率 /mol %		氧化劑組成	Air	Air+CO_2
				mol %，Wet	mol %，Wet
CH_4	0.0		CO_2	0.00	30.00
CO	0.0		H_2O	1.00	0.70
CO_2	20.0		N_2	78.21	54.75
H_2	80.0		O_2	20.79	14.55
H_2O	0.0				
Total	100.0		Total	100.00	100.00
分子量 (MW)	10.42		分子量 (MW)	28.74	33.32

解：

(a) 燃料之莫耳流率

$$\dot{n}_{\text{fuel,supplied}} = \left(1000\frac{\text{lb fuel}}{\text{hr}}\right)\left(\frac{1.0\text{ lb mol fuel}}{10.42\text{ lb fuel}}\right) = 96.02\frac{\text{lb mol fuel}}{\text{hr}}$$

因此，氫氣消耗率爲

$$\dot{n}_{H_2,\text{consumed}} = \left(96.02\frac{\text{lb mol fuel}}{\text{hr}}\right)\left(\frac{80\text{ lb mol H}_2}{100\text{ lb mol fuel}}\right)\left(\frac{75\text{ lb mol H}_{2,\text{ consumed}}}{100\text{ lb mol H}_{2,\text{ supplied}}}\right)$$

$$= 57.61\frac{\text{lb mol H}_2}{\text{hr}}$$

根據燃料電池的全反應式得知，氧氣的體積消耗量爲氫氣的一半，亦即

$$n_{O_2,\text{consumed}} = \left(57.61\frac{\text{lb mol H}_2}{\text{hr}}\right)\left(\frac{1\text{ lb mol O}_2}{2\text{ lb mol H}_2}\right) = 28.81\frac{\text{lb mol O}_2}{\text{hr}}$$

(c) 所需之空氣的莫耳流率爲

$$\dot{n}_{\text{air,required}} = \left(28.81\frac{\text{lb mol O}_2}{\text{hr}}\right)\left(\frac{100\text{ lb mol O}_{2,\text{ supplied}}}{50\text{ lb mol O}_{2,\text{ consumed}}}\right)\left(\frac{100\text{ lb mol air}_{\text{wet}}}{20.79\text{ lb mol O}_2}\right)$$

$$= 277.11\frac{\text{lb mol air}_{\text{wet}}}{\text{hr}}$$

70% 氧化劑的消耗量狀況下，所需之氧化劑莫耳流率爲

$$\dot{n}_{\text{oxidant,required}} = \left(277.11\frac{\text{lb mol air}_{\text{wet}}}{\text{hr}}\right)\left(\frac{100\text{ lb mol oxidant}}{70\text{ lb mol air}_{\text{wet}}}\right) = 395.86\frac{\text{lb mol oxidant}}{\text{hr}}$$

(d) 根據以下之全反應方程式，二氧化碳從陰極轉換至陽極的莫耳數與氫氣消耗之莫耳數一致，

$$\text{H}_{2,\text{a}} + \frac{1}{2}\text{O}_{2,\text{c}} + \text{CO}_{2,\text{c}} \rightarrow \text{H}_2\text{O}_{\text{a}} + \text{CO}_{2,\text{a}}$$

因此

$$\dot{n}_{\text{CO}_2,\text{transferred}} = \dot{n}_{\text{H}_2,\text{consumed}} = 57.61\frac{\text{lb mol CO}_2}{\text{hr}}$$

(e) 燃料氣體以及氧化劑在反應過程中組成變化如下表所示

燃氣組成	燃料電池進口莫耳分率 /mol %	質量流率 /lb mol hr^{-1}			燃料電池出口莫耳分率 /mol %
		燃料電池進口	燃料電池反應	燃料電池出口	CH_4
0.00	0.00	0.00	0.00	0.00	CO
0.00	0.00	0.00	0.00	0.00	CO_2
20.00	19.20	57.61	76.82	50.00	H_2
80.00	76.82	− 57.61	19.20	12.50	H_2O
0.00	0.00	57,61	57.61	37.50	Total
100.00	96.02	− 57.61	153.63	100.00	

氧化劑組成	燃料電池進口莫耳分率 /mol %	質量流率 /lb mol hr^{-1}			燃料電池出口莫耳分率 /mol %
		燃料電池進口	反應過程	燃料電池出口	CO_2
30.00	118.75	− 57.61	61.14	19.76	H_2O
0.70	2.77	0.00	2.77	0.895	N_2
54.70	216.5	0.00	216.5	69.96	O_2
14.6	57.79	− 28.81	28.98	9.38	Total
100.00	395.86	− 86.42	309.44	100.00	

D-9 水氣轉移平衡反應對燃料組成之影響

試計算具有水氣轉移反應 MCFC 在達成平衡後之燃料各項組成之莫耳分率

解：

在 1,200°F 時，水氣轉移反應方程式

$$CO + H_2O \leftrightarrow CO_2 + H_2$$

上式中雙箭頭表示化學反應形成平衡狀態，也就是反應向左與向右達成一個平衡點，此時反應物與生成物均會存在，平衡時之反應物與生成物之組成取決於起始狀態之組成與最終溫度，平衡時之濃度取決於平衡常數 K

$$K = \frac{[CO_2]\ [H_2]}{[CO]\ [H_2O]}$$

化學反應的平衡常數可以從一些基礎化學數據庫的圖表中查得，也可以從簡單的經驗公式計算而得，在 1,000 ～ 1,500°F 時，水氣轉移反應平衡常數的經驗公式可以寫成

$$K = \exp\left(\frac{4276}{T - 3.961}\right)$$

因此在 1,200°F，水氣轉移反應的平衡常數 K = 1.976，從上一個例題的表列中的起始組成發現，濃度無法平衡，

$$\frac{[CO_2]\ [H_2]}{[CO]\ [H_2O]} = \frac{[0.50]\ [0.125]}{[0.0]\ [0.375]} = \infty \neq 1.967$$

從上式中分子爲生成物質濃度而分母爲反應物之濃度，因此，反應必須趨向於增加反應物 CO 的濃度，因此我們可以利用一個變數 x 代表反應向右的增量，於是平衡方程式可以重新寫成

$$K = \frac{[CO_2]\ [H_2]}{[CO]\ [H_2O]} = \frac{[0.50 + x]\ [0.125 + x]}{[0.0 - x]\ [0.375 - x]} = 0.1967$$

上式中以嘗試錯誤法 (trial-and-error) 可以找出當 x = − 0.0455 時反應達成平衡。附表爲嘗試錯誤法的計算過程與結果。

氧化劑組成	陰極進口莫耳分率 /mol %	質量流率 /lb mol hr^{-1}			陰極出口莫耳分率 /mol %
		燃料電池進口	反應過程	燃料電池出口	CO
0.00	0.00	4.45	4.45	4.45	CO_2
50.00	50.00	− 4.45	45.55	45.55	H_2
12.50	12.50	− 4.45	8.05	8.05	H_2O
37.50	37.50	4.45	41.95	41.95	Total
100.00	100.00	0.00	100.00	100.00	

讀者回函卡

掃 QRcode 線上填寫 ▶▶▶

姓名：＿＿＿＿＿＿　生日：西元＿＿＿年＿＿＿月＿＿＿日　性別：□男 □女

電話：（　）＿＿＿＿＿　手機：＿＿＿＿＿＿

e-mail：（必填）＿＿＿＿＿＿＿＿＿＿＿＿

註：數字零，請用 Φ 表示，數字 1 與英文 L 請另註明並書寫端正，謝謝。

通訊處：□□□□□

學歷：□高中・職　□專科　□大學　□碩士　□博士

職業：□工程師　□教師　□學生　□軍・公　□其他

學校／公司：＿＿＿＿＿＿　科系／部門：＿＿＿＿＿＿

・需求書類：

□ A. 電子 □ B. 電機 □ C. 資訊 □ D. 機械 □ E. 汽車 □ F. 工管 □ G. 土木 □ H. 化工 □ I. 設計

□ J. 商管 □ K. 日文 □ L. 美容 □ M. 休閒 □ N. 餐飲 □ O. 其他

・本次購買圖書為：＿＿＿＿＿＿　書號：＿＿＿＿＿＿

・您對本書的評價：

封面設計：□非常滿意　□滿意　□尚可　□需改善，請說明＿＿＿＿

內容表達：□非常滿意　□滿意　□尚可　□需改善，請說明＿＿＿＿

版面編排：□非常滿意　□滿意　□尚可　□需改善，請說明＿＿＿＿

印刷品質：□非常滿意　□滿意　□尚可　□需改善，請說明＿＿＿＿

書籍定價：□非常滿意　□滿意　□尚可　□需改善，請說明＿＿＿＿

整體評價：請說明＿＿＿＿

・您在何處購買本書？

□書局　□網路書店　□書展　□團購　□其他＿＿＿＿

・您購買本書的原因？（可複選）

□個人需要　□公司採購　□親友推薦　□老師指定用書　□其他＿＿＿＿

・您希望全華以何種方式提供出版訊息及特惠活動？

□電子報　□ DM　□廣告（媒體名稱＿＿＿＿＿＿）

・您是否上過全華網路書店？（www.opentech.com.tw）

□是　□否　您的建議＿＿＿＿

・您希望全華出版哪方面書籍？＿＿＿＿

・您希望全華加強哪些服務？＿＿＿＿

感謝您提供寶貴意見，全華將秉持服務的熱忱，出版更多好書，以饗讀者。

填寫日期：　/　/

2020.09 修訂

親愛的讀者：

感謝您對全華圖書的支持與愛護，雖然我們很慎重的處理每一本書，但恐仍有疏漏之處，若您發現本書有任何錯誤，請填寫於勘誤表內寄回，我們將於再版時修正，您的批評與指教是我們進步的原動力，謝謝！

全華圖書　敬上

勘　誤　表

書　號		書　名		作　者	
頁　數	行　數	錯誤或不當之詞句		建議修改之詞句	

我有話要說：（其它之批評與建議，如封面、編排、內容、印刷品質等・・・）

國家圖書館出版品預行編目資料

燃料電池 / 黃鎮江編著. -- 五版. -- 新北市：
全華圖書股份有限公司, 2023.11
面; 公分
ISBN 978-626-328-782-2(平裝)

1.CST: 電池

337.42 112019694

燃料電池

作者 / 黃鎮江
發行人 / 陳本源
執行編輯 / 李孟霞
封面設計 / 盧怡瑄
出版者 / 全華圖書股份有限公司
郵政帳號 / 0100836-1 號
印刷者 / 宏懋打字印刷股份有限公司
圖書編號 / 0632601
五版一刷 / 2023 年 12 月
定價 / 新台幣 600 元
ISBN / 978-626-328-782-2(平裝)
全華圖書 / www.chwa.com.tw
全華網路書店 Open Tech / www.opentech.com.tw
若您對本書有任何問題，歡迎來信指導 book@chwa.com.tw

臺北總公司(北區營業處)
地址：23671 新北市土城區忠義路 21 號
電話：(02) 2262-5666
傳真：(02) 6637-3695、6637-3696

南區營業處
地址：80769 高雄市三民區應安街 12 號
電話：(07) 381-1377
傳真：(07) 862-5562

中區營業處
地址：40256 臺中市南區樹義一巷 26 號
電話：(04) 2261-8485
傳真：(04) 3600-9806(高中職)
(04) 3601-8600(大專)